胶体与界面化学在石油
工业中的应用

辛寅昌　王彦玲　编著

石油工业出版社

内 容 提 要

本书介绍了胶体及界面化学理论的基本概念以及各类表面活性剂和聚电解质的应用，在此基础上介绍了胶体及界面化学在石油工业中钻井、采油、原油后处理、原油集输等领域的应用，并列举了一些研究和实践应用中的实例。

本书可作为高等院校相关专业学生的教材，也可供从事化学、应用化学、环境科学、油田化学等工业领域工作的科技人员参考。

图书在版编目（CIP）数据

胶体与界面化学在石油工业中的应用 / 辛寅昌，王彦玲编著．
北京：石油工业出版社，2014.7
ISBN 978-7-5183-0058-7

Ⅰ．胶…

Ⅱ．①辛…②王…

Ⅲ．①胶体化学－应用－石油工业－研究
②表面化学－应用－石油工业－研究

Ⅳ．TE

中国版本图书馆 CIP 数据核字（2014）第 057820 号

出版发行：石油工业出版社
（北京安定门外安华里 2 区 1 号　100011）
网　　址：www.petropub.com.cn
编辑部：(010) 64523735
发行部：(010) 64523620
经　销：全国新华书店
印　刷：北京中石油彩色印刷有限责任公司

2014 年 7 月第 1 版　2014 年 7 月第 1 次印刷
787×1092 毫米　开本：1/16　印张：17.25
字数：440 千字

定价：68.00 元
（如出现印装质量问题，我社发行部负责调换）
版权所有，翻印必究

前　言

所有的物质都有界面，"界面"的改变与热力学、动力学、流体力学、界面吸附、界面膜性质、界面电性质、界面形态等有关。胶体界面化学是研究胶体分散和界面现象应用性极强的一门学科，与化学化工、石油钻探、采油工艺、石油炼制、物理学、生物学、医学、天文学等专业领域中的关键技术都息息相关。尤其在石油工业中，石油钻探、井下作业、采油、原油后处理、原油集输、采出污水处理、原油炼制过程中都与胶体界面化学密不可分。应用胶体界面化学知识可以在使钻井液稳定的前提下，不伤害地层、避免水敏引起的地层坍塌；可以在使十分黏稠的原油变稀薄的前提下，使原油容易采出；对采出的含水原油在不加热的情况下，可使油水分离；在原油输送时，可使原油凝点降低，使原油输送温度降低，减少能耗；在原油炼制时，催化剂表面积的大小、催化能力的改变也离不开胶体界面化学。因此，胶体界面化学是重要的理论基础知识。

本书分为两部分：第一部分为基础理论部分，第二部分为石油工业中的应用部分。第一部分是侧重于基本概念的理解；第二部分介绍胶体与界面化学在钻井、采油、原油后处理、原油集输中的应用。同时，笔者对应用胶体界面化学的知识解决石油工业中出现的问题以及自身在研究和实践应用中的许多实例（包括在石油工业的应用性论文）作了介绍。

在编写本书的理论基础部分时，参考了青岛科技大学陈宗淇教授，山东大学王光信、徐桂英教授，中国科学院江龙教授，北京大学赵国玺、朱步瑶、马季铭教授，四川大学吴大诚教授和中国石油大学（华东）赵福麟教授等与胶体界面化学相关的专著和有关院校的资料，在此表示感谢。

感谢中国石油大学（华东）和山东师范大学的同仁们给予我们的帮助；感谢中国石油天然气集团公司西部钻探工程公司的赵明方先生、中国石油天然气集团公司勘探开发公司陈曙东先生、南京德美世创化工有限公司的孙宇先生在专业应用上强有力的支持；感谢为本书做过大量实验工作和文字打印整理工作的山东油化化工科技有限公司的侯尔群老师及中国石油大学（华东）的研究生徐超、宋奇、金家锋以及山东师范大学的孙其刚、秦娟、孙浩洋和马德华等的帮助。

由于水平有限，书中难免有疏漏和不当之处，敬请广大读者批评指正。

辛寅昌
2012 年 5 月 28 日于山东师范大学

目 录

第一部分 胶体与界面化学理论

第一章 绪论 ········ 3

第二章 液体表（界）面张力与吸附 ········ 9
- 第一节 液体的表面张力 ········ 9
- 第二节 表面过剩与 Gibbs 吸附公式 ········ 14
- 第三节 不溶性膜 ········ 18

第三章 表面活性剂和高分子溶液 ········ 21
- 第一节 表面活性剂分子结构特点与分类 ········ 21
- 第二节 高分子溶液 ········ 56

第四章 固—气表面的吸附作用 ········ 67
- 第一节 固体表面的吸附 ········ 67
- 第二节 物理吸附的主要理论 ········ 68
- 第三节 化学吸附 ········ 73

第五章 固体自溶液中的吸附 ········ 75
- 第一节 固体自溶液中吸附的基本概念 ········ 75
- 第二节 固体自稀溶液中吸附的一般规律 ········ 76
- 第三节 固体对不同溶质的吸附 ········ 77
- 第四节 常用的吸附剂参数 ········ 79
- 第五节 常用的几种吸附剂 ········ 83

第六章 润湿作用 ········ 85
- 第一节 润湿过程 ········ 85
- 第二节 接触角与润湿方程 ········ 87
- 第三节 浸湿热 ········ 91
- 第四节 固体表面的润湿性质 ········ 92
- 第五节 低能固体表面的吸附量与接触角 ········ 94

第七章 分散体系的分类及电动现象 ········ 96
- 第一节 分散体系的分类和制备 ········ 96
- 第二节 分散体系的电动现象 ········ 97
- 第三节 质点表面电荷的来源 ········ 99
- 第四节 双电层结构模型和电动电位 ········ 100
- 第五节 扩散双电层的数学计算 ········ 102

第八章　分散体系的动力学性质 ... 105
第一节　扩散作用与布朗运动 ... 105
第二节　重力场中的沉降作用和沉降分析原理 ... 107
第三节　由沉降曲线构筑质点大小分布曲线 ... 109
第四节　离心力场中的沉降作用 ... 112
第五节　渗透压与 Donnan 平衡 ... 114

第九章　分散体系的稳定性及流变性质 ... 116
第一节　分散体系的稳定性 ... 116
第二节　分散体系的流变性质 ... 127

第十章　乳状液、泡沫与凝胶 ... 134
第一节　乳状液 ... 134
第二节　泡沫 ... 140
第三节　凝胶 ... 142

第二部分　胶体与界面化学在石油工业中的应用

第十一章　胶体与界面化学在油田钻井中的应用 ... 149
第一节　液体钻井液的特点、应用及其添加剂 ... 149
第二节　泡沫钻井液的特点和使用 ... 160
第三节　钻井液制备举例 ... 166

第十二章　胶体与界面化学在油田采油中的应用 ... 176
第一节　提高采收率 ... 176
第二节　稠油降黏 ... 182
第三节　修井作业 ... 193
第四节　调剖堵水 ... 195
第五节　油田污水处理 ... 199
第六节　油田采油添加剂的研究机理和制备举例 ... 212

第十三章　胶体与界面化学在原油后处理中的应用 ... 225
第一节　原油脱水 ... 225
第二节　原油脱盐 ... 234
第三节　原油脱水和脱盐添加剂的制备举例 ... 239

第十四章　胶体与界面化学在原油集输中的应用 ... 253
第一节　原油的降凝输送与减阻输送 ... 253
第二节　油气集输中降摩阻举例 ... 260

参考文献 ... 265

第一部分　胶体与界面化学理论

第一章 绪 论

一、胶体

　　胶体与界面化学是近年来发展起来的一门新的学科，也是应用性很强的学科。随着科学技术的发展和工业、农业、日常生活等各个领域的需要以及整体自然科学水平的提高，世界各国对胶体与界面化学的研究日趋深入。

　　胶体化学，狭义地说，是研究微小颗粒分散体系的科学。例如，将一把泥土放入水中，或将一些水不溶性的物质放在水中，大颗粒的物质会沉下去，但是有一些小的颗粒不溶解也不聚沉，我们把这种不聚沉的颗粒叫做胶体颗粒或胶粒。把一滴不溶于水的非极性原油放在水中加热搅拌，水变浑浊，这是由于原油在水中形成了 O/W（水包油）乳状液。而含有这种胶体颗粒的体系称为胶体体系。这种例子很多，例如氯化钠是典型的晶体，它能在水中溶解成为真溶液；若用适当方法使其分散于苯或醚中，则形成胶体溶液，所以盐分散在原油中也能形成胶体溶液，使原油变稠，这也是含盐的原油会变得特别稠的原因。同样，硫黄分散在乙醇中为真溶液，若分散在水中则为硫黄水溶胶。胶体体系是有一定粒径颗粒的分散相。分散相粒子所处的介质称为分散介质，故胶粒本身与分散介质之间必有一明显的物理分界面。这意味着胶体体系必然是两相或多相的不均匀分散体系。这种不均匀分散体系也被称为憎液胶体，是一种热力学不稳定体系。

　　憎液胶体和亲液胶体有着本质上的区别。亲液胶体又称为高分子溶液。由于两者之间的分散体系颗粒基本相同，都具有分散性和组成的不确定性，导致它们有许多共同的物理性质。特别是近年来发现高分子化合物能强烈影响胶体的稳定和絮凝以及流变性等，还可以与表面活性剂相互作用，因此开拓了新的应用领域，所以高分子溶液也应作为胶体化学重要内容之一。

　　胶体体系分为以下三大类。

　　(1) 分散体系，包括粗分散体系和胶体分散体系。由于体系有很高的表面自由能，属于热力学不稳定体系。这种被称为互不相溶疏液胶体的形成通常是通过减小或细化粗粒子至所需尺寸，或使小分子或离子在溶液中生长（结晶或浓缩等）来制备的。

　　(2) 高分子亲液胶体（亲溶剂）。亲液胶体是以高分子溶液或以可逆缔合或聚集结构（缔合胶体）的溶液形成的。高分子（通常相对分子质量为 5000 至几百万）胶体主要包括天然蛋白质、聚电解质、树脂和其他生物胶体；改性的生物高分子，如明胶和人造丝。因为没有界面，体系无界面能存在，所以是热力学稳定体系，与上述分散体系不同，它能自动形成高分子溶液。

　　(3) 缔合胶体，即胶体电解质。它也是热力学稳定体系。现在工业上用得很多的表面活性剂和高分子复合体，都属于缔合胶体。在油田已成功将这种表面活性剂和高分子复合体作为无伤害压裂液。

二、分散体系及其分类

最简单的分散体系总是由两相组成,其中形成粒子的相称为分散相,是不连续相,分散粒子所处的介质称为分散介质,即连续相。分散的粒子越小,则分散程度越高,体系内的界面积也越大,从热力学观点来看,此类体系也就越不稳定。这表明粒子的大小,直接影响体系的物理化学性质。

通常以单位体积(或质量)物体的表面积来表示该物质分散程度,也称为比面积(或比表面)。如以 V 代表总体积(或以 m 代表总质量),以 S 代表总表面积,以 S_o 代表比面积(比表面),则

$$S_o = S/V \tag{1-1}$$

或

$$S_o = S/m \tag{1-2}$$

对于一个立方体,若每边长为 L,其体积为 L^3,表面积为 $6L^2$,所以比面积是

$$S_o = S/V = 6L^2/L^3 = 6/L \tag{1-3}$$

因此,L 越短则 S_o 越大。以一个 $1cm^3$ 的水的分割为例,由表 1-1 可以看出,分割得越细,则总表面积越大,表面能也就越高。例如,边长为 $0.001\mu m$ 的小粒子,总表面积已达 $6000m^2$,体系的表面能为 460J。显然,这样大的表面能,必然会对体系的物理化学性质有着重要的影响。

表 1-1　立方体形的粒子在分割时表面大小的变化

边长 L/cm	分割后的立方体数	总表面积 S/m^2	比面积 S_o/cm^{-1}	0℃时水的单位体积表面能 /J
1	1	6×10^{-4}	6	4.6×10^{-5}
1×10^{-1}	10^3	60×10^{-4}	6×10^1	4.6×10^{-4}
1×10^{-2}	10^6	6×10^{-4}	6×10^2	4.6×10^{-3}
1×10^{-3}	10^9	60×10^{-4}	6×10^3	4.6×10^{-2}
1×10^{-4} (1μm)	10^{12}	6	6×10^4	4.6×10^{-1}
1×10^{-5} (0.1μm)	10^{15}	60	6×10^5	4.6×10^{-5}
1×10^{-6} (0.01μm)	10^{18}	600	6×10^6	46
1×10^{-7} (1nm)	10^{21}	6000	6×10^7	460

根据以上分析可知,分散程度的大小是表征分散体系特性的重要依据,所以通常可以按分散程度的不同把分散体系分成三类:粗分散体系、胶体分散体系和分子分散体系,如表 1-2 所示。

这种分类法在讨论体系粒子大小时颇为方便,但对实际体系的状态的描述却比较含糊。同时,将真溶液作为分子分散体系来对待也是不很合理,因为它不存在界面,与胶体分散体系有着本质上的差别。

表 1-2　分散体系按分散相粒子的大小分类

类型	颗粒大小	特　性
粗分散体系	$> 0.1 \mu m$ ($> 1 \times 10^{-7}$m)	粒子不能通过滤纸，不扩散，不渗析，在显微镜下可以看见
胶体分散体系 （溶胶）	$0.1 \mu m \sim 1 nm$ ($10^{-7} \sim 10^{-9}$m)	粒子能通过滤纸，扩散极慢，在普通显微镜下看不见，在超显微镜下可以看见
分子分散体系 （溶液）	$< 1 nm$ (1×10^{-9}m)	粒子能通过滤纸，扩散很快，能渗析，在超显微镜下也看不见

分散体系也可以按分散相和分散介质的聚集状态的不同来分类，如表1-3所示。这种分类法所包括的范围很广，在这八大类中，有些体系在胶体化学范围内很少讨论，甚至不予研究。而研究得最多的是4、5两类中的乳状液和溶胶，这是两种最重要的类型。其中溶胶和悬浮体虽然都是固体分散在液体介质中，但两者粒子大小相差很悬殊，物理化学性质差别极大，因而需要分别讨论它们的性质。

表 1-3　分散体系的类型

类型	分散相	分散介质	名　称	实　例
1	液	气	气—液溶胶	雾
2	固	气	气—固溶胶	烟、尘
3	气	液	泡沫	洗衣泡沫、灭火泡沫
4	液	液	乳状液	牛奶
5	固	液	溶胶、悬浮体	金溶胶、油漆、牙膏
6	气	固	凝胶（固态泡沫）	面包、泡沫塑料
7	液	固	凝胶（固态乳状液）	珍珠
8	固	固	凝胶（固态悬浮体）	合金、有色玻璃

胶体粒子的尺寸范围在 $10^{-7} \sim 10^{-3}$cm。当然这个范围也不是绝对的（通常一些常见乳液平均尺寸更大），但此尺寸可作为区分各种均相体系的一个好的参考值。所以，以此特征尺寸作为唯一的标准。

自然界中所有的物质都有界面，通常与气体接触的面叫表面，其他物质之间的接触面统称为界面，而胶体体系的研究离不开物质界面性质。所以人们通常又认为，物质界面是胶体化学必不可少的研究内容之一，而胶体体系是胶体界面化学研究的主要内容。这就是人们把胶体与界面化学简称为胶体界面化学的原因，因此把这门学科称作胶体化学或界面化学也是可行的。

三、胶体与界面化学研究对象和应用

通过显微镜观察在水中的不溶性物质的分散状态发现，分散在水中的颗粒物质不仅有球型，还有各种各样的几何形状。这种不同的分散状态不仅与不同介质和不同的分散相有关，而且与分散相的界面强度、界面物质的分散状态有关。而分散颗粒的大小决定了外观

的透明度，一般来说，分散颗粒在 50nm 以下的胶体体系呈半透明状或透明状，而一般胶体体系的分散颗粒远远大于 50nm，所以一般胶体体系外观不透明。胶体体系与工农业生产和人们的日常生活有着十分密切的联系。在石油工业中，从原油钻探、采油、原油输送及原油炼制等过程都离不开胶体界面化学的知识，例如原油钻探需要的水基钻井液，就是水和固体物质在表面活性剂和高分子聚电解质的作用下形成的一种相对稳定的胶体分散体系。原油开采过程中加入的降黏剂可以使油和水形成相对稳定的水包油（O/W）乳状液。原油采出后，则需要把原油中的水除掉，而油水分离则是把比较稳定的原油乳状液变成不稳定。原油的本体降黏和降凝是把原油的凝点温度条件下的有序状态变成无序，所用的降黏降凝剂通常是具有极性和活性的油溶性有机质。从界面化学讨论，所有的非极性物质统称为油，所有的极性物质统称为水，所以降凝后的原油颗粒表面由于吸附了极性物质，形成了"O/W"，所以凝点降低，黏度降低。

以上所说的胶体分散体系是两种或两种以上互不相溶的物质均匀的分散在一起，另外还有一大类高分子物质（如纤维素、蛋白质、橡胶等高聚物），它们与上述所说的互不相溶的物质形成的胶体分散体系不同，它们可以形成真溶液。但是它们的相对分子质量很大，因此表现出的溶液的依数性、黏度、电导与低相对分子质量的物质有所不同，却有类似胶体体系的性质。所以高分子溶液一直也被纳入胶体化学讨论。因此胶体界面化学研究的是物质存在的一种特殊状态，而不是一种特殊物质。

胶体与界面化学研究的对象是自然界中所有物质的界面、表面性质，以及由这些性质所引发的一系列微观的和宏观的变化。目的是为了解决科学研究和工业、农业生产及日常生活中相关的实际问题。

1. **直接应用**

如合成物的催化，物质间之间的润滑、黏结，液体和固体发泡，物质表面的润湿，物质表面的防水，流体的流变性控制，两种互不相溶物质的乳化，化学合成中的悬浮聚合，膜材料制备，分别利用表面活性剂和聚合物电解质以及其他有机无机材料共同配合使用制备泡沫体系等。

2. **间接应用**

如石油工业中作为钻井润滑、携砂作用并具有防塌防滤失的钻井液，就是利用胶体界面化学知识配制的一种液体分散体系。原油开采中原油的本体降黏、降凝以及原油的乳化降黏是利用两亲性表面活性剂通过改变物质之间的界面性质达到降低输送阻力和开采阻力。原油脱水是通过改变界面强度和乳化稳定性而达到油水分离的目的。污水和污泥的处理是在表面活性剂和聚电解质的作用下，利用桥联作用改变界面稳定性，使油、泥、水、机械杂质分离。利用泡沫的黏性进行泡沫钻井、泡沫驱油以及泡沫调剖堵水在油田已经有了很成功的例子。

四、胶体与界面化学的发展和前景

胶体作为一门学科是从 1861 年开始的，英国科学家 Thomas Graham 提出了晶体和胶体（colloid）的概念。胶体化学上的有些名词如溶胶（sol）、凝胶（gel）、胶溶（preptization）、渗析（dialysis）、离浆（syneresis）都是由 Graham 提出来的。而真正确定界面化学是胶体化学的研究内容是在 1903 年提出的。1907 年《胶体化学和工业杂志》正式出版。研究胶体化学的科学家把 1907 年视为胶体化学正式成为一门独立学科的一年，从那以后，胶体化学也被称为胶体与界面化学。

胶体与界面化学是一门古老而又年轻的科学，从古至今的陶器制造、纤维造纸、研制造墨，豆腐、糕点等制作，到现在在工业上的应用，例如化合物合成时催化剂的表面改性，矿石的浮选，石油开采中使原油降黏降摩阻，原油中脱盐脱水，发电场的粉煤灰利用管道输送，煤的液化开采，纸张表面改性，岩石表面改性和土壤改良等都离不开胶体与界面化学的知识。

2007年诺贝尔化学奖授予在表面化学研究领域作出开拓性贡献的德国科学家格哈德·埃特尔，这是首位胶体界面化学家获此殊荣。表面化学评审委员会在公告中对埃特尔的科研成就给出了如此评价，他涉及化学反应如何在（固体）表面上发生，格哈德·埃特尔成功地观察氮气和氢气在铁的催化作用下如何形成氨，继而再观察这一化学反应的逆向过程，即氨如何在铁的作用下还原为氮气和氢气。而当人们对合成氨的机理还没有完全弄清楚时，埃特尔的研究是最接近于真实情况的。事实上，对作为化肥的氨作"表面"研究不仅仅只是停留在科学这一"表面"上，除此还有着重要的经济意义。从1997年起，埃特尔被应聘为中国科学院大连化学物理研究所催化基础国家重点实验室国际顾问委员会委员，并同时应邀开始担任大连化物所《催化学报》的顾问。在此届诺贝尔奖获得者中，他被称为"与中国关系最密切的一位科学家"。

具有重要应用意义的胶体界面化学具有重要的应用前景。2012年，国家把开采油页岩(oil shale)作为一种页岩气（油）的新型能源，十分重视，而开采油页岩的最环保最廉价的方法是，利用化学原位开采或者水平井压裂生热开采，该开采过程中所用的压裂液是在具有一定黏度和强度的同时，还必须在一定时间完全降解，使用时和返排后不仅对环境无污染，而且返排时完全降解。

表面活性剂胶束体系是最有前景的最需要深入研究的并且与应用结合更紧密的体系，它具有可控的黏度。而原位化学开采所需要的"生热剂"则需要利用耐盐耐温的具有超低界面张力的活性剂把"生热剂"有效地带到地下，增大处理半径，对油页岩的钻探需要对地层无伤害的钻井液，原因是因为，油页岩属于"盖岩"，渗透率极低，所以要求钻井液不能伤害地层。从而避免钻井液伤害地层而引起的钻井的失败。这就需要胶体界面化学家研究一种环保有效的钻井液。

五、胶体与界面化学的发展远景

利用现代物理与化学理论可解决胶体与界面化学中的基本理论问题，如用量子化学研究吸附与催化，用分形理论研究胶粒形貌，用统计力学研究高分子等；应用现代的分析手段解决胶体与界面化学中悬而未决的实际问题，如用不同力（学）显微镜研究胶粒间的力（大小）及表面上分子（或原子）的形态，用不同能谱仪综合研究胶团表面分子相互作用细节；将胶体化学的知识用于解决石油开采、土壤、环境、大气、海洋、湖泊和医学等诸多领域之中，既丰富了这些学科内容，也促进了对胶体与界面化学更深层次知识的探索。

工农业的发展对胶体化学提出了很多高而新的要求：固体表面能、双电层的改进理论、表面能与本体性质之间的关系、胶体体系的热力学、平衡的动态润湿和散布过程、表面的光谱和光学研究等都是目前理论研究的重要方向。

石油开采中的问题有待利用胶体与界面化学来解决。例如，从分子设计入手研究制备一种适用于地层环境的耐温耐盐具有超低界面张力的表面活性剂和耐温耐盐聚电解质，使用这种高性能的活性剂和聚合物把原油顺利开采出来。所以，将来非常规原油的开采量越来越大，鉴于非常规原油的黏度和复杂的地下环境，必须采用非常规的表面活性剂和耐温耐盐聚电解质。该类物质的分子设计、制备方法、使用方法就是胶体与界面化学家所研究的内容。

第二章 液体表(界)面张力与吸附

第一节 液体的表面张力

两相间的接触表面称为界面,两相中的一相为气相时的界面一般称为表面。胶体化学上所说的界面现象不仅要讨论物体表面上会发生怎样的物理化学变化以及物质表面分子与物质内部有什么不同,而且要讨论物质经高度分散后,表/界面能猛烈增大给体系的性质带来的影响。粉尘为什么爆炸?小水珠为什么凝固?原油为什么能降黏?含水的油为什么能降低黏度也能增加黏度?水溶性表面活性剂水溶液产生的泡沫为什么是憎水的?这些问题都与界面现象有关。其界面现象的性质和界面类型由胶体分散系的聚集状态所决定。由于物质的聚集态有三种:固、液、气,故物质的界面有固—固、液—液、液—固三种界面和液—气、固—气两种表面共计五种类型。

互不相溶的两个相混在一起,这两相边界为了稳定必须具有一个界面自由能,以便做功使界面延伸式扩大,如果界面自由能是负值它就不能作为一个稳定的界面存在于两相中间。

在表面和胶体化学中,稳定是相对的。如果一个体系在热力学上是不稳定的,在动力学上有可能是稳定的(例如金刚石)。

本章仅就热力学讨论表面张力和表/界面自由能。

自然界中总是力图维持体系总自由能极小的状态。例如原油在高矿化度的水中形成乳状液是很难的。如果能让原油在高矿化度的海水中形成稳定的乳状液,使原油降黏,就能用海水驱动原油。只有利用降低海水的表面张力的表面活性剂才能控制界面面积(原油表面积)的大小,原油表面积越大,体系越稳定,原油表面积越小,体系越不稳定。

一、液体表现出表面张力的原因——净吸力

处于液体内部的任一分子受到四面八方的作用力是相等的,可以相互抵消,故液体内分子的移动不需做功。处在液体表面上的分子(图2-1),受到液体内部分子的引力远大于另一侧气体(或蒸气)分子对它的引力,因而液体表面上的分子有自动向液体内部迁移的趋势,遵守能量最低原则,其宏观表现为液体表面自动缩小,这是自然形成的液滴总是球形的或类似于球形的道理。

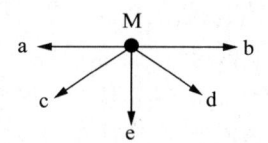

图 2-1 表面分子的处境

二、表面张力和表面自由能

外力对液滴做功,如图2-2所示。当球形液滴被拉成扁平后,液滴表面积 S 变大,这就意味着液体内部的某些分子被拉到表面上,需要克服分子的内部的吸引力(F)而消耗功——$W_{可}$。

为进一步理解力学定义的表面张力,以下面的例子进行说明。

将金属丝弯成一个一边可以自由活动的方框（图2-3），边长为 L。将金属丝框上蘸上肥皂水后缓慢拉动金属丝框。

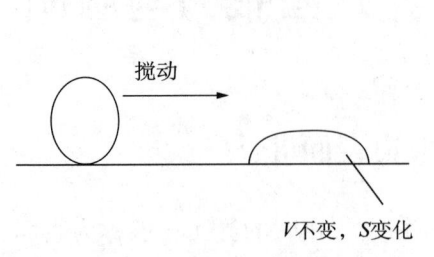

图2-2 球形液滴变形

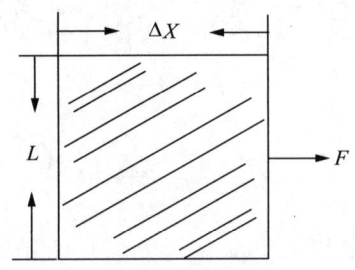

图2-3 可自由活动的金属丝方框

设移动的距离为 ΔX，则形成面积为 $2L\Delta X$ 的肥皂水膜（因为金属丝框上的肥皂水膜有两个表面，所以乘以2）。在此过程中环境所消耗的功为 $-W_{可}=F\Delta X$，又因为 $\Delta A=2L\Delta X$，所以表面张力 $\gamma=\dfrac{-W_{可}}{\Delta A}=\dfrac{F\Delta X}{2L\Delta X}=\dfrac{F}{2L}$

在活动金属丝收缩时，有垂直作用在金属丝框架边缘上的力，表面张力也可以认为是作用在金属丝框单位长度上的力（指液体）。液体用张力仪测定，而固体用强度仪测定，其单位均是 N/m。

从力学定义表面张力：外力对体系作功，就是对两个体系长度所加的力。而从热力学角度定义表面张力：外界消耗的功存储在表面，体系的自由能增加。体系表面多出的自由能，即体系表面所具有的一种势能，也称为比表面自由能或叫过剩自由能，它代表了体系热力学强度性质。

三、决定和影响表面张力的因素

表面张力是液体（或固体）表面的一种性质，而且是强度性质。有许多因素可以影响物质的表面张力。

1. 物质本性

表面张力起源于净吸力，而净吸力取决于分子间的相互作用力，因此表面张力与物质本性有关。例如水是极性分子，分子间有很强的吸引力，常压下20℃时水的表面张力高达72.5mN/m，而非极性分子的正己烷在同温下其表面张力只有18.4mN/m。水银有极大的内聚力，故在室温下是所有液体中表面张力最高的物质（$\gamma_{Hg}=485$mN/m）。当然其他熔态金属的表面张力也很高，例如1100℃熔态铜的表面张力为879mN/m。

2. 温度

一般来说，温度升高，液体互溶度增加，但原油与水的分离是随温度升高，而互溶度减少，表面张力增加；而水、苯体系温度升高，互溶度则增高，表面张力下降。如果液体中加入第三种物质，液体的互溶度增加，表面张力就降低。

温度升高使分子热运动加剧，分子间引力减弱，因而表面张力降低。在温度变化范围不大时，纯液体表面张力的温度系数（$d\gamma/dT$）约为定值。

表面张力与温度的经验或半经验关系式：

$$\gamma V^{2/3} = k(T_c - T)\ ;\quad \gamma V^{2/3} = k(T_c - T - 6)\ ;\quad \gamma = \gamma^0 \left(1 - \frac{T}{T_c}\right)^n \tag{2-1}$$

式中　V——液体摩尔体积；

　　　T_c——临界温度；

　　　k——常数，对非极性液体约为 0.21μJ/K，醇类为 0.095 ~ 0.15μJ/K，酸类为 0.090 ~ 0.17μJ/K；

　　　n——常数，液态金属时 n 为 1，有机物的 n 约为 11/9；

　　　γ^0——常数。

原油随温度升高黏度降低，其体系温度的变化符合以下热力学公式：

$$\left(\frac{\partial H}{\partial A}\right)_{T,p} = \gamma - T\left(\frac{\partial \gamma}{\partial T}\right)_{A,p} \tag{2-2}$$

式中　$\left(\dfrac{\partial H}{\partial A}\right)_{T,p}$——等温等压下单位表面积的热量改变；

　　　γ——表面张力；

　　　T——热力学温度；

　　　$\left(\dfrac{\partial \gamma}{\partial T}\right)_{A,p}$——等表面积等压下表面张力随温度的变化。

由以上公式可见，原油表面积增大是吸热过程。稠油被分散稀释过程也是稠油表面积增大的过程，所以掺入的稀油、溶剂和活性水的温度要比地层温度高，才不至于使地层温度下降。

3. 溶液的组成及杂质的影响

纯液体在温度和压力一定时，表面张力为定值。纯液体中含有杂质常能明显影响液体表面张力，甚至在与液体接触的气相成分的变化也可引起表面张力的变化。溶液的表面张力常与溶质的性质、浓度有关。例如两亲性有机物的加入可大大降低水的表面张力。

四、弯曲液面内外差与曲率半径的关系——Laplace 公式

所谓弯曲液面是指液体毛细作用产生的现象。毛细作用是液体在各自表面张力和界面张力作用下的宏观运动。静止状态是平衡状态，平衡状态时产生的凹凸液面的大小与压差有关，压差大小与驱动大小有关特别是在石油开采中广泛应用，而压差大小决定了表面张力的大小。因此研究液体弯曲液面的意义是很重大的，它可以指导物体表面改性、三次采油、洗涤等。

现在分析处于平衡态下的一个液滴受力状况（图2-4）。

设液滴的曲率半径为 R，液面上某分子因受净吸力的作用而产生一个指向液体内部的压力 $p_{收}$ 通常称为收缩压，也称附加压力；液滴的外部压力（即大气压，也就是凸面的压力）为 $p_{凸}$。

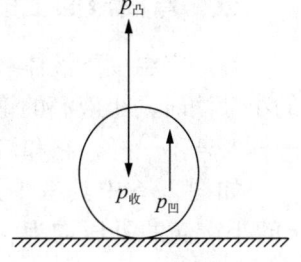

图 2-4　液滴所受到的压力

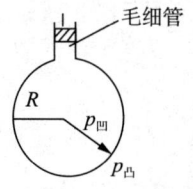

图 2-5　收缩压与曲率半径的关系

此液滴所受到的压力为 $p_{收}+p_{凸}$。因液滴处于平衡态，故液滴的凹面上必有一个向外的与之相抗衡的压力 $p_{凹}$，即 $p_{凹}=p_{收}+p_{凸}$ 或 $p_{收}=p_{凹}-p_{凸}=\Delta p$。当 $p_{凹}>p_{凸}$ 时，液面为凸液面；当 $p_{凸}>p_{凹}$ 时，液面为凹液面。

设有一毛细管（图 2-5）内充满液体，管端有一半径为 R 的球状液滴与之成平衡。

如果对活塞稍稍施加压力减少了毛细管中液体的体积，使液滴的体积增加 dV，相应地其表面积增加 dA，此时为了克服表面张力，环境所消耗的体积功应为 $\Delta p_{收}dV$。当体系达到平衡时，此功的数值和表面能 $\gamma \cdot dA$ 相等，即

$$w=\Delta p dV=p_{收}dV=(p_{凹}-p_{凸})$$

$$(p_{凹}-p_{凸})dV=\Delta p dV=\gamma \cdot dA \tag{2-3}$$

因为球面积 $A=4\pi R^2$，所以 $dA=8\pi R dR$；球体积 $V=\dfrac{4}{3}\pi R^3$，则 $dV=4\pi R^2 dR$；故

$$\Delta p=\dfrac{2\gamma}{R} \tag{2-4}$$

式（2-4）表明：液滴越小，液滴内外压差越大，即凸液面下方液相的压力大于液面上方气相的压力；若液面是凹的，此时凹液面下方液相的压力小于液面上方的压力；若液面是平的（即 R 为∞），则压差为 0。

式（2-4）同样适用于气相中的气泡。但肥皂泡有两个气液界面，且两个球形界面的半径基本相等，此时气泡内外的压差即为

$$\Delta p=\dfrac{4\gamma}{R} \tag{2-5}$$

如果液面不是球形的一部分而是任意曲面，且曲面的主要半径为 R_1 和 R_2，则曲界面两侧压力差为

$$\Delta p=\gamma\left(\dfrac{1}{R_1}+\dfrac{1}{R_2}\right) \tag{2-6}$$

式中　Δp——形成界面两相的压力差；

R_1、R_2——曲面的主要半径（对于球形 $R_1=R_2=R$）。

这是根据表面张力和曲率推导出曲线界面上压力差的表达式，通常称为 Laplace 公式。

五、弯曲液面上的饱和蒸气压

在一定温度下液体有一定的饱和蒸气压。我们的问题是，若将液体分散成粒子半径为 r 的小液滴时，小液滴的饱和蒸气压和平面液体的是否一样？若不一样，它和液滴半径 r 有什么关系？

如图 2-6 中具有平液面的液体与分散成半径为 r 的小液滴的外压均为 p，小液滴凹面上所受的压力为 p_r'，则小液滴因液面弯曲其界面两侧就有压力差

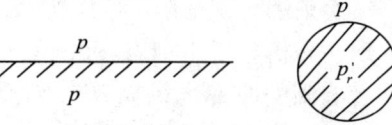

图 2-6　平液面液体与小液滴

Δp （$\Delta p = p_r' - p$）。

据式（2-3）得出 $\Delta p = \dfrac{2\gamma}{r} = \dfrac{2\gamma_{L-G}}{r}$

在恒温下如果把 1mol 水平液面的液体转变成半径为 r 的小液滴，则自由焓的变化为

$$\Delta G = \tilde{V}\Delta p = \tilde{V}\dfrac{2\gamma_{L-G}}{r} \tag{2-7}$$

式中　$\tilde{V}$——液体的摩尔体积。

此处自由焓的变化是小液滴的化学位 μ_r 与平面液体的化学位 μ_o 之差，即 $\Delta G = \mu_r - \mu_o$。

设小液滴和平面液体的饱和蒸气压分别为 p_r 和 p_o。又 $\mu_G = \mu_L$，以及液体化学位与其饱和蒸气压的关系式应有

$$\mu_r = \mu_o + RT\ln p_r;\quad \mu = \mu_o + RT\ln p_o \tag{2-8}$$

所以

$$\Delta G = \mu_r - \mu = RT\ln\dfrac{p_r}{p_o} \tag{2-9}$$

又 $\tilde{V} = \dfrac{M}{\rho}$，其中 M 是液体的相对分子质量，ρ 是液体的密度，则得

$$\ln\dfrac{p_r}{p_o} = \dfrac{2\gamma_{L-G}M}{RT\rho r} \tag{2-10}$$

式（2-10）便是著名的 Kelvin 公式，从中可以看出，液滴半径 r 越小，与之相平衡的蒸气压 p_r 越大。当 $r \to \infty$ 时，$p_r = p_o$。

这个事实常被用来说明人工降雨的基本原理。例如在高空中如果没有灰尘，蒸汽可以达到相当高的过饱和程度（即比平液面时液体的饱和蒸汽压高许多倍）而不致凝结成水。因为此时高空的蒸汽压力虽然对平液面的水来说已是过饱和了，但对于将要形成的小水滴来说却尚未饱和，这意味着微小水滴难于形成。可以设想，这时如果在空中撒入凝结核心（例如 AgI 小晶粒），使凝聚水滴的初始曲率半径加大，则其对应的蒸汽压可以小于高空中已有的蒸汽压力，因此蒸汽压将促其迅速凝成水滴，形成人工降雨。但必须注意，如果凹液面情况则正好相反。凹液面越弯，气泡越小张力越低，泡内饱和蒸汽压越低。水沸腾时，内外压平衡，气泡从无到有，从小到大，成为过热蒸汽，加热时间过长时，暴沸。加热时，若加沸石，液体沸腾但不吸热，溶液达饱和。沸腾时，$p_r = p_o$，最初形成小液泡，内压远远大于外压，外界压迫下难于形成泡沫，难于沸腾，从而形成过热液体。

六、表（界）面张力的测定方法

测定表面张力的方法主要有三类：静态法、半静态法和动态法。此外还可用相关数据计算表（界）面张力。

（1）静态法：使液体的表（界）面与液体体相成平衡状态，故测定前要使表（界）面长时间内处于静止状态。这类方法有毛细升高法、滴外形法等。

（2）半静态法：在测定过程中表（界）面周期性地形成和更新。若表面形成时间长于体系平衡时间，用此法测出的如静态法相同均为平衡张力值，否则所得表面张力将与表面形成的时间有关。气泡最大压力法、滴体积法、滴重法均为此类方法。

（3）动态法：在外力作用下液体表面产生的周期性伸缩变化与所形成表面的表面张力

有关，利用这种关系可求得相应于形成表面时的表面张力。此法得到的是不同时间的表面张力（动态表面张力）。振荡射流法为动态法。

第二节　表面过剩与 Gibbs 吸附公式

在平衡条件下，某组分在两相接触形成的表/界面层中的浓度与其在体相中浓度不同的现象称为吸附。在固气、固液界面的吸附作用吸附量易直接测定。气—液和液—液界面也有吸附作用发生，并且有广泛的应用。表面活性物质降低表/界面张力就是这些物质在界面吸附的结果。

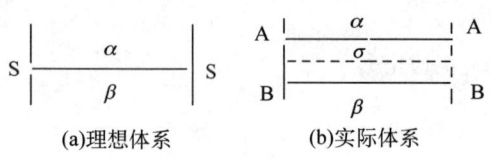

图 2-7　表面相示意图

一、表面过剩

设有 α 和 β 两相，其界面为 S—S [图 2-7 (a)]。实验证明，在两相交界处交界面不是一个几何界面，而是一个约有几个分子层厚的过渡层。此过渡层的组成和性质都不均匀，是连续地变化着的。为讨论方便，将该薄层视作平面。在该薄层 α 的附近（但又在体相之中）画两个平行面 A—A 和 B—B 面 [见图 2-7 (b)]，使 A—A 处的性质与 α 相一样，B—B 处的性质和 β 相一样。这样，界面上发生的所有变化都包括在 A—A 和 B—B 面之间。人们将此薄层（α 层）称为表面相（Surface phase）。

若体系中第 i 种物质的总量为 n_i，在 α 和 β 相中物质的量分别为 n_i^α 和 n_i^β。i 物质实际总量 n_i 与其在 α 和 β 相中含量（$n_i^\alpha + n_i^\beta$）之差完全集中于人为划定的几何面上，此值（n_i^s）称为表面过剩：

$$n_i^s = n_i - (n_i^\alpha - n_i^\beta) \tag{2-11}$$

若界面面积为 A，单位表面上的过剩量称为比表面过剩量、表面浓度、表面吸附量，有时仍笼统地称为表面过剩，通常以 Γ 表示：

$$\Gamma_i = \frac{n_i^s}{A} \tag{2-12}$$

显然，比表面过剩量 Γ 与人为划定的几何面的位置有关，只有当此面按照一定的原则划定以后才能给出 Γ 的确切数值。Gibbs 将次此人为几何面划在使某一组分（通常为溶剂）的比表面过剩 Γ 为 0 处，再考查其他溶质的过剩量。对于二组分溶液，若以 1 表示溶剂，2 表示溶质，即 $\Gamma_1=0$ 处为 Gibbs 划定的参考几何面，此时溶质 2 的吸附量（表面过剩量）可表示为 Γ_2 [1]。

对于两个相，设定其中一相的比表面过剩量为零，通常设定溶剂的过剩量为零，1 表示溶剂，2 表示溶质。

溶剂表面也吸附溶质，为了讨论方便只能设定一项过剩量为 0。通常只把对溶液的表面性质改变起主要作用之一的相设定为溶质，也就是只研究对改变表面在性质作出贡献的吸附过剩量。

二、Gibbs 吸附公式

对于一开放体系，全部热力学参数有下述关系：

$$U = TS - pV + \sum_i \mu_i n_i \tag{2-13}$$

表面相 s 的内能 U^s 有相应的表示式：

$$U^s = TS^s - pV^s + \gamma A + \sum_i \mu_i n_i^s \tag{2-14}$$

式中，T、p 和 μ 为强度性质未加上角标 s，因为在平衡的非均相体系中，它们在各相中的数值相等。由式（2-14）可得

$$dU^s = TdS^s + S^s dT - pdV^s - V^s dp + \gamma dA + Ad\gamma + \sum_i \mu_i dn_i^s + \sum_i n_i^s d\mu_i \tag{2-15}$$

而对表面相，由热力学第一、第二定律知

$$dU^s = TdS^s - pdV^s + \gamma dA + \sum_i \mu_i dn_i^s \tag{2-16}$$

用式（2-8）减去式（2-9）得

$$S^s dT - V^s dp + Ad\gamma + \sum_i n_i^s d\mu_i = 0 \tag{2-17}$$

在恒温、恒压条件下，可得

$$d\gamma = -\sum_i \left(\frac{n_i^s}{A}\right) d\mu_i = -\sum_i \Gamma_i d\mu_i \tag{2-18}$$

对于二组分体系，式（2-18）变为

$$d\gamma = -\Gamma_1 d\mu_1 - \Gamma_2 d\mu_2 \tag{2-19}$$

在恒温条件下设定 $\Gamma_1=0$，引入化学式与组成的关系

$$\mu_i = \mu_i^0 + RT \ln a_i \tag{2-20}$$

式中　a_i——i 组分的活度。

将式（2-19）带入式（2-20），得　　$d\gamma = -\Gamma_2^{(1)} RT \ln a_2$

即

$$\Gamma_2^{(1)} = -\frac{1}{RT} \left(\frac{\partial \gamma}{\partial \ln a_2}\right)_T \tag{2-21}$$

或

$$\Gamma_2^{(1)} = -\frac{a_2}{RT} \left(\frac{\partial \gamma}{\partial a_2}\right)_T \tag{2-22}$$

对于稀溶液，$a \approx c$，则

$$\Gamma_2^{(1)} = -\frac{c_2}{RT} \left(\frac{\partial \gamma}{\partial c_2}\right)_T \tag{2-23}$$

式（2-17）、式（2-18）、式（2-20）至式（2-22）都是 Gibbs 吸附公式的形式，而式（2-17）是其原形，其余则是在指定条件下的形式。

由式（2–23）可知，溶质在稀溶液表面上的吸附量 $\Gamma_2^{(1)}$ 大小和符号由 $(\partial\gamma/\partial c_2)_T$ 的符号决定：$(\partial\gamma/\partial c_2)_T < 0$，$\Gamma_2 > 0$，即溶质在表层中的浓度大于在体相溶液中的，为正吸附；反之，为负吸附。Gibbs 吸附公式是由热力学方法导出的适用于一切界面吸附的基本公式。在气—液和液—液界面吸附研究中易于测定表（界）面张力随溶质浓度的变化，从而可依据该公式计算不易直接测定的表面吸附量。在固气和固液界面吸附研究中易测定的是吸附量，从而可根据 Gibbs 公式了解吸附前后表（界）面张力的变化。Gibbs 吸附公式是最基本的吸附公式，由该公式出发，结合其他界面吸附的条件和假设可以推导出一些颇有应用价值的吸附等温方程，以处理各种实际问题。

三、根据实验数据计算气液界面的吸附量

应用式（2–16）形式的 Gibbs 吸附公式计算吸附量 $\Gamma_2^{(1)}$（对于二组分溶液，常将 $\Gamma_2^{(1)}$ 简写为 Γ），需实验测定表面张力与浓度的关系，然后用图解微分、数值微分或解析微分的方法求出 $\partial\gamma/\partial c$，即式（2–16）中之 $(\partial\gamma/\partial c)_T$ 的简写，进而计算出吸附量 Γ。

1. 图解微分法

在表面张力与浓度关系曲线上的任一点，求出该点处曲线的斜率，即为相应的 $\partial\gamma/\partial c$。图解微分法在浓度较高时误差大，这不仅是由于作切线的误差，而且在高浓度时表面张力测定的相对误差也大。

2. 数值微分法

数值微分法是由最小二乘法（利用概率论通过数理回归分析，设定相同间隔的样本，来了解判断的方法）演化而来，当已知等间隔浓度的表面张力值时这种方法最为简便。

设 γ–c 曲线上某曲线段由 5 个点构成，该曲线是二阶双曲线

$$r = b_0 + b_1 c + b_2 c^2 \tag{2-24}$$

假设曲线开始和终结部分均可用上式表示，前四个点的值 $x=0$、l、$2l$、$3l$，在点 $x=0$ 和 $x=l$ 的微商在数值上等于 b_1 和 b_1+2b_2。可按下式计算求出前两个点的微商。

$$\left(\frac{dr}{dc}\right)_{x=0} = \frac{-21f(c) + 13f(c+l) + 17f(c+2l) - 9f(c+3l)}{20C} \tag{2-25}$$

$$\left(\frac{dr}{dc}\right)_{x=1} = \frac{-11f(c) + 3f(c+l) + 7f(c+2l) + f(c+3l)}{20C} \tag{2-26}$$

式中　c——第一点的值。

最后两点微商的计算按下述步骤进行。从最后一个点（n 点）开始（此点的 $x=0$），数值 $f(x_0)$，$f(x_0+l)$，$f(x_0+2l)$，$f(x_0+3l)$ 相应记作 $f(x_0)$，$f(x_0-l)$，$f(x_0-2l)$，$f(x_0-3l)$。

其余点的微商依下法求出。五个选择点的 x 值相应表示为 $-2l$、$-l$、0、l、$2l$。$x=0$ 点的微商在数值上等于 b_1：

$$\left(\frac{dr}{dc}\right)_{x=0} = \frac{-2f(c-2l) - f(c-l) + f(c+l) + 2f(c+2l)}{10l} \tag{2-27}$$

3. 解析微分法

表面活性物质水溶液表面张力与其浓度的关系可用 Szyszkowski 经验式表征：

$$\Delta\gamma = \gamma_0 - \gamma = a\ln(1+bc) \qquad (2-28)$$

由此式求出表面张力 γ 对浓度 c 的微商，带入 Gibbs 吸附公式，得

$$\Gamma = \frac{a}{RT}\frac{bc}{1+bc} \qquad (2-29)$$

此式即为 Langmuir 吸附等温式。用式（2-29）计算吸附量必须确认体系的表面张力与浓度关系服从 Szyszkowski 经验公式，并能求得该体系的相应常数 a 和 b。

如果 γ-c 关系可用 Szyszkowski 式表征，求 a 和 b 的方法是，在高浓度时 $bc \gg 1$，从而

$$\Delta\gamma = a\ln b + a\ln c \qquad (2-30)$$

由 $\Delta\gamma$ 对 $\ln c$ 作图，由高浓度区的直线斜率和截距可求得 a 和 b。

在上述三个方法中图解微分法最为方便实用，特别是对表面活性剂水溶液其 γ-$\ln c$ 关系在不高的浓度时即为直线，可以很方便的应用 Gibbs 公式计算吸附量。

四、表面活性剂在气液表面上的吸附

表面活性剂在气液表面上的吸附量可根据实验测出的表面张力 γ 与浓度 c 的关系依 Gibbs 吸附公式计算。非离子型和离子型表面活性剂在水中存在状态不同，因而 Gibbs 吸附公式的应用形式也不同。

对于非离子型表面活性剂，其在水中不电离，为单一组分，故吸附量与表面张力和浓度的关系直接用式（2-20）至式（2-22）的形式表示：

$$\Gamma = -\frac{1}{RT}\left(\frac{d\gamma}{d\ln c}\right) = -\frac{1}{2.303RT}\left(\frac{d\gamma}{d\lg c}\right) \qquad (2-31)$$

1-1 型离子型表面活性剂在水中电离成多种组分：表面活性剂离子（R^+ 或 R^-），反离子（A^- 或 M^+）。因而对阴离子：

$$-d\gamma = \sum \Gamma_i d\mu_i = \Gamma_{R^-}\cdot d\mu_{R^-} + \Gamma_{M^+}\cdot d\mu_{M^+} = RT\Gamma_{R^-}d\ln c_{R^-} + RT\Gamma_{M^+}\cdot d\ln c_{M^+}$$

或对阳离子：

$$-d\gamma = \Gamma_{R^+}\cdot d\mu_{R^+} + \Gamma_{A^-}\cdot d\mu_{A^-} = RT\Gamma_{R^+}d\ln c_{R^+} + RT\Gamma_{A^-}d\ln c_{A^-}$$

根据电中性原则 $\Gamma_{R^-}=\Gamma_{M^+}$，或 $\Gamma_{R^+}=\Gamma_{A^-}$；溶液体相，$c_{R^-}=c_{M^+}$ 或 $c_{R^+}=c_{A^-}$ 故 $-d\gamma=2\Gamma_{R^-}\cdot du_{R^-}$ 或 $-d\gamma=2\Gamma_{R^+}\cdot du_{R^+}$，即

$$\Gamma = -\frac{1}{2RT}\left(\frac{d\gamma}{d\ln c}\right) = -\frac{1}{2\times 2.303RT}\left(\frac{d\gamma}{d\lg c}\right) \qquad (2-32)$$

表面活性剂在气液表面上的吸附量与浓度的关系式为吸附等温式，关系曲线为吸附等温线。从 Szyszkowski 经验式可以方便地得出，表面活性剂在气液表面上的吸附等温式与气体吸附的 Langmuir 等温式相同：

$$\Gamma = \frac{b}{RT}\cdot\frac{ac}{1+ac} = \frac{\Gamma_\infty ac}{1+ac} \qquad (2-33)$$

$$\frac{c}{\Gamma} = \frac{1}{\Gamma_\infty a} + \frac{c}{\Gamma_\infty} \tag{2-34}$$

式中　a、b——Szyszkowski 公式中之常数；
　　　Γ_∞——极限吸附量。

应知，即使达极限吸附时因表面活性离子（对离子型表面活性剂）端基的电性斥力或非离子型表面活性剂亲水性端基的水合作用表面活性剂也不可能完全紧密定向单层排列；但是可依式（2-34）计算出的 Γ_∞，并进而求出极限吸附时每个分子占据面积，从而了解吸附分子的状层和吸附层的结构。

第三节　不　溶　性　膜

既可将有一定宏观厚度的二维伸展的结构称为膜（如油膜、液膜、孔性隔膜等），也可将二维的分子组合体称为膜（如细胞膜、半透膜、不溶物膜、LB 膜等）。此处讨论后者，即不溶性两亲分子形成的有一定紧密结构的二维分子有序组合膜。

一、不溶物单层膜的类型

铺展的膜在表面上对单位长度浮片施加的力称为表面压，通常以 π 表示，其数值等于铺展膜前后表面张力之差：

$$\pi = \gamma_0 - \gamma \tag{2-35}$$

式中　γ_0 和 γ——铺膜前和铺膜后的表面张力。

实验测得表面压 π 与成膜物每个分子在液面上占据的面积 A 的关系曲线为 π–A 等温线。图 2-8 画出的是将各种特征都包括进去的 π–A 图，因而坐标不成比例。图中所示各段的名称：气态膜（G 段）、气液平衡膜（L_1–G 段）、液态扩张膜（L_1 段，常简称 L_e 膜）、转变膜（I 段）、液态凝聚膜（L_2 段，常简称 L_c 膜）、固态膜（S 段）。

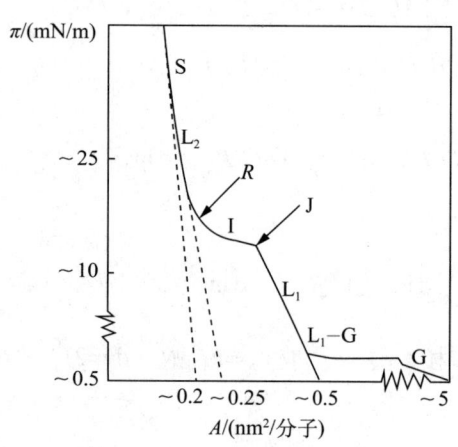

图 2-8　典型的 π–A 等温线

1. 气态膜

当 A 很大（如 $A > 40\text{nm}^2$）时，π 很低（通常 $\pi < 0.5\text{mN/m}$）。π 与 A 有类似于理想气体的关系：$\pi A = kT$。若考虑到成膜分子的协面积 A_0，则有类似于实际气体的状态方程

$$\pi(A - A_0) = kT \tag{2-36}$$

式中　k——Bolzmann 常数。

当 A 和 A_0 表示相应的摩尔面积时，上二式中之 k 换为 R（气体常数）即可。

2. 气液平衡膜

从气态膜向液态膜的转变状态，类似于三维空间中的气—液平衡状态。与气—液平衡

膜相应的表面压即为不溶物膜的饱和蒸气压。

3. 液态扩张膜

成膜分子间有明显的侧向相互作用，膜的可压缩性比三维液态大得多，π-A 线为明显曲线。膜的扩张性是指在相同表面压时分子占据面积的比较，占据面积大的扩张性大。液态扩张膜的状态方程为

$$(\pi-\pi_0)(A-A_0)=kT \quad (2-37)$$

式中　π_0——常数（与成膜物性质有关）。

4. 液态凝聚膜

π-A 关系为直线关系，膜的可压缩性小，与成分子有较紧密的排列方式，分子极性基间有溶剂分子存在。在实际条件下，液态扩张膜、转变膜、液态凝聚膜间常没有很清楚的分界点，有时也将它们混称为凝聚相膜。

5. 固态膜

压缩性小、密度大、紧密定向排列的单层膜、多数直链脂肪酸或醇在碳链足够长时都极易得到此类型膜。其状态方程为直线式

$$\pi=c-qA \quad (2-38)$$

式中　c 和 q——常数。

二、不溶物单层膜的研究方法

1. 表面压的测量

表面压测量有两种方法：直接测量底液表面施于将有膜区和无膜区分开的浮片上的力，这种装置如常见的 Langmuir 膜天平；用类似于吊片法测表面张力的方法测定成膜前后表面张力的变化，从而计算出表面压。（类似于测表面张力的方法）

2. 表面电势

由于不容溶物膜的存在可引起原底液与空气间电势的变化，仪器测定的是液体表面与探针间的电势。膜展开前后的电势差 ΔV 与单位表面上成膜物质分子数 n、成膜分子的有效偶极矩 μ、偶极子实际方向与垂直方向的夹角 θ 有关，即

$$\Delta V=4\pi n\mu\cos\theta \quad (2-39)$$

3. 表面黏度

表面黏度是单分子膜的重要性质，其大小与成膜分子结构和排列紧密程度有关。表面黏度分为表面膨胀黏度和表面切变黏度。表面黏度 η^s 可用下式计算：

$$\eta^s=\left[\frac{\Delta\gamma d^3}{(12lQ)}\right]-\left(\frac{\alpha\eta}{\pi}\right) \quad (2-40)$$

式中　d——狭缝的宽度；
　　　l——狭缝的长度；
　　　η——底液的黏度；
　　　α——常数。

三、不溶性单分子膜的应用

不溶性单分子膜的 π–A 等温线中表现出其有复杂的类型，其中尤以气态膜和固态膜得到应用或有应用前景。形成单分子层膜用的成膜物量少。用气态膜的状态可方便地测定高分子化合物的相对分子质量。不溶物单层膜可有效地抑制底液水的蒸发，节约水资源。从不溶物膜出发可以形成有广泛应用前景的 LB 膜。不溶物单层膜也是最简单模拟生物膜体系，利用生物物质形成的单层膜探讨生物膜的生化反应控制、膜的通透性能、能量的转换、分子识别等都有重要意义。

第三章　表面活性剂和高分子溶液

第一节　表面活性剂分子结构特点与分类

常用的表面活性剂均为不对称的两亲有机化合物：一部分为亲油的非极性基团（常用的乳化剂一般在 8 个以上碳原子的碳氢链），称为疏水基。表面活性剂中常见的疏水基团有烷基芳香烃、萘、蒽、硅酮、二甲基硅氯烷、氧丙烯基等。另一部分为亲水性的极性基团，即为亲水基，最常用的亲水基团有以下几种：阴离子亲水基团，如磺酸盐、硫酸盐、羧酸盐、磷酸盐 $R-OPO_3-M^+$；阳离子亲水基团，如铵盐、季铵盐、甜菜碱、氧乙烯基；两性离子亲水基团（磺基甜菜碱）；非离子亲水基团：多酚、多肽、多聚甘氨酸等其他基团。所以，研究胶体界面化学离不开表面活性剂，表面活性剂的疏水基和亲水性吸附在油水界面上可以改变油水界面性质。本章介绍的内容与胶体界面化学在石油工业中的应用中所使用的表面活性剂紧密相关。

疏水基的大小影响其在水中的溶解度，疏水基越大溶解度越小。疏水基太小，则其表面活性趋弱。

以下是不同物质的亲水性规律：

$CH_3(CH_2)_{10}CH_3$（十二烷）$< CH_3(CH_2)_{10}CH_2OH$（十二醇）$< CH_3(CH_2)_8CH(OH)CH_2CH_3$（仲醇）$< CH_3(CH_2)_{10}COOH < CH_3(CH_2)_{10}COONa$（肥皂）$> CH_3(CH_2)_{14}COONa < CH_3(CH_2)_{10}CH_2OSO_3H$

根据表面活性分子在水中电离的情况可将其分为离子型和非离子型两大类。离子型的又可分为阴离子型、阳离子型和两性离子型三大类。

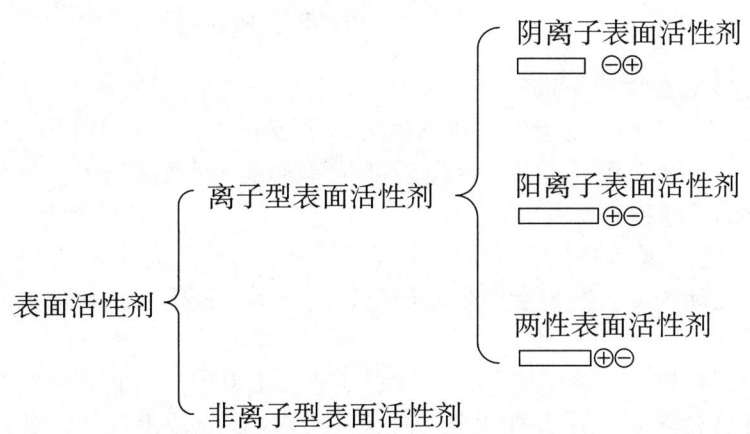

另外，近年来，双子表面活性剂的研究是对以上表面活性剂的补充，双子表面活性剂同样具有以上类似结构，所不同的是，双子表面活性剂具有两个亲水基团两个亲油基团。

应用较为广泛的有阴离子表面活性剂、非离子表面活性剂等。

一、阴离子表面活性剂

阴离子表面活性剂由亲油基和阴离子基团作为亲水基两部分组成,可用图 3-1 表示。

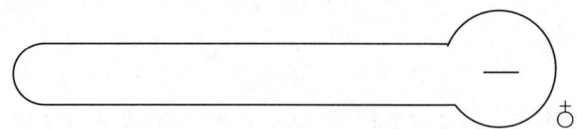

图 3-1 阴离子表面活性剂结构特征

阴离子表面活性剂可以分为以下四类:羧酸盐类表面活性剂、磺酸盐类表面活性剂、硫酸酯盐类表面活性剂和磷酸酯(盐)类表面活性剂。

1. 羧酸盐类表面活性剂

高级羧酸盐(钠或钾盐)是最古老的表面活性剂,早在公元 1 世纪就开始使用。此类表面活性剂的亲水基为羧酸根负离子(—COO$^-$),依亲水基与亲油基的连接方式不同又可分为直接相连和间接接相连:直接相连如高级脂肪酸盐 RCCOM;间接相连是亲油基通过中间基如酰胺键与羧基相连接,如 RC=ONH(CH$_2$)$_n$COOM,这两类表面活性剂的亲油基原料均为高级脂肪酸。

1) 脂肪酸的来源及合成

脂肪酸主要来源天然油脂的水解,也可通过合成的方法得到。

(1) 油脂水解。

油脂是合成表面活性剂的主要原料,属于可再生性原料。油脂水解的反应式为

$$\begin{array}{c} CH_2OCOR_1 \\ | \\ CHOCOR_2 + 3H_2O \\ | \\ CH_2OCOR_1 \end{array} \xrightarrow{\text{催化剂}} \begin{array}{c} CH_2OH \\ | \\ CHOH \\ | \\ CH_2OH \end{array} + \begin{array}{c} R_1COOH \\ R_2COOH \\ R_3COOH \end{array}$$

(R_1、R_2、R_3 相同或不同)

反应可以在高压或常压下进行,在常温、常压、无催化剂的条件下反应几乎不进行。依据催化剂的不同,工业上常用的常压水解方法主要有三种:Twitchlls 试剂法、酵素法、硫酸法。现代工业更多采用高压法。水解后可获得直链、偶数碳原子、饱和的或带有一个或一个以上双键的不饱和的高级羧酸。

(2) 石蜡氧化法合成脂肪酸。

该方法是以石油为原料制得脂肪酸,最早研究应用于德国。我国原油含蜡多,为此方法的应用提供了一定的物质条件。

石蜡主要由正构烷烃、少量的异构烷烃及其他杂质组成。石蜡氧化法合成脂肪酸的原料应满足以下几点要求:必须含有 95% 以上 $C_{20} \sim C_{35}$ 馏分,相对分子质量为 300 ~ 350,熔点 30 ~ 70℃(沸点 320 ~ 450℃)的蜡;碘价≤5,即最低限度烯烃含量;酚与含硫化合物含量≤0.5%。

石蜡氧化的反应式为

$$R_1CH_2CH_2R_2+O_2(空气) \xrightarrow[105\sim 160℃]{催化剂} R_1COOH+R_2COOH$$

该过程是一个复杂的过程,得到的产物为不同成分的混合物。氧化产物的分布与氧化反应中催化剂、温度、氧化深度(氧化时间)等因素有关。

石蜡氧化是一个复杂的过程,其产品是复杂的混合物。

2)皂化制羧酸盐表面活性剂

(1)脂肪酸甘油酯(油脂)碱性水解。

$$\begin{array}{c} CH_2OCOR_1 \\ | \\ CHOCOR_2 \\ | \\ CH_2OCOR_1 \end{array} +3NaOH \longrightarrow \begin{array}{c} CH_2OH \\ | \\ CHOH \\ | \\ CH_2OH \end{array} + \begin{array}{c} R_1COONa \\ R_2COONa \\ R_3COONa \end{array}$$

(2)碱中和脂肪酸。

$$RCOOH+NaOH \longrightarrow RCOONa+H_2O$$

$$RCOOH+Na_2CO_3 \longrightarrow RCOONa+H_2O$$

$$2RCOOH+CaO \longrightarrow Ca(RCOO)_2+H_2O$$

$$RCOOH+HN\begin{pmatrix} CH_2CH_2OH \\ CH_2CH_2OH \end{pmatrix} \longrightarrow RCOO-NH_2(CH_2CH_2OH)_2$$

(3)复分解法。

$$2C_{17}H_{35}COONa+ZnCl_2 \longrightarrow (C_{17}H_{35}COO)_2Zn+2NaCl$$

3)亲油基与羧酸基通过中间键连接的表面活性剂

众所周知,皂类洗涤剂不耐硬水,在硬水中生成钙皂沉淀。通过增加皂类表面活性剂分子中亲水基的总数,可以提高羧酸盐类表面活性剂的抗硬水性能。增加此类表面活性剂分子亲水性最有实际意义的方法,就是在亲油基与羧酸基之间通过极性的中间键连接。例如用高级脂肪酰氯与天冬氨酸缩合生成的表面活性剂,在丝光处理浴中做润湿剂。该反应在稀碱水溶液中进行:

$$RCOCl + H_2N-\underset{\underset{CH_2-COONa}{|}}{CH}-COONa \xrightarrow{NaOH} R-\overset{\overset{O}{\|}}{C}-NH-\underset{\underset{CH_2-COONa}{|}}{CH}-COONa$$

在第二次世界大战中德国研制了一系列具有广泛用途的产品,如梅迪兰(Medialan)具有良好的溶解性和洗涤力,能有效地抗硬水,对皮肤有温和性和良好的泡沫性质,兼有肥皂和合成洗涤剂的良好性能,适合作个人卫生洗涤用品,常被称为改良性肥皂(modified soap)。其合成方法如下:

$$\text{RCOCl} + \text{HN}\underset{|}{\overset{CH_3}{-}}\text{CH}_2\text{COOH} \xrightarrow{\text{NaOH}} \text{RCO}\underset{|}{\overset{CH_3}{-}}\text{N}-\text{CH}_2\text{COONa}$$

2. 磺酸盐类表面活性剂

磺酸盐表面活性剂是目前产量最大、应用最广的一类阴离子表面活性剂，磺酸盐类共有78个品种，包括烷基磺酸盐、苯磺酸盐、萘、蒽、酚磺酸盐、脂肪酸衍生物磺酸盐等。

1) 磺酸盐类表面活性剂的分类

磺酸盐类表面活性剂按制造过程和原料不同可分为天然磺酸盐和合成磺酸盐；按亲油剂不同可分为烷基芳基类、烷基磺酸盐、烯基磺酸盐、脂肪酸酯磺酸盐、木质素磺酸盐和石油磺酸盐等。

2) 烷基苯磺酸盐（ABS）

(1) 合成方法。

烷基苯磺酸盐的合成，概括起来分三步：

$$\text{C}_6\text{H}_6 \xrightarrow[\text{烷基化试剂}]{\text{催化剂}} \text{R}-\text{C}_6\text{H}_4 \xrightarrow{\text{磺化剂}} \text{R}-\text{C}_6\text{H}_4-\text{SO}_3\text{H} \xrightarrow[\text{(水)}]{\text{NaOH}} \text{R}-\text{C}_6\text{H}_4-\text{SO}_3\text{Na}$$

① 烷基化反应：

烷基化试剂分为烯烃（四聚丙烯、三聚丁烯等）、卤代烃、醇等。

工业上主要用烯烃与卤代烃。催化剂常选用路易斯酸型，如 $AlCl_3$、BF_3、$ZnCl_2$、$SnCl_4$；质子酸型，如 H_2SO_4、H_3PO_4、HF。

② 磺化反应：

$$\text{R}-\text{C}_6\text{H}_5 \xrightarrow{\text{磺化剂}} \text{R}-\text{C}_6\text{H}_4-\text{SO}_3\text{H}$$

R 为邻对位定位基，但由于 R 的位阻作用，所以主要产物为对位产品。

常用的磺化剂为三氧化硫、浓硫酸、发烟硫酸和氯磺酸。磺化剂的活泼性顺序：三氧化硫＞发烟硫酸＞浓硫酸。但因三氧化硫作磺化剂时反应过于激烈，常用惰性溶剂（液态二氧化硫）稀释使反应缓和，产品质量较好。使用浓硫酸和氯磺酸作磺化剂有副反应发生，如脱烷基化反应，产生烯烃。烯烃在浓硫酸和氯磺酸作用下发生聚合、氧化等复杂反应，颜色变深，气味不好。氯磺酸作磺化剂由于副反应比较少，在实验室中用的较多，化学式如下：

$$\text{R}-\text{C}_6\text{H}_5 + 2\text{ClSO}_3\text{H} \longrightarrow \text{R}-\text{C}_6\text{H}_4-\text{SO}_3\text{Cl} + \text{H}_2\text{SO}_4 + \text{HCl}$$

不同结构的烷基苯磺化难易程度为

$$\text{C}_6\text{H}_{13}-\text{C}_6\text{H}_5 > \text{C}_{12}\text{H}_{25}-\text{C}_6\text{H}_5$$

$$\text{CH}_3(\text{CH}_2)_{11}-\text{C}_6\text{H}_5 > \text{CH}_3(\text{CH}_2)_4\text{CH}(\text{CH}_2)_5\text{CH}_3(-\text{C}_6\text{H}_5)$$

③中和反应：

$$R-\!\!\!\bigcirc\!\!\!-SO_3H + NaOH(水) \longrightarrow R-\!\!\!\bigcirc\!\!\!-SO_3Na + H_2O$$

无论用烯烃或卤代烃作烷基化剂所得到的产品均是复杂的混合物，表现出来的表面活性剂性质是综合的。

(2) 性质。

ABS 和十二烷基苯磺酸钠（LABS）占磺酸盐阴离子表面活性剂的 54%，这两类表面活性剂的 60% 用于洗净剂和其他的清洗剂，是目前生产量最大的阴离子表面活性剂。烷基苯磺酸盐具有以下性质：

①具有较高的表面活性。

②性质可随阳离子的改变而改变，特别是在非水溶液系统中很有用。

③润湿性能好。润湿性能与结构的关系：在烷基芳基磺酸盐中带有数个烷基侧链的润湿性能较好，例如以下结构具有优良的润湿性。

$$C_4H_9-\!\!\!\bigcirc\!\!\!\bigcirc\!\!\!-C_4H_9$$
$$|$$
$$SO_3Na$$

一般来说，表面活性剂分子中，亲水基所在位置的不同对润湿性能有重要影响：亲水基在分子链中间比在末端有更好的润湿性能，见表 3-1。

表 3-1　一些表面活性剂水溶液的润湿性能

表面活性剂	浓度 /%	润湿时间 /s
$C_{14}H_{29}CH(SO_3Na)COOCH_3$		25
$C_8H_{17}C(C_6H_{13})(SO_3Na)COOCH_3$		1.3
$C_7H_{15}CH(SO_3Na)COOC_8H_{19}$		1.5
$C_7H_{15}CH(SO_3Na)COOCH_2CH(C_2H_5)C_4H_9$	0.10	0.0
$C_8H_{17}CH(C_4H_9)(SO_3Na)COOCH_3$		13.3
$C_7H_{10}CH(SO_3Na)COOC_6H_{13}$		2.2

注：25℃，纤维素法。

④泡沫性能。ABS 有较强的产生泡沫的作用，是合适的起泡剂，但烷基芳基磺酸盐类产生的泡沫不稳定。

⑤去污性能。ABS 最重要的用途是用作洗涤剂，在烷基中碳数低于 10 时去污能力较差，一般用十二烷基苯磺酸钠。

⑥生物降解性能。表面活性剂对环境的污染主要靠自然界微生物对其分解而得以消除，表面活性剂被微生物分解的过程称为生物降解。为了减轻，乃至消除表面活性剂对环境的污染，应使用容易被生物降解的表面活性剂。

常见阴离子表面活性剂对微生物降解难易程度（由易至难）排列如下：直链皂和直链硫酸酯类、直链烷基硫酸酯类、直链烷基和烯基磺酸盐类、支链烷基苯磺酸盐类。

3）烷基磺酸盐

一般结构为 RSO_3M，式中 R 为烷基，其碳数从大于 8 开始呈现一定的表面活性，碳数 15～16 比较适宜，从碳数 18 开始水溶性较差；M 为碱金属（Na、K）或碱土金属（Ca、Mg）。民用洗涤剂均为其钠盐，钙盐可作为石油产品添加剂。

合成方法如下：

$$RH \xrightarrow{\text{磺化}} RSO_3H \xrightarrow{\text{中和}} RSO_3M$$

RH 为正构烷烃（石油产品的尿素脱蜡油或分子筛脱蜡油），在烷烃中引入磺酸基的主要方法为氯磺化法和磺氧化法。

(1) 氯磺化法。

$$RH + SO_2 + Cl_2 \xrightarrow[\text{或紫外光}]{\text{过氯化物}} RSO_2Cl + HCl \text{(自由基反应)}$$

$$RSO_2Cl + 2NaOH \longrightarrow RSO_3Na + NaCl + H_2O$$

影响氯磺化反应的因素：原料中的杂质，如芳烃、烯烃、醇、酮、铁等都会抑制自由基反应，所以原料需预先精制；温度过高（120℃以上）磺酰氯会分解，温度太低则反应速度太慢，一般控制在 30℃ 左右；提高 SO 和 Cl 的比例，有利于主要产物的生成；反应深度即反应时间不同，产品组成不同。

(2) 磺氧化法（sulfoxidation）。

$$RH + SO_2 + 1/2 O_2 \xrightarrow[25\sim35℃]{\text{紫外光}} RSO_3H \text{(自由基反应)}$$

$$RSO_3H + NaOH \longrightarrow RSO_3Na + H_2O$$

烷基磺酸盐对水解较稳定，一价阳离子的盐在水中溶解度大，黏度低，有良好的润湿性能和洗涤性能，其钙盐和镁盐在水中有一定溶解度，抗盐性能好，故可在硬水中用作洗涤剂；其清净、去污能力与 ABS 相似，且生物降解性能较好，低温下显示出较高的生物降解率，是一种优良的表面活性剂。

4）α-烯烃磺酸盐（alpha olefine sulfonate，AOS）

AOS 是一类优良的表面活性剂，AOS 能否发展的关键在于 α-烯烃的来源。

(1) α-烯烃的制备。

① 石蜡裂解。

石蜡的主要成分是正构烷烃（尤其是商品石蜡中正构烷烃含量更高），还含有少量的异构烷烃、环烷及极少量芳烃；一般石蜡相对分子质量（$C_{20} \sim C_{35}$）为 300～350，熔点 30～70℃。

$$\text{石蜡} \xrightarrow[\text{水蒸气}]{500\sim550℃} R'CH=CH_2 + CH_3CH=CH_2 + CH_2=CH_2$$

产品为长链 α-烯烃（范围较广，碳数奇偶都有，从混合烯烃中分离单个烯烃较困难)、$C_1 \sim C_3$ 气体，以及少量芳烃和二烯烃。随裂解深度加深后两者的量相应增加，石蜡裂解过程中约 30% 气体可用作化工原料。

② Ziegler❶法。

$$Al + \frac{3}{2}H_2 + 3CH_2=CH_2 \longrightarrow Al(CH_2CH_3)_3$$

$$Al{\Big\langle}\begin{array}{l}CH_2CH_3\\CH_2CH_3\\CH_2CH_3\end{array} + 3nCH_2=CH_2 \xrightarrow{\text{插入聚合}} Al{\Big\langle}\begin{array}{l}(CH_2CH_2)_nCH_2CH_3\\(CH_2CH_2)_nCH_2CH_3\\(CH_2CH_2)_nCH_2CH_3\end{array}$$

$$Al{\Big\langle}\begin{array}{l}(CH_2CH_2)_nCH_2CH_3\\(CH_2CH_2)_nCH_2CH_3\\(CH_2CH_2)_nCH_2CH_3\end{array} + 3CH_2=CH_2 \xrightleftharpoons{\text{置换}} Al{\Big\langle}\begin{array}{l}CH_2CH_3\\CH_2CH_3\\CH_2CH_3\end{array} + 3CH_2=CH(CH_2CH_2)_{n-1}CH_2CH_3$$

链增长反应和置换反应是同时进行、相互竞争的反应。乙烯低聚反应中烷基链的增长速度随乙烯分压的增加而增加，而置换反应则之无关；温度升高置换反应加快，但对链增长不太快，故提高反应温度、降低乙烯分压有利于置换反应，易得到低相对分子质量的 α-烯烃，控制反应温度、压力，催化剂可以调节 α-烯烃的相对分子质量。产品为偶数碳原子的 α-烯烃，较易分离、提纯，碳数分布宽，在压力 25MPa、温度 200℃ 下、烃类为溶剂，转化率控制在 50% ~ 60%，产品构成比见表 3-2。

表 3-2　乙烯低聚反应产品构成比

产品	C_4	$C_6 \sim C_{10}$	$C_{12} \sim C_{14}$	$C_{16} \sim C_{18}$	C_{20} 以上
百分比/%	5	48	20	13	14

(2) α-烯烃经磺化。

$$R(CH_2)_nCH=CH_2 \xrightarrow[35\sim 40℃]{SO_3} \xrightarrow{\text{水解}} R(CH_2)_nCH=CHSO_3$$

$$R(CH_2)_{n-1}CH=CHCH_2SO_3$$

$$R(CH_2)_{n-2}CH=CHCH_2CH_2SO_3$$

$$R(CH_2)_{n-2}CH_2\underset{OH}{CH}CH_2CH_2SO_3H$$

$$R(CH_2)_{n-2}\underset{OH}{CH}CH_2CH_2CH_2SO_3H$$

---

❶ 德国化学家齐格勒（Ziegler）从 1921 年开始长期从事碱金属有机化学和铝金属有机化学，1954 年发现可在低压或常压下以三乙基铝和四氯化钛为催化剂用乙烯直接合成高聚物；同年意大利化学家 Natta 也发现可以使烯烃发生定向聚合。

AOS 主要由烯基磺酸盐（64%～72%）、羟基磺酸盐（21%～26%）和二磺酸盐（7%～11%）组成。

（3）再中和成磺酸盐。

$$RCH=CH(CH_2)_nSO_3H + NaOH \longrightarrow RCH=CH(CH_2)_nSO_3Na$$

（4）AOS 的性质。

AOS 具有优良的表面活性，其钠盐的去污性能和起泡性能可与 LAS 相媲美；在硬度较高的硬水中有较好的起泡力；生物降解性能优于 LAS，且毒性小，对皮肤刺激性比 LAS 和 AS 小；与 ABS、LABS 相比，合成方法简单，不像 AS 那样需要紫外光、γ 射线等引发反应；生产流程短，生产中化工原料用得较少。

3. 硫酸酯盐类表面活性剂

硫酸酯盐类表面活性剂也可称为烷基硫酸盐（alkyl sulfate，AS）或脂肪醇硫酸盐（alcohol sulfate），可以表示为 $ROSO_3M$。常见的硫酸酯盐类表面活性剂的类型有

$ROSO_3M$ $R\text{—}\bigcirc\text{—}O(CH_2CH_2O)_nSO_3M$

$RO(CH_2CH_2O)_nSO_3M$ $C_nH_{2n}(OSO_3M)COOR_1$

$R_1CONHR_2OSO_3M$

由上可知：无论何种硫酸酯盐表面活性剂，均具有以下的结构特点：

$$-O-\underset{\underset{O}{\|}}{\overset{\overset{O}{\|}}{S}}-OM$$

硫酸酯盐表面活性剂中硫原子通过氧原子与碳原子相连，在结构上虽然与磺酸盐类表面活性剂只有微小的差别，但在合成方法、表面活性和水解稳定性上都有明显的差别。

1）硫酸酯盐类表面活性剂的合成方法归纳起来有两类

（1）不饱和键加成 H_2SO_4。

$$RHCH=CH + 2H_2SO_4 \longrightarrow \underset{OSO_3H}{RCHCH_3} \xrightarrow{\text{中和}} \underset{OSO_3M}{RCHCH_3}$$

（2）由醇和硫酸进行酯化反应。

$$ROH + H_2SO_4 \longrightarrow ROSO_3H \xrightarrow{\text{中和}} ROSO_3M$$

2）硫酸酯盐类表面活性剂的性质

（1）溶解性能。

①溶解度与阳离子有关，在水中溶解能力大小为

$$RORO_3NH_4 > ROSO_3Na > ROSO_3K > (ROSO_3)_2Ca$$

在油中，则相反。

② 溶解度与烷基碳链长短有关，随碳链增长在水中的溶解度迅速降低，碳数在 14 以上的硫酸酯盐不易溶于水。而在 $RO(CH_2CH_2O)_nH$ 基础上合成的 $RO(CH_2CH_2O)SO_3Na$ 在水中的溶解性能比 $ROSO_4Na$ 好，随（—OCH_2CH_2—）链节增加溶解度增加。表 3-3 为烷基硫酸钙在水中的溶解度。

表 3-3　25℃下烷基硫酸钙在水中的溶解度

碳原子数	8	10	12	14
溶解度/（g/L）	400	250～300	0.3～0.4	0.03～0.04

③ Krafft 点。离子型表面活性剂在较低的一段温度范围内在水中的溶解度无明显变化。至一定温度时，则急剧增加，存在明显的突变点，此温度称为卡拉夫（Krafft）点。硫酸酯盐类表面活性剂的 Krafft 点有如下规律：随碳链增长，Krafft 点升高；当碳链中碳原子数相同时，随着分子中（—OCH_2CH_2—）链节数目增加，Krafft 点降低；立体结构体的影响，顺式比反式易溶，其 Krafft 点低。表 3-4 为硫酸盐类表面活性的 Krafft 点。

表 3-4　硫酸酯盐类表面活性剂的 Krafft 点

硫酸酯盐	Krafft 点/℃
$C_{12}H_{25}OSO_3Na$	16
$C_{16}H_{33}OSO_3Na$	45
$C_{16}H_{33}OCH_2CH_2OSO_3Na$	36
$C_{16}H_{33}(OCH_2CH_2)_2OSO_3Na$	24
$C_{16}H_{33}(OCH_2CH_2)_3OSO_3Na$	19
$C_{16}H_{33}(OCH_2CH_2)_4OSO_3Na$	1
$C_8H_{17}CH=CH(CH_2)_8OSO_3Na$（顺）	0
$C_8H_{17}CH=CH(CH_2)_8OSO_3Na$（反）	29
$C_{16}H_{33}OSO_3NH(CH_2CH_2OH)_3$	0

（2）表面活性。临界胶束浓度（CMC）随碳链增长而降低；分子中（—OCH_2CH_2—）链节数目增加，CMC 降低；立体结构不同，CMC 也不同，具体见表 3-5。表 3-6 为碳链增长，$ROSO_3Na$ 中的 R 越大表面活性效率越低，其中降低表面活性效率是指降低溶剂（水）表面张力 20mN/m 所需的表面活性剂的浓度。

表 3-5　硫酸酯盐类表面活性剂的表面活性

烷基硫酸钠	临界胶束浓度 CMC/（mmol/L）	表面张力（0.1%、25℃）/（mN/m）
$C_{12}H_{25}OSO_3Na$	0.8	49.0
$C_{16}H_{33}OSO_3Na$	0.42	5.0

续表

烷基硫酸钠	临界胶束浓度 CMC/(mmol/L)	表面张力(0.1%、25℃)/(mN/m)
$C_{16}H_{33}OCH_2CH_2OSO_3Na$	0.24	36.2
$C_{16}H_{33}(CH_2CH_2)_2OSO_3Na$	0.14	39.4
$C_{16}H_{33}(OCH_2CH_2)_3OSO_3Na$	0.12	41.6
$C_8H_{17}CH=CH(CH_2)_5OSO_3Na$(顺)	0.29	35.8
$C_8H_{17}CH=CH(CH_2)_8OSO_3Na$(反)	0.18	36.1
$C_{16}H_{33}OSO_3NH(CH_2CH_2OH)_3$	0.34	41.0

表 3-6　硫酸酯盐表面活性剂降低表面活性效率

R—，(ROS_3ONa)	温度/℃	浓度/(mol/L)
$CH_3(CH_2)_9^-$	27	0.0129
$CH_3(CH_2)_{11}^-$	25	0.0041
$CH_3(CH_2)_{15}^-$	25	0.0002
$CH_3(CH_2)_7^-$	50	0.0245
$CH_3(CH_2)_9^-$	50	0.0077
$CH_3(CH_2)_{11}^-$	50	0.0019
$CH_3(CH_2)_{13}^-$	50	0.00049
$CH_3(CH_2)_{17}^-$	50	0.000038
$CH_3(CH_2)_{13}(CH_2CH_2)^-$	25	0.00015
$CH_3(CH_2)_{15}(CH_2CH_2)_3^-$	25	0.000031
$CH_3(CH_2)_{15}(CH_2CH_2)_2^-$	25	0.000021

(3) 润湿性及乳化力。亲水基团的位置对 $ROSO_3Na$ 的性质有影响，$-OSO_3Na$ 在链端表面张力低，洗涤效果好，起泡力及泡沫稳定性好。

(4) 生物降解性能较好。

(5) 缺点。不抗硬水，对 Ca^{2+}、Mg^{2+} 敏感，作洗涤剂时需加三聚磷酸钠螯合剂；热稳定性差。

4. 磷酸酯（盐）类表面活性剂

磷酸酯类阴离子表面活性剂是一类含磷表面活性剂的代表，主要有以下类型结构：

单烷基磷酸盐　　　　　　　　　双烷基磷酸盐

$$\text{RO(CH}_2\text{CH}_2)P_m\begin{matrix}\text{O}\\\parallel\\\text{—OM}\\\text{OM}\end{matrix} \qquad \begin{matrix}\text{RO(CH}_2\text{CH}_2)_n\\\\\text{RO(CH}_2\text{CH}_2)_m\end{matrix}\text{P}\begin{matrix}\text{O}\\\parallel\\\\\text{OM}\end{matrix}$$

单烷基聚氧乙烯基磷酸盐　　　　双烷基聚氧乙烯基磷酸盐

这类表面活性剂有良好的抗静电、乳化性、防锈性、分散性、物降解性能，用于纺织、化工、金属加工等部门。抗静电性能以链短者为好。

二、非离子表面活性剂

非离子表面活性剂（nonionic surfactant）是指在水溶液中不解离的表面活性剂。这类表面活性剂主要是由含活泼氢的疏水性化合物和环氧乙烷加成的产品。

非离子表面活性剂结构通常用图 3-2 表示。

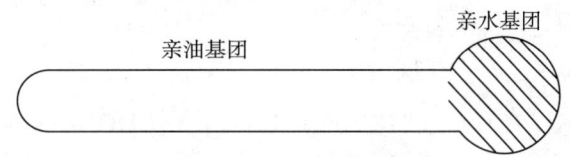

图 3-2　非离子表面活性剂的结构特征

1. **非离子表面活性剂的分类**

非离子表面活性剂主要可分为以下四类。

1）聚氧乙烯型（polyoxyethylene type）

这类表面活性剂结构中都含有—OCH_2H_2，称氧乙烯基（oxyethylene）。这类表面活性剂一般使用碱催化，用带活泼氢的引发剂加成共聚环氧乙烷和环氧丙烷。其相对分子质量一般在 4000 左右。

常见类别：

(1) RO$(CH_2CH_2O)_n$H 或 R$(OCH_2CH_2)_n$H；

(2) R—〈　〉—O(CH_2CH_2O)，如 C_9H_{19}—〈　〉—O$(CH_2CH_2O)_{10}$H；

(3) RCOO$(CH_2CH_2O)_n$H，如 $CH_3(CH_2)_7$=$CH(CH_2)_7COO(CH_2CH_2O)_n$H；

(4) RS$(CH_2CH_2O)_n$H，如 $C_{14}H_{29}$S$(CH_2CH_2O)_n$H；

(5) RN$\begin{matrix}(CH_2CH_2O)_nH\\(CH_2CH_2O)_nH\end{matrix}$，如 C_8H_{17}N$\begin{matrix}(CH_2CH_2O)_nH\\(CH_2CH_2O)_nH\end{matrix}$；

(6) RCON$\begin{matrix}(CH_2CH_2O)_nH\\(CH_2CH_2O)_nH\end{matrix}$；

(7) 改性聚氧乙烯。

改性聚氧乙烯是用聚醚磺化或羧甲基化，例如使用碱催化，加成共聚环氧乙烷和环氧丙烷的相对分子质量一般在 4000 左右。而用酸催化制备的相对分子质量可以达到 2×10^4 左右，而且耐盐高达 30×10^4mg/L。例如 α-烯基聚醚磺酸盐的合成可以通过以下两步工艺完成：①利用双金属催化合成聚醚，将 3.4g 不饱和醇和 Fe-Zn DMC 催化剂加入反应釜，用氮气吹扫 3 次，抽真空，升温到 65℃后，逐渐加入定量环氧丙烷，维持反应温度 60~65℃，反应压力（表压）0.1~0.2MPa，然后再加入 4 倍量的环氧乙烷，保温反应 2h；②磺化。取上述产物用氯磺酸磺化，反应中用碱吸收瓶吸收生成的盐酸，抽真空抽除水分，过滤除盐，得到一系列不同相对分子质量的产品。

2）多元醇型（polyol type）

(1) 甘油单羧酸酯。

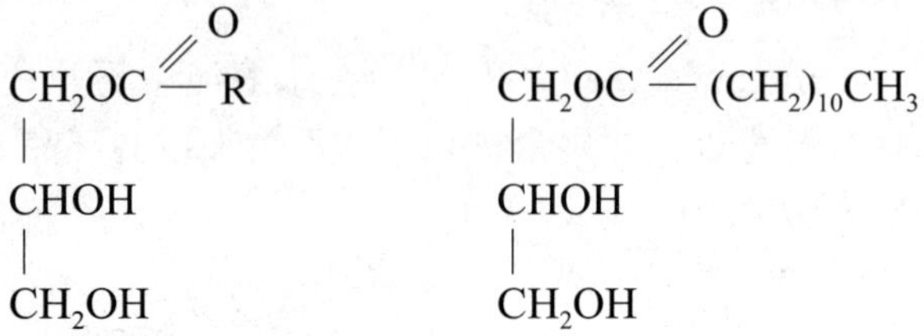

$$\begin{array}{ll}\mathrm{CH_2OC(=O)R} & \mathrm{CH_2OC(=O)(CH_2)_{10}CH_3} \\ | & | \\ \mathrm{CHOH} & \mathrm{CHOH} \\ | & | \\ \mathrm{CH_2OH} & \mathrm{CH_2OH}\end{array}$$

(2) 聚甘油单羧酸酯。

$$\mathrm{HOCH_2CHOHCH_2O(CH_2CHOHCH_2O)_4CH_2CHOHCH_2OCOC_{17}H_{35}}$$

(3) 季戊四醇酯。

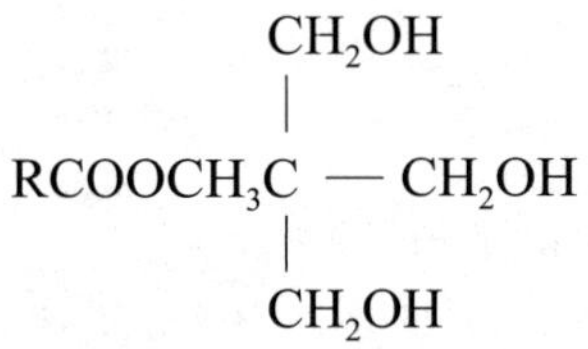

$$\mathrm{RCOOCH_3C}\begin{array}{c}\mathrm{CH_2OH} \\ | \\ -\mathrm{CH_2OH} \\ | \\ \mathrm{CH_2OH}\end{array}$$

(4) 山梨糖醇单羧酸酯。

$$\begin{array}{c}\mathrm{RCOOCH_2} \\ | \\ \mathrm{HCOH} \\ | \\ \mathrm{HOCH} \\ | \\ \mathrm{HCOH} \\ | \\ \mathrm{HCOH} \\ | \\ \mathrm{CH_2OH}\end{array}$$

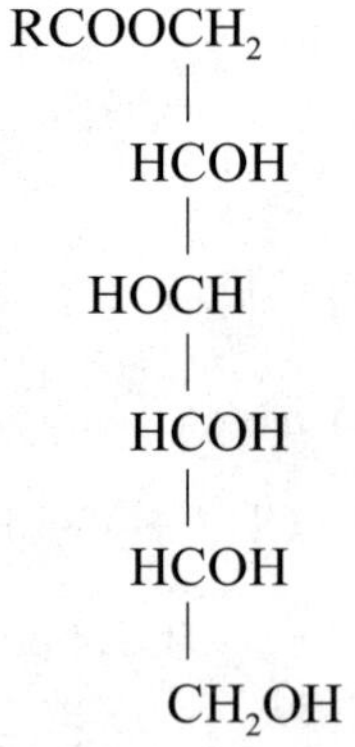

3）醇酰胺型

醇酰胺型非离子表面活性剂的结构式为：

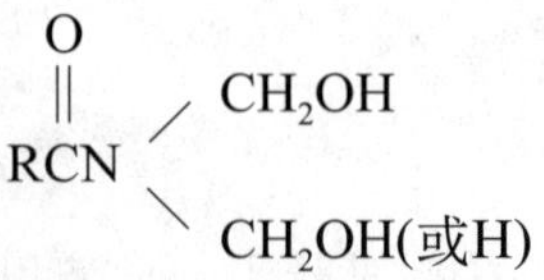

$$\mathrm{RC(=O)N}\begin{array}{c}\diagup\mathrm{CH_2OH} \\ \diagdown\mathrm{CH_2OH(或H)}\end{array}$$

4）聚氧乙烯、聚氧丙烯嵌段聚合型

$$H-(OCH_2CH_2)_n-(OCHCH_2)_m-(OCH_2CH_2)_mOH$$
$$|$$
$$CH_2$$

上述非离子表面活性剂中聚氧乙烯型最为重要，绝大部分非离子表面活性剂为此种类型。

2. 非离子表面活性剂的特性

非离子表面活性剂不存在离子的解离，表面活性剂在溶液中以分子或胶束状态存在，稳定性好，不受电解质的影响；耐酸耐碱性好；与阴离子或阳离子表面活性剂的相溶性好，两种表面活性剂混合使用可能产生协合效果；毒性小；合成步骤简单，产品中不含无机盐和水；聚氧乙烯型表面活性剂可以由控制加成环氧乙烷的物质的量来调节其性质，可以按任意需要调节其亲水亲油性质。

非离子表面活性剂的水溶性取决于醚基氧原子通过氢键与水分子结合的能力，通常一个醚基氧原子可以结合 20～30 个水分子。当分子中亲水性和亲油性处于平衡时既可溶于水，又能溶于油。对聚氧乙烯型醇醚或酚醚而言，这种平衡关系按经验规律：亲水部分的一个—OCH_2CH_2—相当于亲油部分的三个（—CH_2CH_2—）；当（—CH_2CH_2—）的数目为 n 时，则需要 $n/3$ 个氧乙烯基即可达到临界水可溶性；当氧乙烯基个数为 $n/2$ 时，可达中等水溶性；氧乙烯基个数为（1～1.5）n 时，水溶性很好。

有两个数值可以反映这类表面活性剂亲水亲油特性。

1）亲水亲油平衡值（hydrophile-lipophile balance，HLB）

HLB 是表示表面活性剂亲水亲油能力关系的数值。HLB 是一个相对数值，为了确定此值选两种标准物，将油酸的 HLB 值定为 1，油酸钠的 HLB 值定为 18。一些表面活性剂的 HLB 值见表 3-7。HLB 值越小，亲油性越好，反之亲水性越好。

表 3-7　一些表面活性剂的 HLB 值

表面活性剂	HLB 值	表面活性剂	HLB 值
油酸	1.0	吐温-80	15.0
Span-80	4.3	聚氧乙烯（30）硬脂酸酯	16.0
聚氧乙烯（4）月桂酸酯	6.1	聚氧乙烯（30）辛基苯酚醚	17.0
十四烷基苯磺酸钠	11.7	油酸钠	18.0
聚氧乙烯（10）辛基苯酚醚	13.5	油酸钾	20.0

2）浊点（cloud point）

一定浓度（0.1%～5%）的聚氧乙烯型非离子表面活性剂的透明溶液，加热至一定温度，表面活性剂析出，溶液浑浊，此时的温度称为浊点。

聚氧乙烯型非离子表面活性剂具有亲水性是由于醚中的氧原子与水形成氢键。氧原子越多，亲水性越强。当在水中为曲折型时，亲水的氧子突出于链的外侧，憎水的—CH_2—位于里侧，变得容易结合，可显示出较大的亲水性。

氢键的结合是松弛的，键能小。当水溶液受热时，随着温度上升结合的水分子逐渐脱离，亲水性随之减弱，急转为不溶于水，以至于由透明变为浑浊。浊点是非离子表面活性剂所特有的，是这类表面表面性剂的重要性能。

聚氧乙烯醚分子结构中，当憎水基（R）相同时，乙氧基（EO）链节越多，亲水性就越强，浊点也越高；当 EO 链节数相同时，亲油基中碳原子越多，浊点越低。利用浊点的测定可以快速方便地用来衡量此类表面活性剂的亲水亲油性。

聚氧乙烯型表面活性剂无论是聚氧乙烯烷基醇、聚氧乙烯烷基酚，还是聚氧乙烯羧酸酯，分子末端的伯醇基都可以转化为酸式硫酸酯或酸式磷酸酯，并进一步中和成阴离子表面活性剂：

$$\text{RO(CH}_2\text{CH}_2\text{O)}_n\text{SO}_3\text{M} \qquad \text{RO(CH}_2\text{CH}_2\text{O)}_n\text{P} \overset{\text{ONa}}{\underset{\text{ONa}}{=}} \text{O} \qquad \overset{\text{RO(CH}_2\text{CH}_2\text{O)}_n}{\underset{\text{RO(CH}_2\text{CH}_2\text{O)}_n}{\text{P}}} \overset{\text{O}}{\underset{\text{ONa}}{\diagdown}}$$

三、阳离子表面活性剂

阳离子表面活性剂是在水中解离为具有表面活性的阳离子一类表面活性剂。这类表面活性剂与阴离子、非离子表面活性剂一样，在界面或表面吸附达到一定浓度以后在水中形成胶束，能降低溶剂的界面张力，因此也具有乳化、加溶、分散等作用。

1）阳离子表面活性剂的特点

杀菌性好，是清洁、防腐、杀菌剂中的重要组成部分。

但它的洗涤作用不好，因为一般纤维或固体表面通常带负电，阳离子表面活性剂亲水基团的带正电，正负电荷相吸，阳离子表面活性剂的亲水基团向内，憎水基团向外，难以润湿，不利于洗涤。

随着阳离子表面活性剂应用领域的不断开拓，近年来发展速度很快，主要原因有两点：(1) 具有带正电荷的活性基团，易吸附在带负电荷的织物纤维和其他固体表面上，而形成很整齐的"薄膜"，从而起到柔软、抗静电、抗结块等作用；(2) 主要原料——天然油脂来源丰富，可年年复生，这就为阳离子表面活性剂的迅速发展奠定了原料基础。但由于阳离子表面活性剂价格较昂贵，在各类表面活性剂中毒性最大，相对而言目前产量仍较小。

阳离子表面活性剂的结构特点可用图 3-3 表示。

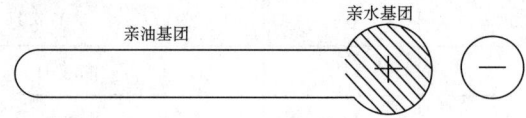

图 3-3 阳离子表面活性剂的结构特点

其中含氮阳离子表面活性剂应用最广，在非氮的阳离子表面活性剂中，从经济上讲含硫的阳离子表面活性剂最有前途。含磷、含碘的阳离子表面活性剂也在发展中，如脂肪族膦化合物可用作纺织品软化剂、抗菌剂等；而碘鎓具有抗微生物作用，其特点是性质稳定，对次氯酸盐也稳定。除氮原子外，由其他可携带正电荷的元素作为阳离子表面活性剂的亲水基时，称为鎓盐阳离子表面活性剂。

含氮阳离子表面活性剂可分为胺盐型和季铵盐型。胺盐型阳离子表面活性剂的结构有

$$RN^+H_3X^- \quad R_1NH_2X^- \quad R_1N^+HX$$
（上标 R_2，下标 R_3 对应于结构中的取代位置）

实例有

$$C_{12}H_{25}N^+H_3Cl^- \quad C_{17}H_{35}CONH(CH_2)_3N^+H(CH_3)_2Cl$$

$$C_{17}H_{35}CONH(CH_2)_3-N^+H\bigcirc OCH_2CHOHCOO^-$$

可以看出：（1）亲油基为 C_{12}、C_{14}、C_{16} 等长链烃基；（2）胺可以为一元胺、多元胺、链状胺、环状胺；（3）亲油基直接与亲水基相连或通过某些基团相连；（4）负离子可以为无机或有机负离子。

对于季铵盐型阳离子表面活性剂，其结构有

（结构式略，含 $R_1-N^+-R_3X^-$ 型、哌啶型、吗啉型、萘基季铵、吡啶季铵等）

2）常用阳离子表面活性剂

（1）胺盐型阳离子表面活性剂。

胺类可以简便地用有机酸如乙酸、乳酸或无机酸中和制备，它们是合成胺盐型阳离子表面活性剂的重要原料，同时也是制备季铵盐型表面活性剂的重要原料。正如环氧乙烷是聚氧乙烯非离子表面活性剂的基本原料一样，胺是含氮阳离子表面活性剂的基本原料，所不同的是胺化合物的类型较多。

常见的伯胺有 $H_2NCH_2CH_2NH_2$、$H_2NCH_2CHOH\text{-}CH_3$、$H_2NCH_2CH_2CH_2NH_2$、$HOCH_2CH_2NH_2$、$CH_3CHCH_2NH_2$（支链带 NH_2）。

常见的仲胺有 $(C_{12}H_{25})_2NH$、$(CH_3)_2NH$、$(HOCH_2CH_2)_2NH$。

常见的叔胺有 $n\text{-}C_{12}H_{25}N(CH_3)_2$、$n\text{-}C_{16}H_{33}N(CH_3)_2$。

另外还有多元胺，如 $RNHCH_2CH_2NH_2$、$RNHCH_2CH_2CH_2NH_2$。

包含其他官能团的胺，如 $RNHCH_2CH_2OH$、$RCOOCH_2CH_2NH_2$、$RN\begin{matrix}(CH_2CH_2O)_xH\\(CH_2CH_2O)_yH\end{matrix}$、环胺（如 $R-N\bigcirc$）、含氮的杂环化合物（如吡啶、咪唑啉）。

(2) 季铵盐型阳离子表面活性剂。

目前，季铵盐型阳离子表面活性剂是最重要的阳离子表面活性剂，不仅品种多、产量大，而且应用范围广、发展快，已成为一个独立的门类。我国自 1968 年开发生产出第一个季铵盐型阳离子表面活性剂以来，已开发生产了脂肪胺、芳香胺、杂环、高分子季铵盐以及含氟、硫等特种季铵盐等多种季铵盐型阳离子表面活性剂。

适合于作表面活性剂的季铵盐应有长链亲油基，最常见的是包含一个长链，也有带有两个长链的。

季铵盐型阳离子表面活性剂的特点是具有良好的水溶性，一般情况下碳 14（C_{14}）以下的单长链季铵盐均易溶于水；与其他离子型表面活性剂相似，呈现 Krafft 点；耐酸、耐碱；多数具有杀菌作用；但其价格较贵，热稳定性差。

季铵盐的结构有以下特点：①常见的亲油基为 C_{12}、C_{14}、C_{16}、C_{18}；②亲油基直接或间接与 N 原子相连接；③相应的负离子为无机的或有机的负离子。

四、两性表面活性剂

两性表面活性剂（amphoteric surfactant）是指亲水基部分同时含有阳离子和阴离子的表面活性剂。这类表面活性剂既不同于阴离子表面活性剂，也不同于阳离子表面活性剂，它具有良好的去污性、起泡性、乳化能力，在酸、碱和各种金属离子中都比较稳定，具有抗静电、杀菌、防腐蚀的使用性能，使用范围也在不断扩大。但由于原料来源及成本问题，两性表面活性剂在四类表面活性剂中产量最小、品种最少。

两性表面活性剂的结构特点见图 3-4。

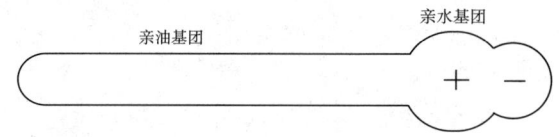

图 3-4 两性表面活性剂的结构特点

两性表面活性剂按其阳离子分类如表 3-8 所示。

表 3-8 两性表面活性剂的分类

分类	例子	阳离子部分
两性咪唑啉型	$\begin{array}{c} N\!-\!CH_2 \\ C_{12}H_{25}C\!\diagup\!\diagdown \\ N^+\!-\!CH_2 \\ |\diagdown CH_2COO^- \\ CH_2 \\ | \\ OH \end{array}$	咪唑啉环
甜菜碱型	$\begin{array}{c} CH_3 \\ | \\ C_{12}H_{25}N^+CH_2COO^- \\ | \\ CH_3 \end{array}$	季铵氮
氨基酸型	$C_{12}H_{25}NH_2CH_2CH_2COO^-$	伯胺或肿胺氮

分类	例子	阳离子部分
卵磷脂类（天然）	$\begin{array}{l} H_2C-OCR_1 \\ \quad \parallel \\ \quad O \\ H_2COCR_2 \\ H_2C-O-\overset{O}{\underset{O^-}{P}}-OCH_2\overset{CH_3}{\underset{CH_3}{N^+}}CH_3 \end{array}$	

1. 两性表面活性剂的特性

(1) 与其他类型表面活性剂有良好的相容性；

(2) 随溶液 pH 变化，两性表面活性剂的各种性质都会受到影响，如 CMC、发泡性、杀菌性及水溶性；

(3) 有等电点（isoelectric point）。因为分子内同时具有阴离子基团和阳离子基团，因此两性表面活性剂最大的特征是既能给出质子又能接受质子，以 $\beta-N-$ 烷基氨基羧酸型两性表面活性剂为例，它在酸性及碱性介质中呈现以下平衡：

$$\underset{pH>4}{RNHCH_2CH_2COO^-} \underset{OH^-}{\overset{H^+}{\rightleftharpoons}} \underset{pH=4}{RN^+H_2CH_2CH_2COO^-} \underset{OH^-}{\overset{H^+}{\rightleftharpoons}} \underset{pH<4}{RN^+H_2CH_2CH_2COOH}$$

在 pH > 4 时两性表面活性剂呈现阴离子型表面活性剂的特点，在 pH < 4 时又呈现阳离子型表面活性剂的特点，而在 pH 为 4 的狭小范围内以内盐的形式存在，分子内静电荷为零。若此时将溶液置于电场中，双离子化合物不向任何方向移动，此点就是等电点。其 pH 的计算如下。

$$pH = \frac{pK_a + pK_b}{2}$$

式中　pK_a——羧基的解离常数；

　　　pK_b——氨基的解离常数。

由于阴离子基团和阳离子基团的种类的不同，因此不同表面活性剂等电点各不相同（见表 3-9）。

表 3-9　不同表面活性剂的等电点

物质	等电点
$N, N-$ 二甲基 $-N-$ 月桂酰赖氨酸（DMLL）	6.3
$N, N, N-$ 三甲基 $-N-$ 月桂酰赖氨酸（TMLL）	6.8
$N, N-$ 二甲基 $-N-$ 棕榈酰赖氨酸（DMPL）	6.2
$N, N, N-$ 三甲基 $-N-$ 棕榈酰赖氨酸（TMPL）	6.5

(4) 具有 Krafft 点，且随阴、阳离子基团的长短的不同而不同。

2. 两性表面活性剂合成和应用举例

用十七烯基胺基双环咪唑啉衍生物封端线性聚氨基甲酸酯可以作为原油降摩阻剂。制备方法：7.6g 丙二醇和 0.5g KOH 加入反应釜中，用 N_2 吹扫置换后抽真空，升温到 （120±5）℃时滴加环氧乙烷 44g，控制反应釜压力小于 0.4MPa，反应 30min；继续升温到（140±5）℃时滴加环氧丙烷 116g，滴加完毕后反应 30min，得到聚氧乙烯聚氧丙烯嵌段共聚物，再加入 30g 甲苯二异氰酸酯聚合生成线型聚氨基甲酸酯；将 112g 油酸和 38g 四乙烯五胺加入反应釜中，以甲苯为除水剂，反应温度为 250～300℃，反应时间为 3～4h，合成十七烯基胺基双环咪唑啉；取 200g 甲苯加入高压釜中，将合成的线型聚氨基甲酸酯 260g 和十七烯基胺基双环咪唑啉 130g 投入高压釜中，常温搅拌 30min 后，升温到 60～75℃，再加入 30g 二异氰酸酯，反应 1～1.5h，得到双环咪唑啉型衍生物原油降摩阻剂。

五、高分子表面活性剂

高分子表面活性剂一般认为是相对分子质量在数万以上有表面活性的物质。与前面表面活性剂相似，根据亲水基团结构不同大致可按表 3-10 来分类。

表 3-10　高分子表面活性剂的分类

类别	实例
阴离子型表面活性剂	─[CH─CH$_2$─CH─CH$_2$]$_n$─，苯环，COONa，COONa
阳离子型表面活性剂	─[CH$_2$─CH]$_n$─，苯环，N$^+$ Br$^-$，C$_{12}$H$_{25}$
非离子型表面活性剂	HO(C$_2$H$_4$O)$_m$(C$_3$H$_5$O)$_n$(C$_2$H$_4$O)$_p$H
两性表面活性剂	─[CH─CH$_2$─CH─CH$_2$]$_n$─，苯环，COO$^-$，N$^+$，C$_{12}$H$_{25}$

按高分子表面活性剂 HLB 大小不同，可分为亲水性和亲油性两种。

由于难于在界面形成稳定的取向层，与低分子表面活性剂相比，高分子表面活性剂具有自身的特点：

（1）降低表/界面能力小，多数不形成胶束。

（2）起泡力低，能起稳定泡沫的作用。

（3）具有一定的乳化能力，多数形成稳定的乳液。

(4) 对悬浮的粒子起凝聚或分散作用。在低浓度时，它吸附于悬浮粒子的表面，在粒子间形成架桥，起凝聚粒子的作用；在高浓度时，围绕在悬浮粒子周围，阻止离子间聚集，起分散粒子的作用。前者如絮凝剂的应用，后者如水—煤浆的制备。

(5) 毒性较小。

六、双子型表面活性剂

随着化学工业的发展和全球环保意识的增强，双子（Gemini）型表面活性剂（又称孪连/双生/偶联表面活性剂）的出现为表面活性剂科学开拓了广阔的前景，所谓双子，是指具有两个亲水基团两个亲油基团。

目前已合成出阳离子、阴离子、两性和非离子四类共86种双子型表面活性剂，并在新材料制备、污水和土壤治理、抗菌、基因传染、化合物分离以及金属防腐等领域显示出优异的应用性能。

由各种疏水基、亲水基和连接基的组合可以获得多种多样结构的双子型表面活性剂。

按连接基的性质及间隔链的弯曲性可分为亲水柔性间隔基、亲水刚性间隔基、疏水柔性间隔基、疏水刚性间隔基双子型表面活性剂。刚性指碳链较短的碳－氢链、亚二甲苯基、对二苯代乙烯基等，柔性指较长的碳氢链、聚氧乙烯链、杂原子等。

按疏水基的性质，可分为烷基类、烷烯基类、烷基芳基类及碳氟链或碳氢－碳氟混合烷链类等双子型表面活性剂。

按亲水基的性质，可分为阳离子（如双季铵盐）、阴离子类（如双硫酸盐、双羧酸盐和双磷酸盐）、非离子类（如双磷酸酯和双糖衍生）、两性（如双磺基甜菜碱）双子型表面活性剂。

近年还合成出带有相反电荷双离子基团的双子型表面活性剂，其中有两个酯键，可分解的双酯季铵盐及一些多肽、氨基酸、糖苷或脂环族衍生双子型表面活性剂等。

按对称性又可分为对称和非对称双子型表面活性剂。

1. 双子型表面活性剂的合成

1) 阳离子双子型表面活性剂

有关阳离子双子型表面活性剂的合成、性能、应用方面的研究报道最多，几乎占了双子型表面活性剂总量的1/3。目前已经报道的阳离子双子型表面活性剂的合成可归纳如下。

(1) 连接基团为烃基的阳离子双子型表面活性剂。

连接基团为烷烃的阳离子双子型表面活性剂可通过溴代烃与长链叔胺、季铵化合成。

$$2CH_3(CH_2)_nN(CH_3)_2 + \underset{CH_2Br}{\overset{CH_2Br}{C_6H_4}} \longrightarrow \underset{CH_2(CH_3)_2N^+(CH_2)_nCH_3 \cdot Br^-}{\overset{CH_2(CH_3)_2N^+(CH_2)_nCH_3 \cdot Br^-}{C_6H_4}}$$

二取代烷烃可用相应的二元醇化合物与三氯化磷反应得到；同样也可通过1-溴代烷烃和N, N, N', N'-四甲基烷基二胺来合成。

(2) 含羟基连接基的阳离子双子型表面活性剂。

含羟基连接基的阳离子双子型表面活性剂通常以长链烷基二甲基胺及其盐酸盐和环氧

氯丙烷合成得到。

（3）不饱和烃为连接基的阳离子双子型表面活性剂。

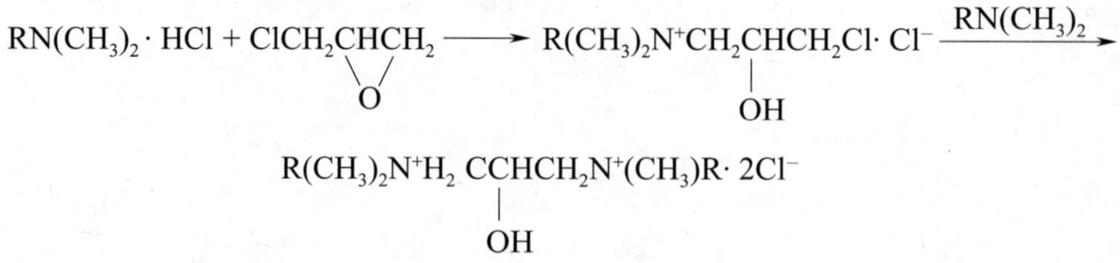

$$RN(CH_3)_2 \cdot HCl + ClCH_2CHCH_2 \xrightarrow{\quad} R(CH_3)_2N^+CH_2CHCH_2Cl \cdot Cl^- \xrightarrow{RN(CH_3)_2}$$
$$\underset{O}{\diagdown\diagup} \qquad\qquad\qquad\qquad OH$$

$$R(CH_3)_2N^+H_2CCHCH_2N^+(CH_3)R \cdot 2Cl^-$$
$$\qquad\qquad\quad OH$$

不饱和烃为连接基的阳离子双子型表面活性剂的合成举例如下：

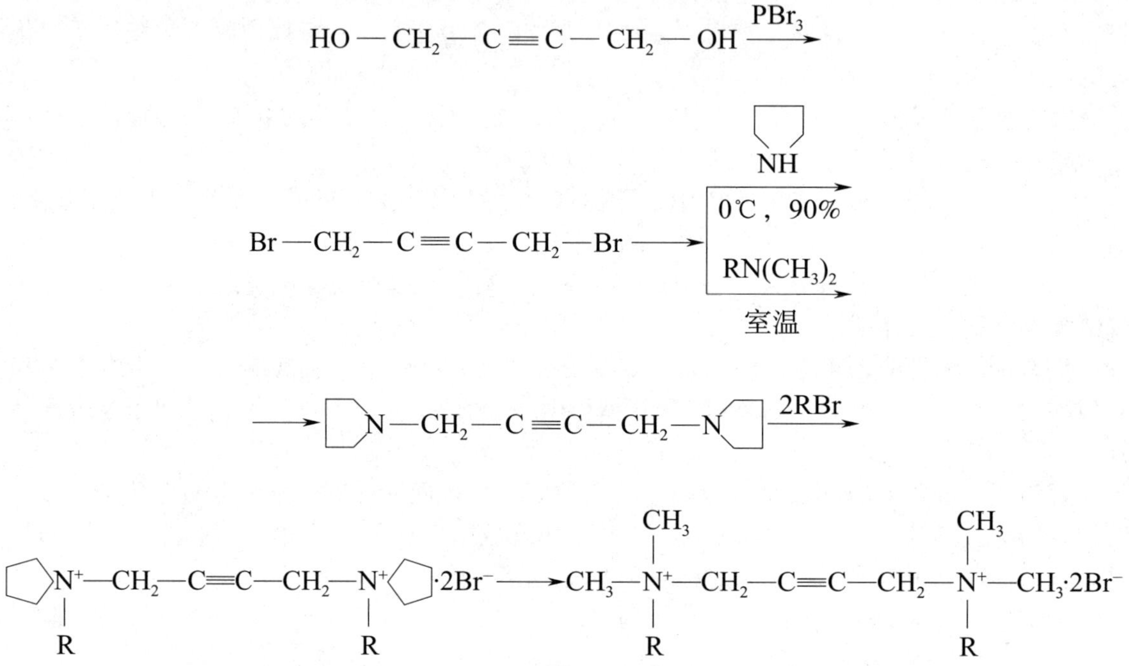

$$HO-CH_2-C\equiv C-CH_2-OH \xrightarrow{PBr_3}$$

$$Br-CH_2-C\equiv C-CH_2-Br \xrightarrow[\substack{0℃, 90\% \\ RN(CH_3)_2 \\ 室温}]{NH}$$

$$\longrightarrow \text{[pyrrolidine]}N-CH_2-C\equiv C-CH_2-N\text{[pyrrolidine]} \xrightarrow{2RBr}$$

$$\text{[pyrrolidine]}N^+-CH_2-C\equiv C-CH_2-N^+\text{[pyrrolidine]} \cdot 2Br^- \longrightarrow CH_3\underset{R}{\overset{CH_3}{N^+}}-CH_2-C\equiv C-CH_2-\underset{R}{\overset{CH_3}{N^+}}-CH_3 \cdot 2Br^-$$
$$\quad R \qquad\qquad\qquad\qquad\qquad R$$

（4）以壬基酚为原料制备的双子型表面活性剂。

以壬基酚为原料开辟了一条新的合成阳离子双子型表面活性剂的途径。

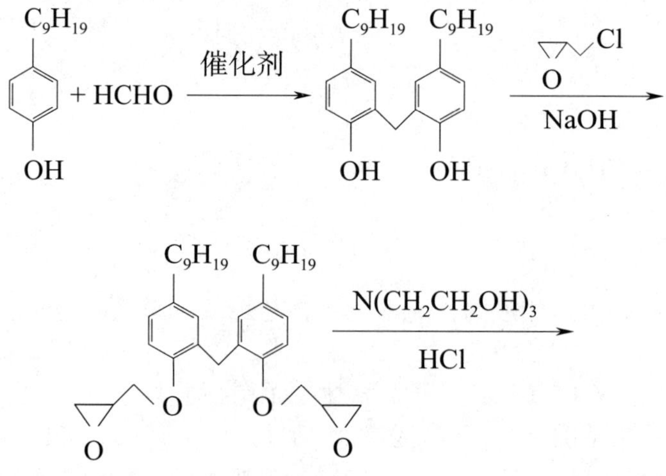

[反应式：对壬基酚 + HCHO 经催化剂生成双酚中间体，再与环氧氯丙烷/NaOH 反应生成二缩水甘油醚，再与 N(CH₂CH₂OH)₃/HCl 反应]

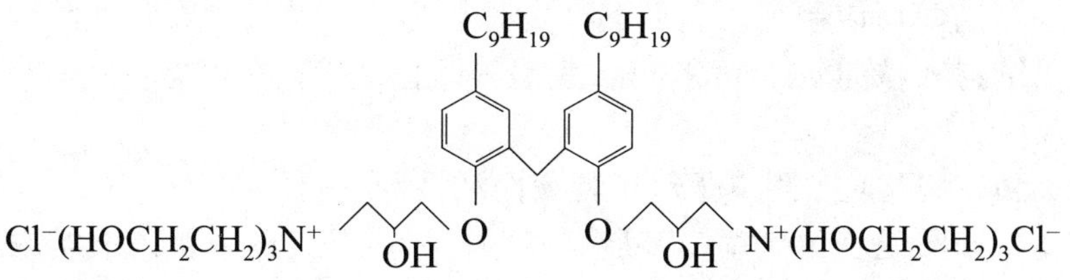

C9H19
C9H19
Cl−(HOCH2CH2)3N+
OH
O
O
OH
N+(HOCH2CH2)3Cl−

2）阴离子双子型表面活性剂

阴离子双子型表面活性剂种类较多，主要分为羧酸盐类、磷酸酯盐类、磺酸盐类和硫酸酯盐类，并已有工业化产品。

（1）羧酸盐类阴离子双子型表面活性剂。

羧酸盐类阴离子双子型表面活性剂由乙二胺、辛烷基氯化物和氯乙酸合成而得。

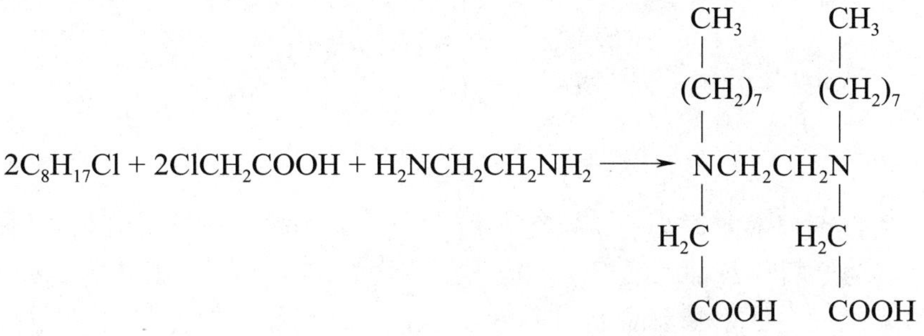

2C8H17Cl + 2ClCH2COOH + H2NCH2CH2NH2
CH3
CH3
(CH2)7
(CH2)7
NCH2CH2N
H2C
H2C
COOH
COOH

改变碳链和连接基长度，可合成一系列化合物。该类化合物是非常好的金属螯合剂。羧酸盐类产品如 *N*，*N*′− 双月桂酰基乙二胺二丙烯酸钠，是由丙烯酸甲酯与乙二胺反应得到 *N*，*N*’ 一双丙烯酸甲酯乙二胺，然后再与月桂酰氯反应，再与 NaOH 反应成盐制得。此外，利用二环氧物衍生物、乙二醇二环氧甘油醚也可合成羧酸盐类阴离子双子型表面活性剂。羧酸盐类型不多，主要是由于其溶解性及抗硬水能力较差。

（2）磷酸酯盐类阴离子双子型表面活性剂。

磷酸酯盐类阴离子双子型表面活性剂可由乙二醇二环氧甘油醚先与磷酸反应，再与 NaOH 反应制得。

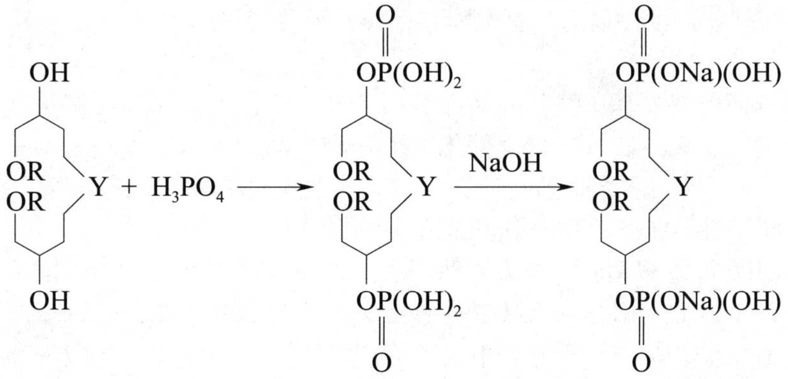

OH
OR
OR
Y + H3PO4
OH
O
OP(OH)2
OR
OR
Y
OP(OH)2
O
NaOH
O
OP(ONa)(OH)
OR
OR
Y
OP(ONa)(OH)
O

也可由脂肪醇与焦磷酸反应得到磷酸酯，与四甲铵碱成盐后，再与连接基团 1，4− 二溴苯反应得四甲铵盐；由 4，4’ − 二甲氧基二苯乙烯脱甲氧基后，与三氯氧磷反应得磷酰氯化合物，然后与脂肪醇反应制得。磷酸酯盐类化合物与天然磷脂有类似结构（天然磷脂具有双链单极性头结构），易形成反相胶束、囊泡等缔合结构，有可能在生命科学、药物载体研究方面取得应用。

(3) 磺酸盐类和硫酸酯盐类阴离子双子型表面活性剂。

二烷基二苯醚二磺酸是在单烷基二苯醚二磺酸基础上开发的一类磺酸类双子型表面活性剂，它是通过烷基酚与高碳烯烃或长碳链卤化物反应得到二苯醚，然后用发烟硫酸或氯磺酸磺化得到。反应如下：

$$2RCH_2-\bigcirc-OH + Br(CH_2)_nBr \longrightarrow$$

$$RCH_2-\bigcirc-O(CH_2)_nO-\bigcirc-CH_2R \xrightarrow[NaOH]{H_2SO_4 \cdot xSO_3}$$

$$RCH_2-\underset{SO_3Na}{\bigcirc}-O(CH_2)_nO-\underset{NaO_3S}{\bigcirc}-CH_2R$$

这类表面活性剂仅靠醚键为连接基团，所得产品的柔顺性不够，且长碳链烷基的位置不定。以烷基酚为原料与各种二溴烷烃反应得到双醚，磺化可得多亚甲基二苯双醚磺化物，连接基团是可变换的多亚甲基双醚；烷基定位于对位，产品很纯。改变烷基酚的烷基和二溴烷烃时可得到一系列双子型表面活性剂。

在以乙二胺得到二亚甲基连接基团的双子表面活性剂的合成过程中，因为是非均相反应，产率不高，纯度也不够高。采用另一条合成路线，用牛磺酸与二溴乙烷反应得到二乙胺二乙磺酸钠，然后与油酰氯合成得到 N,N'- 双油酰基乙二胺二乙磺酸钠。

磺酸盐和硫酸酯盐类产品是普通表面活性剂中产量最大的一类，如烷基苯磺酸钠（LAS）、烷基硫酸钠（AS）等。该类化合物在双子型表面活性剂中也开发得较早，并已有工业化产品烷基苯醚磺酸钠供应。由于磺酸盐及硫酸酯类产品水溶性好、原料来源广，因此该类产品有可能最先实现大规模工业化生产，以满足日化行业及工业的应用需求。

3) 非离子双子型表面活性剂

非离子双子型表面活性剂的主要类型有糖类、醇醚和酚醚类。

(1) 糖类。

以葡萄糖等糖中的羟基或醛基等活性基团与其他双活性基团反应制备糖基双子型表面活性剂。现阶段的合成方法有生物酶催化合成法和化学合成法。以后者为主，但合成路线太长，收率低，产品成分复杂，所用原料昂贵，在上述问题解决之前很难工业化生产。

(2) 醇醚和酚醚类非离子双子型表面活性剂。

醇醚和酚醚类非离子双子型表面活性剂合成方法与传统非离子型表面活性剂相同，关键是先把具有疏水链的两部分用连接基连接起来，再进行乙氧基化或丙氧基化。产品品种比较多的是以月桂酸为原料，通过溴化和甲酯化后得到 α- 溴代月桂酸甲酯，以此为中间体与各种连接基团相连接，然后将甲酯还原为醇，最后进行乙氧基化可制得一系列醇醚和酚醚类非离子双子型表面活性剂。连接基团包括对苯二酚、乙二胺、二硫代乙醇和哌嗪等，环氧乙烷加成数根据应用需要而定。

该合成方法有三种。
方法一：

$$C_{11}H_{23}COOH \xrightarrow[SOCl_2]{Br_2} C_{10}H_{21}CHBrCOOH \xrightarrow{CH_3OH} C_{10}H_{21}CHBrCOOCH_3$$

$$C_{10}H_{21}CHBrCOOCH_3 \xrightarrow[DMF, Na_2CO_3]{HO-\bigcirc-OH}$$

$$\underset{COOCH_3}{C_{10}H_{21}\overset{|}{C}HO}-\bigcirc-\underset{COOCH_3}{O\overset{|}{C}HC_{10}H_{21}} \xrightarrow{LiAlH_4}$$

$$\underset{CH_2OH}{C_{10}H_{21}\overset{|}{C}HO}-\bigcirc-\underset{CH_2OH}{O\overset{|}{C}HC_{10}H_{21}} \xrightarrow[OH^-]{2n CH_2\!-\!CH_2 \atop \diagdown O\diagup}$$

$$\underset{CH_2O(CH_2CH_2O)_nH}{C_{10}H_{21}\overset{|}{C}HO}-\bigcirc-\underset{CH_2O(CH_2CH_2O)_nH}{O\overset{|}{C}C_{10}H_{21}}$$

方法二：

$$C_{11}H_{23}COOH \xrightarrow[SOCl_2]{Br_2} C_{10}H_{21}CHBrCOOH \xrightarrow{CH_3OH} C_{10}H_{21}CHBrCOOCH_3$$

$$\xrightarrow[DMF, Na_2CO_3]{HN\diagup\diagdown NH} \underset{COOCH_3\ COOCH_3}{C_{10}H_{21}\overset{|}{C}HN\diagup\diagdown N\overset{|}{C}HC_{10}H_{21}} \xrightarrow{LiAlH_4}$$

$$\underset{CH_2OH\ CH_2OH}{C_{10}H_{21}\overset{|}{C}HN\diagup\diagdown N\overset{|}{C}HC_{10}H_{21}} \xrightarrow{2n CH_2\!-\!CH_2 \atop \diagdown O\diagup} \underset{CH_2O(CH_2CH_2O)_nH\ CH_2O(CH_2CH_2O)_nH}{C_{10}H_{21}\overset{|}{C}HN\diagup\diagdown N\overset{|}{C}HC_{10}H_{21}}$$

方法三：

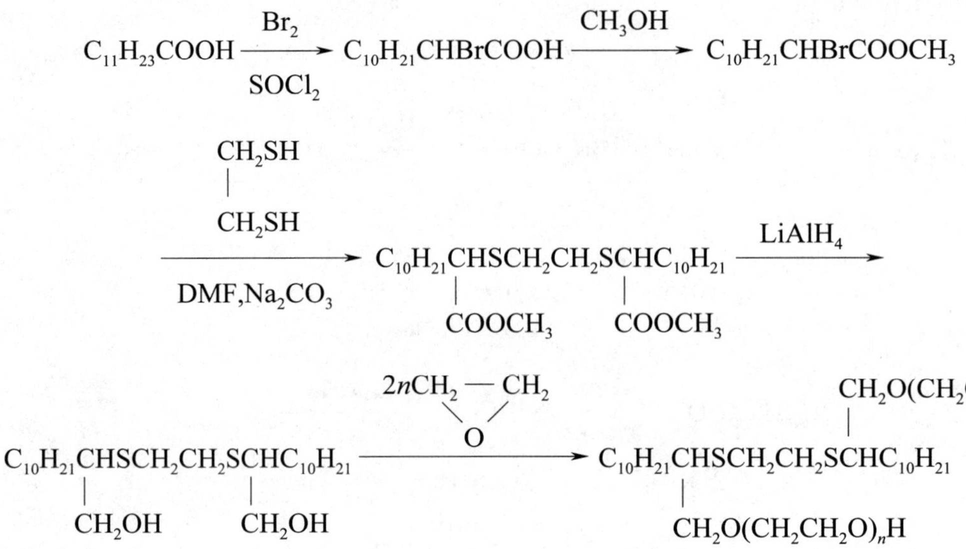

$$C_{11}H_{23}COOH \xrightarrow[SOCl_2]{Br_2} C_{10}H_{21}CHBrCOOH \xrightarrow{CH_3OH} C_{10}H_{21}CHBrCOOCH_3$$

$$\xrightarrow[DMF, Na_2CO_3]{\begin{array}{c}CH_2SH\\|\\CH_2SH\end{array}} \underset{\underset{COOCH_3}{|}}{C_{10}H_{21}CH}SCH_2CH_2S\underset{\underset{COOCH_3}{|}}{CHC_{10}H_{21}} \xrightarrow{LiAlH_4}$$

$$\underset{\underset{CH_2OH}{|}}{C_{10}H_{21}CH}SCH_2CH_2S\underset{\underset{CH_2OH}{|}}{CHC_{10}H_{21}} \xrightarrow{2nCH_2\text{—}CH_2 \text{(O)}} \underset{\underset{CH_2O(CH_2CH_2O)_nH}{|}}{C_{10}H_{21}CH}SCH_2CH_2S\underset{\underset{CH_2O(CH_2CH_2O)_nH}{|}}{CHC_{10}H_{21}}$$

4）两性双子型表面活性剂

两性双子型表面活性剂的报道很少，仅有几个品种，包括阴离子、阳离子双子型表面活性剂和阴离子、非离子双子型表面活性剂。1966 年，Andrew T 和 Guttmann 开发了一种纺织纤维用柔软剂，合成了一系列咪唑啉阳离子化合物，它就是含有阴离子、阳离子的双子型表面活性剂。它既有柔软作用，又有洗涤作用，但合成较复杂。

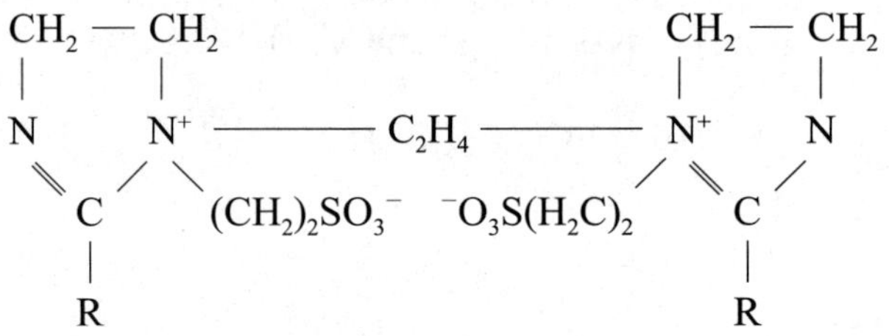

咪唑啉阳离子化合物中 R 为长碳链疏水基。

5）特殊双子型表面活性剂

（1）不对称双子型表面活性剂。

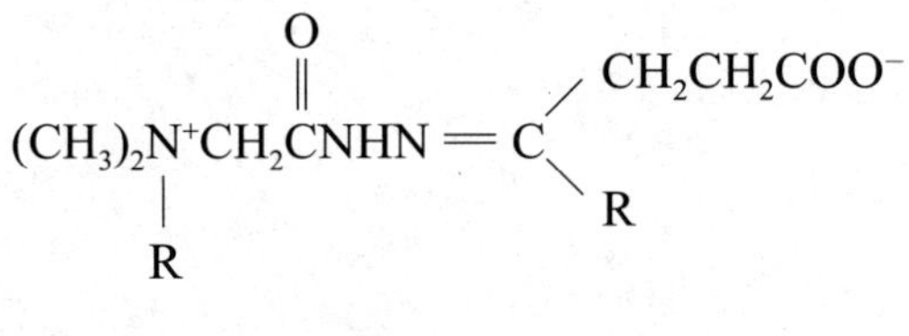

$$R = C_{12}H_{25}、C_{14}H_{29}$$

不对称双子型表面活性剂是由两个或两个以上不同的两亲分子，在其亲水头基或靠近其头基处通过连接基团连接在一起构成的。不对称是指其亲水基不同，或者是疏水链不同，或者二者都不同。不对称双子型表面活性剂中间连接基团的不同、疏水链的不同，都可以影响其在溶液中的聚集态，因此可以通过结构调控获得不同聚集态的不对称双子型表面活性剂，从而可以作为合成材料的模板和微型反应器。不对称双子型表面活性剂具有易形成胶束、胶束形状可以控制，且在有机相中具有可自发形成反向胶束的特点，因此有望在生物分离方面获得应用。

(2) 含氟双子型表面活性剂。

含氟双子型表面活性剂主要是指在表面活性剂的碳－氢链中，氢原子被氟原子取代的表面活性剂。此类表面活性剂的碳－氟链与碳－氢链不同，其憎水作用要比碳－氢链强，而且碳－氟链既憎水又憎油，能大大降低水的表面张力，也能降低碳－氢化合物液体的表面张力。由于碳－氟链比碳－氢链的疏水性更强，所以含有碳－氟链的低聚（双子）表面活性剂具有更低的 CMC 值和更高的表面活性，这种双子型表面活性剂的结构式为 $C_4F_9N(CH_3)_2C_2H_4N(CH_3)_2(C_4F_9)_2Br^-$。

从目前的结构类型和合成路线来看，大多数合成步骤长、所用原料昂贵、工业化生产有一定的困难。因此，双子型表面活性剂的发展仍需从合成路线的优化着手。

2. 双子型表面活性剂的性能特点

宏观性质的不同往往是由微观因素决定的，双子型表面活性剂的特殊性质也是由其特殊的结构因素造成的。Zaza 等人对双子型表面活性剂的结构研究表明，双子型表面活性剂的烷基链长度和连接基团对双子型表面活性剂的表面活性有很大影响。当两极性头基间的距离与普通表面活性剂形成的球形胶束的极性头基间的平均距离相近（0.6～1.1nm）时，双子型表面活性剂和普通表面活性剂一样在水溶液中形成球形胶束，并不表现出特殊的行为；连接基团较短的双子型表面活性剂容易生成比对应的普通表面活性剂更低曲率的分子聚集体；随着连接基团长度的增大，双子型表面活性剂在水溶液中的聚集体形状由缠绕胶束变为球状胶束。

1) 临界胶束浓度低

双子型表面活性剂的 CMC 值比相应的普通表面活性剂低 1～2 个数量级。对于 m—s—m（s 表示连接两种相同链节的链长度，m 表示疏水链长度）双子型表面活性剂，连接链 s 的长度对 CMC 的影响成非线性关系，当 s 为 4～6 时，CMC 值最大。对于亲水基为阳离子基团的双子型表面活性剂，CMC 值随端基极性增加和连接链长度的减小而急剧降低。亲水基为阴离子的双子型表面活性剂与相应的阳离子双子型表面活性剂相比，其 CMC 值更低。

例如，$N,N-$乙撑基双（十二烷基二甲基溴化铵）双子型表面活性剂的 CMC 质量分数为 0.055%，而对应的十二烷基三甲基溴化铵（DTAB）则质量分数为 0.50%。

2) 界面性质

双子型表面活性剂的吸附方式主要由连接基团的限制作用和整个分子在相界面上的亲和作用决定。亲和作用包括极性基团与水相的作用和非极性基团与油相或空气之间的作用。当同时具有限制作用与界面亲和作用时，双子型表面活性剂将以直线或近似直线的形状吸附在界面或表面上；当亲和作用大于限制作用时，将以弯曲或环状不规则形式吸附在界面或表面上。双子型表面活性剂在固—液界面上易形成比溶液中聚集体更低曲率的吸附聚集体。Manne 等人从原子显微镜研究结果中初步认为，表面活性剂和固体表面的相互作用面积在很大程度上影响着表面活性剂吸附聚集体的形态。对于连接链为亚甲基的双子型表面活性剂，在水—液界面上每个双子型表面活性剂所占的面积与 s 不成线性关系。

3) 胶束形态

胶束形态用修正胶束模型解释双子型表面活性剂分子聚集态的微观结构主要取决于分

子构型和外部条件。分子构型包括侧烷基疏水链长度、连接链的长度和韧性等；外部条件包括浓度、温度和溶剂极性等。双子型表面活性剂的胶束形式难以用传统的胶束模型来解释，因而，人们提出了修正胶束模型。该模型认为，刚性连接基团的双子型表面活性剂分子内烷烃链间的聚集作用难以实现，因而形成亚胶束，在水溶液中，主要以线性形式存在；柔性连接基团的双子型表面活性剂则在水溶液中，同一分子的两个烷烃链将弯向同一侧，构成传统意义上的胶束。对于 m—s—m 双子型表面活性剂，随亚甲基连接链增长，其聚集态会发生变化，从圆筒状胶束变为球状胶束，再转变为囊泡结构。

4) 聚集数

聚集数随端基极性的增加、连接链减小而提高双子型表面活性剂端基极性的增加、连接链长的减小可提高聚集数 N。对于阳离子双子型表面活性剂，端基极性的增加可提高聚集趋势；对于 m—s—m 双子型表面活性剂，在相同温度、相同浓度条件下，连接链 s 越小，胶束聚集数越大。

5) 相行为

相行为随连接链长度和盐的存在而变化。对双子型表面活性剂 $[C_{12}H_{25}N^+(CH_3)_2Br^-]_2(CH_2)_5$ 水溶液的流变行为研究得到，其表面活性剂端基缔合能远大于具有相同反离子的单链单端基表面活性剂。双子型表面活性剂溶于水时形成溶致型液晶，加热时则形成热致型液晶。对于 m—s—m 型，连接链的长度对于表面活性剂和水的混合物的相态性质具有很大的影响。Buhler 等考察了盐对双子型表面活性剂 $[C_{12}H_{25}N^+(CH_3)_2Br^-]_2(CH_2)_5$ 水溶液体系相图的影响。实验发现，随着盐浓度的增加，体系中依次出现蠕虫状胶束相、层状相以及特殊的二相共存等。这种多孔层状相和分支蠕虫状胶束相间存在着过渡相。这说明盐的存在屏蔽了反离子间的静电作用，因而促使聚集体形态发生变化。

6) 力学性质

聚集体形态与流变性相关。溶液聚集体的形态与溶液的流变性质密切相关。连接链短的双子型表面活性剂，其胶束的稀溶液具有特殊的流变性。浓度很低时其黏度和水相似，当浓度达到一定值时黏度迅速增大，在某一浓度时黏度达到最大值。这是由于双子型表面活性剂易形成棒状或线状等大尺寸的分子聚集体，在剪切力诱导下产生线状胶束缠结，因而在较低浓度时就能达到很高的黏稠度。若再进一步增加双子型表面活性剂的浓度，聚集体形态将发生改变，胶束间缠结减少，溶液黏度反而减小。

7) 协同效应

合适的表面活性剂混合体系能产生协同效应，不仅能表现出比单一表面活性剂体系高得多的表面活性，而且大大降低了成本。KunioEsumi 和 Rose 分别研究了阳离子双子型表面活性剂与非离子型表面活性剂、阴离子型表面活性剂的协同效应；Zaza 和 Tsubone 分别研究了阴离子双子型表面活性剂与非离子型表面活性剂、传统阴离子型表面活性剂的协同效应。研究结果均表明，混合体系在表面张力降低效率和降低能力方面都存在着较好的协同作用。

与普通阳离子型表面活性剂相比，阳离子双子型表面活性剂与普通阴离子型表面活性剂复配体系在生成胶束能力方面有很强的协同作用。这主要由以下两个因素决定：一是两个离子头基靠连接基团通过化学键连接造成两个表面活性剂单体离子的紧密连接；二是一个阳离子双子型表面活性剂分子带两个正电荷，而一个普通阳离子型表面活性剂只带有一个正电荷。

8）其他作用

具有助溶性、极好的溶解性、润湿性、发泡性等。双子型表面活性剂不易堆积在晶格中，是一种很好的水溶性促进剂。在一系列不同类型的表面活性剂对直链烷基苯的助溶作用研究中发现，双子型表面活性剂的助溶效果最好。这主要是由于双子型表面活性剂临界胶束浓度很低。

除此以外，双子型表面活性剂还具有极好的溶解性、润湿性、发泡性、抗菌性和分散性等。

3. 双子型表面活性剂的应用

1）制备新材料

表面活性剂可以作为制备纳米材料的模板剂和隔离剂。

1998年，Vander Voort等人发现通过控制阳离子双子型表面活性剂的烷基链长度以及连接基的长度可以制备不同晶格、不同孔径的高质量的纯硅胶。

Kunio Esumi等人用紫外线辐射含双子型表面活性剂的氯金酸（$HAuCl_4$）溶液，可制得纤维状金属金粒子；而用传统表面活性剂则形成球状或棒状。

Mark Morey等人利用双子型表面活性剂制备多孔分子筛Ti–MCM–48，将跃迁金属原子掺入其中。

2）缓蚀杀菌

Lissel等人将双子型表面活性剂用作杀菌剂，发现双烷基季铵盐类双子型表面活性剂有很好的杀菌性。1995年Pavlfkova研究$C_mH_{2m+1}N^+(CH_3)_2(CH_2)_2OOC(CH_2)_nCOO(CH_2)_2(CH_3)_2N^+C_mH_{2m+1}$的杀菌效果，发现连接基团短的双子型表面活性剂的抗菌效果显著，有很低的抗菌作用的浓度（MICS）值（37℃、24h的培育后抗菌剂起抗菌作用的浓度）。短链化合物m为6，无抗菌能力；当m为10或12时，抗菌效果最好；m为12，n为2时双子型表面活性剂比传统单链的十二烷基二甲基苄基溴化铵（BDDAB）效率高1～2数量级。M. El Achouri等人研究了双烷基季铵盐双子型表面活性剂在1mol/L HCl溶液中的缓蚀性能，采用了失重法、电化学极化和电化学阻抗光谱（EIS）研究其缓蚀机理，表明该表面活性剂是很好的阴极缓蚀剂。

3）三次采油

双子型表面活性剂具有很高的表面活性和降低油—水界面张力的能力，对原油有很好的增溶作用，良好的抗盐、抗沉积和润湿性能，且在三元复合驱中具有强的洗油作用，因此双子型表面活性剂在三次采油、堵水、调剖和开发低渗透率薄油层方面前景广阔。

4）治理污水与土壤

Rosen等人研究了表面活性剂对2-萘酚的吸附情况，发现吸附有双子型表面活性剂的介质（蒙脱土），比吸附有普通表面活性剂的介质对水中2-萘酚的吸附量大、效率高。用双子型表面活性剂改性剂作为废物填埋的防渗添加剂时，用双子型表面活性剂水溶液的增溶性和增流性。将其注入地下，去除地下水中的非液体和吸附在深层土壤中的污染物，这是一种具有开发前景的治污手段。

5）增溶分散

Choi等人研究了双子型表面活性剂在染料分散中的增溶作用，比较了普通表面活性剂和双子型表面活性剂的增溶效果，结果表明双季铵盐的增溶能力强于普通表面活性剂。此外，还研究了其在锦纶6丝表面上的分散能力。结果表明，双子型表面活性剂的染色率大于普通表面活性剂。

6）基因转染

双子型表面活性剂具有易形成胶束且胶束可控等性质，同时其在有机相中可自发形成反向胶束，因此在生物技术领域获得了应用。已用一些脂类阳离子型表面活性剂与DNA络合并将基因转染到哺乳动物的细胞，从而成功地揭示出相应的蛋白质。有人合成了五种新的以肽为基体的阳离子双子型表面活性剂，它们是一类无毒的固体，易操作，易溶于水，改变了活性水溶液的使用范围。有人发现维生素D衍生物不对称双子型表面活性剂也具有调控基因转录的功能。

7）金属防腐剂

对 m-s-m 阳离子双子型表面活性剂对铁在 1mol/L HCl 溶液中的防腐能力的实验表明，双子型表面活性剂主要通过吸附于电极表面形成一层保护膜而起到防腐作用。所加入的表面活性剂不改变质子还原机理，防腐效率随着烷基链上碳原子数目的增加而增加，也随着表面活性剂浓度的增大而增加，在CMC附近达到最大。

8）其他应用

阳离子和阴离子双子型表面活性剂普遍具有优良的起泡能力和泡沫稳定性。一些阴离子双子型表面活性剂有良好的钙皂分散能力，阳离子双子型表面活性剂还可作为低分子量化学品的胶凝剂。两性和非离子双子型表面活性剂可用于清洁剂、洗涤剂、皮革整理剂、药物分散剂以及护肤和护发、化妆品。

双子型表面活性剂作为一种性能卓越的新型表面活性剂，由于其特殊的结构，不仅具有高表面活性，而且可产生新形态聚集体，为相关多学科交叉创造了条件，将在化学、生物学、纳米科技、超分子与合成化学的发展中受到重视。

七、黏弹性表面活性剂

表面活性剂是一种具有双亲分子结构特征的物质，由于分子的双亲性（亲油性和亲水性），使得它在溶液中呈现多种聚集状态。一些表面活性剂在某种条件下，在溶液中的超分子聚集体可以形成线型柔性棒状胶束（或称蠕虫状胶束）。这些胶束直径在5nm左右，长度可达100～1000nm。这些棒状胶束相互缠绕形成网络结构，从而表现出类似于聚合物的行为，使得表面活性剂溶液具有表面活性剂和聚合物的性质，即一种独特的流变性——黏弹性。然而并非所有的表面活性剂溶液形成的棒状胶束都具有黏弹性，具有黏弹性的特殊的表面活性剂常被称为黏弹性表面活性剂（VES）。

1. 黏弹性表面活性剂的形成

表面活性剂的分子同时具有亲水基和亲油基。由于表面活性剂分子结构的特殊性，其在溶液中的缔合结构具有多样性。不同的缔合结构有不同的用途。

一般表面活性剂在水溶液中形成的胶束呈球状、圆盘状或圆柱状，胶束不能使溶液增黏。一般表面活性剂溶液在浓度不大和体系中离子强度不太高时，表面活性剂以单个分子或球形胶束在溶液中存在，流动性很好，黏度接近溶剂（水）的黏度，是牛顿流体。由于带电头基间的强烈排斥作用，大多数单尾离子型表面活性剂在溶液中只能形成球型胶束，因而这些表面活性剂的溶液黏度很小。

一旦增加表面活性剂的浓度或溶液中的离子强度到一定值，或者引入另一组分，表面活性剂胶束-水界面的电荷被屏蔽后，溶液中可能形成线型柔性棒状胶束、囊泡或层状结构（图 3-5），溶液的黏度将急剧增加。特别是线型柔性棒状胶束的形成和相互缠绕形成三维空间网状结构，常伴随黏弹性、剪切变稀和触变性等的出现，具有这种性质的表面活性剂即称为黏弹性表面活性剂。在水中形成的胶束，主要呈蚯蚓状或长圆棒状，相互之间高度缠结，构成了网状胶束（见图 3-6），类似于交联的长链聚合物形成的网状结构。在低温透射电子显微镜下观测，用3%NH_4Cl盐水配制的体积分数为4%的VES凝胶，确实是由高度缠结的蚯蚓状胶束或长的圆棒状胶束组成的网状结构物。网状结构物胶束的半径R随着形状的改变而改变。

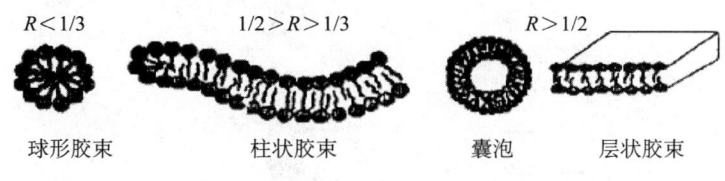

图 3-5　由表面活性剂分子几何形状决定的不同胶束聚集体

图 3-6　棒状胶束相互缠绕形成的网状结构示意图

近年来，人们对黏弹性表面活性剂体系形成的蠕虫状胶束（worm like micelles）进行了广泛的研究。研究发现，胶束增长的速度及其长度和许多因素有关，如表面活性剂的种类、温度、盐度和反离子的种类等。蠕虫状胶束体系是一个平衡体系，其分子量分布（MWD，molecular weight distribution）是不固定的，受外界条件（如温度、盐度、反离子浓度、表面活性剂的体积分数和溶剂等）的影响。

在表面活性剂溶液体系中，胶束由球型→蠕虫状→棒状、三维网状结构的转变已由其冷冻达射电镜照片得到证实。线型柔性棒状胶束相互缠绕形成的可逆空间三维网状结构是黏弹性的重要起因。网状胶束结构使表面活性剂胶束溶液具有了凝胶的性质，溶液黏度大幅度增加并具有了一定的弹性。黏弹性表面活性剂压裂液由此得名。

黏弹性的形成是由于黏弹性表面活性剂在盐水溶液中形成了棒状胶束，随着棒状胶束的增多而发生了相互缠结，形成了类似交联聚合物大分子的空间网状结构。由图 3-7 可以看出，随着表面活性剂浓度的变化，溶液的黏弹性经历了一个复杂过程，即溶液的弹性和黏性逐渐升高后又降低的过程，说明了黏弹性表面活性剂在溶液中的聚集状态直接影响了溶液的黏弹性行为。

黏弹性表面活性剂含两亲分子，分子结构由长链的疏水基团和亲水基团组成，表面活性剂溶液具有独特的流变性，溶液胶束变化规律见图 3-7。由图可见，当黏弹性表面活性剂浓度超过临界值时，疏水基长链伸入水相，使黏弹性表面活性剂分子聚集，形成以长链疏水基团的内核；亲水基团向外伸入溶剂的球形胶束，当黏弹性表面活性剂的浓度继续增加,并且改变溶液性质时加盐或加反离子的表面活性剂,表面活性剂胶束占有的空间变小,胶束之间的排斥作用增加,此时球形胶束开始变形,合并成为占用空间更小的线状或棒状胶束,棒状胶束会进一步合并,变成更长的蠕状胶束。这些胶束由于疏水作用会自动纠缠一起,形成空间交联网络结构。此时溶液体系具有良好的黏弹性和高剪切黏度,随着表面活性剂浓度不断增加,交联网状胶束还可以变为海绵网络结构。图3-7表明了各种不同胶束的分散状态。不同的胶束分散状态具有不同的黏弹性。

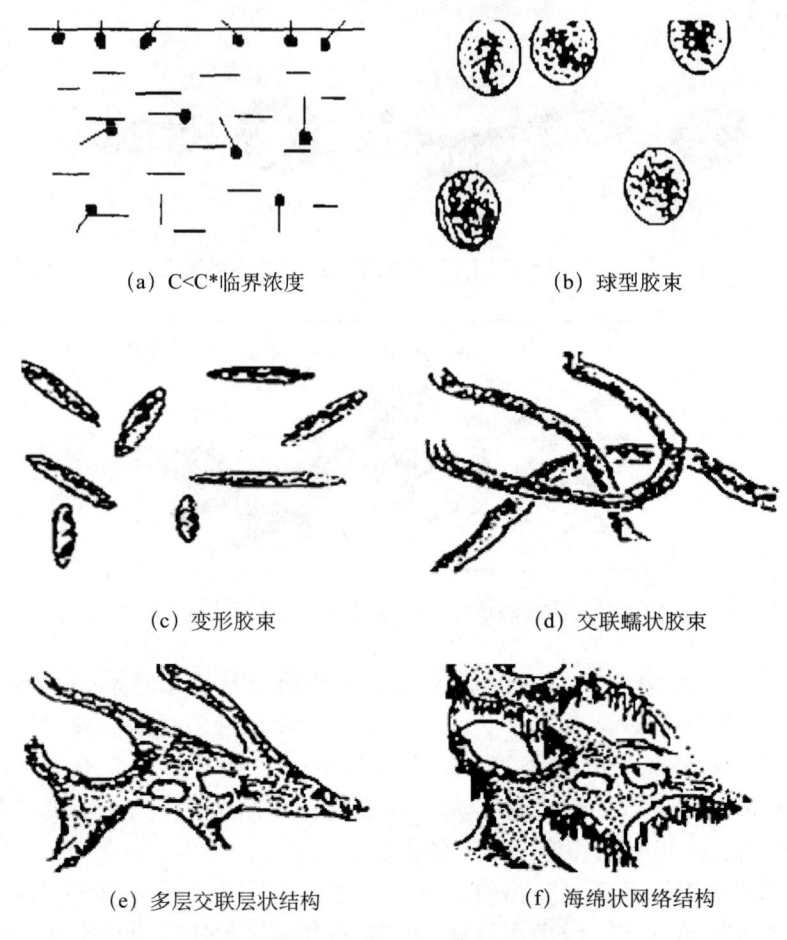

(a) C<C*临界浓度 (b) 球型胶束

(c) 变形胶束 (d) 交联蠕状胶束

(e) 多层交联层状结构 (f) 海绵状网络结构

图3-7 黏弹性表面活性剂溶液胶束变化规律

2. 黏弹性表面活性剂的类型

1) 阳离子表面活性剂

阳离子型黏弹性表面活性剂是研究得最多,也是最重要的一种。在阳离子表面活性剂胶束中,带正电荷的阳离子基团之间的相互排斥作用会使胶束呈球形,而不能增加溶液的黏度,更不能使溶液变为凝胶。为了抵消阳离子基团之间的排斥力,引入了平衡阴离子,如使用了无机阴离子和有机阴离子,使黏弹性表面活性剂溶液黏度提高并具有弹性,形成凝胶。

常见的阳离子型有十六烷基三甲基铵、十六烷基吡啶等,屏蔽界面电荷的反离子常有水杨酸根、卤素离子、氯酸根离子,以及阴离子表面活性剂(如十二烷基磺酸钠)的阴离子等。当所用盐的反离子(或表面活性剂本身所带反离子)能与离子表面活性剂强烈结合时，只要有极少量盐存在就可以形成线型柔性棒状胶束，这些反离子常具有一定的疏水性。在很低的浓度下（如 10mmol/L），十六烷基三甲基溴化铵（CTAB）和水杨酸可形成很长的棒状胶束，甚至形成网络结构，使体系呈胶态。而在该体系中只添加极少量（约 0.1%）的聚环氧丙烷（PPO）等非离子型聚合物，即可破坏其网络结构，使体系变为牛顿型。另外，在水溶性聚合物如甲基纤维素（MeC）或聚乙烯吡咯烷酮等体系中加少量的十二烷基磺酸钠（SDS），则可使体系的黏度明显增大。再如长链烷基季铵盐和长链烷基卤化吡啶与 CTAB 以一定比例混合形成的溶液，在相当低浓度下就具有很高的黏度和显著的黏弹性，是人们研究最多的黏弹性表面活性剂体系。十六烷基三甲基水杨酸铵溶液在 0.01mol/L 浓度（质量分数 0.42%）时零剪切黏度达到 10Pa·s，且具有黏弹性；十六烷基氯化吡啶（0.03mol/L）和 CTAB（0.03mol/L）混合水溶液也有很高的黏度（1Pa·s）和显著的黏弹性。

阳离子季铵盐表面活性剂常用主剂和添加剂见表 3-11。

表 3-11 阳离子季铵盐表面活性剂常用主剂和添加剂

主剂	添加剂
十八烷基三甲基氯化铵	水杨酸钠，3-羟基-2-葵酸钠，二甲基苯磺酸钠，十六烷基苯磺酸钠，本磷酸钠以及其他苯磺酸钠，以及其他苯磺酸钠衍生物
十六烷基三甲基氯化铵	
十八烷基二羟乙基甲基溴化铵	
十八烷基二羟丙基甲基溴化铵	

甜菜碱型阳离子表面活性剂体系的主剂为长链甜菜碱，其化学式为

$$R_1 - \underset{\underset{R_3}{|}}{\overset{\overset{R_2}{|}}{N^+}} - CH_2 - COO^-$$

甜菜碱型阳离子表面活性剂常用主剂和添加剂见表 3-12。

表 3-12 甜菜碱型阳离子表面活性剂常用主剂和添加剂

主剂	添加剂	
	反离子助剂	醇类
十八烷基二甲基甜菜碱 十六烷基二甲基甜菜碱 二十烷基二甲基甜菜碱 动物脂基二乙基甜菜碱	水杨酸钠、3-羟基-2-葵酸钠、二甲基苯磺酸钠、十六烷基苯磺酸钠、本磷酸钠和其他苯磺酸钠以及其他苯磺酸钠衍生物	苯甲醇、正癸醇、十二醇、十四醇、鲸蜡醇

在阴离子、阳离子表面活性剂复配的体系中，由于阴阳离子表面活性剂相互作为反离子，结合力更加强烈，更易形成棒状胶束。例如，0.029mol/L 的十二烷基三丁基溴化铵和 0.071mol/L 的十二烷基硫酸钠混合液的黏度大到几乎不能流动的程度，并有剪切变稀性。

2）两性表面活性剂

一些两性表面活性剂即使不外加别的组分，也能形成黏弹性溶液。如质量分数 1%

的十四烷基二甲基氧化铵（$C_{14}DMAO$）水溶液的黏度 1000mPa·s；两性表面活性剂与助表面活性剂（如直链醇类）复配的混合体系也是黏弹性体系；十四烷基二甲基氧化铵（100mmol/L）和十二醇（20mmol/L）混合溶液的黏度达到 100mPa·s；两性表面活性剂也能与阴或者阳离子表面活性剂混合形成黏弹性溶液：十八烯二甲基氧化铵（ODMAO，50mmol/L）和 SDS（5mmol/L）混合溶液的黏度达到 1×10^4Pa·s；ODMAO（5mmol/L）和十四烷基三甲基溴化铵（$C_{14}TMABr$，2.5mmol/L）混合溶液的黏度也达 10Pa·s。

3）非离子表面活性剂

该体系主剂为两性表面活性剂卵磷脂，再加入添加剂，形成具有高抗温性清洁压裂液。该体系组成如下：卵磷脂 + 不溶于水的溶剂 + 小分子醇 + 有机酸。

表 3-13 列出此类体系使用的主剂和添加剂。

表 3-13 非离子表面活性剂体系用化学试剂

主剂	添加剂		
	非水溶性溶剂	小分子醇	有机酸
软磷脂	2-乙基己醇、正癸醇、环己醇等及其混合物	甲醇、乙醇、丙醇、丁醇及其混合物	甲酸、乙酸、丙酸、丁酸及其混合物

非离子表面活性剂体系压裂液抗温可达 150℃，而且由于有酸存在，是 pH 敏感体系。pH 降低，体系可以破胶，容易返排，对地层伤害较小；但是两性表面活性剂主剂卵磷脂较贵，且配制较繁琐。

4）双子表面活性剂

此外，近来广受研究人员关注的另一类新型离子表面活性剂为双子（孪链）表面活性剂，其分子中同时含有两个疏水长链、两个亲水离子头基和一个桥链基团，其典型结构为

$$Br^-(CH_3)_2-N^+-(CH_2YCH_2)-N^+-(CH_3)_2Br^-$$
$$\hspace{3.5cm}|\hspace{3.2cm}|$$
$$\hspace{3.5cm}R\hspace{3.2cm}R$$

该表面活性剂在不加其他组分和浓度很低时也能形成黏弹性溶液，如

$$Br^-(CH_3)_2-N^+-(CH_2YCH_2)-N^+-(CH_3)_2Br^-$$
$$\hspace{3.2cm}|\hspace{3.2cm}|$$
$$\hspace{3.0cm}C_{12}H_{25}\hspace{2.3cm}C_{12}H_{25}$$

当该表面活性剂的质量分数为 4% 时，其水溶液变成像冻胶一样的黏弹体；当质量分数为 7% 时，溶液就变得像胶一样黏稠。

5）阴离子表面活性剂

阴离子表面活性剂即为反离子表面活性剂，不作为主剂。阴离子和非离子及两性表面活性剂复合体系是由阴离子、非离子和亲水型表面活性剂中一种或几种互配，并且与不溶于水的有机醇混合，得到黏弹性表面活性剂体系，具有良好的抗温性能。配方：阴离子表面活性剂 + 非离子表面活性剂 + 亲水型表面活性剂 + 不溶于水有机醇。

3. 黏弹性表面活性剂溶液的流变特性

黏弹性表面活性剂溶液的流变性有许多表现形式，但其流变行为主要受体系黏度的影响。

1）黏弹性

黏弹性是影响黏弹性表面活性剂溶液应用性能的一个最重要的性能指标，很多学者认为：黏弹性的形成是由于黏弹性表面活性剂在盐水溶液中形成了棒状胶束，随着棒状胶束的增多而发生了相互缠结，形成了类似交联聚合物大分子的空间网状结构。

随着黏弹性流体的出现，应用常规评价流体的方法来评价黏弹性流体就碰到了困难。通过多年的研究，获得了较好的评价方法，即通过应用储能模量和耗能模量来量度：储能模量是体系弹性效应的量度，而耗能模量则是黏性效应的量度。同时还可以应用 tgδ 来表征溶液黏弹性的大小。

2）剪切稀释特性和结构的自动恢复

绝大部分黏弹性表面活性剂溶液都具有剪切稀释性和触变性。当剪切速率较小时，黏度变化不大；当剪切速率增加到一定值后，稳定剪切黏度 η 和复合黏度 η^* 随 ω 的增大而下降；升高温度，体系的黏度也会下降。此外，在一些阴离子、阳离子表面活性剂混合体系中，阳离子表面活性剂量比例大，则黏度大，但无黏弹性。阴离子表面活性剂量比例大，则有黏弹性，且有少见的流变特性——负触变性（液体在恒定剪切速率下流动时黏度随时间的延长而上升的现象）。

黏弹性表面活性剂溶液是由表面活性剂胶束缠结而产生黏弹性，该结构在剪切作用下会发生拆散，使缠结的胶束团重新转变为单个或较少胶束缠结结构，使黏度大幅下降；当剪切消失，结构又自动恢复。由于这种特殊的性质，使其广泛应用在油田开采作业和涂料等领域。同时，当黏弹性表面活性剂溶液在地层中遇到大量地下水时，由于水的稀释，因此黏弹性表面活性剂溶液的黏度会大大降低，甚至最后会小于水的黏度。

目前，主要通过在同一温度下改变转速，再测定其黏度，对比黏度的变化，研究该体系黏弹性表面活性剂溶液的抗剪切性能。

3）黏度特性

在测定不同浓度的黏弹性表面活性剂溶液时，可以明显地看到黏弹性表面活性剂溶液的黏度在不同温度及不同浓度条件下变化的范围较大，因此，这就给黏弹性表面活性剂的应用提供了广阔的前景，可以根据应用条件，通过调整浓度改变黏度达到要求。

比如，黏弹性表面活性剂溶液在许多领域中并不要求具有很高的黏度。例如在压裂施工中，即使其在很低黏度（小于或等于 20mPa·s）下也能对支撑剂达到悬浮稳定作用，这一性质是聚合物无法比拟的。较低的黏度使其可以有较低的摩阻和低泵注压力，避免了使用大功率的设备。

4. 黏弹性表面活性剂溶液的应用

1）清洁压裂液

又称为黏弹性表面活性剂压裂液或无聚合物压裂液（Free-polymer fracturing fluids），国外是在 20 世纪 90 年代发展起来的。国外的学者通过长期的研究，极大地丰富了黏弹性理论，为黏弹性表面活性剂的理论研究奠定了基础，得到的黏弹性评价方法，为黏弹性表面活性剂压裂液性能评价指明了方向。

1997 年，压裂液的研制和开发取得了突破性进展，作为对传统聚合物破胶方法的挑战，Enigip 的流体专家联合 Schlumberger 公司的工程师推荐了一种黏弹性流体用于意大利 Giovanna 的修井作业，即所设计的压裂液使用黏弹性表面活性剂而不用聚合物。黏弹性表面活性剂压裂液黏度低，能有效地输送支撑剂。原因在于黏弹性表面活性剂压裂液携带支撑剂是依靠流体的塑性和结构而不是流体的黏度，同时能降低摩擦力。该压裂液配制简单，主要用黏弹性表面活性剂在盐水中调配。因为无聚合物的表面水化，黏弹性表面活性剂很容易在盐水中溶解，不需要交联剂、破胶剂和其他化学添加剂，因此无地层伤害，并能使充填层保持良好的导流能力。黏弹性压裂液正因为具有上述特性，亦称清洁无聚合物压裂液。国外石油公司使用该类压裂液已成功进行了 2400 多次的压裂作业，取得了很好的压裂效果，并达到长期开采的目的。

自从 1997 年 Schlumberger 公司推出第一个产品（1508w）投入市场以来，就迅速得到了推广。目前用量最大的三个国家和地区是加拿大、墨西哥湾和美国东部。

据资料报道，国外已有许多现场应用实例，如意大利埃尼－阿吉普石油公司在亚得里亚海的 Giovanna 油田进行压裂作业时采用了这种新的黏弹性表面活性剂基流体；在 EMMAA 6、EMMAA 8、Giovanna 6 等油井用含 HEC 和黏弹性表面活性剂的压裂液进行对比试验，发现这种含黏弹性表面活性剂的压裂液（CFRAC）的性能优于聚合物压裂液。采用含黏弹性表面活性剂的压裂液进行压裂作业的油井不仅大大减少了地层伤害，而且获得了理想的油井产量。对受污染、致密砂岩的 Giovanna 6 井成功进行了端部脱砂压裂，并且产生了达到高产和增加油井寿命的高裂缝传导率。在南得克萨斯州一块产气的砂岩地层用绕管作为导管进行了压裂，压裂液的组成为含 2% 表面活性剂的黏弹性表面活性剂流体、3.60kg/m³ 有机盐（水杨酸钠）、KCl 组分用做黏土稳定剂。结果表明，黏弹性表面活性剂压裂液使绕管压裂成为一种可行的作业。

目前，国内外广泛应用的清洁压裂液（黏弹性表面活性剂压裂液）多由阳离子胶束剂和一定浓度的盐溶液组成。该阳离子胶束剂多为 $C_{16} \sim C_{22}$ 含不饱和双键的季铵盐，使用的盐一般为 2% ~ 4% 的 KCl 或 KBr。在工程应用中，具有特殊结构的 $C_{16} \sim C_{22}$ 阳离子胶束剂在一定的盐溶液中形成蠕虫状胶束；胶束增长到一定程度时发生交叠，形成网络结构，表现出类似链状高分子溶液的流变行为，具有高黏度和黏弹性。作为压裂液流体具有良好的造缝和携砂能力。压裂施工结束后，该黏弹性胶束体系遇到地层的原油或天然气，胶束结构遭到破坏而成为低分子的球状胶束，从而实现破胶降黏。

2）变黏分流酸

一种适用于碳酸盐油气藏强化增产处理的无伤害非聚合物基新功能酸液体系，其主要成分是一种新型的表面活性剂作为转向剂。该体系与以往任何酸液体系不同的最显著的功能优点是非聚合物酸液体系，并能实现长时间持续黏度控制和不会造成地层伤害，确保了注入的酸液流体均匀地分布于整个待处理的油气储层。作用机理：自转向酸液体系注入井下时，首先进入高渗透率地层带，接着流体在碳酸盐储层的岩石面上扩散开来，溶蚀出蠕虫状空洞；当酸液同岩层基质接触时，体系发生凝胶化，黏度迅速提高，起到暂堵的作用，并随后迫使剩余的流体进入低渗透率地层带中，从而提高酸液的自转向能力和实现酸液对整个作业地层带的覆盖。在完成作业施工后和作业井恢复生产之后，凝胶黏度降低至近似于水的黏度，有利于残液返排，不伤害储层。

变黏分流酸国外是在 20 世纪 90 年代发展起来的，从 1997 年 Schlumberger 公司推出第一个产品（J508w）投入市场以来，就迅速得到了推广。该体系是长链脂肪酸的季铵盐类阳离子表面活性剂溶解在盐水中形成的胶束溶液。最早在美国的墨西哥湾的酸化充填作业中使用，其效果比用常规酸化液作业的油井效果好。后来，在加拿大、美国、意大利、墨西哥湾的众多油田的常规酸化施工中广泛应用，取得了良好效果。目前用量最大的三个国家和地区是加拿大、墨西哥湾和美国东部。

根据有关文献报道，虽然变黏分流酸主剂技术最早应用于油田增产措施是在1997年，但最早报道其应用于转向酸化技术的文献是在2000年左右。文献中对变黏分流酸主剂酸液体系的流变性能做了初步研究。他初步考察了pH值对变黏酸液的凝胶化的影响，只是对酸液黏度随着酸液pH值变化的大体趋势作出了一个略图。他用24%的$CaCl_2$溶液来模拟消耗了15%HCl的酸液，并向其中加入变黏分流酸主剂，然后通过加入少量HCl来调节pH值，进而得到酸液黏度随着pH值的变化关系。

2001年，Chang F等人报道了一种用于碳酸盐酸化处理的变黏自转向酸液的实验室研究进展。由于酸液与碳酸盐反应，增高的Ca^{2+}的浓度和酸的浓度的降低，促进了酸液中球型结构向蠕虫型结构的转化，即发生酸的就地凝胶化，结果给予酸液较高的黏度。较高的黏度降低了酸液进入蚓孔的几率，因此使所有地层区域得到酸化。酸化完成之后，由于溶剂的后冲洗以及与回流时地层烃类接触时，黏性流体被破坏，因而不会造成地层伤害。由于变黏分流酸主剂自转向酸液体系容易清除，并且具有延长的黏度形成时间，不必当烃类返排时就降低黏度。因此，其与聚合物自转向凝胶酸液相比，具有持续的转向作用。其在不伤害地层的条件下，可解决长裸井段酸化的困难。另外，该变黏酸液体系不含固体，因此在管道注入时，不会有桥堵现象。然而，这种变黏自转向酸液体系的温度上限是93℃。

2003年，Diedre TaylorP等人又报道了一种温度稳定性提高的变黏基自转向酸液体系。流变学研究表明，酸液被$CaCO_3$消耗时，酸液的黏度快速提高，并且直到温度为149℃，仍然具有稳定性。多孔岩心实验表明这种酸液体系对高渗透率和低渗透率岩心均有效果。

2003年，David A llenan等人描述了一种类似变黏分流酸主剂。通常传统的表面活性剂泡囊结构需要很高的表面活性剂浓度，来产生足够的黏度。而通过加入一种聚合物（高分子物）电解质，可以帮助泡囊结构的形成，并且降低了表面活性剂的使用浓度，同时提高了该流体的热稳定性。该流体的流变学性能可通过流体的pH值、表面活性剂浓度、聚电解质的性能以及温度来调节。在预定的时间和温度下，流体内含的解聚剂配方可打破该表面活性剂凝胶，并降低该流体的黏度至接近水的黏度。同时，岩心实验表明，在处理岩心过程中没有产生地层伤害。基于泡囊结构的酸液在流变学上可以用指数定律来描述，其行为类似于交联的聚合物。最初的泡囊结构酸液热稳定性上限是121℃，引入某种聚合物质之后，其热稳定性上限达到177℃。上述聚合物质带有正电荷，可与表面活性剂分子去作用，获得更稳定的泡囊结构。与先前的泡囊结构变黏分流酸主剂酸液相比，加入上述聚合物质之后的泡囊结构尺寸更大，更多变。其原因聚合物质与表面活性剂分子之间存在相互作用，该相互作用使具有更多更大的泡囊结构成为可能。该泡囊结构具有同心圆环，并且常常表面活性剂泡囊结构相互重叠。与对pH值不敏感的转向剂不同，泡囊结构变黏转向剂在较低pH值时会失去其原有结构和黏度。这对于转向剂的油田应用特别有利，因为其可保证在酸注入阶段完全的解胶，并不对高渗地层造成伤害。

目前变黏分流酸化技术已经成功的实施了酸化施工3000多井次，获得了良好的经济效益。同时，国外的学者通过长期致力于黏弹性研究，极大地丰富了黏弹性理论，为变黏分流酸酸化理论研究奠定了基础，得到的黏弹性评价方法，为变黏酸化液性能评价指明了方向。国外已有许多现场应用实例。埃尼－阿吉普石油公司在亚得里亚海的Giovanna油田进行酸化作业时采用了这种新的变黏分流酸主剂基流体。在EMMAA 6、EMMAA 8、Giovanna 6等油井用含HEC和变黏的酸化液进行对比试验，发现这种含变黏的酸化液

(CFRAC)的性能优于聚合物酸化液。采用含变黏分流酸进行酸化作业的油井不仅大大减少了地层伤害,而且获得了理想的油井产量。对受污染、致密砂岩的 Giovanna 6 井成功进行了端部脱砂酸化,并且产生了达到高产和增加油井寿命的高裂缝传导率。在得克萨斯州一块产气的砂岩地层用绕管作为导管进行了酸化,结果表明,变黏酸化液使绕管酸化成为一种可行的作业。据最新研究,国外将 CO_2 酸化液和清洁酸化液结合,起到二者优势互补,该 CO_2 变黏酸化液体系具有低伤害、有效携带支撑剂、低摩擦阻力、快速返排等特点。还有新型的变黏酸化液体系能用于高渗地层(渗透率达到167mD,且酸化层厚度为9.14~27.4m),该体系在墨西哥湾取得成功应用。

国内对变黏分流酸研究较晚,目前主要应用的变黏为 CTAB 和 Schlumberger 的 J508w 型表面活性剂。它存在的问题:CTAB 的黏弹效应较为弱,特别是在温度高于60℃下,黏弹性会随之大大降低,失去对支撑剂的有效悬浮作用;J508w 型表面活性剂具有很好的黏弹特性,适用的温度也较高,由于其配方中添 Schlumberger 的加了某些高温稳定剂,从而可将该体系应用在温度高于100℃的油气井增产作业,但是该配方的成本较 TCAB 高,使得该体系在国内大规模应用受到限制。近年来,国内也有报道不同配方的变黏,适用的温度也有了较大的提高,但是关于它们的应用报道还很少。从某种角度说,原因是由于分子设计中没有很好的考虑到产品的工业化问题,导致成本太高而制约其应用。

第二节 高分子溶液

高分子溶液属于亲液胶体(亲溶剂),是以高分子溶液或可逆缔合或聚集结构(缔合胶体)形成的溶液。

一、高分子的溶解性

由物理化学已知,不同化学结构的小分子在混合过程导致体系的自由能降低,它们将混合成均相溶液。体系总自由能 ΔG_{mix} 的变化由混合焓 ΔH_{mix} 和混合熵 ΔS_{mix} 组成。对溶质分子和溶剂分子尺寸相当的体系,混合熵 ΔH_{mix} 常导致体系混合自由能 ΔG_{mix} 降低。因此,当体系的混合热为正时未必形成均匀溶液。

对于高分子溶液,溶质分子远大于溶剂分子尺寸,溶质分子浓度(单位体积的物质的量)通常相对较小,因此体系的混合熵较小。这类体系的溶解性或相容性总是由体系的混合焓 ΔH_{mix} 来决定。负的 ΔH_{mix} 将导致它们高度地不相容,而即使是一个略微正的混合值也导致几乎完全的不相容。如果混合焓接近于零,温度或混合溶剂组成发生微变化,将可能导致高分子体系从可溶到不溶的相互转化。

由于高分子的尺寸、扩散速率和在溶解(或沉淀)中构象变化的速率都非常慢,体系达到平衡需要一定的时间。对于大分子在溶液中表面与界面上的行为,所涉及的相容和不相容的微妙关系以及相对长的平衡时间都非常重要。理解高分子独特的性质所产生的效应与疏液体系有着十分相近的物理化学性质,所以界面化学把的高分子溶液作为研究的内容是有非常重要的理论和实际意义。

1. 溶液中高分子链构象的统计学

分子链在溶液中的构象(实际上指分子的尺寸)是溶液体系或界面上的重要特征。高分子构象的详细分析是一个非常复杂的过程。一种简化的处理基于无规统计学,对于绝大多数实际情况，用它来估算分子链尺寸已足够了。

对于典型的高分子链，连接原子之间的化学键具有特定的键长，它们通过大约110°的角度分开。假定每一个键可自由旋转，溶液中的高分子可以假定的构象数非常多。但是，高分子或高分子溶液的力学和热力学性能将由平均构象或最可几构象决定。

对于一个具有 N 个重复单元（例如单体单元）、单元长度为 A 的分子链，可以推导出均方末端距的解析式。省略完整的推导过程，结果为

$$(r^2)^{1/2} = (NA^2)^{1/2} \tag{3-1}$$

式（3-1）表明，均方末端距与伸直链长度的均方根成正比，因为链的每个重复单元具有相同相对分子质量，意味着伸直链的链长与相对分子质量也呈正比。

线团的均方回转半径可以写成

$$(S^2)^{1/2} = (NA^2/6)^{1/2} \tag{3-2}$$

使用同样的模型，可以得到有关高分子链的其他统计数据，但在此不作更深入地讨论。

2. 无规行走的问题

简单的无规行走模型有一些缺陷：(1) 只对相对分子质量非常大的高分子才有效；(2) 对于几乎拉伸到完全伸直的链所具有构象，未充分考虑其权重；(3) 不能处理不同链单元相互贯穿的问题。通过修正模型以产生"自避行走"，可以避免最后一项问题。"自避行走"模型预示分子链为轻微膨胀的一个线团，$(r^2)^{1/2}$ 不再与 $N^{1/2}$ 成正比。但在许多重要场合，这种修正对统计结果的影响不大。溶液中高分子链的尺寸对体系流变性质是重要的。更特别是胶束稳定性的问题，吸附高分子的链尺寸对其稳定（不稳定）疏液胶体的能力起重要的作用。

3. 高分子在界面上的吸附

自第一个生命蛋白质复合体出现起，高分子物质就一直对胶体稳定起到不可替代的作用。尽管不知道其原因，几千年来，人们一直在利用它们这方面的特性。今天，高分子在许多重要的工业和产品中起着重要作用，其中包括用作分散剂、稳定剂、絮凝剂、表面涂料、润滑和胶黏剂，可以改善体系流变特性，当然对生物过程也有明显的重要性。

为理解高分子在不同表面和胶体应用中的作用，理解它们何时、何地、为什么以及如何在界面上吸附是必要的。当以控制高分子吸附单体水平上的作用力与任何单分子物质的吸附作用力相一致时，高分子的尺寸将导致对许多分析的复杂性，必须采用统计的方法处理。这意味着人们很少真正知道这个过程的情况，但必须在最有用的证据基础上对其做出有根据的推测。

与小分子物质不同，一个高分子链全部单体单元，甚至是绝大部分单体单元，不可能同时与表面相接触。对一个孤立高分子链，以允许的键长、键角和类似的参数为基础进行统计表明，将存在某种平衡构型来描述平均状态。在界面上，这个构型取决于溶液性能的平衡以及吸附过程中净能量变化（正或负），伴随吸附过程的链熵的减少，溶剂分子获得自由而导致熵的增加和别的变化。后者的结果非常重要，因为它解释了为什么一些高分子在表面进行吸附，甚至当吸附过程为吸热过程时，以上因素的综合作用导致吸附高分子链构型和附着见图3-8。

当高分子在表面吸附（图3-8）时，只有小部分单元与表面产生强烈的吸附作用，因此吸附链的构型可以变化，呈现仅有端基的附着（a）和无规的（更可能的）附着（b）。对

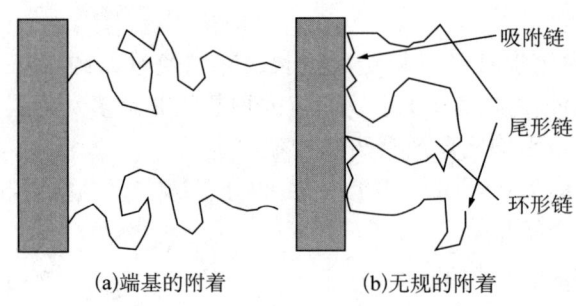

(a)端基的附着　　　(b)无规的附着

图 3-8　高分子链构型和附着类型

于高相对分子质量聚合物,平衡构象将产生一个 3～30nm 厚(典型)特有的吸附"层"。一般来说,既然吸附的第一层高分子的厚度可以忽略,故可以假定吸附为单分子吸附。但是,对相对分子质量较小的聚合物,或接近于熔点转变点(也称 θ 点)的高分子体系,可能例外。

由于大的链尺寸,高分子的各种吸附达到平衡要花相当长的时间。另外,人们可以假定高分子的吸附事实上是不可逆的。尽管高分子的每个链段的吸附是可逆的,人们必须假定给定链的许多链段可在任意给定时刻进行吸附,所有被吸附的链段在同一时刻解吸的可能性变得非常小。

吸附不可逆性不出现在低相对分子质量级分的情况,此时仅有少数附着点。吸附速率随链长(或相对分子质量)而不同的概念可用来解释通常观察到的一些现象。例如,当一个相对分子质量分布较宽的高分子加入胶体体系时,低相对分子质量级分被迅速吸附(更快地移动和很快达到平衡),但又逐渐被高分子量的链取代。一旦被附着,则在任何可观察的意义上不发生解吸。这也帮助解释了为什么高相对分子质量聚合物对给定的体系提供的稳定效果比相同组分的低相对分子质量聚合物好的原因。当吸附有低相对分子质量聚合物的胶粒靠近时,液体动力将使保护分子部分或全部解吸,降低了它们的保护作用;而高相对分子质量的聚合物将不容易被取代。

就像它们的单体一样,吸附高分子也呈现出特征的吸附等温线。对于高分子体系,其吸附等温线趋向于高亲和型,如图 3-9 所示。通常在 A 点之前,体系中所有的高分子将或快或慢地被吸附。如超过此点,只有改变已吸附链的构象;如降低每个分子所占表面积,才能容纳更多高分子。相邻链之间横向相互作用的存在有利于这个过程的进行。

在 B 点,链的累积覆盖率也达到极大值。由于 B 点吸附链相对较拥挤,分子不可能达到真正的统计平衡构象,而形成一种假平衡。在 A、B 之间的区域,因为每条链中更多的重复

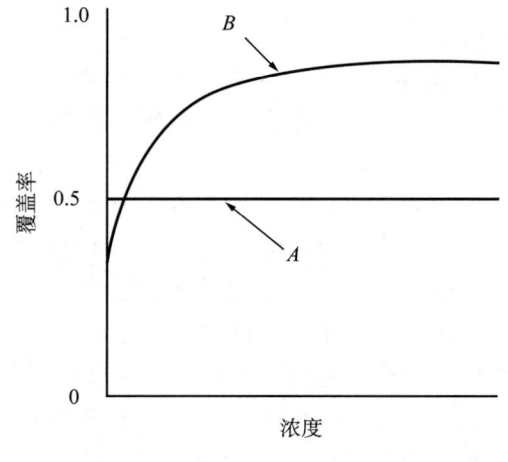

图 3-9　吸附等温线

单元被迫远离吸附面(形成更长的环行链、尾形链),吸附层的厚度逐渐增加。

由于高分子吸附的本性,几乎可以确信产生单分子覆盖,为标准的亲和型吸附等温线。

图 3-10 对于强吸附高分子表面覆盖率较低(例如小于 50%)时,每条链通常有许多吸附点见图(a);随着表面覆盖率的增加,吸附链开始重排形成更长的尾形和环行链,以便让更多的链吸附,从而导致吸附层增厚(b)(从而更为有效)。

4. 高分子与表面活性剂的相互作用

表面活性剂与天然和合成高分子的相互作用,在油田的钻井和采油以及污水处理方面已经有各种用途。尽管表面活性剂与高分子之间相互作用的基本机理已被公认为合理,但

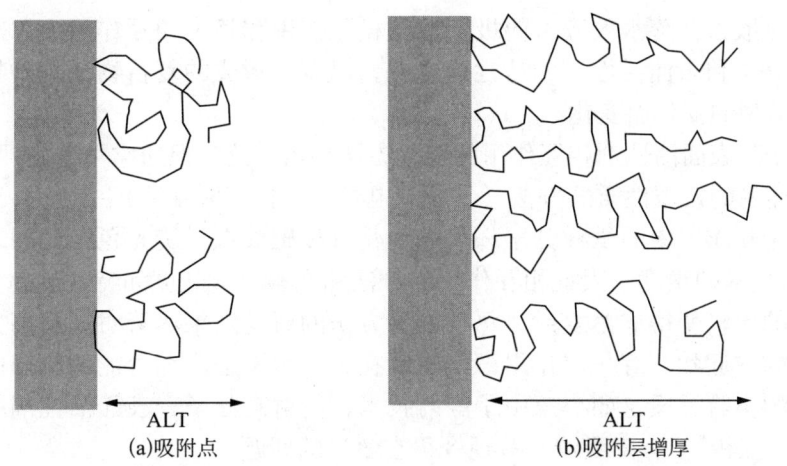

图 3-10 高分子吸附状态

在分子水平上对于某些相互作用的细节仍存在实质性的分歧。观察表面活性剂—高分子体系的界面、流变、光谱和其他物理化学性质的变化表明，这些相互作用可显著改变体系的宏观性能，甚至是其使用性能，尽管缺少精确的解释。

通常人们认为表面活性剂—高分子的相互作用存在于单个表面活性剂分子与高分子链之间（即简单的吸附），或以高分子与表面活性剂聚集复合体的形式存在。在后一种情形下，可导致高分子链与胶束或半胶束聚集体间形成复合物。其他的结合可使表面活性剂分子沿高分子链形成所谓的半胶束。半胶束是表面活性剂科学中相当新的术语，尽管这个术语的准确定义还有点模糊，但已在现代的教科书中出现。

形成类似胶束状或半胶束状聚集体像一串珍珠。本书将其定义为表面活性剂在高分子链或固体表面上形成的一类具有许多胶束特征的表面活性剂聚集体，与形成场所密切相关。尽管有足够的证据证明在某些体系中存在前胶束化（或逊胶束化）聚集体，但半胶束不存在于这类溶液中。在表面活性剂与高分子体系中这类结构经常可描述为类似于一串珍珠或蜘蛛网上的一串小水珠（图 3-11）。

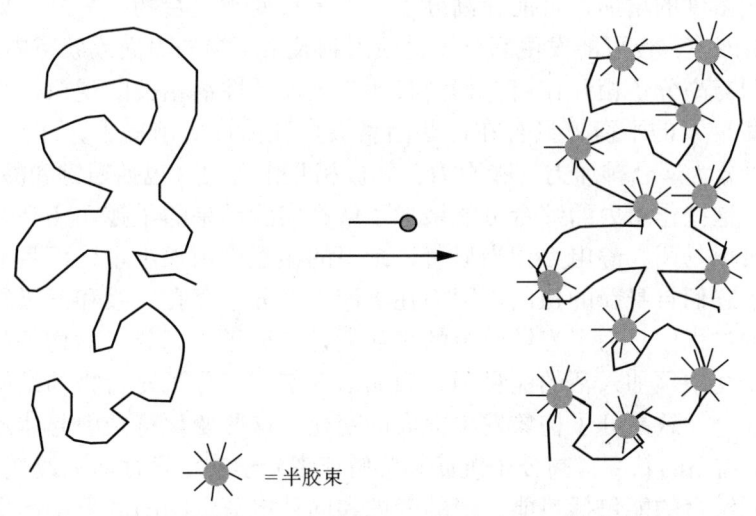

图 3-11 表面活性剂分子沿高分子链

控制表面活性剂与高分子链相互作用的力与其他溶液或界面性质涉及的力是一致的，

如范德华力、色散力、疏水效应、偶极与酸碱相互作用和静电相互作用力。每种相互作用的重要性随高分子和表面活性剂的特性而变化，以至于形成的复合物的精确特性总是随用于研究的材料类型的变化而变化。

研究高分子与表面活性剂相互作用的实验方法相当广泛，但通常可分为两大类：

（1）测量体系的宏观性质的方法（黏度、电导、染料溶解度等）；

（2）测量相互作用中的试样分子环境的变化（核磁共振、旋光色散、圆二色法、光散射等）。因实验技术的精度、表征相互作用的方法和实验材料纯度和特性的差异，不同研究实验结果之间的比较变得非常复杂。每种实验方法的研究结果尽管对理解高分子与表面活性剂相互作用的"症状"有一定作用，但不能在分子水平上，在可能的机理中给出明确的差别。用更新的实验手段，如小角中子散射技术，能对高分子—表面活性剂单元之间的相互关系接近于"照相"，有望澄清一些现今仍在争论的问题。

5. 高分子与表面活性剂复合物形成机理

被广泛接受的一种表面活性剂与高分子相互作用的缔合模型基于表面活性剂分子（S）与高分子链（P）之间以逐步缔合方式进行作用，每一步由质量作用定律支配，并具有唯一的反应速率常数 k 控制每一步。

$$P+S \longleftrightarrow PS \qquad (k_1)$$

$$PS+S \longleftrightarrow PS_2 \qquad (k_2)$$

$$PS_2+S \longleftrightarrow PS_3 \qquad (k_3)$$

$$PS_{n-1}+S \longleftrightarrow PS_n \qquad (k_n)$$

各个反应速率常数的数值对实验条件（如温度、溶剂、离子强度和pH值）的依赖性反映了这些相互作用的分子变化。宏观性能与分子结构变化信息的结合能对整个缔合过程提供有价值的了解。上述的缔合模型认为，表面活性剂—高分子结合首先是单个表面活性剂分子与高分子之间的结合，即不存在明显的表面活性剂胶束和其他形式的缔合体与高分子之间的直接结合。但是，这种缔合体与高分子复合物的形成并不能排除，因为随高分子束缚表面活性剂浓度的增加，可能在高分子链上形成此类复合物。另外，如果将高分子加入含有胶束的溶液中，也可能发生高分子链吸附到胶束结构的表面或胶束内。

表面活性剂与高分子相互作用，如同其他与表面活性剂相关的现象，存在一种复杂的促进和阻止聚集因素的平衡，只有在这些因素被合理估计的前提下，才能理解这个过程。主要的作用力可分为库仑排斥力、吸引力、偶极相互作用力（包括氢键和酸碱作用）、色散力和疏水效应。这些作用力的综合可能增加了解释实验结果的乐趣。如高分子链和表面活性剂分子上含带电基团，静电力相当显著，余下的相互作用很难量化而且非常复杂。尤其是高分子增加了它们自身新的扭曲，因为在溶液中高分子存在二级和三级结构。在结合表面活性剂分子的过程中，为了容纳结合的表面活性剂分子，高分子的构象将发生变化，因而在体系能量平衡中须加入新的能量项。表面活性剂与高分子复合物的结构可显著改变整个体系的动力学，导致高分子构象发生很大的变化。这些变化将会引起体系宏观和微观性质的变化，例如体系的黏度、高分子沉淀和溶解或者光学或电学性质的改变。

阻止分子间结合的能包括热能、熵的考虑和同种电荷之间的静电排斥力。显然表面活性剂与高分子之间相互作用的强度和特性依赖于各组分和介质的性质。但是，即使在那些同种作用机理起作用的不同表面活性剂或高分子类型的体系中，这些相互作用的宏观表现无疑能引出完全不同的结论。

如同表面活性剂，根据其电学特征，高分子可分为四类：阴离子型、阳离子型、非离子型和两性离子型，通常也把具有电学特征的高分子叫做聚电解质。每类高分子与一种类型表面活性剂作用，随其内部基团发生的变化将呈现特定的相互作用。这使得研究表面活性剂与高分子相互作用成为非常有趣的讨论对象。要完全理解它，仍需进行大量的研究。下面将介绍关于这个领域的实验结果。

1）非离子型高分子

大量发表的有关表面活性剂与高分子相互作用领域的工作包括表面活性剂与非离子型高分子体系，例如在水溶液中的聚乙烯基吡咯烷酮（PVP）、聚乙烯醇（PVA）、聚乙二醇（PEG）、甲基纤维素（MC）、聚醋酸乙烯（PVAc）、聚丙二醇（PPG）。这些常用材料的基本化学结构列于图 3-12。实验结果表明，高分子的疏水性越强，阴离子类表面活性剂与其相互作用越强。以一个给定的阴离子表面活性剂与上述 PVP 等典型的高分子相互作用，其吸附过程中的驱动力（作用力）发现有如下规律：PVA < PEG < MC < PVAc < PPG < PVP。在这类体系中，表面活性剂与高分子相互作用的主要驱动力为范德华力和疏水效应。偶极和酸碱作用也可能存在，主要依赖于体系的性质。离子间相互作用很小或不存在（由非离子型高分子的纯度决定）。

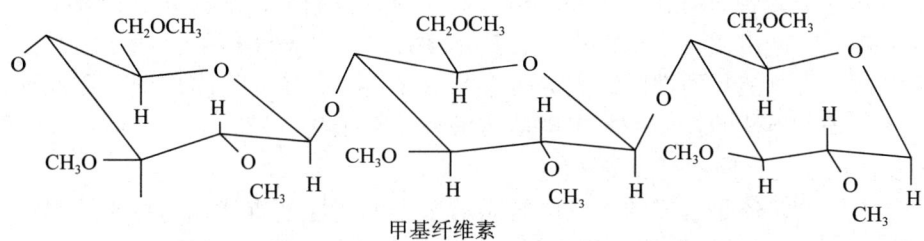

图 3-12 相当多的高分子被用于含有表面活性剂的体系

文献中研究和报道较多的为常用的水溶性材料。如果离子型表面活性剂与非离子型高分子相互作用的主要机理是疏水效应或相关的色散力，那么表面活性剂的吸附将必然引起高分子链构象的变化。离子型表面活性剂端基之间的相互排斥图 3-12 中变化的结果会引起溶液性质（例如黏度）变化时，相邻离子基团间的排斥力会被屏蔽，膨胀的高分子线团将发生收缩或塌缩，再次影响溶液的宏观性质。表面活性剂与高分子复合物的这种随吸附表面活性剂量的变化而发生膨胀和塌缩的现象与人们常看到的聚电解质溶液随离解度和电解质浓度变化的行为相一致。

有关阴离子表面活性剂与非离子型高分子间相互作用的研究工作主要涉及水溶液中含长烷基链的铵盐表面活性剂的使用。已经发现，表面活性剂与高分子的结果，将使高分子线团膨胀。此时向这个体系加入中性盐，活性剂通过表面活性剂尾链发生相互作用，形成的复合物常能改善溶液的性质，反映出与水的强相互作用和高分子链膨胀间的相互作用随表面活性剂分子中链长的增加而增强。表面活性剂与高分子相互作用替代了表面活性剂与水以及高分子与水的相互作用，因而释放水分子而引起体系熵的增加，这种驱动是主要因素。表面活性剂的阴离子端基结构似乎对高分子与表面活性剂相互作用有一定影响，例如，十二烷基吡啶硫氰酸盐（或酯）与 PVA。水溶液的黏度随表面活性剂浓度的变化略有改变，而十二烷基硫氰酸铵与 PVAc 则随表面活性剂浓度增加显著增大。这个结果可解释为由于吡啶环相对于简单的铵盐具有更大的疏水效应,反应了表面活性剂与高分子链相互作用的降低程度。非离子型高分子与阴离子或阳离子表面活性剂之间结合的相对强度很难比较。总体趋势为,其他条件相同(例如尾形链长度)时,对给定的非离子型的高分子,与阴离子表面活性剂较结构相似的阳离子表面活性剂有更强的相互作用。

与离子型表面活性剂相比,有关非离子型表面活性剂与非离子型高分子之间相互作用的研究较少。获得的有限研究结果表明,此类体系中表面活性剂与高分子缔合的证据非常少。考虑到大多数非离子型表面活性剂亲水基团的尺寸、低临界胶束浓度(CMC)以及缺少明显的端基与高分子相互作用可能性,从概念上不难接受这个体系中不存在显著的、实质性的相互作用。但是,由于高分子和表面活性剂科学的总体复杂性,断言此类体系在任何情况下均不存在高分子与表面活性剂之间的结合,显然是肤浅的。尤其在食品类胶体中,已定性表明一些非离子表面活性剂(如甘油单酯、山梨聚糖酯)与蛋白质和淀粉可形成相当稳定的复合物,尽管由于体系固有的复杂性很难量化这种效应。

2)离子型高分子和蛋白质

实际上人们常发现离子型高分子比上面讨论的非离子型高分子与表面活性剂之间存在更强的相互作用。一些天然大分子,包括蛋白质、部分纤维素、树脂和树胶,都带有部分电荷,有些广泛使用的合成高分子也是如此。当比较离子型高分子与表面活性剂相互作用和非离子型高分子与表面活性剂相互作用的概率时,很明显,沿高分子骨架上存在的离散电荷引入了显著的静电相互作用概率,包括前面提及的非离子因素。离子型高分子可带正电荷或负电荷,也可能是两性的。因为每个高分子链上携带有许多电荷,因此通常称为聚电解质。高分子上电荷的存在使聚电解质溶液性质复杂化,潜在的表面活性剂与聚电解质之间的相互作用使这个问题更加复杂。

无论是天然的,还是合成的,聚电解质对于表面活性剂有特别的意义。因为它们作为增黏剂(增稠剂)、分散辅助剂、稳定剂、凝胶剂、成膜剂以及黏料在石油工业经常用到。常见的合成聚电解质包括聚丙烯酰胺、聚丙烯酸、聚甲基丙烯酸、纤维素衍生物(如羧甲基纤维素)、黄原胶、多肽(如聚 $L-$ 赖氨酸)、磺化聚苯乙烯等含酸基的高分子和聚烷基铵类高分子电解质;天然聚电解质包括纤维素、蛋白质、阿拉伯树胶和木质素。在绝大多数场合下,高分子链上的电荷固定为正或负,以便讨论与已知电荷的表面活性剂之间可能存在的相互作用。虽然 pH 值、电解质浓度和高分子反离子结构因素会影响体系相互作用强度,只要不发生弱酸和弱碱的质子化和去质子化,其相互作用机理(例如阴离子与阴离子、阳离子与阳离子)不变。其他高分子,尤其是蛋白质,可以是两性的,净电荷的类型将由体系的 pH 值决定。

含同种电荷的表面活性剂与高分子之间的相互作用较少,因为静电排斥阻止了任何非库仑力吸引的有效性。这种情形在分子链上具有很高电荷密度时尤为突出。然而,当存在相反电荷时,推测的高度相互作用通常出现。在水溶液中,因静电吸引而引起的高分子与表面活性剂的结合通常导致体系黏度下降,高分子溶解性降低,至少是电荷反转点改变,并降低表面活性剂的有效浓度。这可反映在表面张力增加,超过了不存在高分子时所测量的表面张力。相反电荷的表面活性剂对高分子的作用见图 3-13。

图 3-13 中,如果高分子与表面活性剂通过表面活性剂端基发生相互作用,高分子的溶液性质表明高分子呈收缩、紧密构象,甚至是沉淀一些含有单一电荷、天然的无规线团聚电解质,包括一些糖类、胶质和角蛋白,它们是阴离子型的,与表面活性剂相互作用时,

表现出与合成高分子相同的行为。另外，蛋白质是两性的聚电解质，其拥有的净电荷的种类（阴离子或阳离子）依赖于水溶液的pH值。与大多数的合成聚电解质不同，天然的聚电解质（如蛋白质和淀粉）在溶液中有精确的二级结构和三级结构将影响与表面活性剂的结合，并受结合的表面活性剂分子的影响。当二级结构或三级结构存在时，在表面活性剂分子的吸附过程中，这些结构的变化使问题复杂化。当然，蛋白质因表面活性剂而变性正是一个溶解高分子的高级结构被破坏的过程。

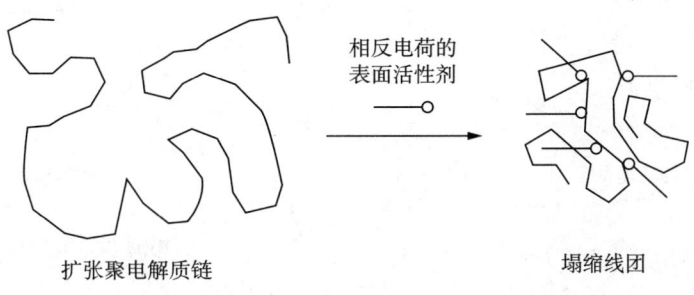

图3-13 相反电荷的表面活性剂对高分子的作用

探讨表面活性剂与蛋白质相互作用的课题一直备受关注。牛血清白蛋白（BSA）与十二烷基磺酸钠（SDS）之间的相互作用，最初的结合包括含相反电荷基团之间的静电结合，特别是束缚的表面活性剂分子数（每条高分子链上表面活性剂分子数）在10以下时。蛋白质的电学特征将发生变化，并可能改变蛋白质的二级结构和三级结构。接着，这些变化可以导致以前不能接触到的带电点暴露而引起进一步的静电结合，或使得原本被高级结构保护防止与水接触的疏水部分暴露。随着电荷中和过程进行，蛋白质将发生沉淀。蛋白质与表面活性剂的相互作用见图3-14。

图3-14中，当有聚电解质存在或与表面活性剂尤其是带电物质发生相互作用时，蛋白质的溶液性质随pH值发生显著变化；当高分子链上的电荷被吸附的表面活性剂中和时，表面活性剂疏水的尾部与高分子上的相似区域结合将变得更为有利，进一步改变了高分子复合物的净电荷特性。在表面活性剂与蛋白质比例足够高时，蛋白质分子的这种净电荷转变过程将发生（见图3-14）。宏观上，这些变化将引起体系黏度的急剧变化。首先，由于蛋白质分子线团要塌缩，接着当净电荷发生反转时，链团快速膨胀。另外，沉淀后的再胶溶过程表明蛋白质溶解度存在最小值。

图3-15采用类似早期描述其他胶体的桥连絮凝模型。在某些情况下，有表面活性剂胶束存在时的高分子链可以结合不止一个胶束或其他聚集体，因而产生预料外的结果。当束缚表面活性剂水平较高，大约每条高相对分子质量的高分子链上超过20个表面活性剂分子时，实验结果支持这样的观点：表面活性剂分子中的端基和疏水部分均参与结合过程。事实上，有些证据表明束缚的表面活性剂可能缔合成"胶束状"结构，沿高分子链形成"串珠"结构。另外，将胶束看成高分子链的吸附点，如同在图3-15中更"持久的"胶体体系所发现的那种状态。如果这样的结构存在，与仅靠单个分子结合几个蛋白质分子而形成大分子聚集体相比，这样的结构会更大程度地改变体系的黏度。实验表明，在非离子型骨明胶中加入阴离子表面活性剂也可形成此类复合物。用此机理可以解释有些表面活性剂会影响面团的塑性（通过面粉麸质中的蛋白质之间形成交联，图3-16）。通常，这类相互作用的大小可用体系黏度（或塑性）增加来表征，并且明显依赖表面活性剂分子中碳氢尾链长度。

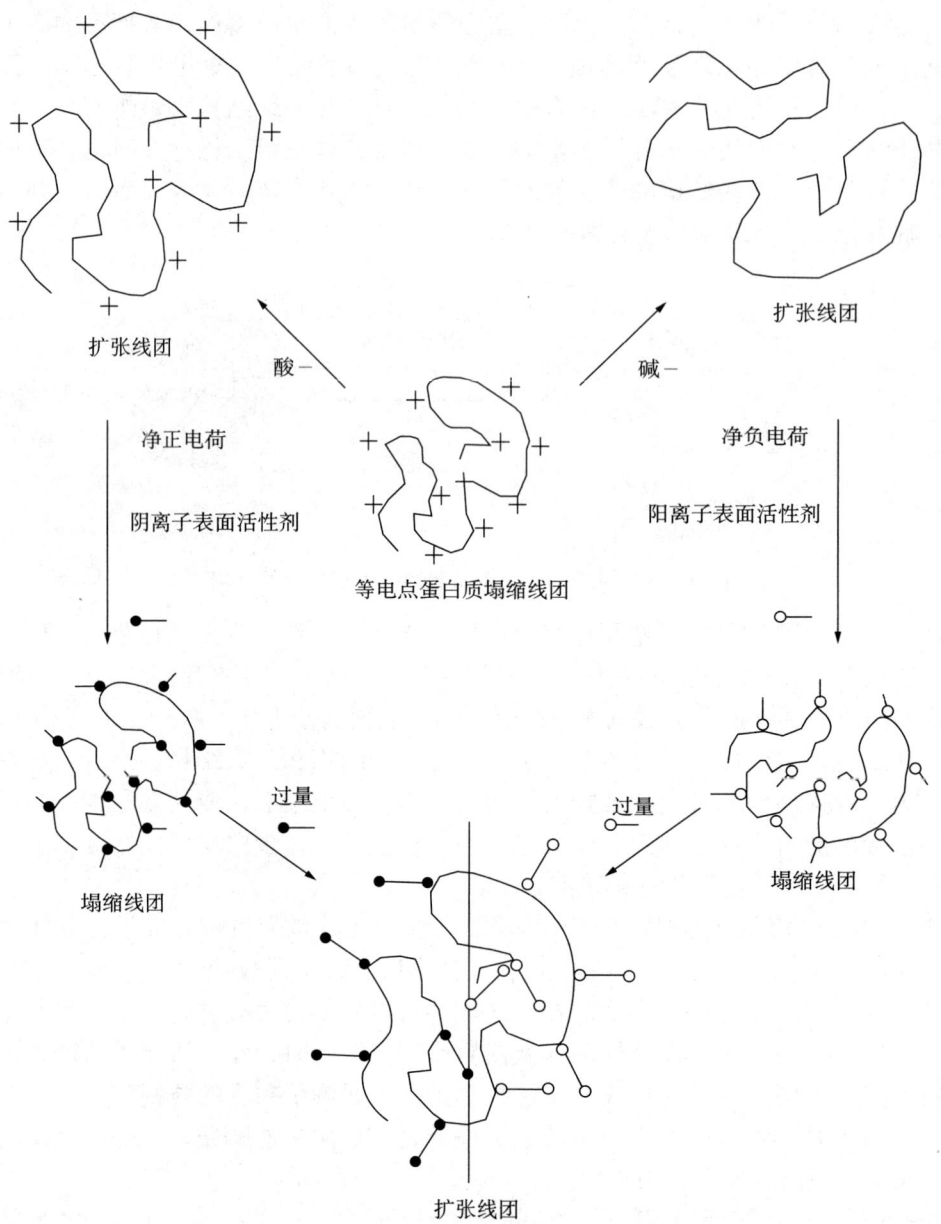

图 3-14　蛋白质与表面活性剂的相互作用

图 3-16 中，表面活性剂与高分子相互作用的一个有趣应用是植物蛋白质和烘烤乳化剂（如单甘酯、硬脂酰乳酸钠、二乙酰酒石酸单甘酯）的相互作用。这类表面活性剂作为烘烤改善剂之所以受到广泛应用，是因为它们可强化麸质的作用，进而控制面团的流变性能。研究认为，这种相互作用随蛋白质与特定的表面活性剂液晶结构之间的相互作用列顺序随碳原子增加迅速增加：$C_8 < C_{10} < C_{12} < C_{14} < C_{16}$。

与阴离子表面活性剂相比，阳离子表面活性剂和非离子型表面活性剂与蛋白质之间的相互作用研究较少。烷基苯—聚氧乙烯表面活性剂与蛋白质之间显然存在一定的相互作用，尽管没有证据表明有类似阴离子表面活性剂引起蛋白质构象变化的显著相互作用。有限的有关阳离子—蛋白质体系的实验结果显示在这类体系中不会发生协同缔合作用，即使蛋白

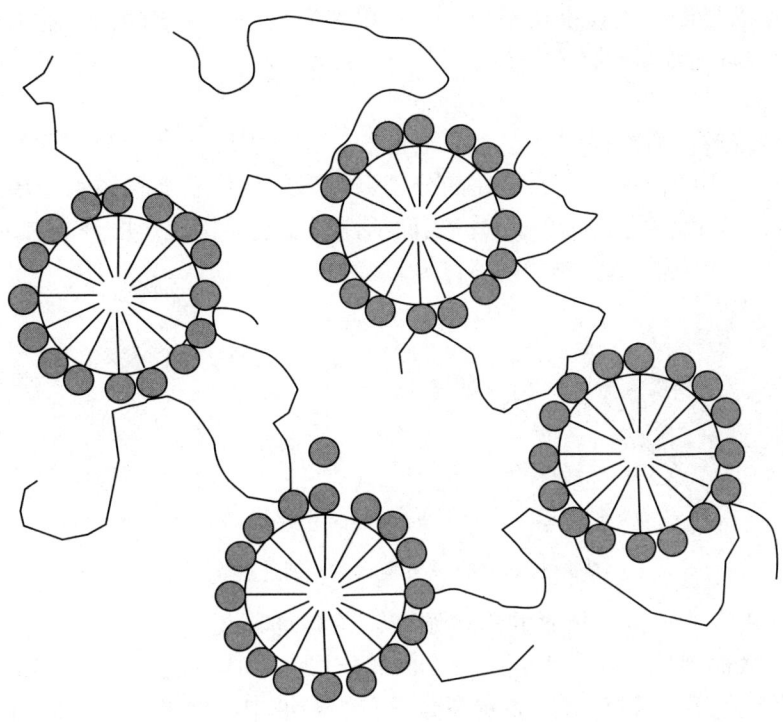

图 3-15 "串珠"结构

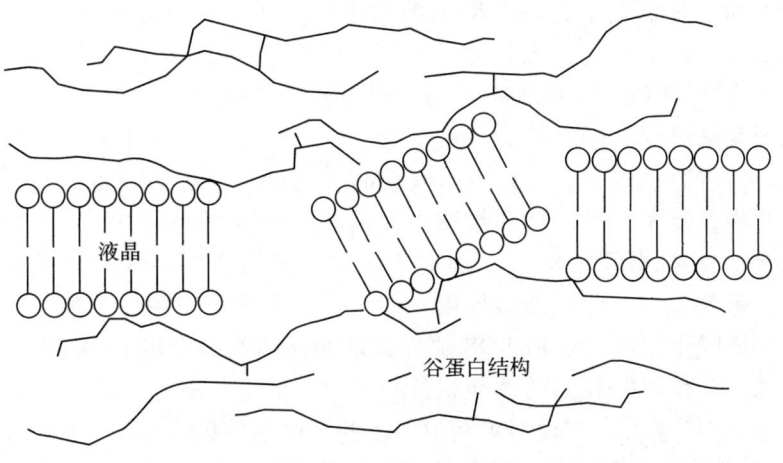

图 3-16 蛋白质交联

质所带电荷相反。虽然人们对表面活性剂与高分子之间相互作用了解很多,但仍然缺乏良好的以吸附等温线形式存在的实验数据。很清楚,控制表面活性剂结合过程的基本作用力与控制表面活性剂溶液和表面性质的一样,但仍需要更加精确地分析表面活性剂在高分子上结合点的位置、表面活性剂尾链和端基的相对重要性以及高分子结构的准确作用。任何情况下,如果在含有高分子的配方中使用表面活性剂或存在表面活性剂与高分子相互作用的应用中,都须考虑它们之间的相互影响。

6. 高分子和表面活性剂以及增溶

许多胶体体系能使某些不溶于水的物质具有溶解的能力。这些物质,如碳氢化合物、染料、香料。某些表面活性剂与高分子复合物对不溶于水的物质表现为更强的增溶能力,这些复合物的作用与传统的胶束也不同，且比单独的表面活性剂的溶解能力强（即每个表面活性剂分子溶解其他物质的分子数）。

7. 乳液聚合

因为乳液聚合过程通常需要使用表面活性剂，所以表面活性剂与高分子体系在应用技术领域具有非常重要的作用，主要是在高分子颗粒形成和生长之前胶束中单体（或低相对分子质量的低聚物）的溶解（图3-17）。表面活性剂能增强相互作用是非常重要的。

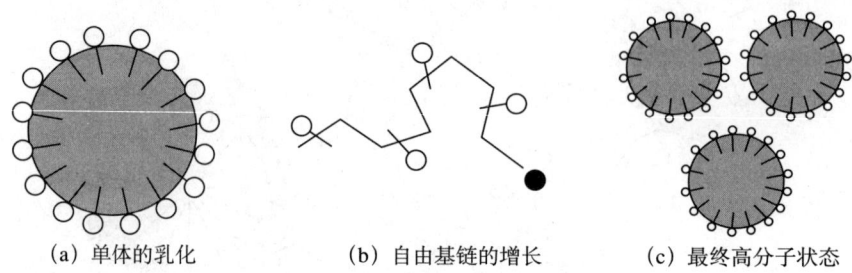

(a) 单体的乳化　　(b) 自由基链的增长　　(c) 最终高分子状态

图3-17　高分子与表面活性剂乳液聚合

图3-17在高分子科学与技术的许多领域，尤其是乳液聚合，高分子与表面活性剂乳液聚合过程中，表面活性剂和胶束起到三方面的作用：单体的乳化（a）齐聚物自由基链的增长（b）和最终高分子状态（c）影响高分子在水溶液中的溶解度。表面活性剂也常用作胶粒形成（胶束）、单体增溶剂和颗粒的稳定剂（通过吸附作用）。这些综合性能使人们推测表面活性剂性质与形成乳液性质之间的关系相当复杂。一般情况下，发现高 CMC 的表面活性剂将使形成的胶乳粒径较大且分布较宽，但对于聚氧乙烯（PEO）类非离子型表面活性剂，随环氧乙烷（EO）含量的增大，这个趋势并未有结论性的结果。

表面活性剂与高分子链间的缔合（或吸附）常影响最终高分子的性能和稳定性，尤其是当这种高分子与水有一定亲和性或发生反应时。这种相互关系文献描述最佳的例子之一是聚醋酸乙烯乳液，其稳定性受制备过程中使用的表面活性剂种类影响很大。例如，众所周知聚醋酸乙烯可溶于 SDS 浓溶液；而对于阳离子表面活性剂或非离子表面活性剂，其溶解能力很弱，甚至不溶。此时增溶作用一般不会发生在胶束中，但需要表面活性剂在高分子链上进行广泛吸附。因为类似 SDS 那样的表面活性剂会促进 PVAc 的溶解。因此，与采用其他缺少强相互作用的表面活性剂制备的 PVAc 相比，采用 SDS 类表面活性剂制备的 PVAc 具有更快的水解速度。假设可增溶 PVAc 的表面活性剂（SDS）在 PVAc 颗粒表面上吸附并增溶颗粒表面高分子链段，产生溶胀，从而增大与水和水解催化剂的接触，导致水解加快。采用传统胶束的观点，也可归因于稳定胶粒的表面活性剂量的减少。另外，非增溶的表面活性剂基本上固定在颗粒表面，起到胶体稳定剂的作用。

对于与水没有亲和力的高分子，如聚苯乙烯、聚烷基丙烯酸酯类和聚甲基丙烯酸酯，表面活性剂不会影响其水溶性。此时，表面活性剂对这类乳液体系仅起到单体增溶剂和聚合后期颗粒稳定剂的作用。

高分子与表面活性剂之间存在的复杂关系，给解释这个混合体系的实验数据带来非常多的问题。然而，对于这个组合的可能较新或全新的应用，同样开启了大门；毫无疑问，对于研究者，将来也对此会花费许多有趣的时光来进行实验和思考。

第四章 固—气表面的吸附作用

第一节 固体表面的吸附

能有效发生吸附作用的固体物质称为吸附剂，能被吸附的物质称为吸附质。

吸附作用原则上可分为物理吸附和化学吸附两大类，它们吸附作用的本质区别是固体表面与吸附分子间作用力的性质不同。物理吸附的作用力是物理性的，即主要是范德华力（包括氢键的形成）；发生化学吸附时吸附分子与固体表面原子间有电子的交换、转移或共用，即发生化学作用，从而使固体表面和吸附分子的化学性质发生变化。化学吸附是进行多相催化反应的先决条件。

常用吸附剂很多，不同吸附剂吸附能力不同。各类型吸附剂分述如下：

(1) 极性吸附剂吸附极性物质，如硅胶、Al_2O_3 吸附水、氨、乙醇等分子。

(2) 非极性吸附剂吸附非极性物质，如炭黑吸附烃类、有机蒸气等。吸附能力较大，但在含氧量增加时，如炭黑吸附水蒸气。

(3) 无论是极性还是非极性吸附剂，吸附质的沸点越高，则被吸附的能力越强。这是因为分子结构复杂范德华力大，沸点越高，气体凝结力越大，这些都利于吸附。

(4) 溶解吸附，如 H_2 溶于钯。

(5) 酸性的易吸附碱性的；反之，碱性的易吸附酸性的，而硅铝催化剂、分子筛、改性白土均为固体改性吸附剂，能分别吸附 NH_3、水蒸气、有机碱。

(6) 铂催化剂（Pt/Al_2O_3）吸附 H_2S、AsH_3，在酸性中易中毒。S、As 中有孤对电子，能纳入 Pt 原子的空轨道而形成配位键，这是一种很强的化学吸附，故能使催化中毒。因此，吸附的 H_2S 多了，要先脱硫。

一、固体表面的特点

同液体一样，固体表面上的原子或分子的力场也是不均衡的，所以固体表面也有表面张力和表面能。但固体与液体的一个重要不同点为，液体的分子易于移动，而固体的分子或原子则不会移动，所以表现出以下 3 个特点：

(1) 固体表面不像液体表面那样易于缩小和变形，所以准确测定液体的表面能是可能的，但直接测定固体的表面能，至今仍无可靠的方法。任何表面都有自发降低表面能的倾向，由于固体表面难于收缩，所以只能靠降低界面张力的办法来降低表面能，这也是固体表面能产生吸附作用的根本原因。当然，固体表面上的分子或原子不能移动也不是绝对的，在高压下几乎所有金属表面上的原子都会流动；在高温或接近熔点时，许多固体表面上的凸起、棱角都会变得钝些，或发生熔结现象（Sintering）；在加工或晶体形成过程中，晶体的外表面总要取自由焓最低的晶面才最稳定。

(2) 固体表面是不均匀的。固体表面不是理想的晶面，而是有部分裂隙、沟槽、位错和熔接点，放大看是粗糙的。例如，同样是硅胶，溶解成凝胶后，经老化干燥制得的多孔性固体硅胶。其孔径大小差别很大，比表面相差几百倍。

（3）固体表面层的组成不同于体相内部。

二、吸附、吸收与吸着

吸附是被吸附分子（吸附质）在吸附剂界面上的浓聚是一种界面现象；吸收是气体分子在固体中的溶解，例如 H_2 溶于钯是溶解吸收，甲烷气在黏土中被吸附，由于不被溶解，所以容易被析出。而气体 CO_2 在水中的溶解既是吸附也是吸收，通常也叫吸着，吸着是同时发生吸附和吸收作用的现象。而气体在固体中吸着比较困难，选择一种良好的吸着剂吸附甲烷气，对甲烷气的运输和利用是有意义的。

第二节 物理吸附的主要理论

一、Gibbs 吸附公式在固—气表面吸附中的应用

Gibbs 吸附公式在研究气—液界面吸附时用于根据表面张力与溶液浓度关系的实验数据计算吸附量。在固—气和固—液表面的吸附研究中，用 Gibbs 公式解决相反的课题，即根据气体吸附量与平衡压力（或平衡浓度）关系的实验数据求得因吸附作用而引起的界面能的变化，并进而可能得到吸附膜状态的信息。

固—气表面吸附的 Gibbs 公式为

$$d\gamma = -\Gamma RT d\ln p \tag{4-1}$$

不同压力（p）时各面能的变化用 π 表示：

$$\pi = -\int d\gamma = \gamma_S - \gamma_{S-G} \tag{4-2}$$

故

$$\pi = RT \int_0^p \Gamma d\ln p = (RT/S) \int_0^p x d\ln p \tag{4-3}$$

式中　Γ——单位表面上的吸附量；

　　　x——单位质量吸附剂上的吸附量；

　　　S——吸附剂的比表面。

由（4-3）式可知，欲求得不同 p 时界面能的变化（即 π 值），需求得 $\int_0^p x d\ln p$ 之值。

为此，可应用图解积分法，即以 x 对 $\ln p$ 作图，由曲线下的面积求得上式积分值。该法的困难在于当 $p=0$ 时 $\ln p$ 应为负无穷为此，常假设当 $p<p'$ 时吸附量与 p 为直线关系，即 $\int_0^{p'} x d\ln p = mp' = x'$。$x'$ 是在直线关系范围内最大压力 p' 时之吸附量。

根据求出的不同压力时之 π 值和由吸附量 x 及比表面 S，利用 $\sigma = \dfrac{S}{xN_a}$（其中 N_a 为 Avogadro 常数），求出的吸附分子占据面积 σ 可作 π–σ 图，以了解吸附膜的状态。

二、Langmuir 单分子层吸附理论

气体吸附有两种方式：一种是气体吸附的弹性碰撞，表面没有能量交换；另外一种是气体吸附的非弹性碰撞（有效碰撞），逗留吸附。

Langmuir 单分子层吸附模型的基本假设：(1) 吸附是单层的，吸附分子在空白处（空白位置 S_0 上碰撞才被吸附 S_1）非弹性碰撞有效，在已经吸附的分子上碰撞是弹性碰撞（无效的），所以是单分子的；(2) 吸附热与表面覆盖度无关，及吸附热是常数（吸附剂表面是均匀的，吸附分子间无相互作用）；(3) 吸附平衡时，吸附速率与解析速率相等。

其中涉及几个名词及其符号，作下面解释：

(1) 覆盖度 $\theta=\dfrac{S_1}{S}$，S_1 被吸附分子，S 固体表面吸附位；吸满，则 $\theta=1$；空白表面 $=1-\theta$；

(2) 单位时间内碰撞在单位表面上的分子数，用 Z 表示；

(3) 碰撞分子中被吸附分数（吸附速率常数），用 K_a 表示；

(4) 吸附速率 $K_a Z(1-\theta)$，解吸速率 $K_d \theta$。

覆盖后再吸附就会弹回气相，平衡时

$$K_a Z(1-\theta)=K_d\theta \qquad \theta=\dfrac{K_a Z/K_d}{1-(K_a Z/K_d)}$$

统计热力学蒸发与凝结气体的碰壁数导出

$$Z=\dfrac{p}{(2\pi mKT)^{1/2}}$$

式中 p——气体压力；

m——气体相对分子质量；

T——热力学温度；

K——Boltzman 常数。

将 Z 代入 $\theta=\dfrac{K_a Z/K_d}{1-(K_a Z/K_d)}$，设 $b=\dfrac{K_a}{K_d(2\pi mKT)^{1/2}}$

从气体分子被吸附的速度与被吸附分子脱附速度相等的动力学平衡出发，Langmuir 单层吸附等温方程为

$$\theta=bp/1+bp \tag{4-4}$$

若以 V 表示压力 p 时的吸附量，V_m 为单层饱和吸附量，显然，$\theta=V/V_m$。

因而

$$V=V_m bp/(1+bp) \tag{4-5}$$

或直线形式

$$p/V = 1 (V_m/b) + p/V_m \tag{4-6}$$

吸附常数 b 与吸附热 Q 有关，可由 b 求算吸附热

$$b = b_0 e^{Q/RT} \tag{4-7}$$

根据气体分子的 Boltaman 分布原理，跃回气相的分子数与解吸速率常数成正比。

将 $K_d = A \cdot \exp(-\theta/KT)$ 代入 $b = \dfrac{K_a}{K_d(2\pi mKT)^{1/2}}$，得到 $b = \dfrac{K_a \exp(\theta/KT)}{A(2\pi mKT)^{1/2}} = b_0 e^{\theta/RT}$

由 b 值可以求吸附热。b 随温度升高减少，提高温度减少吸附量，降低温度提高吸附量。

三、BET 多分子吸附理论

这个理论是由 Brunauer Emmett 和 Teller 在 1938 年将 langmuire 单分子层吸附理论加以发展而建立起来的。BET 理论认为，固体对气体的物理吸附是范德华引力造成的后果。因为分子之间也有范德华力，所以分子撞在已被吸附的分子上时也有被吸附的可能，也就是说，吸附可以形成多分子层。

1. BET 理论的基本假设

（1）不仅吸附剂与吸附质之间有范德华引力，吸附质分子间也有范德华引力，故吸附可以是多分子层的。

（2）固体表面是均匀的。吸附是有规律的，且平衡时位置不改变。

（3）第一层的吸附热与以后各层的吸附热不同，第二层以上各层的吸附热为吸附质的液化热。

（4）只在固体空白表面和最外层气体吸附层表面上发生吸附与脱附。脱附时分子跃回气相，所以符合分子的玻尔兹曼（Boltzman）分布，符合 $K_d = A \cdot \exp(-\theta/KT)$。

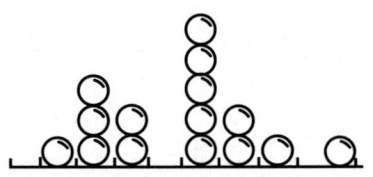

图 4-1 多分子层吸附示意图

以 S_0、S_1、$S_2 \cdots S_i$ 分别表示被 0、1、2$\cdots i$ 层分子所覆盖的面积，根据 BET 理论的基本假设，在吸附达平衡时，固体表面可能有一部分是空白的，而有些表面则吸附了一层，两层，甚至 i 层。如图 4-1 所示：

则，$S_0 = 3$ 个位置　$S_1 = 3$ 个，$S_2 = 2$ 个，$S_3 = 1$ 个，$S_4 = 0$ 个，$S_5 = 1$ 个。

达到平衡时，各种分子层覆盖的面积保持一定。例如，从空白面积 S_0 来看，吸附到 S_0 上的速度要和 S_1 层脱附的速度相等，在这种动平衡下，空白面积保持不变。

由分子运动论得，第一层情况：

吸附速度 $= a_1 p S_0$

脱附速度 $= b_1 S_1 \exp(-Q_1/RT)$。如果一个分子被吸附时放热 Q_1，则被吸附分子中具有 Q_1 以上的能量的分子，就能离开表面而跃回气相。那么，$a_1 p S_0 = b_1 S_1 \exp(-Q_1/RT)$。同理，在 S_1 上的吸附速度等于从 S_2 上的脱附速度，$a_2 p S_1 = b_2 S_2 \exp(-Q_L/RT)$ 第 i 层为 $a_i p S_{i-1} = b_i S_i \exp(-Q_L/RT)$。已知单位质量吸附剂（固体）总面积 $S = \sum\limits_{i=0}^{\infty} S_i$，其中 S_i 为 i 层每层叠加

的面积。平衡时吸附体积被吸附气体总体积 $V = V_0 \sum_{i=0}^{\infty} iS_i$,其中 V_0 是 1cm^2(单位面积)表面上覆盖单分子层时所需气体的体积。

因为整个表面覆盖单分子层时的吸附量为 V_m,即 $V_m = SV_0$,于是有 $\theta = \dfrac{V}{V_m} = \dfrac{V}{SV_0} = \sum_{i=1}^{\infty} iS_i / \sum_{i=0}^{\infty} iS_i$,此时 θ 可以大于1。又令 $b_2/a_2 = b_3/a_3 = \cdots = b_i/a_i = g$,$g$ 为常数,而认定第二层以上的吸附、脱附性质和液态吸附质的蒸发、凝聚是一样的。换言之,就是将第二层以上的吸附看作液体。由

$$S_1 = \frac{a_1 p S_0}{b_1 \exp(-Q_1/RT)} \tag{4-8}$$

令
$$y = \left(\frac{a_1}{b_1}\right) p \exp(Q_1/RT) \tag{4-9}$$

则
$$S_1 = yS_0 \tag{4-10}$$

又因
$$a_2 p S_1 = b_2 S_2 \exp(-Q_2/RT) \tag{4-11}$$

所以
$$S_2 = \frac{a_2 p S_1}{b_2 \exp(-Q_2/RT)} \tag{4-12}$$

令
$$x = \left(\frac{a_2}{b_2}\right) p \exp(Q_2/RT) = \left(\frac{p}{g}\right) \exp\left(\frac{Q_L}{RT}\right) \tag{4-13}$$

则
$$S_2 = xS_1 \tag{4-14}$$

同理,
$$S_3 = xS_2 = x^2 S_1 \cdots\cdots S_i = x^{i-1} S_1 \tag{4-15}$$

又因 $S_1 = yS_0$,代入上式得

$$S_i = yx^{i-1} S_0 = Cx^i S_0 \tag{4-16}$$

式中,设常数 $C = \dfrac{y}{x}$

则 $C = \left(\dfrac{a_1}{b_1}\right) g \exp\left(\dfrac{Q_1 - Q_L}{RT}\right)$

于是

$$S = \sum_{i=0}^{\infty} S_i = S_0 + S_1 + \cdots + S_i + \cdots = S_0 + \sum_{i=1}^{\infty} S_i = S_0 + \sum_{i=1}^{\infty} Cx^i \cdot S_0 = S_0 \left(1 + C \sum_{i=1}^{\infty} x^i\right) \tag{4-17}$$

所以
$$\frac{V}{V_m} = \frac{C \cdot \sum_{i=1}^{\infty} ix^i}{1 + C \sum_{i=1}^{\infty} x^i} \tag{4-18}$$

因为
$$\sum_{i=1}^{\infty} x^i = x^1 + x^2 + \cdots = \frac{x}{1-x}, \quad \sum_{i=1}^{\infty} i x^i = x\frac{d}{dx}\sum_{i=1}^{\infty} x^i = \frac{x}{(1-x)^2} \tag{4-19}$$

所以
$$\frac{V}{V_m} = \frac{Cx}{(1-x)(1-x+Cx)} \tag{4-20}$$

因为原假设在固体表面上的吸附层可以无限多，所以吸附量不受限制。只有当压力等于凝结液的饱和蒸气压（即 $p=p_0$）时，才能使 $V \to \infty$。从式（4-20）可知，只有 $x=1$，$V \to \infty$。因为

$$x = \left(\frac{p}{g}\right)\exp(Q_L/RT) \tag{4-21}$$

所以将上述关系代入 x 得

$$1 = \left(\frac{p_0}{g}\right)\exp(Q_L/RT) \quad 或 \quad p_0 = g\exp(Q_L/RT) \tag{4-22}$$

这说明 x 就是相对压力（即 $x=p/p_0$）。将 $x=p/p_0$ 代入，得到

$$V = \frac{V_m \cdot Cp}{(p_0-p)[1+(C-1)p/p_0]} \tag{4-23}$$

式中　V_m——表面盖满一个单分子层时的饱和吸附量，mL/g；

C——常数，为 $\left(\dfrac{a_1 b_2}{a_2 b_1}\right)\exp\left(\dfrac{Q_1-Q_L}{RT}\right)$。

这就是著名的 BET 二常数公式。

为便于验证，将 BET 公式改写成下列直线形式：

$$\frac{p}{V(p_0-p)} = \frac{1}{V_m \cdot C} + \frac{C-1}{V_m \cdot C}\left(\frac{p}{p_0}\right) 或 \frac{p}{V(1-p/p_0)} = \frac{1}{V_m \cdot C} + \frac{C-1}{V_m \cdot C}\left(\frac{p}{p_0}\right) \tag{4-24}$$

根据实验数据用 $\dfrac{p/p_0}{V(1-p/p_0)}$ 对 p/p_0 作图。若得直线，则说明该吸附规律符合 BET 公式，且通过直线的斜率和截距便可计算出常数 V_m 和 C。

若吸附发生在多孔物质上，吸附层数就要受到限制，设只有 n 层，于是，

$$\frac{V}{V_m} = \frac{C\sum_{i=1}^{n} i \cdot x^i}{1+C\sum_{i=1}^{n} x^i} \tag{4-25}$$

因为
$$\sum_{i=1}^{n} x^i = \frac{x(1-x^n)}{1-x}, \sum_{i=1}^{n} i x^i = x \cdot \frac{d}{dx}\sum_{i=1}^{n} x^i = x \cdot \frac{d}{dx}\left[\frac{x(1-x^n)}{1-x}\right] \tag{4-26}$$

所以
$$V = \frac{V_m Cx}{(1-x)} \cdot \frac{1-(n+1)x^n + nx^{n+1}}{1+(C-1)x - Cx^{n+1}} \tag{4-27}$$

4-27 式中有三个常数，因此称其为 BET 三常数公式。当 $n=1$ 时，BET 演变为 Langmuir 单分子吸附方程式：

$$V = \frac{V_m Cx}{(1+Cx)} = V_m \frac{(C/p_0)p}{1+(C/p_0)p} = V_m \frac{bp}{1+bp} \quad (4-28)$$

第三节 化学吸附

在多相催化反应过程中，化学吸附是个关键。化学吸附与化学反应一样，参加反应的分子式原子具有一定的活化能才能被吸附。催化剂（吸附剂）往往可以通过改变吸附活化能改变反应机理，缩短反应时间，降低反应能耗。

一、化学吸附热

吸附热可用量热法直接测量吸附热。若将化学吸附视为化学反应，吸附热可根据原有化学键的破裂与新化学键的形成计算。若吸附质与表面原子形成共价键，如 H_2 在原子表面（W）形成共价键，其化学吸附为解离的化学吸附，

即 $2W + H_2 \rightarrow 2W-H$

则吸附热 $Q = 2E_{W-H} - E_{H-H}$，其中 E 为键能。

已知 $E_{W-H} = \frac{1}{2}(E_{W-W} - E_{H-H}) + 96(\chi_W - \chi_H)^2$ 其中，χ 是相应原子的电负性，故 $Q = E_{W-W} + 192(\chi_W - \chi_H)^2$。

二、化学吸附等温式

在讨论物理吸附时常假设吸附热为常数，与表面有无其他分子关系不大。而化学吸附热与表面覆盖度的关系较为复杂，有三种常见的吸附等温式：

（1）Langmuir 等温式，吸附热与覆盖度无关（与物理吸附的单分子层吸附等温式相同）

$$\theta = V/V_m = bp（1+bp） \quad (4-29)$$

（2）Temkin 等温式，吸附热随覆盖度增加直线下降

$$\theta = V/V_m = [\ln(Ap)]/\alpha \quad (4-30)$$

式中　α、A——与温度、吸附体系有关的常数。

（3）Freundlich 等温式，吸附热与覆盖度间有指数关系

$$\theta = V/V_m = Ap^{1/n} \quad (4-31)$$

式中　A——与温度、吸附剂性质有关的常数；

n——与温度有关的常数，通常 $1 < n < 10$。

三、化学吸附速度与化学吸附表观活化能

当活化能与覆盖度无关，且一个吸附位只吸附一个分子时，吸附速度服从于 Langmuir

速度方程。

$$v_a = \mathrm{d}\theta/\mathrm{d}t = \mathrm{d}V/\mathrm{d}t \tag{4-32}$$

式中　V——吸附量；
　　　t——吸附进行的时间。

其中，
$$v_a = a(1-\theta)\mathrm{e}^{-E_a^*/RT} \cdot p \tag{4-33}$$

式中　a——常数；
　　　E_a^*——表观活化能；
　　　p——平衡压力。

引入吸附速度常数 κ_a，则
$$v_a = \kappa_a(1-\theta)p$$

其中，
$$\kappa_a = A\mathrm{e}^{(-E_a^*/RT)} \tag{4-34}$$

若能测出不同温度（T_1 和 T_2）但吸附量相同时的吸附速率常数 $K_{a,1}$，$K_{a,2}$ 即可根据阿伦尼乌斯方程（Arrhenius）方程近似求出表观活化能 E_a^*，已知式（4-34）是 Arrhenius 方程，是化学反应速率常数随温度变化关系的经验式，由此计算出表观活化能 E_a^*。

$$\ln\frac{\kappa_{a,2}}{\kappa_{a,1}} = \frac{E_a^*}{R}\left(\frac{1}{T_1} - \frac{1}{T_2}\right) \tag{4-35}$$

第五章　固体自溶液中的吸附

固体对溶液的吸附是最常见的吸附现象之一。但是这一类体系的吸附规律比较复杂，主要是由于溶液中除了溶质，还有溶剂。因此，固体对溶液的吸附理论不像气体吸附理论那样完整。尽管如此，液相吸附的应用常比气体吸附还要广泛，几乎渗透到工农业生产和日常生活的各领域，如着色、脱色、液体净化、废水处理、三次采油、浮选、润湿与润滑、洗涤、渗透、匀染等方面都有液相吸附知识的应用。

举几个简单的例子。将黄河水加入明矾和聚合物絮凝剂，泥沙粒子就絮凝吸附而沉淀；在 pH>7 的造纸污水中加入活性炭可以吸附脱色；冰箱吸湿除味；油田的有关吸附应用更为广泛，钻井中的泥浆润滑剂、降滤失，防止地层坍塌等都是依据了固体对溶液的吸附性质，从而解决了许多实际问题。

第一节　固体自溶液中吸附的基本概念

一、固体自溶液中吸附的三种作用力

固体对溶液的吸附通常要考虑三种作用力：界面层中固体与溶质之间的作用力、固体与溶剂之间的作用力，以及溶液中溶质与溶剂之间的作用力。将固体放入溶液后形成的固—液界面总是被溶质和溶剂两种分子所占满，因此，溶液中的吸附是溶质和溶剂分子争夺液—固界面的净结果。若界面上的溶质浓度比溶液内部的大，就是正吸附；若界面上的溶质浓度比溶液内部的小，就是负吸附。显然，当溶质是正吸附时，溶剂就是负吸附；同样，溶质是负吸附时，溶剂就是正吸附。

固体自溶液中的吸附是一种固—液界面现象，其根本原因是固液界面能也有自动减小的本能。

二、固体自溶液中的吸附速度

从吸附速度来看，固体对溶液的吸附速率一般比对气体的吸附速度要慢得多。这是因为，吸附质在溶液中的扩散速度要比在气体中慢。在溶液中，固体表面有一层溶液膜，溶质必须透过这层膜，才能被固体所吸附。另外，孔的因素也会减缓吸附速度。例如，用多孔的活性炭吸附水溶液中的有机酸，甚至几百小时之后仍未达到平衡。

三、求算溶质的吸附量

将一定量的固体放入一定量已知浓度的溶液中，不断振荡，以缩短扩散时间。当达到吸附平衡后，测定溶液的浓度，从浓度的变化就可以计算溶质的吸附量。设 c_0 和 c 分别表示吸附前和后溶液的浓度，V 是溶液的体积，m 是吸附剂的质量，则溶质的吸附量为

$$d\gamma = -\Gamma RT d\ln P \tag{5-1}$$

需要注意的是，这种计算没有考虑到溶剂的吸附，通常称为表观吸附量。

第二节　固体自稀溶液中吸附的一般规律

由于溶液吸附要考虑到吸附剂、溶剂和溶质三者之间的相互关系，比较复杂，至今还没有完善的理论，仅总结出一些定性规律。

一、Traube 规则

Traube 规则是指，极性的（或非极性的）吸附剂自一种非极性的（或极性的）溶剂中优先吸附极性（或非极性）强的物质。例如，活性炭自水溶液中吸附脂肪酸吸附量的顺序为丁酸 > 丙酸 > 乙酸 > 甲酸，硅胶在甲苯溶液中对各种脂肪酸的吸附量大小的次序为乙酸 > 丙酸 > 丁酸 > 辛酸。（以上不考虑溶剂作用）

二、溶质在溶剂中的溶解度对吸附量的影响

溶解度越小的溶质越易被吸附，这是由于溶质的溶解度越小，溶质与溶剂之间的作用力相对地越弱，则被吸附的倾向就越大。例如，脂肪酸的碳氢链越长，在水中的溶解度越小，被活性炭吸附的也就越多；反之，在四氯化碳溶剂中，脂肪酸的碳氢链越长，溶解度越大，被活性炭吸附的越少。以上两例是在吸附剂和溶质都相同的情况下，比较同溶剂中溶解度对吸附量的影响。（考虑了溶剂的作用）

又如，苯甲酸在四氯化碳中的溶解度远大于在水中的溶解度，但硅胶在这两种溶剂中，对同浓度的苯甲酸溶液吸附时，在四氯化碳中的吸附量却远比在水中的吸附量大。这是由于硅胶是极性吸附剂，而水的极性比苯甲酸强，硅胶对水有强烈的吸引力，因而苯甲酸分子很难将硅胶表面上的水分子顶走，所以硅胶对苯甲酸的吸附量就小；反之，硅胶与非极性的四氯化碳分子的吸引力较弱，所以极性分子的苯甲酸较容易地将四氯化碳自硅胶表面顶走，因而硅胶对苯甲酸的吸附量较大，即"相似相吸"原理。

三、界面张力对吸附量的影响

吸附是界面现象，界面张力越低的物质越易在界面上吸附。例如，苯、甲苯、氯苯、溴苯在硅胶表面选择吸附的顺序是苯 > 甲苯 > 氯苯 > 溴苯，它们在水中的溶度（单位为 g/1000g）依次为 1.8（25℃）、0.627（25℃）、0.488（30℃）、0.446（30℃），苯、甲苯、氯苯、溴苯与水相的界面张力（单位为 mN/m）依次为 34.6、36.1、37.941、38.82。若从极性考虑，吸附次序应为氯苯 > 溴苯 > 甲苯 > 苯，这显然与实验不符。

硅胶表面含有羟基，即硅胶表面有类似于水的性质。因此可以设想，越易溶于水的的物质，将越易为硅胶所吸附。而溶度与液—液界面张力有密切关系。一般有机液体在水中的溶度越大，则其与水的界面张力越低，因此也可以用界面张力的大小来衡量吸附次序。

第三节 固体对不同溶质的吸附

一、混合（物）吸附

这里讨论的混合（物）吸附是指溶液中的溶质有两种以上成分同时被吸附。

在溶液吸附中，Langmuir 公式可表示为

$$\frac{x}{m} = \frac{(x/m)_m bC}{1+bC} \tag{5-2}$$

式中 $(x/m)_m$——单分子层饱和吸附量；

b——与吸附热有关的常数。显然，对混合吸附，则有几种溶质的混合溶液中任意两种溶质的吸附量之比与平衡浓度之比的关系应为

$$\left(\frac{x}{m}\right)_i = \frac{(x/m)_{m,i} b_i C_i}{1+\sum b_i C_i} \tag{5-3}$$

$$\frac{(x/m)_i}{(x/m)_j} = \frac{(x/m)_{m,i} b_i C_i}{(x/m)_{m,j} b_j C_j} \tag{5-4}$$

若以 $(x/m)_i/(x/m)_j$ 对 C_i/C_j 作图应得一条通过原点的直线。

二、多分子层吸附

多分子层吸附符合 BET 三常数公式。

三、对高分子的吸附

主要讨论水溶性高分子在固—液界面的吸附。

1. 高分子的吸附特点

高分子的吸附特点如下：

（1）高分子的分子体积大，形状可变。在良溶剂中可以舒展成带状，在不良溶剂中卷曲成团，吸附时常呈"多点吸附"，且脱附困难；

（2）由于高分子总是分散性的（即相对分子质量有大有小），所以吸附时与多组分体系中的吸附相似，即吸附时会发生分级效应；

（3）由于相对分子质量大，移动慢，向固体内孔扩散时受到阻碍，所以吸附平衡极慢；

（4）吸附量常随温度升高而增加（也有相反的例子）。

2. 饱和吸附量 Γ_s 与相对分子质量 M 的关系

$$\Gamma_s = KM^\alpha \tag{5-5}$$

式中 K——常数；

α——0～1 的数。

当大分子在固体表面上只有一个吸附点时 $\alpha=1$；当大分子完全平躺在固体表面上吸附时 $\alpha=0$。其他情况介于 0～1。

当 $\alpha=0$ 时，$\Gamma_s=K$，吸附量与相对分子质量无关；当 $\alpha=1$ 时，$\Gamma_s=KM$，吸附量与相对分子质量成正比。

温度升高，吸附量增大，吸附吸热。高分子吸附熵降低，但是被吸附的众多溶剂分子，在温度升高时脱附，使溶剂的熵增加。总之，熵还是增加，高分子吸附由熵决定，而不是由焓决定。大分子的吸附过程常是熵增加过程，从而可能使吸附焓为正值，即为吸热过程。

四、对表面活性剂的吸附

由于表面活性剂是两亲物质，所以在任何物体表面都能吸附，下面介绍常见的吸附方式。

1. L 型（类似于 Langmuir 单分子层吸附，见图 5-1）

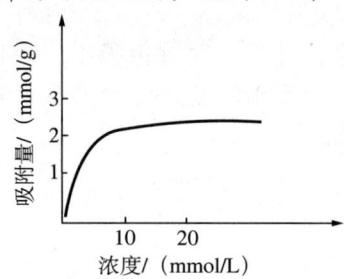

图 5-1 L 型单分子层吸附示意图

例如：硫酸钡 $\xrightarrow{\text{吸附}}$ 十二烷基羧酸钠

2. LS 型（双平台型，见图 5-2）

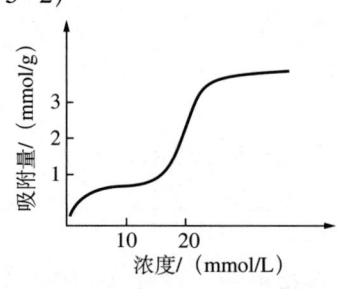

图 5-2 LS 型吸附示意图

例如：SiO_2 $\xrightarrow[pH<6]{\text{吸附}}$ 阳离子表面活性剂

3. S 型（图 5-3）

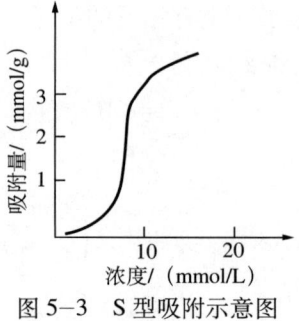

图 5-3 S 型吸附示意图

例如：$\begin{matrix}SiO_2\\TiO_2\end{matrix} \xrightarrow{吸附}$ 非离子表面活性剂

综上所述，离子型表面活性剂，在 pH 值等于中性时，极性或非极性固体表面吸附为 L 型；对于极性表面，在阴离子表面活性剂 pH>7、阳离子表面活性剂 pH<7 时，固体表面吸附为 LS 型；非离子表面活性剂在固体表面吸附则为 S 型。

辛寅昌在矿化度相同的溶液条件下，利用 α-烯基聚醚衍生物与油田常用表面活性剂石油磺酸盐做了比对试验发现：α-烯基聚醚衍生物不仅有较强的耐盐性，并且能有效减少油田地层吸附损失，并且随着矿化度的增加吸附损失减少。原因是 α-烯基聚醚衍生物相对分子质量较大且为支型结构，分子易蜷曲，并容易形成网状结构，所以其抗地层吸附能力较强。利用紫外可见分光光度法进一步验证了 α-烯基聚醚衍生物在高矿化度水中具有络合金属盐的能力，导致其在盐存在下结构发生变化，因此随着溶液矿化度的增加，吸附量减少。由于 α-烯基聚醚衍生物有较强的耐盐性，可与 KCl 复合使用，能有效抑制地层膨胀，中和地层表面负性电位，进一步减少地层对 α-烯基聚醚衍生物的吸附。

五、对电解质的吸附

离子交换吸附实际上起源于离子的静电引力，符合质量作用定律。交换平衡常数为

$K_B^A = \dfrac{[RA][B^+]}{[RB][A^+]}$ 当 $K_B^A > 1$ 时，选择性大，可以交换分离，即 $A^+ > B^+$，A^+ 亲和力大；当 $K_B^A = 1$，选择性相同，不能分离；当 $K_B^A < 1$，不能选择。

对于普通强酸性阳离子交换树脂，二价离子的选择吸附性＞一价的。

一般一价离子的吸附选择性顺序为：$Ag^+>Cs^+>Rb^+>K^+>NH_4^+>Na^+>H^+>Li^+$；二价的离子为 $Ba^{2+}>Pb^{2+}>Sr^{2+}>Ca^{2+}>Cd^{2+}>Mg^{2+}>Be^{2+}$。

对于强碱性阴离子交换树脂，其离子的吸附选择性顺序为柠檬酸根＞SO_4^{2-}＞草酸根＞$I^->NO_3^->Br^->SCN^->Cl^->H_2PO_4^->HCOO^->OH^->F^-$。

第四节　常用的吸附剂参数

往往许多吸附剂、催化剂载体或某些粉末填料（如炭黑、白炭黑、硅藻土等）都是多孔性物质。正因为这些物质是多孔性的，所以它们具有大的内表面及一定的孔分布或平均孔半径。由于物质的孔结构不同，必然会影响到它们的密度和一系列孔结构参数。下面介绍一些参数及其意义、测量方法。

一、密度

多孔性物质的密度是其孔隙结构、化学组成和相组成等因素决定。和通常物质密度的定义一样，密度 $d=m/V$

式中　m——多孔物的质量，g；

　　　V——多孔物的体积，mL。

但多孔物的外观体积 $V_堆$ 不仅包括颗粒与颗粒之间的孔隙体积 $V_隙$，而且包括颗粒内部的微孔体积 $V_孔$ 及多孔物本身骨架的体积 $V_骨$（骨架体积也叫真体积），即 $V_堆=V_隙+$

$V_\text{孔}+V_\text{骨}$。

1. 堆密度 $d_\text{堆}$（亦称假密度）

通常是在 100ml 量筒（或特制的量筒）中装入样品，并在桌上拍打至体积不变后，称重样品得

$$d_\text{堆} = \frac{m}{V_\text{堆}} \tag{5-6}$$

细孔硅胶的堆密度为 600～700g/L，粗孔硅胶为 400～500g/L。以 Al_2O_3 为载体的低铂重整催化剂的 $d_\text{堆}$ 为 0.76g/L，高铂重整催化剂为 0.84g/L。堆密度的测量带有一定的经验性，数据比较粗糙。

2. 颗粒密度 $d_\text{颗}$（亦称表观密度，apparent density）

$d_\text{颗}$ 是指多孔物颗粒本身单位体积的质量，其中包括大量微孔。$d_\text{颗}$ 通常用"汞取代法"测定。多孔物的体积亦即颗粒的体积 $V_\text{颗}$。

$$d_\text{颗} = \frac{m}{V_\text{颗}} \tag{5-7}$$

上海细孔硅胶的 $d_\text{颗}$ 为 1.18g/mL，粗孔硅胶的 $d_\text{颗}$ 为 0.76g/mL。$d_\text{颗}$ 的测定可以相当精确（对粉末样品有困难），而且据颗粒密度和真密度数据还可以计算多孔物的微孔总体积。

3. 真密度 $d_\text{真}$（亦称骨架密度 $d_\text{骨}$，true density）

$d_\text{真}$ 是指颗粒中固体骨架的密度通常用"比重瓶法"测定。在比重瓶中，选用某种液体（常用的有苯、水、异丙醇等）在抽真空的条件下浸泡多孔物，使液体尽可能填充多孔物中除骨架以外的所有微孔，用下式即可求得样品的真密度。

$$d_\text{真} = \frac{m}{V_\text{真}} = \frac{m}{m + W_1 - W_2} \times d_\text{介质} \tag{5-8}$$

式中　m——样品质量，g；
　　　W_1——盛满置换介质的比重瓶质量，g；
　　　W_2——盛有样品和置换介质的比重瓶质量，g；
　　　$d_\text{介质}$——置换介质的密度，g/mL。

显然，被多孔物骨架所排代的液体体积即为 $V_\text{真}$。硅胶铝的真密度为 2.24～2.31g/mL，各种硅胶的真密度均为 2.20g/mL。

在测定 $d_\text{真}$ 时应注意：(1) 所选液体介质应于多孔物无化学反应和溶解作用；(2) 液体分子要尽可能小些，以便分子能钻进多孔物的所有空隙中（实际上这是不可能的。较理想的做法是用"He 置换"法，因为氦原子能钻入所有的微孔中，但这种装置复杂，操作麻烦。不过用适当的液体置换测 $d_\text{真}$ 现今被广泛采用）；(3) 用液体置换法时，对块状或粉状样品都必须抽真空，以保证赶尽微孔中的空气。

在上述三种密度的表示中，很明显，$d_\text{真} > d_\text{颗} > d_\text{堆}$。

二、比表面

通常，借助机器可计算求得固体表面面积，但粉末或多孔性物质具有不规则的外表面和复杂的内表面，它们的表面积的测定比较困难。通常称 1g 固体所占有的总表面积为该固体的比表面 S（specific surface area，m^2/g）。其测定方法大致可以分为两类，即气体吸附法

和溶液吸附法。

1. 气体或蒸气吸附法

直至目前,测定比表面的公认标准方法还是 BET 低温氮吸附法。这个方法的基础是在低温(-195℃)下令样品吸附氮气,并按经验在 N_2 的相对压力 p/p_0 为 0.05 ~ 0.35,测定 5 ~ 8 个不同 p/p_0 下的平衡吸附量,然后将这些数据用 BET 二常数式的直线式处理得到 V_m,即盖满单分子层的吸附量,进而可由下式计算样品的比表面 S。

$$S = \frac{V_m \cdot N_A \cdot S_0 \times 10^{-20}}{22400} \tag{5-9}$$

若样品在室温附近吸附某些蒸气,则盖满单分子层的饱和吸附量 Γ_m 的单位为 g/g,此时可按下式计算比表面 S。

$$S = \frac{\Gamma_m \cdot N_A \cdot S_0 \times 10^{-20}}{M} \tag{5-10}$$

式中　N_A——Avogadro 常数;
　　　S_0——每个吸附质分子的截面积(对 N_2,S_0 为 0.162nm^2;对 H_2O,S_0 为 0.106nm^2;对苯,S_0 为 0.40nm^2);
　　　M——吸附质的相对分子质量。

固体比表面的准确度不仅取决于实验测定的 V_m 值,还与所用的分子的截面积值 S_0 有关。但在固体表面上吸附质分子的截面积难于准确测定,因为一种吸附质分子不仅在不同固体表面上的截面积,而且同一种吸附质分子在同一种固体表面的不同几何位置上,其截面积也不尽相同。即使是理想晶体,在不同晶面上其吸附性能也不同。实际上,固体表面的结构与制备方法和条件有关,一般固体表面都具有大小不同的孔隙,对于各种大小不同的分子具有筛吸作用。所以要准确测定一种吸附质分子的适用截面积是困难的。由于测定 S_0 值的困难,引起测定比表面的偏差常可达 10% ~ 20%,而测定 V_m 值的偏差仅在 5% 以内。为了减少偏差,可采用同一种吸附质,用一个 S_0 值来计算比表面,这样才有可能比较各种吸附剂比表面的相对大小。目前国际上规定低温下吸附氮时,N_2 分子的 S_0 为 0.162nm^2。由于实验条件不同,对于不同类型的吸附剂,还采用了其他吸附质。为了取得比较一致的标准,常用吸附参比法来确定它们的截面积。

通常以 N_2 分子的截面积为标准,采用同样的吸附剂(最好用无孔晶体),分别进行低温下 N_2 和另一种吸附质的单分子层饱和吸附量的测定,则吸附质分子的参比截面积 $S_{0,x}$ 为

$$S_{0,x} = S_{0,N_2} \cdot \frac{n_{N_2}}{n_x} \tag{5-11}$$

式中　S_0——吸附质分子的截面积,nm^2;
　　　n——盖满单分子层时的饱和吸附量,mol。

目前,S_{0,N_2} 由液体密度法确定。假设分子呈球形,且吸附在表面上是最紧密堆积,据此可求得 N_2 分子的截面积为

$$S_0 = 1.09 \left(\frac{M}{N_A \cdot \rho} \right)^{2/3} \tag{5-12}$$

式中 M、ρ——吸附质的相对分子质量和液氮的密度。

在 $-195℃$ 时，液氮密度 ρ 为 0.808g/cm^3，代入（4-12）式，得 $S_{0,\,N_2}=0.162\text{nm}^2$。

2. 溶液吸附法

在溶液中，若测得溶质盖满单分子层时的饱和吸附量并知溶质分子的截面积，便可按下式计算比表面。

$$S = \left(\frac{x}{m}\right)_m \cdot N_A \cdot S_0 \tag{5-13}$$

三、孔体积

测定多孔物孔体积（pore volume）的方法较多，最常用的有下面几种。

1. 四氯化碳吸附法

此法以 CCl_4 作吸附质，由样品吸附 CCl_4 的质量来计算样品的孔体积，亦即样品内部的微孔总体积 V（mL/g）。

$$V = \frac{W_{样(CCl_4)} - W_{空(CCl_4)}}{W_{样} \cdot \rho} \tag{5-14}$$

式中 $W_{样(CCl_4)}$ ——样品称量瓶吸附四氯化碳的总质量，g；

$W_{空(CCl_4)}$ ——空称量瓶吸附四氯化碳后的质量，g；

$W_{样}$ ——样品质量，g；

ρ ——吸附温度时 CCl_4 的密度，g/mL。

2. 密度法

如果已经测得多孔物的颗粒密度 $d_{颗}$ 和真密度 $d_{真}$，则可以求得样品的孔体积 V。

$$V = \frac{1}{d_{颗}} - \frac{1}{d_{真}} \tag{5-15}$$

四、平均孔半径

电子显微镜显示，多孔物中孔的形状极为复杂，有圆形、椭圆形、三角形、哑铃状及各种不规则形状的孔，孔的立体结构更为复杂。在实际工作中为简化问题，常假定微孔是圆柱状的。圆柱体体积 $V=\pi r^2 \cdot l$，空心圆柱体（即孔隙）的内表面 $S=2\pi r \cdot l$。式中，r 为圆柱体半径；l 为柱长。上两式联立可得圆柱体的平均孔半径（average radius）。

$$\bar{r} = \frac{2V}{S} \tag{5-16}$$

五、孔径分布

测定多孔物的平均孔半径比较方便，在许多情况下也有实际意义。而要了解多孔物的孔结构的全貌，就必须测定样品的孔径分布（pore radium distribution）特别是催化剂的催化活性常与样品的孔径分布有关。多孔物孔分布的测定方法，视样品的孔径范围大小而定。通常半径在 10nm 以下的样品，用低温氮吸附或有机蒸气吸附法测定；孔半径在 10nm 以上时须用压汞法测定，且孔径越大，用压汞法测定越方便。

第五节 常用的几种吸附剂

一、硅胶

硅胶（silica gel）是典型的多孔性吸附剂，它广泛应用于生产和科学研究中。在一般工业上，主要作为干燥剂，其性能较氯化钙为优；在色谱分析中，常用作吸附剂或载体；在催化领域中，它是常用的催化剂载体。

二、活性氧化铝

活性氧化铝（activated aluminium oxide）是具有吸附和催化性能的多孔大表面氧化铝。它广泛用作炼油、橡胶、化肥、石油化工的吸附剂、干燥剂、催化剂或载体。氧化铝按晶型可分为八种，即 α、γ、θ、δ、η、χ、κ 和 ρ 型。通常所说的活性氧化铝，一种含义是指 γ-Al_2O_3；另一种含义是泛指 χ、η 和 γ 型氧化铝的混合物。活性氧化铝有良好的吸水性能，而且具有很高的机械强度、物化稳定性、耐高温及抗腐蚀等性能；但不宜在强酸、强碱条件下使用。

三、活性炭

活性炭（activated carbon）是一种多孔性含碳物质，具有很强的吸附能力。它主要由各种有机物质经炭化和活化制成的。活性炭的强吸附能力主要是由于其具有高度发达的空隙结构产生的。由于活性炭的强吸附能力以及其表面有足够的化学稳定性和良好的机械强度，使它在化学工业、国防工业、环境保护、食品工业等方面得到了广泛的应用。它不仅可以作为催化剂载体（有时其本身就是催化剂），可以作为脱色剂和吸附剂。

四、黏土

黏土（clay）是岩石经过风化作用形成的。黏土成分相当复杂，组成黏土矿的主要元素是硅、氧和铝，还常含有石灰石、石膏、氧化铁和其他盐类。从吸附角度黏土可分为有吸附活性的吸附土及基本无吸附能力的非吸附土两类。非吸附土的典型代表是高岭土（kaolinite），也叫陶土。吸附土中一种是本身就有吸附活性的，如漂白土（fuller's earth）；另一种是经过活化才有活性的土，如蒙脱土（montmorillonite），亦称班脱土（bentonite），商业上称为膨润土。

五、硅藻土

硅藻土（diatomaceous earth）是由无定型的 SiO_2 组成，并含有少量 Fe_2O_3、CaO、MgO、Al_2O_3 及有机杂质。

六、分子筛

分子筛（molecular sieve）是以 SiO_2 和 Al_2O_3 为主要成分的结晶铝硅酸盐，其晶体中有许多一定大小的空穴，空穴之间有许多直径相同的孔相连。因它能将比孔径小的分子吸附到空穴内部，而把比孔径大的分子排斥在外面，起到筛分分子的作用，所以称为分子筛。

目前在国内外发展很快的 ZSM-5 分子筛是热稳定性最高的沸石,也是石油化工中前景最好的分子筛催化剂之一。表 5-1 列举几种常见的分子筛产品。

表 5-1 几种常见的分子筛产品

名称	化学组成经验式	硅铝比
4A 分子筛	$Na_2O \cdot Al_2O_3 \cdot 2SiO_2$	2
13X 分子筛	$Na_2O \cdot Al_2O_3 \cdot 2.5SiO_2$	2.5
Y 分子筛	$Na_2O \cdot Al_2O_3 \cdot 5SiO_2$	5
丝光沸石	$Na_2O \cdot Al_2O_3 \cdot 10SiO_2$	10

第六章 润湿作用

从宏观上来看，润湿是固体表面上的一种流体被另一种流体所取代的过程。从微观的角度来看，润湿固体的流体，在置换原来在固体表面的液体后，本身与固体表面是在分子水平上的接触，它们之间无被置换相的分子。因此，润湿作用必然涉及三相，而至少其中两相为流体。在一般实践中，润湿是指固体表面上的气体被液体取代（有时是一种液体被另一种液体所取代）。水或水溶液是特别常见的取代气体的液体。一般即把能增强水或水溶液取代固体表面空气的能力的物质称为润湿剂。润湿是一种表面及界面过程，故表面活性剂必然在此过程中有显著作用。

润湿是最常见的现象，也是人类生活与生产中的重要过程。可以毫不夸张地说，若无润湿作用，则人类将难以生存。因为如果没有润湿作用，动物、植物的生命活动便无法进行（试设想一下水对土壤、动、植物机体不润湿的后果）。此外，润湿作用还是许多生产过程的基础。例如，机械润湿、注水采油、洗涤、印染、焊接等，皆与润湿作用有密切关系。

当然，在人类的生活和生产中，也不总是要求润湿，有时候是需要其反面。例如矿物浮选时就经常要求有用矿物不为水所润湿；防雨布、防水及抗沾染涂层等都是要求形成不润湿的表面条件。

对润湿的理解，有助于我们解决实际问题。我们曾经说过原油开采过程中的驱油、固砂、防止地层膨胀、提高石油采收率等。当然很多领域都离不开润湿。例如，机械润湿、洗涤、印染、焊接，以及防雨布、防水及抗沾染涂层等都是要求形成不润湿的表面条件。

第一节 润湿过程

1930 年 Osterhof 和 Bartell 把润湿现象分成沾湿（adhesion）、浸湿（immersion）和铺展（spreading）三种类型。润湿方式或过程不同，润湿的难易程度和润湿的条件亦不同，因此，应分别讨论上面三种类型的润湿条件。

一、沾湿（黏附）

沾湿（黏附）是指液体与固体接触，变液—气界面和固—气界面为固—液界面的过程（图 6-1）。这一过程进行后的总结果是：消失一个固—气和一个液—气界面，产生一个固—液界面。例如飞机在空中飞行，大气中的水珠（或冰晶）是否回附着于机翼上而有碍飞行？农药喷雾能否有效地附着于植物枝叶上？此沾湿过程能否自动进行的问题。

设接触面积为单位值，则此过程中体系自由能降低值（$-\Delta G$）应为

$$-\Delta G = \gamma_{SG} + \gamma_{LG} - \gamma_{SL} = W_a \tag{6-1}$$

W_a 即称为黏附功，它是黏附过程体系对外所能做的最大功，也就是将固—液接触自交界处拉开，外界所需做的最小功。显然，此值越大则固—液界面结合越牢。在恒温恒压条

件下，沾湿发生的条件是 $W_a>0$ 的自发过程。

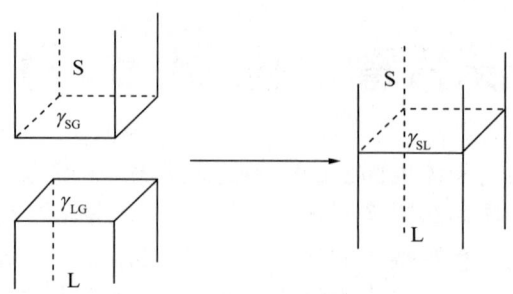

图 6-1 沾湿过程

S—固相；L—液相；G—气相

若将图 6-1 所示过程中的固体换成一个具有同样面积的液柱，则同一种液体其表面张力为零。则可得到另一有用的参数。

$$W_c = \gamma_{LG} + \gamma_{LG} - 0 = 2\gamma_{LG} \tag{6-2}$$

W_c 称为内聚功。显然，它反映出液体自身间结合的牢固程度，是液体分子间相互作用力大小的表征。

二、浸湿（浸润）

浸湿（浸润）指固体浸入液体中的过程。该过程的实质是固—气界面为固—液界面所代替，而液体表面在此过程中无变化，如图 6-2 所示。在浸湿过程中，体系消失了固—气界面，产生了固—液界面。

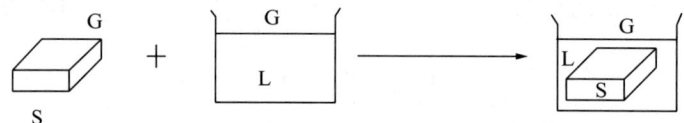

图 6-2 浸湿过程

在浸润面积为单位值时，过程的自由能降低为

$$-\Delta G = \gamma_{SG} - \gamma_{SL_i} = W_i = A \tag{6-3}$$

W_i 称为浸润功，它反映液体在固体表面上取代气体的能力，在铺展作用中它是对抗液体收缩表面的能力（液体表面张力）而产生铺展的力量，故又称为黏附张力，常以 A 表示。$W_i \geq 0$ 是恒温恒压下浸湿发生的条件。固气界面被固液界面所代替，而液体表面在此过程中无变化。

三、铺展

铺展这一过程的实质是在以固/液界面代替固/气界面的同时，液体表面也同时扩展，如图 6-3。在此过程中，失去固—气界面，形成了固—液界面和液—气界面。

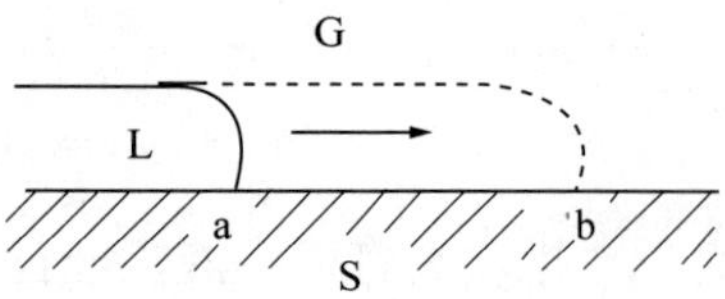

图 6-3 液体在固体上的铺展

当铺展面积为单位值时，体系自由能降低为

$$-\Delta G = \gamma_{SG} - (\gamma_{SL} + \gamma_{LG}) = S \tag{6-4}$$

S 称为铺展系数。在恒温恒压下，$S \geqslant 0$ 时，液体可以在固体表面上自动展开，连续地从固体表面上取代气体。只要用量足够，液体将会自行铺满固体表面。实质是在液体与固体经相互接触，固液界面代替固气界面的同时，液体表面也同时扩展。当铺展面积为单位值时，体系自由能降低为应用黏附功与内聚功的概念于式（6-5），可得

$$S = \gamma_{SG} - \gamma_{SL} + \gamma_{LG} - 2\gamma_{LG} = W_a - W_c \tag{6-5}$$

$S \geqslant 0$ 时，则 $W_a \geqslant W_c$。即固—液黏附功大于液体内聚功时，液体可自行铺展于固体表面。

上面讨论了三种润湿过程的热力学条件。应该强调的是，这些条件均是指在无外力作用下液体自动润湿固体表面的条件。有了这些热力学条件，即可从理论上判断一个润湿过程是否能够自发进行。但实际上却远非那么容易，上面所讨论的判断条件，均需固体的表面自由能和固—液界面自由能，而这些参数目前尚无合适的测定方法，因而定量地运用上面的判断条件是有困难的。尽管如此，这些判断条件仍为我们解决润湿问题提供了正确的思路。例如，水在石蜡表面不展开，如果要使水在石蜡表面上展开，根据公式（6-4），只有增加 γ_{SG}，降低 γ_{LG} 和 γ_{SL}，使 $S \geqslant 0$。γ_{SG} 不易增加，而 γ_{LG} 和 γ_{SL} 则容易降低，常用的办法就是在水中加入表面活性剂，因表面活性剂在水表面和水—石蜡界面上吸附即可使 γ_{LG} 和 γ_{SL} 下降。

第二节 接触角与润湿方程

一、接触角与润湿方程概述

接触角不仅是具有热力学上的意义，而且在应用过程中意义很重要。例如，多层印刷时，润湿不仅发生在液—固界面，而且发生在液—液界面。如印刷不好，就会出现泡沫起鼓现象。杜邦公司的油漆为什么贵，而我们的为什么便宜？都是聚酯漆，好的不起泡、不掉皮，原因就在于接触角。

将液体滴于固体表面上，液体或铺展而覆盖固体表面，或形成一液滴停于其上，如图 6-4。在固、液、气三相交界处，自固—液界面经过液体内部到气—液界面的夹角叫做接触角，以 θ 表示。

1805 年，Young 指出，接触角的问题可当作平面固体上液滴受三个界面张力的作用来处理。当三个作用力达到平衡时，应有下面关系：

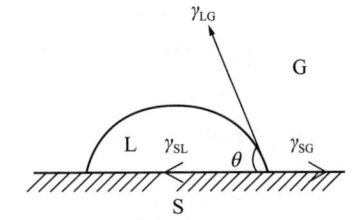

图 6-4 液滴在固体表面上的接触角

$$\gamma_{SG} - \gamma_{SL} = \gamma_{LG} \cos\theta \tag{6-6}$$

这就是著名的 Young 方程。式中 γ_{SG} 和 γ_{LG} 是与液体的饱和蒸汽成平衡时的固体和液体的表面张力（或表面自由能）。

应当指出，Young 方程的应用条件是理想表面，即指固体表面是组成均匀、平滑、不变形（在液体表面张力的垂直分量的作用下）和各向同性的。只有在这样的表面上，固体才有固定的平衡接触角，Young 方程才可适用。严格而论，这种理想表面是不存在的，但只要精心准备，可以使一个固体表面接近理想表面，如高分子涂层。

将润湿方程用于式（6-1）、式（6-3）、式（6-4），可得如下结果

$$W_a = \gamma_{SG} - \gamma_{SL} + \gamma_{LG} = \gamma_{LG}(1+\cos\theta) \tag{6-7}$$

$$A = \gamma_{SG} - \gamma_{SL} = \gamma_{LG}\cos\theta \tag{6-8}$$

$$S = \gamma_{SG} - \gamma_{SL} - \gamma_{LG} = \gamma_{LG}(\cos\theta - 1) \tag{6-9}$$

因此原则上说，测定液体表面张力和接触角，即可得到黏附功、黏附张力及铺展系数的数值。而且接触角的大小是很好的润湿标准。显然，接触角越小则润湿性能越好。

各种类型的润湿能否进行的判断如下：

沾湿：$W_a = \gamma_{LG}(1+\cos\theta) \geqslant 0$ $\theta \leqslant 180°$

浸湿：$W_i = \gamma_{LG}\cos\theta \geqslant 0$ $\theta \leqslant 90°$

铺展：$S = \gamma_{LG}(\cos\theta - 1) \geqslant 0$ $\theta \leqslant 0°$

在以上接触角表示润湿性时，习惯上可将 $\theta=90°$ 定为润湿与否的标准：$\theta>90°$ 叫做不润湿；$\theta<90°$ 则叫做润湿，θ 越小润湿性能越好；平衡接触角 $\theta=0°$ 或不存在，则叫做铺展。

关于两相之间接触角，注意的问题有如下四个方面：

（1）两相不容。

（2）粗糙度对接触面润湿影响。

粗糙度对接触面与平面的比较，如果粗糙面属于亲水表面，比如：石英表面，粗糙面的亲水能力比平面更好，如图 6-5 所示，润湿接触角比理论值更小一些，而石英的粗糙面的亲油能力比平面更差一些，如图所示粗糙石英润湿接触角比理论值更大一些。

图 6-5 水在石英表面的润湿示意图

$$\cos\theta = R_W\cos\theta' \tag{6-10}$$

式中 θ' ——表观接触角；

R_W ——表面粗糙因子，即真实面积和表观面积的比值 $R_W = \dfrac{\cos\theta}{\cos\theta'}$。

如果希望润湿表面则粗糙利于润湿，$\theta<90°$；如不希望润湿，增加粗糙度，$\theta>90°$。

（3）非均匀表面。

粗糙度只是一个方面，另一个潜在的重要影响是表面的化学非均匀性。例如复合材料，亲水亲油材料的混合体系，其亲水亲油的均匀性是不一致的，仍然用表观接触角表示

$$\cos\theta' = f_1\cos\theta_1 + f_2\cos\theta_2 \tag{6-11}$$

其中，f_1、f_2 分别表示不同的亲水亲油的均匀性所占的分数。

（4）滞后现象的动力学性质。

对于表面活性剂和黏度大的物体测量与动力学有关，对于有一些表面活性剂，吸收不是吸附。

二、接触角的测定方法

下面介绍一些常用的接触角测定方法，它们均是针对气—液—固体系的接触角而设计的。

1. 躺滴或气泡法

这是接触角测定最常用方法，图6-6显示了在相同的固体界面上不同液体润湿接触角，其中，润湿接触角：(a) < (b) < (c)。

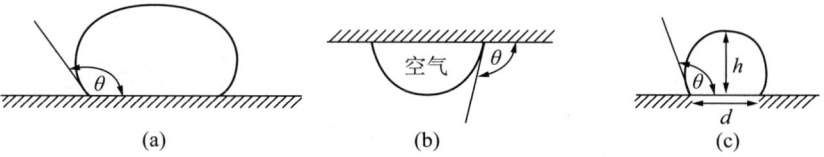

图6-6 躺滴或气泡法测定接触角

接触角可通过照相，然后在照片上测量．也可在一低倍显微镜（几十倍）的目镜上装上一量角器直接测量。如果液体蒸气在固体表面发生吸附，影响固体的表面自由能，则应把样品放入带有观察窗的密封箱中，待体系达平衡后再进行测定。此法的优点是，样品用量少，仪器简单，测量方便。准确度一般在 ±1°。如果液滴很小，重力作用引起液滴的变形可以忽略，这时的躺滴可认为是球形的一部分，接触角可通过长度的测量按下式计算：

$$\tan\frac{\theta}{2} = \frac{2h}{d} \tag{6-12}$$

式中　h——液滴高度；

　　　d——滴底的直径。

若液滴体积小于 10～4mL，此方法可用。若接触角小于 90°，则液滴稍大时亦可应用。

2. 吊片法

吊片法是测定液体表面张力的一种方法，此方法的条件是接触角等于 0。如果接触角大于 0，则可利用下式计算接触角数值：

$$W = P\gamma_{LV}\cos\theta - v\rho g \tag{6-13}$$

式中　W——吊片所受之力；

　　　P——吊片周长；

　　　v——吊片伸入液面下的体积；

ρ——液体的密度；

$\upsilon \rho g$——浮力校正项。

改变吊片插入液面下的深度测定 W，以 W 对吊片插入液面下的深度作图，外推到深度为零，得

$$W = P\gamma_{LV}\cos\theta \tag{6-14}$$

若液体表面张力已知，即可计算 θ。在吊片下降时测定吊片所受之力，则测得的接触角为前进角，反之为后退角。

3. 水平液体表面法

此法又可分为斜板法和圆柱法两种，但常用的是斜板法。斜板法是调节固体表面的倾斜角，使在固—液—气三相相遇处得到一液体水平面，如图 6-7 所示。固体表面相对于液体水平面的倾斜角即为液体在固体表面上的接触角。降低或升高板的高度，即可得到前进角和后退角。

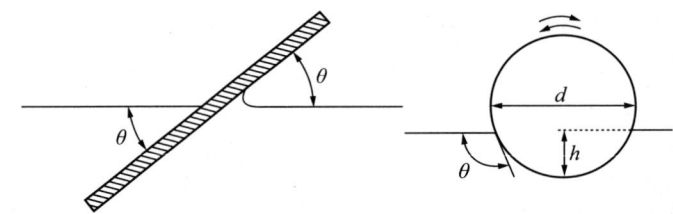

图 6-7 斜板法和圆柱法测定接触角

圆柱法是将水平圆柱部分浸入液体中，调节圆柱体浸入深度，使固—液—气三相接触处液体表面无弯月面。在此条件下，接触角可通过下式计算：

$$\cos\theta = 2h/d - 1 \tag{6-15}$$

式中 d——圆柱的直径；

h——圆柱浸入液体的深度。

根据圆柱体旋转的方向可决定前进角和后退角。倘若改变圆柱体的旋转速度，此法还可以用来测定动的前进角和后退角。

4. 粉末表面接触角的测定法

液体在固体粉末上的接触角，虽然在实践中非常重要，但其测定要比在平固体表面上的困难得多，因此，至今尚无理想的测定方法。现时常用的测定方法有静态法和动态法两种。

1）静态法

将粉末均匀填入管中成一多孔塞，测定刚好能阻止液体渗入孔塞的压力，根据 Laplace 公式：

$$\Delta p = \frac{2\gamma}{R}\cos\theta \tag{6-16}$$

式中 R 是孔塞粉末间孔隙的平均半径，可用一已知接触角为零的液体测出。

待测液体在粉末上的接触角可通过下式计算：

$$\cos\theta = \gamma_1 \Delta p_2 / (\gamma_2 \Delta p_1) \tag{6-17}$$

由于粉末间孔隙的多分散性和无规则性，此法无法求出准确的接触角数值，所得结果只具有相对意义。

2）动态法

此法是通过测液体渗入毛细孔的速度来计算液体在固体粉末上的接触角的。当液体渗入一半径为 R 的毛细管时，其渗入深度与时间的关系可用 Washburn 方程表示：

$$l^2 = \frac{\gamma R t \cos\theta}{2\eta} \tag{6-18}$$

式中　L——在 t 时间内液体渗入毛细管的深度；

γ——液体的表面张力；

η——液体的黏度；

θ——前进角。

第三节　浸　湿　热

浸湿过程放出的热量称为浸湿热，或称润湿热、浸润热，其单位为 mJ/m^2。

单位表面的浸湿热 Q_1 与单位表面浸湿焓变 ΔH_1 的关系为

$$-Q_1 = \Delta H_1 = \Delta G_1 + T\Delta S_1 \tag{6-19}$$

由 Young 方程可知，$\Delta G_1 = \gamma_{SL} - \gamma_{SG} = \gamma_{LG}\cos\theta$

故

$$-Q_1 = \gamma_{SL} - \gamma_{SG} - T\left(\frac{\partial \Delta G_1}{\partial T}\right)_p$$

$$\begin{aligned}Q_1 &= -\gamma_{LG}\cos\theta + T\gamma_{LG}\left(\frac{\partial \cos\theta}{\partial T}\right)_p + T\cos\theta\left(\frac{\partial \gamma_{LG}}{\partial T}\right)_p \\ &= \left[-\gamma_{LG} + T\left(\partial\gamma_{LG}/\partial T\right)_p\right]\cos\theta + T\gamma_{LG}(\partial\cos\theta/\partial T)_p\end{aligned} \tag{6-20}$$

根据式（6-20）可知，只要已知吸附液体表面张力和接触角以及温度系数即可计算出浸湿热。

单位面积的浸湿热与单位表面浸湿焓变的关系与化学反应过程中是一样的。

$$-Q_1 = \Delta H_1 = \Delta G_1 + T\Delta S_1 \tag{6-21}$$

由恒压反应热等于焓的变化由吉布斯自由能知变化

$$\Delta G_1 = \gamma_{SL} - \gamma_{SG} = \gamma_{LG}\cos\theta \tag{6-22}$$

故

$$-Q_1 = \gamma_{SL} - \gamma_{SG} - T\left(\frac{\partial \Delta G_1}{\partial T}\right)_p \tag{6-23}$$

$$Q_1 = -\gamma_{LG}\cos\theta + T\gamma_{LG}\left(\frac{\partial \cos\theta}{\partial T}\right)_p + T\cos\theta\left(\frac{\partial \gamma_{LG}}{\partial T}\right)_p \qquad (6-24)$$
$$= \left[-\gamma_{LG} + T\left(\partial\gamma_{LG}\big/\partial T\right)_p\right]\cos\theta + T\gamma_{LG}(\partial\cos\theta/\partial T)_p$$

浸湿热可直接用精密量热计测量。用某些细粉状固体测量的浸湿热列于表 6–1 中。由表中数据可知：极性固体在极性液体中的浸湿热最大，且极性越强浸湿热越大；非极性固体浸湿热小。用量热计测量，极性越强，浸湿热越大。

表 6–1　25℃时的浸湿热　　　　　　　　　　单位：mJ/m²

固体	水	C_2H_5OH	正丁胺	CCl_4	$n-C_6H_{14}$
TiO_2	550	440	330	240	135
Al_2O_3	400～600	—	—	—	—
SiO_2	400～600	—	—	220	—
炭	32.2	110	106	—	103
聚四氟乙烯	6	—	—	—	47

第四节　固体表面的润湿性质

固体表面一般可分为高能表面和低能表面两类。高能表面指的是金属及其氧化物、二氧化硅、无机盐等的表面，其表面自由能一般在 500～5000mJ/m² 之间。这类物质的硬度和熔点越高，其表面自由能越大。低能表面指的是有机固体表面，如石蜡和高分子化合物。它们的表面自由能低于 100mJ/m²。

一、高能表面的自憎性

一般来说表面张力低的液体可在高能表面上铺展。但是，两亲性有机分子其极性基吸附于高能表面，非极性基朝向外面，形成紧密定向的单层。这种吸附膜的最外层的表面能可能已低于原有机液体的表面张力，从而这种液体不能在该吸附膜上铺展。这种现象称为高能表面的自憎现象。

二、低能表面的（润湿）临界表面张力

Zisman 等曾做过大量系统的有关低能表面润湿的工作。在光滑、干净、无增塑剂的有机高聚物表面，他们发现前进角和后退角相等，而且接触角数据可以很好重复。这说明这些表面接近理想表面。他们测定了各种不同液体在同一高聚物表面上的接触角，如果用 $\cos\theta$ 对液体的表面张力作图，对于同系列的液体可得一直线，图 6–8 就是正构烷烃在聚四氟乙烯上的实验结果。

将直线延至与 $\cos\theta=1$ 的水平线相交，与此交点相应的表面张力称为该固体的临界表面张力（用 γ_c 表示）。对于非同系物液体可得一窄带，图 6–9 就是各种不同液体在聚氯乙烯

和聚偏二氯乙烯上的实验结果。如果 $\cos\theta$ 随 γ_{LV} 变化在一窄带内，则取与窄带下限线交点相应的表面张力为该固体的临界表面张力。

γ_c 是反映低能固体表面润湿性能的一个极重要的经验常数。只有表面张力等于或小于某一固体的 γ_c 的液体才能在该固体表面上铺展。固体的 γ_c 越小，要求能润湿它的液体的表面张力就越低，也就是说该固体越难润湿。

低能固体的 γ_c 由二因素决定：（1）聚合物材料的元素组成。当聚合物中 H 原子被其他原子取代或在碳氢链中引入 O、N 原子时都会使 γ_c 发生变化。取代或引入原子使聚合物 γ_c 变化的顺序为 N>O>I>Br>Cl>(H)>F。饱和烷烃，C 数越多，H 含量越多，临界值越小，越难润湿。含 N 的亲和性好。（2）γ_c 只反映固体最表层原子或基团的润湿性质，和固体体相的组成、结构无关。表 6-2 列出一些聚合物、有机固体和单分子层的 γ_c 值。

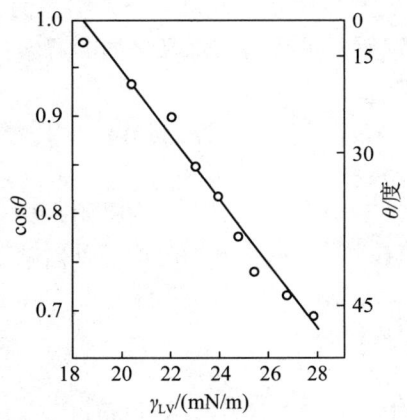

图 6-8　20℃时正构烷烃对聚四氟乙烯上的润湿

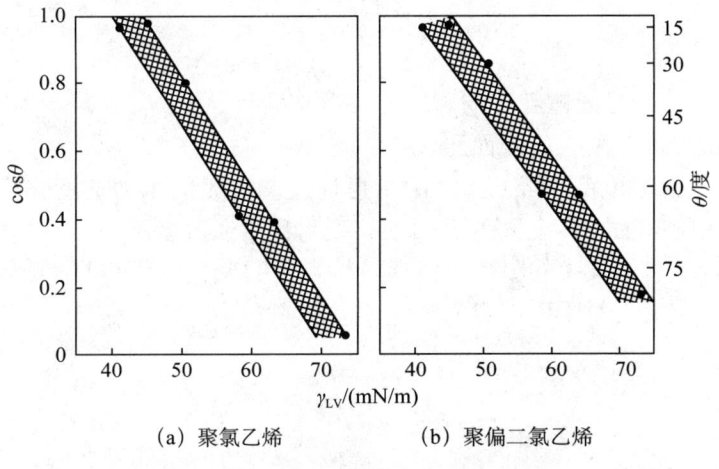

(a) 聚氯乙烯　　　(b) 聚偏二氯乙烯

图 6-9　20℃时液体对低能表面的润湿

表 6-2　一些聚合物、有机固体和单分子层的 γ_c

固体表面	γ_c/(mN/m)	固体表面	γ_c/(mN/m)
聚乙烯	31	石蜡	23～26
聚丙烯	32	正卅六烷	22
聚苯乙烯	33	无金属酞菁	35.6
聚四氟乙烯	18	全氟月桂酸单层	6
聚甲基丙烯酸甲酯	39	十八胺单层	22
尼龙 66	46	硬脂酸单层	24
尿醛树脂	61	苯甲酸单层	53

当某些聚合物和单分子层表面的γ_c很低时,常见的各种极性和非极性液体均不能在其上铺展,具有既憎水又憎油的双憎性质,这种材料具有广泛和特殊的用途。

第五节 低能固体表面的吸附量与接触角

对于固体自溶液中的吸附,由于面临的是两种以上的物质(溶剂和溶液),所以其理论研究目前还不完善。但是可以借助下式计算吸附量:

$$\Gamma = \frac{x}{m} = \frac{(c_0 - c)v}{m} \tag{6-25}$$

式中 m——吸附剂质量;
$\quad x$——被吸附溶质的物质的量。

这是在比表面比较大的条件下,相对误差较小的情况下,用吸附前后浓度变化来求得Γ量。

但是对于稀溶液来说(而且是低能表面),吸附量少的表面,根据我们在"溶液表(界)面张力"和溶性膜中所提到的,铺展前后表面张力的变化值

$$\pi = \gamma_{SL}^0 - \gamma_{SL} \tag{6-26}$$

式中 γ_{SL}^0, γ_{SL}——分别是固体与溶剂和固体与溶液间界面张力;
$\quad \pi$——固液界面吸附膜的表面压。

对两亲性有机物在气液界面上的吸附量可通过测定表面张力的变化应用Gibbs吸附公式计算求得。在大比表面固体上固液界面上的吸附量可通过吸附前后溶液浓度的变化测定。小比表面的低能固体自溶液中的吸附量可通过接触角的变化应用Gibbs吸附公式计算。

根据表面压的定义,对于固液界面

$$\pi = \gamma_{SL}^0 - \gamma_{SL} \tag{6-27}$$

式中 γ_{SL}^0——固体与溶剂间界面张力;
$\quad \gamma_{SL}$——固体与溶液间界面张力;
$\quad \pi$——固液界面吸附膜的表面压。

由于
$$d\pi = -d\gamma$$

因而Gibbs吸附公式可表述为

$$\Gamma = -\frac{1}{RT}\frac{d\gamma}{d\ln c} = \frac{1}{RT}\frac{d\pi}{d\ln c} \tag{6-28}$$

根据式(6-28)可知,只要得到表面压π随浓度变化的关系即可计算出吸附量Γ。

将Young方程代入式(6-26),得

$$\begin{aligned}\pi &= (\gamma_{SG}^0 - \gamma_{LG}^0 \cos\theta^0) - (\gamma_{SG} - \gamma_{LG}\cos\theta) \\ &= (\gamma_{SG}^0 - \gamma_{SG}) + (\gamma_{LG}\cos\theta - \gamma_{LG}^0 \cos\theta^0)\end{aligned} \tag{6-29}$$

式中 γ_{LG}^0, θ^0——分别为纯溶剂的表面张力和其在固体上的接触角;

γ_{LG},θ——溶液的表面张力和在固体上的接触角；

γ_{SG}^0,γ_{SG}——分别是固体与纯溶剂蒸气和固体与溶液蒸气成平衡的界面能。

对于低能固体表面，溶质又非易挥发物质，可以认为$\gamma_{SG}^0 = \gamma_{SG}$。因而式（6–29）成为

$$\pi = \gamma_{LG}\cos\theta - \gamma_{LG}^0\cos\theta^0 \tag{6–30}$$

将式（6–30）代入式（6–28），得

$$\Gamma = \frac{1}{RT}\frac{\mathrm{d}(\gamma_{LG}\cos\theta)}{\mathrm{d}\ln c} \tag{6–31}$$

测定不同浓度时的$\gamma_{LG}\cos\theta$，应用上式即可算出吸附量Γ。

第七章 分散体系的分类及电动现象

分散体系是由相互不溶的分散相和分散介质构成。其中形成粒子的相称为分散相,是不连续相。分散粒子所处的介质称为分散介质,即连续相。分散的粒子越小,则分散程度越高,体系内的界面积也越大。从热力学观点来看,此类体系也就越不稳定。

第一节 分散体系的分类和制备

一、分散体系的分类

1. 按分散相颗粒粒径的大小分类

分散程度的大小是表征分散体系特性的重要依据,所以通常可以按分散程度的不同把分散体系分成三类:粗分散体系、胶体分散体系和分子分散体系。三类分散体系的颗粒大小及特性如下:

(1) 粗分散体系:粒子不能通过滤纸,不扩散,不渗析,在显微镜下可看见。

(2) 胶体分散体系(溶胶):颗粒粒径为 1～100nm,粒子能通过滤纸,扩散极慢,在普通显微镜下看不见,在超显微镜下可以看见。

(3) 分子分散体系(溶液):颗粒粒径 <1nm,粒子能通过滤纸,扩散很快,能渗析,在超显微镜下也看不见。

2. 按分散相和分散介质的聚集状态分类

这种按分散体系的分类见表 7-1。

习惯上,把分散介质为液体的胶体体系称为液溶胶或溶胶(sol),如介质为水,称为水溶胶。当介质为固体时,称为固溶胶。

表 7-1 分散体系分类

分散介质	分散相		
	气态	液态	固态
气态	—	云、雾	烟、尘
液态	泡沫	污水、牛奶、乳化原油	金溶胶、银溶胶、墨汁、牙膏
固态	泡沫塑料、面包、冰淇淋	珍珠、水凝胶	红宝石、合金

二、胶体分散体系的制备

既然胶体颗粒粒径为 1～100nm 之间,故原则上可由分子或离子凝聚形成胶体,当然也可由大块物质分散成胶体,从而形成了制备胶体的两种方法:凝聚法和分散法。溶胶制备的一般条件:(1) 分散相在介质中的溶解度须小;(2) 必须有稳定剂存在。下面通过具体实例对以上两种方法进行介绍。

1. 凝聚法制备胶体分散体系——物理凝聚法，化学凝聚法

(1) 硫黄水溶胶。

$$硫 \xrightarrow{乙醇} 真溶液 \xrightarrow{真溶液逐滴加入水中} 硫黄水溶胶$$

(2) 氢氧化铁水溶胶。

$$FeCl_3 \xrightarrow{水中} 真溶液 \xrightarrow{沸腾，水解} Fe(OH)_3溶胶$$

(3) 金溶胶。

$$Au^{3+}+单宁（还原剂）\xrightarrow{少量K_2CO_3，加热} Au溶胶$$

2. 分散法制备胶体分散体系

用分散法制备溶胶一般比较简单，粗粒子通过适当的方法使其粉碎便可获得胶体分散体系。

(1) 机械分散法。常用的机械粉碎设备有：球磨机、振动磨、冲击式粉碎机、胶体磨、离心磨等。

(2) 电分散法，主要用于制备金属水溶胶，如图 7-1 所示。

(3) 超声分散法，主要用来制备乳状液。

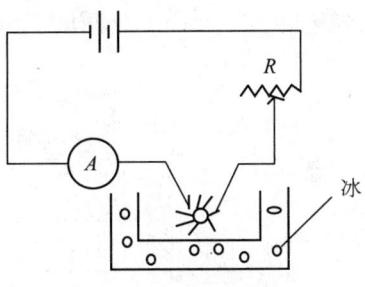

图 7-1 电分散法图示

第二节 分散体系的电动现象

在外电场作用下带电的分散相与分散介质可产生相对运动；或者在外力作用下分散相与分散介质的相对运动而产生电位差，这就是分散体系的电动现象。电动现象是研究胶体稳定性理论发展的基础。

一、电泳

在电场作用下，溶胶粒子和它所负载电荷的离子向着与自己电荷相反的电极方向迁移，对液相做相对运动，这种现象称作电泳。电泳试验可用于确定胶粒的电荷符号。

电泳的应用相当广泛，生物化学中常用电泳来分离各种氨基酸和蛋白质等，医学中利用血清的"纸上电泳"可以协助诊断患者是否有肝硬变。

所谓纸上电泳，是按图 7-2 所示装置，将血清样品点在湿的滤纸条上，通电后，血清中荷负电的清蛋白以及 α、β、γ 三种球蛋白，由于其相对分子质量和电荷密度不同，向正极的泳动速度不同，故可将它们彼此分离，再经显色等处理，便可获得如图 7-3 所示的电泳图谱。

工业上使用的"静电除尘"实际上便是气溶胶的电泳现象。这种方法效率高（除尘率可达 99% 以上），但要求高压直流电（30～60kV），成本比较高。

电泳电镀在工业上也有广泛的应用。例如电泳镀漆就是将油漆配成稀乳状液，以欲镀之金属部件为一电极，通电后，油漆质点因电泳而均匀地沉积在镀件上。天然橡胶、胶乳电镀也有很好的效果。

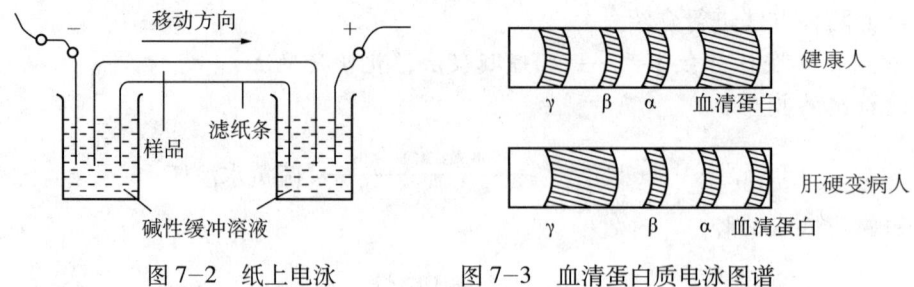

图 7-2　纸上电泳　　　　图 7-3　血清蛋白质电泳图谱

二、电渗

在电场作用下，液体对固定的固体表面电荷作相对运动，固体可以是毛细管，或多孔性滤板，这种现象叫做电渗（图 7-4）。此时，固体多孔物为连续相，表面带有某种电荷而孔洞中的液相是高度分散的（其中含有异电离子），所以也可将电渗看成是电泳的反现象。

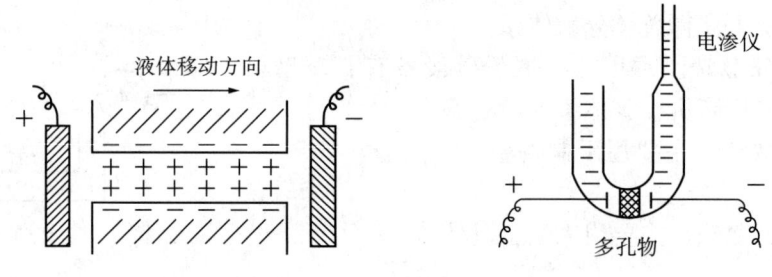

图 7-4　电渗现象

电渗在科学研究中应用很多，在生产上目前应用较少。对于一些难于过滤的浆液（如黏土浆、纸浆等）的脱水可用电渗法；用金属丝切砖坯时，为防止黏土附于金属丝上，可将切砖用的金属丝连于电源负极，砖坯连于正极，因电渗可使一层水膜附于金属丝的表面，它起到润滑剂的作用，使切出的砖十分光洁。

三、沉降电位和流动电位

在重力场中分散质点沉降时质点周围的双电层因液层摩擦而变形，使得扩散离子落在运动质点的后面，从而沿沉降高度产生电势差。此电势差称为沉降电势（sedimentation potential，见图 7-5）。显然，这种现象是电泳的逆过程。面粉厂、煤矿等的粉尘爆炸可能与沉降电位有关（当然还有其他一些因素）。

在外力作用下使液体流过毛细管或毛细管束形成的多孔栓塞，液体将双电层中反离子带走，产生流动电流并同时形成电势差。此电势差称为流动电势（streaming potential，见图 7-6）。

流动电势是电渗的逆过程。在多孔地层中，水通过泥饼小孔所产生的流动电位在油井电测工作中具有重要意义。此外，在通过硅藻土、黏土等滤床的过滤中，流动电位也可沿管线造成危险的高电位，因此这种管线往往需要接地。

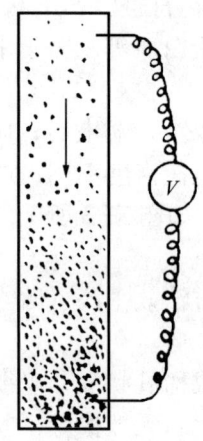

图 7-5　沉降电势图示

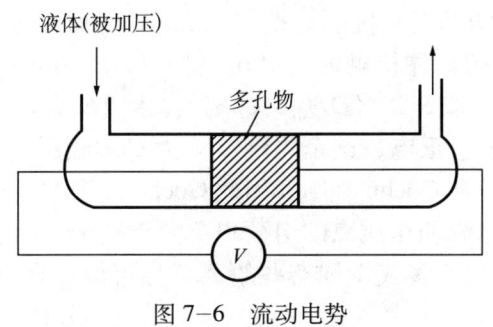

图 7-6 流动电势

第三节 质点表面电荷的来源

电动现象的存在,说明了胶体质点在液体中是带电的。带电颗粒(固体表面)与其所处的液体内通常会带有电性相反、电荷相同的两层离子,并形成双电层。一般来说,固体表面上的带电离子称为定位离子(决定离子),与定位离子相反的在液体中扩散的离子称为反离子。定位离子与反离子而产生的界面处的电位差称为双电层电位或界面电位,即 ζ 电位,质点表面电荷的来源大致有以下几个方面。

一、电离

黏土、玻璃等皆属硅酸盐,在水中电离成 H^+ 后,生成 SiO_3^{2-},故其表面荷负电,而与其接触的液相荷正电。硅溶胶在弱酸性和碱性介质中荷负电,也是因为质点表面上硅酸电离的结果。高分子电解质(蛋白质中羧基或氨基,水中 COO^- 或 NH_4^+)在不同的酸碱度条件下带电不同。不在等电点时带电,库仑作用占优势。高分子电解质和缔合胶体的电荷,均因电离而引起。

二、离子吸附和离子的不等量溶解

有些物质(例如石墨、纤维、油珠等)在水中不能离解,但可以从水或水溶胶中吸附 H^+、OH^- 或其他离子,从而使质点带电。许多溶胶的电荷常属于此类。凡经化学反应用凝聚法制得的溶胶,其电荷亦来源于离子选择吸附。实验证明,能和组成质点的离子形成不溶物的离子最易被质点表面吸附。根据这个规则,用 $AgNO_3$ 和 KBr 反应制备 $AgBr$ 溶胶时,$AgBr$ 质点易于吸附 Ag^+ 或 Br^-,而对 K^+ 和 NO_3^- 吸附极弱。$AgBr$ 质点的带电状态,取决于 Ag^+ 或 Br^- 中哪种离子过量。

三、晶格取代

这是一种比较特殊的情况。例如黏土晶格中的 Al^{3+} 往往有一部分被 Mg^{2+} 或 Ca^{2+} 取代,从而使黏土晶格带负电。为维持电中性,黏土表面必然要吸附某些正离子,这些正离子又因水化而离开表面,并形成双电层。晶格取代是造成黏土颗粒带电的主要原因。

在水溶液中,质点荷电的原因大致有上述三方面。

四、非水介质中质点荷电的原因

在非水介质中质点荷电的原因研究得比较少。比较古老的说法是,质点和介质间因摩擦而引起带电。但这种说法并无直接的证据。Coehn 曾经研究过非水介质中质点的荷电规律。他认为，当两种不同的物体接触时，介电常数（dielectric constant）较大的一相带正电，另一相带负电。例如玻璃 SiO_2（D 为 5～6）在水（D 为 81）中或丙酮（D 为 21）中带负电，在苯（D 为 2）中带正电。这个规则常称为 Coehn 规则。但玻璃在二氧杂环己烷（D 为 2.2）中荷负电，不符合 Coehn 规则。因此 Coehn 规则并没有得到公认。

目前许多人认为，非水介质中质点的电荷也起源于离子选择吸附。体系中离子的来源，有可能是某些有机液体本身或多或少地有些解离，也可能是含有某些微量杂质（例如水）造成的。

第四节 双电层结构模型和电动电位

一、胶团结构

双电层结构和胶团结构有关。

胶体颗粒粒径范围在 1～100nm，所以胶体中每个颗粒必然是由许多分子或原子聚集而成的。例如用稀 $AgNO_3$ 溶液和 KI 溶液制备 AgI 溶胶时，由反应生成的 AgI 首先形成不溶性的质点，即所谓的"胶核"（colloidal nucleus），它是胶体颗粒的核心。研究证明，AgI 胶核也具有晶体结构，它的表面很大，故制备 AgI 溶胶时，如 $AgNO_3$ 过量，胶核易从溶液中选择性地吸附 Ag^+ 而荷正电。留在溶液中的 NO_3^- 离子，因受 Ag^+ 的吸引必围绕于其周围。但离子本身又有热运动，毕竟只可能有一部分 NO_3^- 紧紧的吸引于胶核近旁，并与被吸附的 Ag^+ 一起组成所谓"吸附层"；而另一部分 NO_3^- 则扩散到较远的介质中去，形成所谓"扩散性"。胶核与吸附层组成"胶粒"（colloidal particle），而胶粒与扩散层中的反离子组成"胶团"（micella）。胶团分散于液体介质中便是通常所说的溶胶。AgI 的胶团结构可表示为：

$$\underbrace{\underbrace{\underbrace{\{[AgI]_m \cdot nAg^+ (n-x)NO_3^-\}^{x+}}_{\text{胶核}\quad\text{吸附层}} \cdot xNO_3^-}_{\text{胶粒}}}_{\text{胶团}} \quad \text{扩散层}\quad（反离子）$$

二、双电层的结构模型

双电层的内部结构，即电荷和电势分布，主要有两种模型。

1. Gouy–Chapman 模型

Gouy–Chapman 模型认为溶液中的反离子是扩散地分布在质点周围的空间里，由于静电吸引，质点附近处反离子浓度要大些。离质点越远，反离浓度越小，到很远处（1～10nm）过剩的反离子为零。此中扩散双电层模型及电势变化见图 7–7。

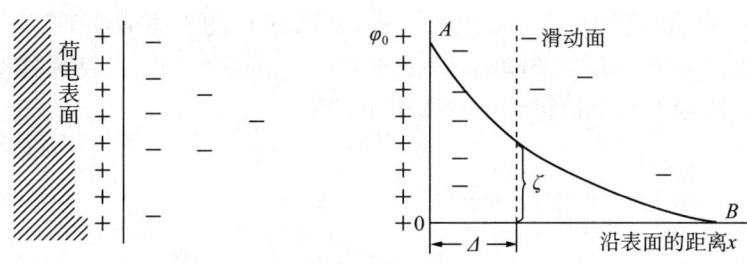

图 7-7 扩散双电层模型及其电势分布

φ_0——表面电势；

ζ——电动电势，粒子与介质作反向运动时显示出来

Gouy 与 Chapman 两学者作了以下假设：

（1）胶粒表面是无限大的平面，表面电荷均匀分布；

（2）扩散层中的反离子为服从 Boltzman 分布的点电荷；

（3）液相中的介电常数到处相同。

得到平面扩散双电层的电势分布为 $\varphi=\varphi_0 e^{-kx}$，即扩散层内的电势 φ 随离表面的距离 x 而指数下降。按 Gouy-Chapman 的扩散双电层模型，电动现象不难解释。在外加电场作用下，带不同电荷的两相向相反方向运动。由于相对运动的边界（滑动面）可能处于靠近表面的液体内部某处，因此按计算出的 ζ 电势随电解质的浓度与价数的升高而下降，这都与实验相符。

Gouy-Chapman 的扩散双电层模型在认识双电层的结构与解释电动现象方面取得了相当的成功，但也遇到了不少困难，尤其在高表面电势的情形。如在 $\varphi_0=300\text{mV}$，溶液中同价电解质的浓度为 $1\times10^{-3}\text{mol/L}$ 时，按得出附近反离子的浓度高达 160mol/L。另外，根据 Gouy-Chapman 理论，同价离子对双电层的影响应该相同，ζ 电势的绝对值随离子浓度的增加而下降，但永远与表面电势同号，其极限值为 0。但实验结果表明，同价离子对 ζ 电势的影响也会有明显差别。ζ 电势还可能随离子浓度的增加而改变符号，甚至 ζ 电势还可高于表面电势。这些都是 Gouy-Chapman 理论无法解释的。

2. Stern 模型

Stern 提出双电层可分为紧密层和扩散层。紧密层（Stern 层或吸附层）是指紧靠表面，离子由于电性和非电性的吸引作用而强烈地吸附在表面上，连同一部分溶剂分子一起，与表面牢固地结合。这些离子称为特性吸附离子。这些特性吸附离子的电位中心构成 Stern 层或吸附层，其厚度用 δ 来表示。在 Stern 层之外，离子呈扩散分布，构成扩散层，吸附层的厚度仅为一两个分子厚（δ），在此层中电势直线下降。扩散层中的电势完全按 Gouy-Chapman 理论处理，电势呈曲线下降。滑动面可以认为在 Stern 层之外，并深入到扩散层之中，其厚度用 δ 来表示。Stern 层（紧密层）与扩散层之间的电位差叫做 Stern 电位，用 φ_s 表示。Stern 模型及电势变化示于图 7-8 中。ζ 电位略低于 Stern 电位。

（1）在足够稀的溶液中，由于扩散层厚度相当大，而固相所束缚的溶剂化层厚度通常只有分子大小的数量级，因此可近似认为 ζ 和 φ_s 相等，并无多大误差。

（2）当电解质浓度很大时，ζ 和 φ_s 的差别也将增大，不能再视为相同了。

（3）若质点表面上吸附了非离子型表面活性剂或高分子物质，则滑动面明显外移，此时 ζ 与 φ_s 也会有较大的差别。

（4）当溶液中含有高价反离子（counter-ion）或多价的表面活性剂离子时，质点将对它们发生强的选择性吸附，即在 Stern 层中将吸附大量的这些离子，从而使 Stern 层的电势反号，（图 7-8），胶粒所带电荷符号由表面正电性变成负电性。

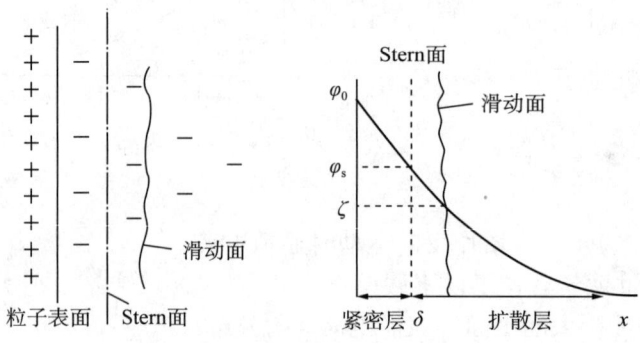

图 7-8　Stern 双电层模型及其电势变化

Stern 的双电层模型考虑到离子大小并规定了表面最大吸附位数，从而避免了 Gouy-Chapman 模型得出的反离子在表面附近的不合理的高浓度；由于 Stern 模型区分了电性吸附与非电性吸附，使 Gouy-Chapman 理论无法解释的某些电动现象也得到了较合理的说明。因此，比起 Gouy-Chapman 模型来，Stern 模型是前进了一步，但是数学处理更为复杂，而且双电层的扩散部分完全可以沿用 Gouy-Chapman 模型理论处理。所以，在定量处理电动现象或胶体稳定性时，多数场合仍沿用 Gouy-Chapman 理论，而是将 φ_0 换成 φ_s 而已。

第五节　扩散双电层的数学计算

一、ζ 电位的计算

电动电势 ζ 是直接与电动现象有关的可测量的物理参数，只有固—液发生相对移动时才体现出来。因此，ζ 电势的大小与电泳和电渗速度有关。胶体的 ζ 电位通常是由电泳或电渗速度的数据计算的。

1. 由电泳速度数据计算 ζ 电位

设胶粒带电荷 q，在电场强度为 E 的电场中（若两电极间距离为 l、电位差为 ΔV，则 $E=\Delta V/l$，即单位距离上的电位差），作用在粒子上的静电力为

$$f = qE \tag{7-1}$$

若球形粒子的半径为 r，泳动速度为 v，按 Stokes 定律，其摩擦阻力为

$$f = 6\pi \eta r v \tag{7-2}$$

当粒子恒速泳动时，(7-1) 式与 (7-2) 式相等，即

$$qE = 6\pi \eta r v \quad \text{或} \quad v = \frac{qE}{6\pi \eta r} \tag{7-3}$$

也可改写为

$$\frac{v}{E} = \frac{q}{6\pi \eta r} \tag{7-4}$$

式中 v/E（U）为单位电场强度下带电粒子的泳动速度，称为粒子的绝对运动速度，亦称电泳淌度 U，其单位为 $cm^2 \cdot V^{-1} \cdot s^{-1}$。

一般胶粒的带电性质不常用其带有多少个电荷来表示，而用 ζ 电位的大小来表示。按静电学定律，则

$$\zeta = \frac{q}{\varepsilon r} \tag{7-5}$$

式中 ε 为双电层间液体的介电常数。将（7-4）代入（7-5）得

$$\zeta = \frac{6\pi\eta v}{\varepsilon E} \tag{7-6}$$

必须注意，式（7-6）仅适用于球形胶粒。对于棒状胶粒，通常在式（7-6）中乘以一个校正系数 2/3，即

$$\zeta = \frac{4\pi\eta v}{\varepsilon E} \tag{7-7}$$

2. 由电渗速度数据计算 ζ 电位

液体运动的线速度 u 与电动电势 ζ 的关系方程为：

$$U = E\varepsilon\varepsilon_0 \frac{\zeta}{\eta} \tag{7-8}$$

式中　η——液体黏度；
　　　E——外电场强度；
　　　ε——相对介电常数；
　　　$\varepsilon_0 = 8.85 \times 10^{-12} F/m$。

只要毛细管半径大于双电层的厚度，对于任意截面的毛细管体系均可适用。

为了便于实际运用，用体积速度 v 代替线速度 u，则有

$$u = \frac{v}{\pi r^2} \tag{7-9}$$

$$E = \Delta v/l = IR/l = I\rho l/l\pi r^2 = I/\kappa_v \pi r^2 \tag{7-10}$$

式中　r——毛细管的半径；
　　　l——毛细管的长度；
　　　U——毛细管两端的电势差；
　　　I——电流强度；
　　　ρ——电导率；
　　　κ_v——液体的电导率；
　　　R——电阻。

可得

$$\zeta = \frac{v\eta\kappa_v}{I\varepsilon\varepsilon_0} \tag{7-11}$$

毛细体系与体相溶液比较电导率的增加称为表面电导，以 κ_s 表示。

用式（7-11）计算电势时引入隔膜效率系数 α：

$$\alpha = \frac{\kappa_v + \kappa_s}{\kappa_v} \tag{7-12}$$

$$\zeta_s = \zeta_v \alpha \tag{7-13}$$

ζ_v 即式（7-11）未加表面电导校正计算出的 ζ 值。

二、流动电势 $U_流$ 和沉降电势 $U_沉$

$$U_流 = \frac{\zeta \varepsilon \varepsilon_0 P}{\eta \kappa_v \alpha} \tag{7-14}$$

$$U_沉 = \frac{\zeta \varepsilon \varepsilon_0 F_g}{\eta \kappa_v \alpha} \tag{7-15}$$

其中
$$F_g = V(\rho - \rho_0)g \tag{7-16}$$

式中 V——单位体积分散体系中分散相质点的总体积；

ρ、ρ_0——各为分散相和分散介质的密度；

g——重力加速度。

若毛细管的长度为 l，在管子两端的压力差为 p，由此两端产生的电动电位为 E_s，由流变学公式 $v = \frac{p}{4\eta r}(R^2 - r^2)$，其中，$R$ 为毛细管半径，r 为毛细管轴心线。

若毛细管流出的总体积为 Q，则 $\frac{dQ}{dt} = \frac{p}{4\eta r}(R^2 - r^2)2\pi r dr$

电流大小与液体经过毛细管的速率成正比，ρ 为体积电荷密度。则

$$dI_s = \rho \frac{dQ}{dt} = \frac{\rho p}{4\eta r}(R^2 - r^2)2\pi r dr \tag{7-17}$$

令 x 为距离毛细管壁的距离，则 $x = R - r$，而扩散层厚度极薄，故 $x \ll R$。经计算，式（7-17）改为 $dI_s \approx \frac{\rho \pi r p}{\eta l} R^2 x dx$（圆柱体表面）

利用 poisson 公式，可以写成 $\frac{d^2\phi}{dx^2} = -\frac{\rho}{\varepsilon}$

经过毛细管的电流 $I_s = \frac{\pi \varepsilon \rho R^2}{\eta l} \int_0^R \left(\frac{d^2\phi}{dx^2}\right) x dx$

边界条件 $x=0$ 时，$\phi = \zeta$，$x=R$ 时，$\phi = 0$，$\frac{d^2\phi}{dx^2} = 0$，所以 $I_s = \frac{\pi \varepsilon p R^2}{\eta l}\left(x\frac{d\phi}{dx} - \int_0^R \frac{d\phi}{dx}dx\right)_0^R = \frac{\pi \varepsilon p R^2}{\eta l}\zeta = \frac{A p \varepsilon \zeta}{\eta l}$。

第八章 分散体系的动力学性质

分散体系的动力学性质主要表现在分散相质点在分散介质中的热运动(微观表现的布朗运动和宏观表现的扩散作用)和在重力(或离心力场)中的沉降作用。

第一节 扩散作用与布朗运动

一、扩散作用与 Fick 定律

扩散作用是指物质在热运动作用下由高浓度区域自发地向低浓度区域移动,最终使浓度趋于平衡的过程。

扩散作用有两个基本定律:

1. Fick 第一定律

表示单位时间内通过垂直于扩散方向的单位面积的扩散,扩散物质流量与截面处的浓度成正比。

在 dt 时间内经过 S 截面积的物质质量 dm 由下式表示:

$$dm = -DS\frac{dc}{dx}dt \tag{8-1}$$

式中 dc/dx——扩散方向质点的浓度梯度;

D——扩散系数。

式(8-1)为 Fick 第一定律。根据此定律可知经过某一截面积的扩散量与浓度梯度、面积大小、扩散时间等成正比。其中浓度梯度的存在是发生扩散作用的根本原因。

扩散系数 D 的物理意义是,在单位浓度梯度下单位时间流经单位面积的溶质(分散相)量;也可以看做是通过单位面积,浓度梯度为单位浓度梯度的扩散速度。D 的单位为 m^2/s。

式(8-1)中的负号表示扩散方向与浓度增加方向相反,即物质自高浓度向低浓度扩散。

2. Fick 第二定律

表示在扩散方向任意指一定点 x 处浓度随时间的变化,即

$$\frac{dc}{dt} = D\frac{d^2c}{dx^2} \tag{8-2}$$

在式(8-2)中认为 D 是常数,但许多体系的 D 是浓度的函数,故在这种情况下 Fick 第二定律应写作

$$\frac{dc}{dt} = \frac{d}{dx}\left(D\frac{dc}{dx}\right) \tag{8-3}$$

二、布朗运动和扩散作用的关系

布朗运动是植物学家布朗在显微镜下观察到悬浮在水中的花粉微粒不停的无序运动，后扩展为其他微粒的无规则运动。

20 世纪初，Einstein 和 Smoluchowski 两学者独立提出了对布朗运动的理论解释。他们的基本观点是，类似于分子大小的质点（小于 $1\mu m$）才能进行无规则热运动和扩散过程；质点运动的实际途径十分复杂，理论上每秒钟一个质点运动的方向可改变 10^{20} 次，在实际研究中只需测定指定时间内质点的平均位移。

质点热运动的平均位移 $\bar{x}$ 是在测量时间内质点运动途径在某一轴向投影的均方根，即

$$\bar{x} = \left(\frac{x_1^2 + x_2^2 + \cdots + x_n^2}{n}\right)^{1/2} \tag{8-4}$$

式中　n——移动的次数。

Einstein 导出半径为 r 的球形质点的平均位移 $\bar{x}$ 的方程：

$$\bar{x} = \left(\frac{RTt}{N_a 3\pi\eta r}\right)^{1/2} = \left(\frac{kTt}{3\pi\eta r}\right)^{1/2} \tag{8-5}$$

设溶胶分为 C_1、C_2 两个区域，设截面 ABC。

开始，扩散前 $C_1 > C_2$，垂直于 AB 线的某质点在时间 t 内的平均位移 $\bar{x}$，向右、向左扩散的质点数量分别为

向右：$\frac{1}{2}\bar{x}c_1 s$　　　向左：$\frac{1}{2}\bar{x}c_2 s$

由左、向右通过 s 单位面积上的净质点数差分别为

$m = \frac{(c_1 - c_2)\bar{x}}{2} = \frac{(c_1 - c_2)\bar{x}^2}{2\bar{x}}$　　如果 $\bar{x}$ 很小，则 $\frac{(c_1 - c_2)}{\bar{x}} = -\frac{dc}{dx}$

$m = -\frac{1}{2}\frac{dc}{dx}\bar{x}^2$，已知 $m = -D\frac{dc}{dx}t$，$\bar{x} = \sqrt{2Dt}$

扩散系数 D 与质点在介质中的运动阻力系数 f 之间的关系　$D = \frac{RT}{N_A f}$

式中　R——气体常数。

如果质点是球形，粒子沉降时所受阻力 $f = 6\pi\eta r$，则 $D = \frac{RT}{N_A}\frac{1}{6\pi\eta r}$。

从 Fick 第一定律知：浓度梯度越大，扩散越快；与时间温度成正比；与离子的大小成反比。

如果把 D 代入 $\bar{x} = (2Dt)^{1/2}$，即布朗运动公式：$\bar{x} = \sqrt{\frac{RT}{N_A} \cdot \frac{T}{3\pi\eta r}}$

扩散系数 D 与质点运动的阻力系数 f 的定量关系为

$$D = \frac{RT}{N_a f} \tag{8-6}$$

根据 Stokes 定律，知球形质点阻力系数为

$$f = 6\pi\eta r \tag{8-7}$$

扩散系数 D 的方程为

$$D = \frac{RT}{N_a} \cdot \frac{1}{6\pi\eta r} = \frac{kT}{6\pi\eta r} \tag{8-8}$$

式中　R——气体常数；
　　　N_a——Avogadro 常数；
　　　T——热力学温度；
　　　k——Boltzmann 常数；
　　　t——位移时间；
　　　η——介质黏度。

由式（8-8）可知，r 越小，则扩散能力越强，扩散速度越快。

由式（8-5）和式（8-8）可知 $\bar{x}$ 与 D 的关系为

$$\bar{x}^2 = \frac{kT}{6\pi\eta r} 2t = 2Dt \tag{8-9}$$

或

$$\left(\bar{x}^2\right)^{1/2} = \left(2Dt\right)^{1/2} \tag{8-10}$$

此式即为 Einstein 布朗运动公式。此式表明平均位移与 $t^{1/2}$ 和 $D^{1/2}$ 成正比，表明布朗运动与扩散作用的联系，即扩散是布朗运动的宏观表现，而布朗运动是扩散的微观基础。

第二节　重力场中的沉降作用和沉降分析原理

若分散相密度大于分散介质的密度，分散相质点由于受到重力作用会发生沉降；若分散相密度小于分散介质的，则分散相质点将上浮。同时，沉降作用使得随容器高度不同而产生质点的浓度梯度，扩散作用又使质点向浓度小的方向运动。因此，沉降与扩散是两个相对抗的过程，前者使质点在介质中浓集，后者使质点在介质中趋于均匀分布。在实际体系中，沉降与扩散哪种作用占主导地位取决于质点大小和力场的强弱。

沉降速度、介质密度和分散相密度相差不大的不容易沉降。在重力场作用下，介质所受的重力为

$$F_1 = V_0 (\rho - \rho_0) g$$

式中　ρ——分散相密度；
　　　ρ_0——分散介质密度；
　　　V_0——粒子体积。

对于半径为 r 的球形质点所受重力：$F_1 = \frac{4}{3}\pi r^3 (\rho - \rho_0) g$

按 Stock 定律，粒子沉降时所受阻力为 $F_2 = 6\pi\eta r u$，其中 u 为沉降速度。

当 $F_1=F_2$，粒子以匀速下降，得到此时球形质点的半径 $r = \sqrt{\dfrac{9\eta u}{2(\rho-\rho_0)g}}$。

在重力场中质点等速运动的条件是重力与质点在介质中运动受到的阻力相等。

对于半径为 r 的球形质点，其受到的阻力 F 可由 Stokes 公式求出

$$F = 6\pi\eta r u_{沉} \tag{8-11}$$

式中　$u_{沉}$——质点沉降的线速度。

考虑到浮力的校正，沉降速度可表述为

$$u_{沉} = \dfrac{mg}{6\pi\eta r}\dfrac{\rho-\rho_0}{\rho} \tag{8-12}$$

式中　m——质点质量；

　　　g——重力加速度；

　　　ρ 和 ρ_0——分别为分散相质点和分散介质的密度。

由于粗分散体系中分散相质点较大，不能进行布朗运动。这些质点较快地沉降。分散相质点越大，沉降越快。因而在沉降过程中可将多分散的悬浮体以其质点大小分成级分，并确定其级分组成，此即所谓多分散体系的沉降分析。

在质点运动平衡时，沉降速度 $u_{沉}=H/t$（H 为沉降高度，t 为沉降时间）。

半径为 r 的球形质点的质量

$$m = v\rho = \dfrac{4}{3}\pi r^3 \rho \tag{8-13}$$

式中　v——质点体积。

将 m 和 $u_{沉}$ 的表达式代入式（8-12），得

$$u_{沉} = \dfrac{H}{t} = \dfrac{4}{3}\dfrac{\pi r^3 \rho g}{6\pi\eta r}\dfrac{\rho-\rho_0}{\rho} = \dfrac{2}{9}\dfrac{r^2 g(\rho-\rho_0)}{\eta} \tag{8-14}$$

u 与 r^2 成正比，半径增大，沉降速度加快；粒子越小，沉降速度越慢。

因而

$$r = \left[\dfrac{9\eta}{2g(\rho-\rho_0)}\dfrac{H}{t}\right]^{1/2} \tag{8-15}$$

设式（8-15）中

$$\left[\dfrac{9\eta}{2g(\rho-\rho_0)}\right]^{1/2} = K \tag{8-16}$$

对于指定体系和实验条件 K 为常数（称为沉降常数），因而

$$r = K\left(\dfrac{H}{t}\right)^{1/2} \tag{8-17}$$

式（8-11）和式（8-17）成立的条件是：球形刚性质点，运动速度不太大，质点间无相互作用，与质点相比介质可看作是无限大的。因此，利用式（8-15）和式（8-17）进行沉降分析的体系通常是质点大小不超过 100μm 和浓度不超过 1%（质量分数）的稀悬浮体。而且悬浮体应有聚结稳定性，即在沉降时间内质点不发生明显的聚结。

第三节　由沉降曲线构筑质点大小分布曲线

沉降分析可获得质点大小的分布曲线，进而求得在一定大小范围内的质点的相对含量。为实现此目的，通常需对沉降曲线或沉降分析的相关数据进行一定的数学处理。数学处理的方法主要有作图法、计算法和线解法。作图法是在沉降曲线上选取若干点作切线，得到作质点大小分布的积分和微分曲线所需的数据；计算法是选取有一定数学关系间隔的时间，测其相应的沉降量，以计算质点大小分布；线解法用以求算质点大小。

一、作图法构筑质点大小分布曲线的基本原则

若悬浮液中质点大小是均一的，即悬浮体是单分散的，则沉降量 m 与沉降时间 t 成正比。m 与 t 关系如图 8-1 所示。直线 OA，t_1 是所有这种大小的质点全部沉降的时间。

若悬浮体由两种大小级分的质点组成，其沉降曲线如图 8-2 所示。在 t_1 时间内大质点沉降，其沉降质量按直线 OA 增加。小质点在 t_2 时间内沉降，沉降质量按 OB 增加。在 t_1 时间内大小质点实际上同时沉降，它们的沉降总量将按直线 OC 变化，OC 线是 OA 和 OB 线的加和，在 t_1 时 $AC=A'C'$。在 t_1 以后由于小质点还在沉降，故后面的沉降量将依线 CD 而增加，CD 线与 OB 线平行，且 $BB'=DD'$。总沉降曲线为 OCD 线。

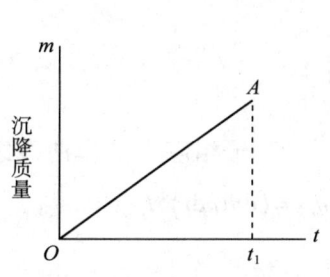

图 8-1　单分散悬浮体沉降曲线

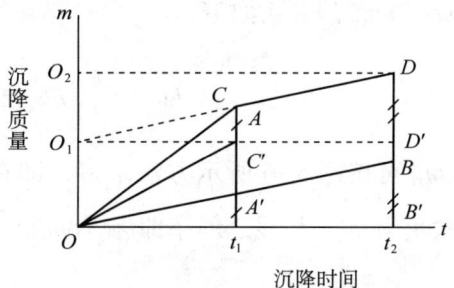

图 8-2　含两种大小质点的悬浮体沉降曲线

$CD//OB$；$BB'=DD'$；$OO_1 \neq O_1O_2$

若悬浮体含有三种大小的质点，沉降线将由三个直线段构成。显然，质点级分数越多，沉降线的折点数也越多。对于实际的含多种级分大小的多悬浮体，沉降线就成了光滑的曲线（见图 8-3）。

由图 8-2 可见，纵坐标上之截距 OO_1 相当于最大质点的质量 m_1，而 O_1O_2 相当于小质点的质量 m_2，而 $OO_1=AA'=O_1O_2=B'B=D'D$。

在沉降曲线上某些点（它们相应于不同的沉降时间 t_1，t_2，$\cdots t_{max}$）作切线，这些切线与纵轴相交之截距就是相应的时间间隔的沉降质量（见图 8-3）。m_1 是 t_1 时间间隔级分沉降质量，m_2 是 t_2 时间间隔级分沉降质量，m_{max} 是 t_{max} 时间间隔级分沉降质量，即在整个时间内最大沉降质量。

m_{max} 是沉降分析终止时的沉降质量，即最小的质点也已完全沉降时的值。但是，若体系中有极微小的质点，它们的沉降需很长时间，其沉降质量占总沉降质量的份额很小，因而常不需耗费极长时间测得 m_{max}，而是用简便的分析方法求得此值。一种实用的方法是以沉降质量对 A/t（A 为任意正数）作图，将 t 较大的最后几个实测点的结果所得曲线外延与

沉降量轴相交所得之值即为 m_{max}。

在重力场中进行沉降分析的简单装置如图 8-4 所示，其原理是用一扭力天平称量离液面一定深度 H 处小盘上的悬浮质点沉积质量 m 随时间 t 的变化。作 $m—t$ 关系图即为沉降曲线，再对此曲线进行处理，可得粒子大小的积分和微分分布曲线。

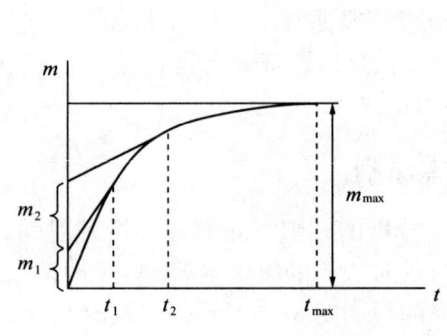

图 8-3 分散体系的沉降曲线

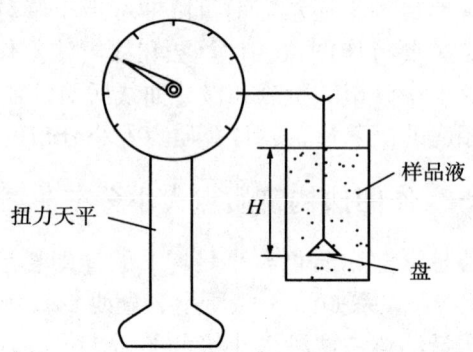

图 8-4 重力场中沉降分析简单装置

不同的时间 t 与粒子在盘上的净沉降量 P 的关系见图 8-5。

常见的处理方法是，将每一时间 t_i 的沉降质量 m_i 分为两部分：半径大于 r_i 的质点，用式（8-17）$r_i = K(H/t_i)^{1/2}$ 计算 t_1 时间的质点质量 m'_i；半径小于 r_i 的质点，部分沉降质量以 m''_i 表示。m'_i 与 m''_i 的关系如下：

$$m_i = m'_i + m''_i = m'_i + \left(\frac{dm}{dt}\right)_{t_i} t_i \tag{8-18}$$

m'_i 和 m''_i 可按图 8-6 所示方法求得，即在沉降曲线与 t_i-m_i 相应点处作曲线之切线，交 m 轴之截距为 m'_i；切线之斜率即为 $(dm/dt)_i$，故可得 $m''_i = (dm/dt)_{t_i} t_i$。

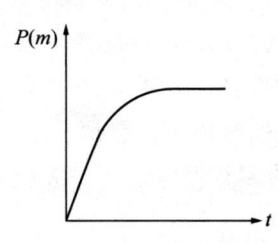

图 8-5 t 与 P 的关系

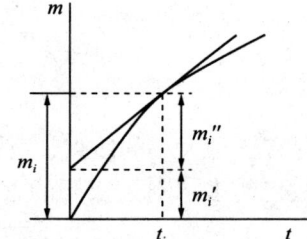

图 8-6 沉降曲线的数据处理

若 m_{max} 表示悬浮质点的极限沉降量，半径大于某 r_i 的质点的百分含量（S）可表示为

$$S = \left(\frac{m'_i}{m_{max}}\right) \times 100\% \tag{8-19}$$

在分析质点大小分布时也可用质点的直径 d 的大小比较。由式（8-17），可得

$$d = 2r = 2K\left(\frac{H}{t}\right)^{1/2} = 4.242\left[\frac{\eta H}{(\rho - \rho_0)gt}\right]^{1/2} \tag{8-20}$$

在分析质点大小分布时,也可用质点直径 d 的大小比较。

所以,在未知其颗粒大小的情况下,可以先标定用已知颗粒大小的相应物质求出 d,然后在根据沉降高度测出分布情况。表面活性剂的相对分子质量分布和聚合物的相对分子质量分布均可用此方法定性确定。

这样,根据沉降曲线上不同 t 值可依式(8-17)或式(8-20)计算出相应的质点半径或直径,由图8-6的方法求得质点大于某值的沉降质量[进而可根据式(8-19)求得 $S(\%)$]。作 $S-r$(或 d)图即为质点大小的积分分布曲线(见图8-7)。由积分分布曲线可求得在某一直径大小范围内的质点含量。如图8-7中在 d_1 和 d_2 间的质点含量为 S_1-S_2。在积分分布曲线上求得等间隔质点大小的 $\Delta S/\Delta r$(或 $\Delta S/\Delta d$),作 $\Delta S/\Delta d$(或 $\Delta S/\Delta r$)— Δd(或 Δr)关系图即为质点大小的微分分布曲线(见图8-8)。由微分分布曲线可知,任一质点大小间隔曲线下的面积与曲线下总面积之比为在此质点大小范围内质点所占总质点质量的相对含量;曲线之峰值相对应之质点大小值是样品中含量最多的质点大小值。

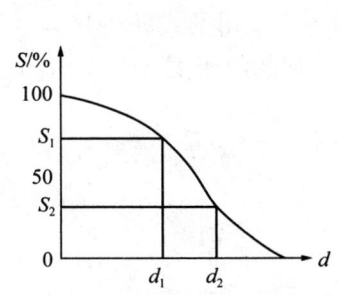

图8-7 质点大小积分分布曲线

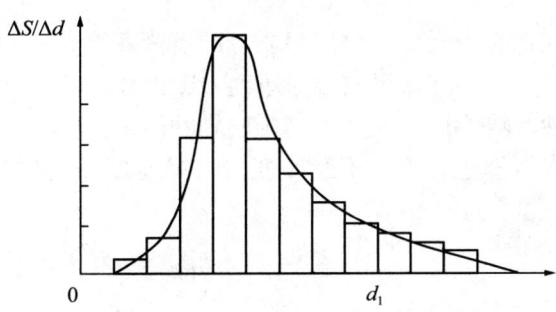

图8-8 质点大小微分分布曲线

二、计算法构筑质点大小分布曲线

作图法是求算质点大小分布曲线最常用的一种方法,但该法需在沉降曲线上作切线,因而有相当的困难和误差。文献报道一种需测定特定时间的沉降质量就可计算出作质点大小分布曲线的有关数据。这种方法甚至可以不作沉降曲线(或从沉降曲线上选取特定时间的沉降质量),不作切线。

此法的基本内容如下:

(1)用称量法进行沉降分析。

(2)沉降分析测定时选定前后两次读数时间间隔相差 $2^{1/2}$ 倍,即

$$t_n = 2^{1/2} t_{n-1} \qquad t_{n+1} = 2 t_{n-1} \tag{8-21}$$

(3)相应于某一沉降时间 t 时的质点直径 d(或半径 r)值可由式(8-20)或式(8-15)求出。根据沉降分析原理知,在 t_n 时间时大于 d_n 的质点已完全沉降。

(4)在 t_n 时完全沉降部分的沉降质量 S_n 为

$$S_n = 2m_{n-1} - m_{n+1} \tag{8-22}$$

m_{n-1} 和 m_{n+1} 分别为 t_{n-1} 和 t_{n+1} 的沉降质量。

(5)大于 d_n 的质点在质点总质量 m_{max} 中占的百分数($S\%$)为

$$S\% = \frac{S_n}{m_{max}} \times 100\% = \frac{2m_{n-1} - m_{n+1}}{m_{max}} \times 100\% \tag{8-23}$$

m_{max} 可用多种方法求得，用作图法中所用的方法是很简便的。

（6）对于其他选定的时间可依上面的相同方法处理求得相应于某 d 值时百分含量。

（7）进而可做出质点大小的积分和微分分布曲线。

第四节　离心力场中的沉降作用

当分散相质点大小为纳米级时（如 $<0.1\mu m$），在重力场中沉降速度极慢，质点的扩散作用使体系具有动力学稳定性，重力场中的沉降分析方法已不能适用于这类体系。超离心机的发明可使离心力为重力的百万倍，这就可使小质点也以较快速度沉降。

一、根据离心力场中的沉降作用计算质点大小分布曲线

在离心力场中，分散相质点的沉降速度仍可用在重力场中应用的式（8-14）处理，只是将重力加速度 g 用离心加速度 $\omega^2 x$ 代替。ω 是离心机旋转轴的角速度（$\omega = 2\pi n$，n 为旋转轴每秒的转数），x 是质点与旋转轴的距离。

在沉降过程中 x 不断改变，沉降速度 $u_{沉}$ 也在改变，故 $u_{沉} = dx/dt$。当离心力与阻力相等时

$$\frac{m}{\rho}(\rho - \rho_0)\omega^2 x = 6\pi\eta r \cdot \frac{dx}{dt} \tag{8-24}$$

对于球形质点，$m = \frac{4}{3}\pi r^3 \rho$，故式（8-24）可变化为

$$\frac{dx}{dt} = \frac{2}{9}\frac{r^2\omega^2(\rho - \rho_0)x}{\eta} \tag{8-25}$$

将上式做微积分：$6\pi\eta r \int_{x_1}^{x_2} \frac{dx}{x} = \frac{4}{3}\pi r^3 (\rho - \rho_0) \omega^3 \int_{t_1}^{t_2} dt$

于是 $\ln \frac{x_2}{x_1} = \frac{2r^2(\rho - \rho_0) \omega^2 (t_2 - t_1)}{9\eta}$

$$r = \sqrt{\frac{9}{2}\eta \frac{\ln \frac{x_1}{x_2}}{(\rho - \rho_0) \omega^2 (t_2 - t_1)}} \tag{8-26}$$

x_1、x_2 分别是离心时间 t_1、t_2 时与旋转轴的距离。

二、用超离心机测定聚合物相对分子质量

在离心力场中测定聚合物相对分子质量有两种方法：沉降速度和沉降平衡法。

1. 沉降速度法

此法的基本依据是式（8-24）。设

$$S = \frac{\frac{dx}{dt}}{\omega^2 x} \tag{8-27}$$

S 为沉降系数，它是在单位离心力作用下的沉降速度。其积分形式为

$$S = \frac{\ln\left(\dfrac{x_2}{x_1}\right)}{\omega^2 t} \tag{8-28}$$

S 值可在时间间隔为 0 和 t 时测定界面位置 x_1 和 x_2 求得。

S 与相对分子质量 M 有下述关系：

$$M = \frac{RTS}{D(1-\bar{V}\rho_0)} \tag{8-29}$$

和

$$S = KM^b \tag{8-30}$$

式中　D——扩散系数；
　　　$\bar{V}$——质点比容；
　　　ρ_0——介质的密度；
　　　K、b——经验常数。

沉降系数 S 有时间量纲，1×10^{-13} s 称为 1S。

在许多情况下沉降系数 S 与聚合物浓度有关，因而需求得无限稀时之沉降系数值 S。已知 $1/S$ 与浓度间有直线关系，因而可测得不同聚合物浓度时 S 值，作 $1/S$ 和浓度关系直线，外推求得 S_0。因 $S_0 = KM^b$，用其对数关系

$$\lg S_0 = \lg K + b \lg M \tag{8-31}$$

$$\lg M = \frac{(\lg S_0 - \lg K)}{b} \tag{8-32}$$

可求得相对分子质量 M。

应用超离心机技术测定求算聚合物相对分子质量应满足以下条件：

（1）应用稀溶液，减少分子间相互作用，并要保证溶液性质在储存和测定过程中不发生变化；

（2）溶剂和聚合物有不同的折射率和密度，溶剂黏度较小；

（3）实验测定过程中温度和转速保持不变；

（4）假设大分子的相对分子质量是单一的，并且有相同的形态。

2. 沉降平衡法

此法的依据是在离心加速度不很大（$10^3 \sim 10^4 g$）时质点沉降，在沉降池中产生浓梯后又引起扩散进行，沉降与扩散逆向而行，最后达沉降平衡。达到沉降平衡常需很长时间（数十小时）。

沉降平衡法测定大分子相对分子质量的基本公式是

$$M = \frac{2RT \ln \dfrac{c_2}{c_1}}{(1-\bar{V}\rho_0)\omega^2(x_2^2 - x_1^2)} \tag{8-33}$$

式中　c_1 和 c_2——距旋转轴 x_1 和 x_2 处聚合物的浓度；
　　　$\bar{V}$——聚合物比容；

ρ_0——溶剂密度；

ω——角速度。

第五节 渗透压与 Donnan 平衡

一、渗透压

将溶液和溶剂（或二不同浓度的溶液）用一只有溶剂分子可以透过的半透膜隔开，为使膜两侧的化学势趋于相等（或使两侧溶液浓度趋于相等），溶剂将透过半透膜向一侧扩散。为阻止这种溶剂扩散的反方向压力称为渗透压，常以 π 表示，单位为 Pa。

渗透压可用于测定相对分子质量。该方法测定相对分子质量时有一定的适用范围，即相对分子质量大致在 $10^4 \sim 10^6$ 间。相对分子质量太小，选择半透膜有困难（即小分子能穿过半透膜）；相对分子质量太大时，渗透压太小，难以准确测定。

根据渗透压 π 计算大分子相对分子质量的基本方程是

$$\pi = cRT\left(\frac{1}{M} + A_2 c + A_3 c^2 + \cdots\right) \tag{8-34}$$

或

$$\frac{\pi}{c} = RT\left(\frac{1}{M} + A_2 c + A_3 c^2 + \cdots\right) \tag{8-35}$$

式（8-33）、式（8-34）称为维利方程，式中 A_2、A_3 … 称为维利系数。c 为相对分子质量为 M 的高分子溶液浓度。

对大分子的稀溶液，c^2 项以后各项可忽略不计，故可得

$$\frac{\pi}{c} = RT\left(\frac{1}{M} + A_2 c\right) \tag{8-36}$$

根据式（8-35），以 π/c 对 c 作图应得一条直线，该直线外推至 $c \to 0$ 时之截距 $(\pi/c)_{c \to 0}$ 即等于 RT/M，从而可计算出相对分子质量 M。由直线的斜率可求得第二维利系数 A_2。

二、Donnan 平衡

如果在半透膜的一侧既有可透过半透膜的小离子，也有不能透过半透膜的大离子（大分子电解质或称聚电解质）。在达到渗透平衡时，由于大离子的存在，小离子在膜两侧的浓度不相等。这一现象称为 Donnan 平衡或 Donnan 效应。

以蛋白质钠盐形成大离子、以 NaCl 形成小离子体系为例，给出达到平衡时半透膜两侧 NaCl 浓度的关系。若含大离子一侧称膜内侧，不含大离子一侧称膜外侧；开始时膜内侧蛋白质浓度为 m_1 mol/L，膜外侧 NaCl 浓度为 m_2 mol/L。若蛋白质和 NaCl 的稀溶液，当达到扩散平衡时，膜内外 NaCl 浓度应有下述关系：

$$\frac{[\text{NaCl}]_{\text{膜外}}}{[\text{NaCl}]_{\text{膜内}}} = 1 + \frac{zm_1}{m_2} \tag{8-37}$$

式中 z——大离子净电荷数。

由式（8-37）可知：

(1) 当 $z=0$，即大分子不带电时，NaCl 在膜内外应均匀分布。

(2) 当大离子存在时，NaCl 在膜内外浓度不相等，且 z 越大浓度差越大；

(3) 当 $m_1 \ll m_2$ 时，膜两侧 NaCl 浓度近似相等。

(4) 当 $m_1 \gg m_2$ 时，膜外侧 NaCl 浓度远远大于膜内侧的。

由于大离子存在使得平衡时半透膜内外小离子浓度不相等而产生附加渗透压，在用渗透压法测算大离子相对分子质量时需对式（8-36）予以修正：

$$\frac{\pi}{c_1} = RT \left(\frac{1}{M} + \frac{1000 z^2 c_1}{4 M^2 y} \right) \tag{8-38}$$

仍以蛋白质负离子为大离子，Na^+ 和 Cl^- 为小离子为例，式（8-38）中 c_1 为蛋白质大离子的质量浓度（kg/L），$c_1 = m_1 M / 1000$，M 为相对分子质量，m_1 为摩尔浓度 mol/L；z 为大离子净电荷数；y 为膜内侧 Na^+ 的浓度。

第九章 分散体系的稳定性及流变性质

第一节 分散体系的稳定性

胶体分散体系根据分散相与分散介质间亲和能力的不同，可分为亲液胶体和疏液胶体两大类。

亲液胶体是自发形成的热力学稳定体系，其分散相与分散介质有强烈的亲和作用。高分子溶液和表面活性剂胶团溶液都是亲液胶体。亲液胶体在常规条件和添加少量其他物质时都保持相当好的稳定性。

疏液胶体是分散相物质高度分散在一种与其亲和力弱，不能使其溶解的液体介质中的胶体分散体系。疏液胶体是热力学不稳定体系，在分散相和分散介质间有明显的相界面。

本节主要以疏液胶体的稳定性为例。

一、概述

正如分子间有范德华力作用一样，疏液胶体分散相质点间也有这种作用。因而这些质点有自发黏结的趋势，这种作用称为聚集作用。疏液胶体分散相质点表面的溶剂化层及因多种原因质点表面带有电荷而形成的双电层使得质点的聚集受到阻碍，这是使疏液胶体具有一定稳定性的主要原因。

那些聚集作用进行得很慢的体系（有的体系观察到聚集发生的时间需以年计）称聚集稳定体系。分散相浓度很小的分散体系，聚集作用进行得很慢，这是因为质点碰撞概率很小。增加分散相浓度可提高质点碰撞概率。加入稳定剂可使疏液胶体质点在碰撞的条件下仍保持其体系的稳定性。稳定剂有某些电解质（含有能特性吸附于相界面的离子）、表面活性剂和高分子化合物。但是，有些电解质、表面活性剂、高分子化合物在一定的浓度范围却能加速聚集作用的进行。

胶体体系在外界条件作用下（如加入某些电解质、改变温度、加入一定浓度的高分子化合物等）分散相质点聚集成可分离的沉淀物的过程称为聚沉，或称絮凝。聚集、聚结、聚沉、絮凝等术语没有严格的区别。一般认为聚沉形成的聚集体较紧密，易分离，不易重新分散；絮凝形成的聚集体较松散，不易分离，但易重新分散。聚沉、絮凝都可笼统地称为聚集。也有人将因无机电解质加入引起的聚集称为聚沉；高分子化合物引起的聚集称为絮凝。

二、临界聚沉浓度与 Schulze–Hardy 规则

在一般条件下，疏液胶体的分散相质点带有某种电荷，因而在质点表面及附近区域形成双电层。当质点相互靠近时，双电层之间的排斥作用是疏液胶体稳定作用之一。少量电解质的加入可压缩双电层，高价反离子进入 Stern 层可大大降低质点的电动电势，甚至使其符号改变。这将引起质点间电性斥力的减小。当质点间范德华吸引力大于质点间的排斥力

时,质点的碰撞引起聚集作用的发生,直至生成沉淀物,即为疏液胶体的聚沉作用。

在一定时间内引起疏液胶体可觉察变化(如变浑、颜色变化、出现沉淀物等)所需加入的惰性电解质的最小浓度称为该疏液胶体的临界聚沉浓度(CCC)或聚沉值,其单位通常用 mmol/L 表示。临界聚沉浓度 CCC 是疏液胶体稳定性的相对判据。CCC 除与疏液胶体质点浓度、观察时间、反离子的大小、电解质加入方式等因素有关外,主要由反离子的价数决定,即 Schulze–Hardy 经验规则。据此,对于疏液胶体,其他条件相同时,一价反离子的 CCC 值约为 25～150,二价反离子为 0.5～2,三价反离子为 0.01～0.1,单位均为 mmol/L。Schulze–Hardy 规则涉及的是与胶体质点无共同离子的无机电解质;含有能与质点组成离子生成不溶物的电解质,其 CCC 值要小得多。CCC 值与质点的电动电势有大致一致的关系,即电动电势大的,CCC 值也大。而且,同价的反离子 CCC 值仍略有不同,一般来说水合离子半径越大越不易被带电质点吸附,CCC 值就略大。同价离子聚沉能力的排序称为感胶离子序。

疏液胶体质点的多价反离子和大的反离子的加入可引起质点表面的重带电。图 9-1 是一正电胶体体系中加入多价反离子时可观察到的体系稳定和不稳定交替出现与电解质浓度关系示意图,这种现象称为不规则聚沉。如图 9-1 所示,在 $0 \sim c_1$ 浓度区内体系稳定;$c_1 \sim c_2$ 浓度区内发生中和聚沉作用;$c_2 \sim c_3$ 浓度区内质点重新带反号电荷,体系又趋稳定;浓度大于 c_3 时又会因新双电层反离子的作用而聚沉。在疏液胶体质点聚沉时常存在一临界电动电势 ζ_c,当质点电动电势 $\zeta < \zeta_c$ 时将发生聚沉。多数胶体质点的 ζ 约为 30mV。

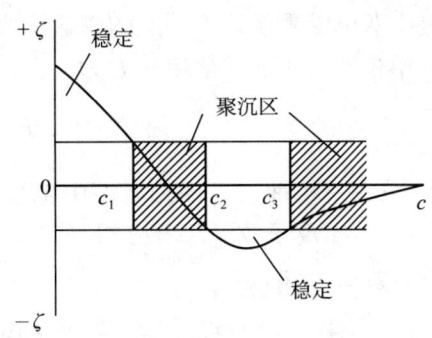

图 9-1 不规则聚沉示意图

三、DLVO 理论

DLVO 理论认为,胶体质点间同时存在着范德华相互吸附作用和因质点带电形成的扩散双电层交联时产生的静电排斥作用,此二作用均与质点间距离有关。在适当的条件下,质点接近时,排斥能大于吸引能,从而在总作用能与距离的关系曲线上形成势垒,足够大的势垒可阻止质点的聚集和聚沉作用的进行,使胶体体系稳定。外加电解质的性质与浓度可影响体系的稳定性。胶体质点表面溶剂化层有利于阻止聚结,提高体系的稳定性。DLVO 理论给出了计算胶体质点间排斥能和吸引力的方法。

根据 DLVO 理论,质点间总作用能 $U(h)$ 为排斥能 $U_i(h)$ 和吸引能 $U_m(h)$ 之和,即

$$U(h) = U_i(h) + U_m(h) \tag{9-1}$$

式中 (h) ——总作用能、排斥能、吸引能均为质点间距离 h 的函数。

相应的作用力为

$$F = -\frac{dU}{dh} = -\frac{dU_i}{dh} - \frac{dU_m}{dh} = F_i + F_m \tag{9-2}$$

1. 带电表面的静电排斥作用

在液体介质中分散相质点间的静电力是因质点表面有双电层存在。但是，只有在质点的双电层发生交联时，各双电层的电势与电荷分布发生变化，才产生静电斥力。

1) 二平行板质点间的静电排斥作用

在二平行板质点间夹有某种介质构成的体系达到力学平衡时静电作用力可用下式表示：

$$\rho \frac{d\varphi}{dx} + \frac{dp}{dx} = 0 \tag{9-3}$$

式中 ρ——体积电荷密度；

φ——双电层电场电势；

p——压力；

x——距质点表面距离。

上式的第一项由荷电表面电场对扩散双电层中扩散层中电荷的静电作用所决定。第二项是由双电层重叠处不同点的渗透压决定。

单位质点表面的静电斥力为

$$F_i = 2ckT(ch\overline{\varphi}_d - 1) \tag{9-4}$$

式中 c——扩散层外体相溶液中电解质的浓度，亦即溶液内部（$\varphi=0$）单位体积中正或负离子数（二者应相等）；

$\overline{\varphi}_d = z\overline{e}\varphi_d / kT$；

φ_d——二平行板间隙中心处之电势；

z——电解质离子价数；

$\overline{e}$——电子电荷。

欲根据式（9-4）计算静电斥力，需已知 φ_d 电势与二表面间距离 h 的关系，以及质点间隙中扩散双电层的参数。实际上 $ch\overline{\varphi}_d$ 与 h 的关系十分复杂，难以求得普遍解。通常用下面的近似解公式计算平板质点间的静电作用。

（1）对于表面电荷密度大的强荷电表面（$\varphi > 100/z$ mV），质点间距离较大时，

$$U_i = 32\varepsilon\varepsilon_0\kappa \left(\frac{kT}{z\overline{e}}\right)^2 \left[\frac{\exp\overline{\varphi}/2 - 1}{\exp\overline{\varphi}/2 + 1}\right]^2 \exp(-\kappa h) \tag{9-5}$$

$$F_i = 32\varepsilon\varepsilon_0\kappa^2 \left(\frac{kT}{z\overline{e}}\right)^2 \left[\frac{\exp\overline{\varphi}/2 - 1}{\exp\overline{\varphi}/2 + 1}\right]^2 \exp(-\kappa h) \tag{9-6}$$

式中 $\overline{\varphi}$——$z\overline{e}\varphi / kT$；

φ——Stern 电势；

ε——介质的相对介电常数；

ε_0——8.85×10^{-12} F/m；

κ——双电层厚度的倒数。

$$\kappa = \left(\frac{2cz^2\overline{e}^2}{\varepsilon\varepsilon_0 kT}\right)^{1/2} \tag{9-7}$$

(2) 对于表面电荷密度小的弱荷电表面（$\varphi < 50/z$ mV），

$$U_i = 2\varepsilon\varepsilon_0\varphi^2\kappa \frac{1}{1+\exp(\kappa h)} \tag{9-8}$$

$$F_i = 2\varepsilon\varepsilon_0\varphi^2\kappa^2 \frac{\exp(\kappa h)}{[1+\exp(\kappa h)]^2} \tag{9-9}$$

在导出上述公式时假设在质点靠近和扩散双电层重叠时 Stern 电势 φ 不发生变化。

2）球形质点间的静电排斥作用

许多分散相质点是球形的，如乳状液中的液珠、聚苯乙烯胶乳等；还有一些质点具有不对称轴的椭球形或圆柱形的特点，如 V_2O_5 和 $Fe(OH)_3$ 等质点。为了计算弯曲表面之间的静电作用，需了解在这形状的质点间隙中双电层的结构及相应表征电势变化的关系式。但是这种处理十分困难。

一种近似的方法是对平表面质点间作用能 $U(h)$ 的关系式予以质点形状校正，得出弯曲表面质点间作用能 U_s 的关系式。U_s 与 $U(h)$ 的关系如下：

$$U_s = K \int_h^\infty U(h)\,\mathrm{d}h \tag{9-10}$$

式中　K——质点形状常数；
　　　h——质点间最小间距。

不同形状质点的 K 表示列于表 9-1。

表 9-1　弯曲表面质点形状常数 K

作用物体	K
相同半径 a 的球	πa
半径分别为 a_1 和 a_2 的球	$2\pi a_1 a_2 / (a_1+a_2)$
半径为 a 的球和平表面	$2\pi a$
半径为 a_1 和 a_2 的圆柱体轴向夹角 θ	$\dfrac{2\pi(a_1 a_2)^{1/2}}{\sin\theta}$

2. 质点间的范德华吸引作用

研究质点间的吸引作用有两种方法：Hamaker 的微观方法和 Lifschitz 的宏观方法。

1）Hamaker 理论

Hamaker 的方法以原子间范德华作用有加和性为基础。他假设质点间的相互作用是组成质点的各原子（分子）对的相互作用的加和。对于平板质点，单位面积的相互作用能为

$$U_m = -\frac{A}{12\pi h^2} \tag{9-11}$$

式中　A——Hamaker 常数，为物质的特征常数；
　　　h——二平板间距离。

对于同一物质半径为 a 的球形质点间的相互作用能为

$$U_m = -\frac{Aa}{12h} \tag{9-12}$$

式中 h——两球形质点间最短距离。

Hamaker 常数 A 的计算公式为：

$$A = \pi^2 n^2 \beta \tag{9-13}$$

式中 n——单位体积质点内原子数；

β——London 常数。

$\beta = \frac{3\pi}{2} \bar{h} \omega_0 \alpha_0^2$，其中，$\omega_0$ 为原子基态频率，$\omega_0 = \frac{1}{2\pi}(\bar{e}^2/m_e \alpha_0)^{1/2}$；$\bar{e}$、$m_e$ 分别为电子电荷和电子质量；α_0 为原子极化度；$\bar{h}$ 为量子力学用的 Planck 常数（$\bar{h} = h/2\pi$，h 为常见的 Planck 物理常数；$h = 6.626 \times 10^{-34}$ J·s，$\bar{h} = 1.054 \times 10^{-34}$ J·s）。

表 9-2 中列出一些物质的 Hamaker 常数。实际上不同实验室和用不同方法得出的同一物质的 Hamaker 常数并不完全相同，而是在一范围内变化。

表 9-2　几种物质的 Hamaker 常数 A

物质	$A/(\times 10^{20}/\text{J})$	物质	$A/(\times 10^{20}/\text{J})$
丙酮	4.2	天然橡胶	8.58
氧化铝	15.4	聚苯乙烯	7.8~9.8
金	45.3	银	39.8
氧化镁	10.5	甲苯	5.4
金属	16-45	水	4.35

2) Lifschitz 理论

Lifschitz 的方法是基于宏观电动力学的规律，假设质点是电磁场涨落性质之源。作用质点及间隔介质的独特性质反映在介电常数上。在质点产生的高频场中介电常数是频率的函数。

当分散体系中质点间距离大于该体系吸收光谱的波长时平板质点间的吸引能和吸引力时，可表述如下：

（1）介电质点。

$$F_m = -\frac{\bar{h}c\pi^2}{240(\varepsilon_{00})^{1/2} h^4} \left(\frac{\varepsilon_{01} - \varepsilon_{00}}{\varepsilon_{01} + \varepsilon_{00}}\right)^2 f\left(\frac{\varepsilon_{01}}{\varepsilon_{00}}\right) \tag{9-14}$$

$$U_m = -\frac{\bar{h}c\pi^2}{720(\varepsilon_{00})^{1/2} h^3} \left(\frac{\varepsilon_{01} - \varepsilon_{00}}{\varepsilon_{01} + \varepsilon_{00}}\right)^2 f\left(\frac{\varepsilon_{01}}{\varepsilon_{00}}\right) \tag{9-15}$$

ε_{01} 和 ε_{00} 分别为质点和介质的相对静电介电常数；c 为光速；函数 $f\left(\frac{\varepsilon_{01}}{\varepsilon_{00}}\right)$ 如图 9-2 所示。

(2) 金属质点（$\varepsilon_{01}=\infty$）。

$$F_m = -\frac{\pi^2 \bar{h}c}{240(\varepsilon_{00})^{1/2} h^4} \quad (9-16)$$

$$U_m = -\frac{\pi^2 \bar{h}c}{720(\varepsilon_{00})^{1/2} h^3} \quad (9-17)$$

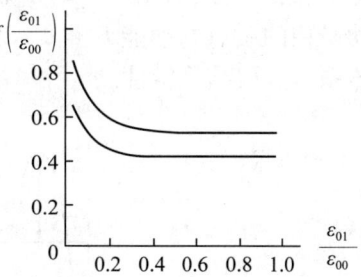

图 9-2 函数 $f\left(\dfrac{\varepsilon_{01}}{\varepsilon_{00}}\right)$ 与 $\dfrac{\varepsilon_{01}}{\varepsilon_{00}}$ 关系图

3. 质点间总作用能曲线

质点间总作用能曲线是指质点间总作用能 U [$=U_i+(-U_m)$] 与质点间距离的关系曲线。该曲线可预示质点碰撞的结果和分散体系的聚结稳定性。

欲改变分散体系的聚结稳定性，通常要加入稳定剂或聚沉剂。稳定剂大多为表面活性剂。其稳定机理通常是，两亲性的表面活性剂在质点表面吸附形成亲介质的吸附层。大分子化合物当用量适当时常也可起稳定作用。所有的电解质和某些大分子化合物可起聚沉剂的作用。

1）总作用能曲线的一般形态

以二半径为 a 的球形质点作用为例，总作用能 U 为

$$U = U_i + (-U_m)$$
$$= 32\varepsilon\varepsilon_0 \kappa \left(\frac{kT}{z\bar{e}}\right)^2 \pi a \left[\frac{\exp\bar{\varphi}/2-1}{\exp\bar{\varphi}/2+1}\right]^2 \exp(-\kappa h) - \frac{Aa}{12h}$$

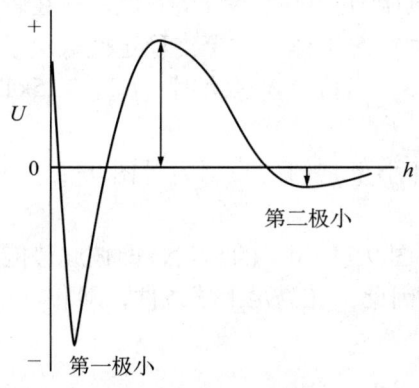

图 9-3 质点间总作用能曲线的一般形状

由上式可知，随质点间距离 h 增大 U_i 和 U_m 均降低，但 U_i 随 h 增大成指数下降，当 h 很大时 U 仍为负值；h 继续增大，U 趋近于 0。当 h 与双电层厚度 κ^{-1} 为同数量级时 U_i 可能大于 U_m，因而在 U-h 图上出现势垒的峰值。当势垒达一定值时可阻止质点接近，从而避免质点聚沉。因此，添加稳定剂常有助于增大势垒，起到稳定分散体系的作用。当然，有的体系在任何距离时 U_i 总小于 U_m，这种体系极不稳定，很快聚沉。在质点间距 h 很小时 U_i 小于 U_m，即吸引能大于排斥能；但质点接近到电子云发生重叠，排斥能急剧增加，总势能又增为正值。图 9-3 是总作用能曲线的一般形状。图中表示的两个势能极小值分别称为第一和第二极小值。由于第二极小值势能谷较浅，发生聚沉作用生成的聚集体易于重新分散，常称为絮凝；而在第一极小值时生成的沉淀物紧密而稳定，常称为聚沉。

2）电解质浓度与总作用能曲线

电解质的浓度能极大地影响总作用能曲线，并且可从特定的总作用能曲线确定临界聚沉浓度 CCC。

分散相为单一组分的分散体系，在加入低浓度（$c<CCC$）电解质时，质点间的静电排斥力大于吸引力，总作用能曲线如图 9-4（a）所示。在此曲线上有势垒 $U_{\max}$。在此体系中

质点的聚结速度由动能 $E \geqslant U_{max}$ 的质点的碰撞概率所决定。由质点的动能分布曲线可知，运动最快的质点的动能 $E \approx 15kT$。因此，只要势垒 $U_{max} \geqslant 15kT$ 就使聚沉实际上难以发生，即体系具有聚结稳定性。

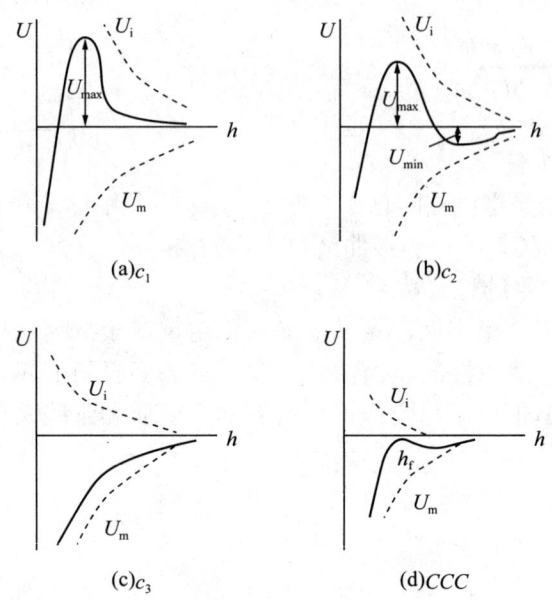

图 9-4　不同电解质浓度时的总作用能曲线
$c_1 < c_2 < CCC < c_3$

增大电解质浓度，压缩双电层，减小质点间的静电斥力。这就使势垒降低，并在较大距离时出现势能第二极小值 U_{min} [图 9-4（b）]。在这种情况下体系的聚结稳定性取决于避免质点连续碰撞所需的势垒数值以及第二极小值的大小。当势垒足够大时（$U_{max} \gtrsim 15kT$），聚沉速度将由动能 $E \leqslant U_{min}$ 的质点的碰撞概率决定。

当电解质浓度 $c > CCC$ 时，质点间的静电排斥力都小于它们的吸引力 [图 9-4（c）]，在这种聚结不稳定体系中，聚沉时质点间是紧密接触的。

根据 DLVO 理论，假设在 $c=CCC$ 时势能曲线具有图 9-4（d）的形状，即彼此势能曲线最高点势能为零，势垒消失，体系为临界聚沉状态。因此，在满足上述条件，即

$$U=0$$

$$\frac{dU}{dh}=0$$

求解，得到的电解质浓度即为 CCC，对于强荷电表面，CCC 为

$$CCC = 49.62 \frac{(4\pi\varepsilon\varepsilon_0)^3 (kT)^5}{A^2 (z\bar{e})^6} \gamma_0^4 \tag{9-18}$$

式中，$\gamma_0 = \dfrac{\exp\bar{\varphi}/2 - 1}{\exp\bar{\varphi}/2 + 1}$。

对于弱电荷表面，CCC 为

$$CCC = 0.1433 \frac{(4\pi\varepsilon\varepsilon_0)^3 kT}{A^2 (z\bar{e})^2} \varphi^4 \qquad (9-19)$$

由式（9–18）和式（9–19）可知，当表面电势高时，γ_0 趋近于 1，CCC 与反离子价数 z 的六次方成反比，这即为 Schulze–Hardy 规则。同时 CCC 与介电常数的三次方成正比。

四、聚沉动力学

疏液分散体系属于热力学不稳定体系，有自动聚结的趋势。但有些疏液分散体系在一定条件下有相对的稳定性，其由聚沉快慢决定。由图 9–4 可知，当分散相质点间总作用能曲线上有大的势垒存在时，体系较为稳定，即发生聚沉，也是速度慢的过程，称为慢聚沉。若总作用能曲线上势垒为 0，则聚沉进行得快，称为快聚沉。慢聚沉过程在加入聚沉剂或改变其他条件也可向快聚沉转化。聚沉动力学研究的是分散体系的聚沉速度，即单位时间内体系中指点数目的变化（dn/dt）。

当电解质浓度大于临界聚沉浓度时，聚沉速度可按 Smoluhowski 的快聚沉理论计算。此理论假设质点的每一次碰撞都发生聚结。因而质点浓度的变化直接与碰撞数有关。而质点间的碰撞可看作是质点扩散的结果。因此，扩散的 Fick 第一定律用于聚沉速度研究，得到相应的结果。

设质点为半径 R_0 的球形，若两球中心距离小于 $2R_0$（r）时二球相撞。根据 Fick 第一定律，单位时间扩散的质点数 i 为

$$i = 4\pi r^2 D \frac{dc}{dx} \qquad (9-20)$$

其中，S 是球的表面积，$S=4\pi r^2$。令 i 为单位时间内穿过球面离子数，则 $i = \frac{dm}{dt}$

式中，D 为半径为 r 的质点的扩散系数，$D=kT/6\pi\eta r$（η 为介质黏度）。

在下述边界条件下求解：$x \to \infty$，$c \to c_0$；$R=2r$。其中 c_0 为体系初始时质点浓度。得

$$i = 4\pi r D c_0 = 8\pi R D c_0 \qquad (9-21)$$

由式（9–20）的解可求出单位时间内在边界条件下向不动质点的碰撞数。若二质点均可动，则

$$i = 16\pi R D c_0 \qquad (9-22)$$

在 i 和 j 聚集体碰撞时可形成更大的 k 聚集体，同时 i 和 j 聚集体消失。这种情况可用下式表述：

$$\frac{dc_k}{dt} = 4\pi D r \left[\sum_{j=k-i}^{j=k-1} c_i c_j - 2c_k \sum_{i=1}^{\infty} c_i \right] \qquad (9-23)$$

式中 R——在质点接近形成聚集体时质点中心距离。

解方程（9–23），可得全部聚集体 $\sum c_i$ 和聚集体 k 的浓度 c_k：

$$\sum c_i = \frac{c_0}{1 + t/\theta} \qquad (9-24)$$

$$c_k = \frac{c_0 (t/\theta)^{k-1}}{(1+t/\theta)^{k+1}} \tag{9-25}$$

式中，$\theta = (4\pi D r_0 n_0)^{-1}$，即聚沉进行一半的时间或称聚沉半衰期（$t=\theta$ 时 $\sum c_i = c_0/2$）；D 为质点的扩散系数。

由于表面力的作用半径小于质点的半径，即 $r_0 \approx 2R_0$，故

$$\theta \cong \frac{3\eta}{4kTc_0} \tag{9-26}$$

由式（9-26）可知，聚沉半衰期 θ 与质点大小无关。当介质为水时，在 25℃，$\theta = 1.63 \times 10^{17}/c$。一般来说，若质点浓度在 $10^{16} \sim 10^{17}$ 个$/m^3$ 时，θ 约为几秒钟。

当质点总作用能曲线上有势垒时，相当于在质点间有一排斥力（$=dU/dr$），若设此阻力的阻力系数为 f，在距质点 x 处质点的浓度为 c，则因斥力离开质点的质点总数为 $(4\pi r^2 c/f) dU/dx$。

因而，对慢聚沉过程

$$i = 4\pi r^2 D \frac{dc}{dx} + \frac{4\pi r^2 c}{f} \frac{dU}{dx} \tag{9-27}$$

考虑到质点都在做相互扩散运动，可得

$$i = \frac{8\pi D c_0}{\int_{2r}^{\infty} \exp(U/kT) x^{-2} dx} \tag{9-28}$$

将式（9-28）与式（9-20）比较，可得

$$W = \frac{k_r}{k_s} = 2 \int_{2}^{\infty} \exp(U/kT) s^{-2} ds \tag{9-29}$$

式中　s——R/r；

　　　k_r——快聚沉速度常数；

　　　k_s——慢聚沉速度常数。

W 称为稳定性比或稳定率，它表征胶体体系稳定的程度。快聚沉过程，$W=1$；慢聚沉过程，$W>1$；W 越大体系越稳定。W 值可根据式（9-29）用 U 对 s 作图或用 $\exp(U/kT)/s^2$ 对 s 作图，由曲线下面积求得。近似计算公式是

$$W = \frac{1}{2ka} \exp\left(\frac{U_{max}}{kT}\right) \tag{9-30}$$

式中　a——质点半径；

　　　U_{max}——势垒值。

在慢聚沉过程中，单位体积内聚集体的总数应随时间增长而减小，其变化规律与快聚沉的 $n_0/\sum n_i = f(t)$ 关系相同，是直线关系。但是，有些体系的实验结果，$n_0/\sum n_i = f(t)$ 的关系为 S 形的。另一些聚沉过程有特殊的聚沉平衡，$\sum n_i$ 随时间延长减少，达到一定值后趋于一恒定值。

五、粗分散体系的稳定性

粗分散体系的分散相质点在 $1 \sim 10 \mu m$ ($10^{-6} \sim 10^{-5} m$)。常见的悬浮体、乳状液、泡沫、某些气溶胶均属此类体系。

以液体为分散介质，以固体为分散相的悬浮体是聚结不稳定体系，即在常规条件下分散相与分散介质将自动分离。常把这种体系称为疏液分散体系。

可在下述几种条件下使悬浮体具有一定的稳定性：

(1) 使悬浮体分散相质点带有较多的电荷，形成双电层。双电层的存在使质点间有静电排斥作用，但由于悬浮体中质点较大，彼此间吸引能力比胶体质点间的大得多，因而总作用能在第二极小值时就可有明显聚沉趋势。

(2) 在质点表面形成溶剂化层或吸附—溶剂化层。溶剂化层或吸附—溶剂化层受质点表面力场的制约。当带有溶剂化层或吸附溶剂化层的质点靠近时必先使溶剂化层厚度减小，排列有序的溶剂分子无序化，从而使体系的熵增加，甚至使部分被吸附的表面活性剂脱附。这些作用都要求外界作功，体系的自由能增大，虽然这就将对质点的聚沉不利，因而溶剂化层或吸附溶剂化层的形成对提高体系稳定性有利。

(3) 微小的胶体质点对粗大的悬浮体质点有稳定作用，这是由于微小质点可凭借长程分子作用力使其固定于粗大质点周围总作用能曲线第二极小值处。图 9–5 是大小质点在浓度关系一定时小质点对大质点的稳定作用示意图。大质点（K）和小质点（M）的总作用能（ΣU）曲线（图中 K–M 线，为大粒子与小粒子之间的总作用势能曲线）有第二极小值，小质点就处于第二极小值处。这样形成的大小质点聚集体靠近时，小质点间的总作用能曲线（M–M 线）具有较小的势垒，但没有明显的第二极小值。当势垒足够大时聚集体互相排斥，使悬浮体有一定的稳定性。

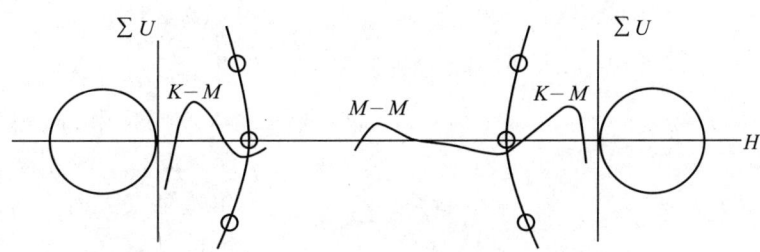

图 9–5　小粒子对大粒子的稳定作用

六、聚合物对疏液分散体系的稳定性和絮凝作用

在水介质中疏液分散体系的稳定性主要由带电的分散相质点的电性排斥作用提供。加入一定浓度的聚合物（以及非离子表面活性剂），即使分散相质点的电动电势减小，电性斥力减弱，但分散体系的稳定性却明显增加。这是因为，吸附在质点表面的聚合物（或非离子表面活性剂）分子的部分链节在介质中形成空间位垒，进而有利于分散体系的稳定。一般来说，聚合物分子吸附层越厚，其与介质的亲和性越强，分散介质的稳定性越好。我们称这种因聚合物吸附而引起的对疏液分散体系的稳定作用为空间稳定作用。

聚合物的空间稳定作用是因聚合物在质点表面吸附而引起的，所以影响聚合物吸附的因素都会对分散体系的稳定性产生影响：

（1）聚合物的分子结构必须同时具备与质点表面和分散介质都有好的亲和性，以便能形成厚的吸附层。

（2）聚合物具有较高的相对分子质量。相对分子质量的增大有利于吸附的进行和吸附层的增厚，从而提高其稳定作用的能力。

（3）为达到使分散体系稳定的目的，加入的聚合物常需达到一定浓度：过大，没有必要；过小，起不到稳定作用，并可能使稳定性减小。这是因为，只有在疏液质点表面形成聚合物包覆吸附层才能起稳定作用（或称保护作用），过小的浓度却可能起到桥连作用使质点聚结。

影响聚合物吸附的因素很多，如溶剂、温度、质点表面性质等，这些因素应综合考虑。向疏液分散体系中加入聚合物电解质时，在考虑其稳定机制时也要注意静电稳定作用。

当向疏液分散体系中加入低于起保护作用所需的聚合物数量时，聚合物不仅不能起到保护作用，而且可使体系的临界聚沉浓度降低，使体系变得更不稳定。这种作用称为敏化作用。有时少量聚合物的加入直接引起分散体系聚沉，这种作用称为絮凝作用。

絮凝作用的一般机制是，吸附于质点上的聚合物分子长链可同时吸附于其他质点上，这样就可将两个或多个质点通过聚合物分子连接起来，从而导致絮凝的发生。这种机制常称为桥连（或搭桥）作用。桥连作用的必要条件是质点上有空白表面部分；若质点表面已完全为聚合物包覆，就不再能发生絮凝作用。聚合物在高浓度时的保护作用和低浓度时的絮凝作用如图9-6所示。

(a)絮凝（低浓度）

(b)保护（高浓度）

图9-6　聚合物的絮凝与保护作用

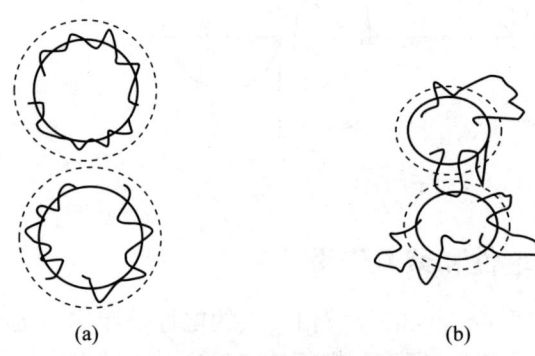

图9-7　电解质存在下聚合物桥连作用示意
(a) 低离子强度，静电排斥阻碍桥连；
(b) 高离子强度，双电层变薄，吸附的聚电解质跨越双电层，利于桥连

一般来说，聚合物摩尔质量大时，有利于絮凝作用；但摩尔质量太大时，可能发生聚合物链段的重叠，排斥作用增大，不利于絮凝。若应用聚合物电解质时，还要注意其解离度、带电符号及质点荷电性质等。通常聚电解质与质点带电符号相同时，其解离度越大，越不利于在质点上吸附。在这种情况下，可加入较高浓度电解质，使反离子起到压缩质点表面双电层和促进聚电解质吸附的双重作用，最终使吸附的聚电解质能越过压缩后双电层厚度的两倍距离起到桥连作用（图9-7）。

第二节　分散体系的流变性质

分散体系的流变性质是在外力作用下各种分散体系（溶液、胶体、悬浊液等）的流变性质。研究流变性质是要探索切应力、切变速率及时间三者的关系及这些关系的实际运用。

一、流变性质的基本概念与规律

1. 基本概念

物体的形状变化可用其相对变形描述。图 9-8 表示在切力 F 作用于平行六面体上界面 S 时物体的剪切变形。单位界面受到的切力称为切应力，通常以 τ 表示，$\tau=F/S$，τ 的单位为 Pa。在切应力作用下物体内部任一体积单元产生的形变 dx/dz 和整个物体的形变 l/L 相同，这种形变称为切应变，若切应变以 θ 表示，则 $\theta=dx/dz=l/L$。

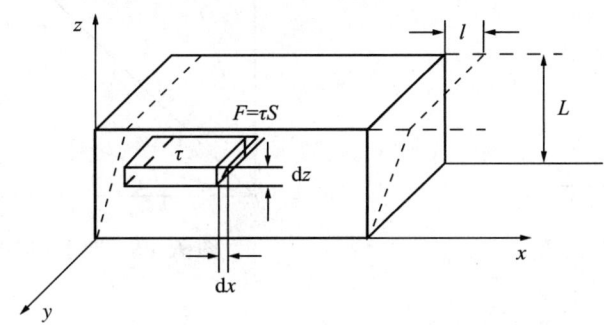

图 9-8　切应力与切应变

对于固体，在弹性极限内，切应力 τ 与切应变 θ 成正比，即

$$\tau = G\theta \tag{9-31}$$

式中　G——弹性模量。

显然，当 $\tau=0$ 时，固体弹性变形消失，固体恢复原状。

对于液体，在切应力 τ 作用下，切应变 θ 随时间的变化速率 $d\theta/dt$ 称为切变速度，通常以 D 或 r 表示。切变速度等于液体流动方向上的速度梯度。

2. 牛顿定律

若由外力 F 所形成的切应力 τ 完全用于克服液体的内摩擦，则切应力 τ 正比于切变速度 D：

$$\tau = \eta D \tag{9-32}$$

此式即为牛顿定律。比例常数 η 称为液体的黏度，它是液体流变性的最重要参数，单位是 Pa·s。黏度与切变速度 D 无关 [即服从式（9-32）] 的液体称为牛顿（流）体。大多数纯液体和小分子化合物的溶液均为牛顿流体。不服从式（9-32）的流体称为非牛顿流体。这类流体黏度是速度的函数，由 τ/D 确定的 η 值称为表观黏度，以 η_a 表示，浓分散体系大多都是非牛顿流体。

二、浓分散体系的流型

以切变速度 D 与切应力 τ 作图得到的曲线称为流变曲线，流变曲线的不同形式称为流型。

牛顿流体的流型为牛顿型，如图 9-9 所示，在粗分散体系中这种流型极少见。非牛顿流体包括非时间依赖关系的流型（塑流型、假塑流型、胀流型，如图 9-10 所示）和时间依赖关系的流型（触变型、震凝型，如图 9-11 所示）。

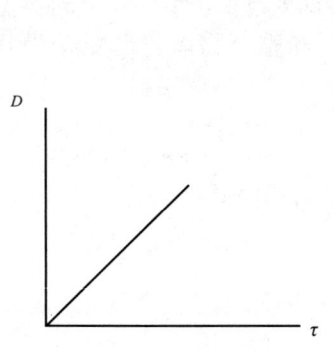

图 9-9　牛顿流体的流变曲线

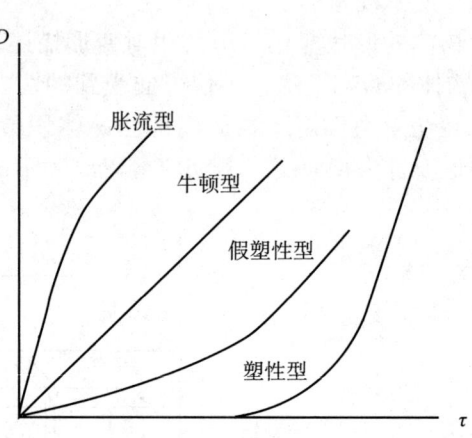

图 9-10　非时间依赖性流体流变曲线

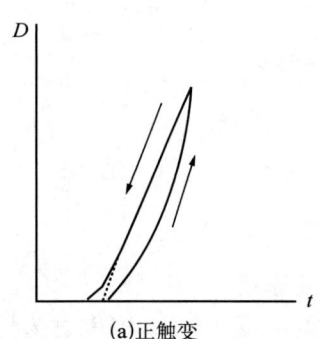

(a)正触变

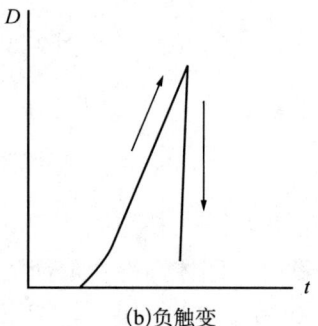

(b)负触变

图 9-11　触变型流体流变曲线

1. 塑性流体

其流变曲线是不通过原点的曲线。其流变公式为

$$\tau - \tau_c = \eta^* D \tag{9-33}$$

式中，τ_c 为屈服值（或极限切应力），它是延长其曲线的直线部分与横坐标的交点；η^* 为塑性黏度。显然，$\eta^* = (\tau - \tau_c)/D$。塑性体的黏度 η 由 τ/D 决定，此 η 即表观黏度 η_a。

$$\eta = \eta^* + \frac{\tau_c}{D} = \frac{\eta^* \tau}{\tau - \tau_c} \tag{9-34}$$

塑性流体的分散体系分散相质点浓度大，体系不动时质点间可形成三维结构，屈服值即是这种结构强弱的表征。只有当切应力大于屈服值时，分散体系的三维结构才能完全破坏，成为与牛顿流体相似的流体；而当切应力取消，经过不长的时间后，分散体系的三维结构又可恢复。油漆、泥浆、稠性原油等均为塑性流体。

高矿化度稠油流动的影响因素不同于普通蜡油和黏油，它与剪切模量、触变性质等压力因素有关。由于高矿化度稠油各种盐的作用，使得原油中分子之间的作用力变的更加复杂，故可用以下数学模型表示高矿化度稠油的剪切力与原油流动性的关系：

$$x = \frac{\tau_0}{G}\left[1-\exp(-t/T)\right] \qquad (9-35)$$

$$\left(\eta/G = T\right)$$

式中　x——单位时间流动的距离；
　　　τ_0——原油的结构力；
　　　G——剪切模量；
　　　t——时间；
　　　η——黏度。

因此测定原油的黏度需要在一定时间，一定的剪切力条件才可靠。改变剪切力、剪切速率，黏度值是不一样的，所以实验的黏度测定都是在同一剪切速率下进行的。

2. 假塑性流体

假塑性流体的流变曲线为通过原点的凸向切应力轴的曲线，没有屈服值。此曲线可用指数关系描述：

$$\tau = kD^n \quad (0 < n < 1) \qquad (9-36)$$

羧甲基纤维素等高分子溶液、乳状液、淀粉水悬浮体等为此种流型。

3. 胀流体

胀流体的流变曲线与假塑型相反，是一条凸向切速轴的通过原点的曲线。流变曲线仍可用式（9-36）描述，只是 $n > 1$。胀流型流体的特点是表观黏度随剪切速率增大而变大。只有当分散相的分散性好、浓度大，且浓度范围有一定要求时，才可形成胀流体。胀流体的形成是因为，在足够大的切力作用下，质点相互拉扯，形成一定的松散结构，使流动阻力增大，黏度增加。淀粉—乙二醇糊状物、颜料的浓悬浮体等属于此类流型。

4. 触变性流体

触变性流变曲线形变与假塑型和塑型流体各有相似之处。这种流体的特点是搅动时结构破坏，成为流体；停止搅动后慢慢变稠，最终又形成结构而胶凝。正触变类型，剪切变稀；负触变类型，剪切变稠。一定浓度的泥浆、油漆、溶胶等有触变性。

三、稀分散体系的黏度

1. Einstein 黏度公式

分散体系的结构和流变性质主要由质点间的作用能和体系中质点的浓度决定。在稀分

散体系中质点间彼此独立,互不影响,这种分散体系没有固定的结构。其黏度服从 Einstein 公式

$$\eta=\eta_0(1+\alpha\phi) \tag{9-37}$$

式中 η_0——介质的黏度;
α——形状系数(不同形状的 α 值列于表 9-3 中);
ϕ——分散相体系中的体积分数。

表 9-3 不同形状质点的 α 值

质点形状	球形	椭圆形(长短轴比为 4)	层片状(宽厚比为 12.5)
α	2.5	4.8	53

对于球形质点,其黏度为

$$\eta=\eta_0(1+2.5\phi) \tag{9-38}$$

此式的最基本假设是,质点是刚性圆球;介质是连续的不可压缩的,并可润湿质点;体系的黏度为常数,质点间、流层间互不干扰。

对于较浓的体系,其黏度为

$$\eta=\eta_0(1+2.5\phi+14.1\phi^2+\cdots) \tag{9-39}$$

如果分散相质点为液珠或气泡,其黏度为

$$\eta=\eta_0\left[1+2.5\frac{\eta_i+(2/5)\eta_0}{\eta_i+\eta_0}\right] \tag{9-40}$$

Einstein 黏度定律用于较浓分散体系虽也经常获得成功,但那只是形式上的应用,并不表明这些分散体系具有有 Einstein 定律假设的各种性质。

2. 质点溶剂化对黏度的影响

若质点在分散介质中发生溶剂化作用,溶剂化层使得质点有效体积分数增大,溶剂化层随质点一起运动,它们已与体相介质不同。这里所称的溶剂化层实际上还包括扩散双电层和吸附层。设 $\phi_{溶剂化}$ 表示溶剂化后质点的体积分数,则

$$\phi_{溶剂化}=\phi_{干}\left(1+\frac{\delta}{a}\right)^3 \tag{9-41}$$

式中 δ——溶剂化层厚度;
a——球形质点本身半径;
$\phi_{干}$——未溶剂化时质点的体积分数。

当 $a\gg\delta$ 时,则

$$\phi_{溶剂化}=\phi_{干}\left(1+\frac{3\delta}{a}\right) \tag{9-42}$$

3. 电黏效应和磁场对黏度的影响

许多疏液胶体质点带有某种电荷，这种表面电荷与双电层中反离子的电性作用可引起体系黏度的增加。此外，质点表面带电也可使表面水化层增厚从而导致黏度增加。

电黏效应的定量表述为

$$\eta = \eta_0 \left\{ 1 + 2.5\varphi \left[1 + \frac{1}{k\eta_0 R^2} \left(\frac{\varepsilon\varepsilon_0 \zeta}{2\pi} \right)^2 \right] \right\} \quad (9-43)$$

式中 κ——体系电导率；
R——质点半径；
ε——介质相对介电常数；
ζ——质点电动电势。

当 $\zeta=0$ 时，$\eta=\eta_0(1+2.5\phi)$。

实验证实，在磁场存在下，有些分散体系的黏度增加。这是因为带有永久偶极矩的分散相质点在无外磁场存在时质点可自由转动；在外磁场存在时质点永久偶极矩的方向指向磁场方向，从而阻止质点的转动。这导致分散体系黏度的增大。

弱磁性材料悬浮体黏度与磁场强度 E 的关系可用下式表示：

$$\eta = \eta_0 \left[1 + \left(2.5 + 1.5 \frac{X - \text{th}X}{X + \text{th}X} \sin^2\theta \right) \varphi \right] \quad (9-44)$$

式中 θ——质点旋转轴与磁场方向的夹角；
X——参数，$[X=\mu_0\mu E/(RT)]$；
μ——磁导率；
μ_0——真空磁导率，$(\mu_0=4\pi \times 10^{-7}\text{H/m})$。

4. 聚合物溶液黏度与相对分子质量

聚合物稀溶液的黏度通常较纯溶剂的大得多。对于线性大分子的溶液，其比浓黏度 $\frac{\eta_{sp}}{c}$ 随浓度变化而变化，且当 $c \to 0$ 时，$\frac{\eta_{sp}}{c}$ 趋于恒定值 $[\eta]$，$[\eta]$ 称为特性黏度。即

$$\lim_{c \to 0} \frac{\eta_{sp}}{c} = [\eta] \quad (9-45)$$

当浓度不大，且 $c \to 0$ 时，$\frac{\ln \eta_r}{c}$ 的极限值也是 $[\eta]0$，即

$$\lim_{c \to 0} \frac{\ln \eta_r}{c} = [\eta]_0 \quad (9-46)$$

在一定温度下，聚合物稀溶液的特性黏度与其相对分子质量有关：

$$[\eta] = KM^\alpha \quad (9-47)$$

式中 M——聚合物的平均相对分子质量；

K，α——体系的特征常数（由聚合物和溶剂的性质决定）。

α 与在溶剂中聚合物分子状态有关，其值多在 0.5～1；黏度法测聚合物相对分子质量方法简便，但此法属相对方法，需已知体系的 K 和 α 值。所得相对分子质量为黏均相对分子质量，在 $\alpha=1$ 时黏均相对分子质量与重均相对分子质量相等。

四、黏度的测量

黏度计有多种类型，其中以转筒式、毛细管式最为常用。

1. 转筒式黏度计

转筒式黏度计如图 9–12 所示。

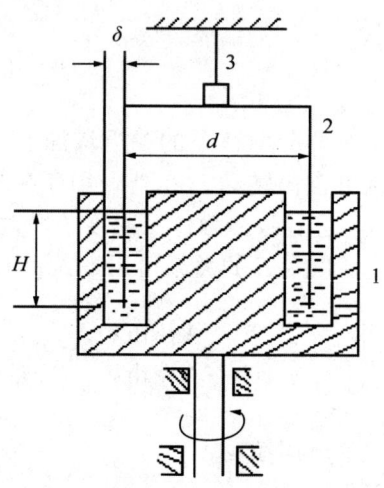

图 9–12　带有钟罩状定子的转筒式黏度计示意图
1—转子；2—定子；3—扭力丝

将待测分散体系置于定子与转子间的缝隙中。定子外壁与转子凹槽外壁的距离与定子内壁与转子凹槽转子内壁的距离相等，均为 δ。切应力根据转子转动时扭力丝旋转角度和其弹性模量求出。当定子直径 d 远大于定子壁的厚度和 δ 的条件下有下述关系：

$$\tau = \frac{M}{\pi d^2 H} \tag{9-48}$$

$$D = \frac{\pi d \Omega}{\delta} \tag{9-49}$$

式中　H——定子浸入分散体系的深度；
　　　Ω——每分钟转子转数（转速）；
　　　M——转矩。

无论哪种转筒式黏度计，在体系黏度 η、筒的转速 Ω 和使转子转速达 Ω 时所施加的质量 W 间有下述关系：

$$\eta = \frac{kW}{\Omega} \tag{9-50}$$

式中 k——仪器常数,与转子的几何尺寸、两筒间隙大小及筒的结构有关。

2. 毛细管黏度计

常用的毛细管黏度计有奥式(Ostwald)和乌式(Ubbelohde)两种,见图 9-13。

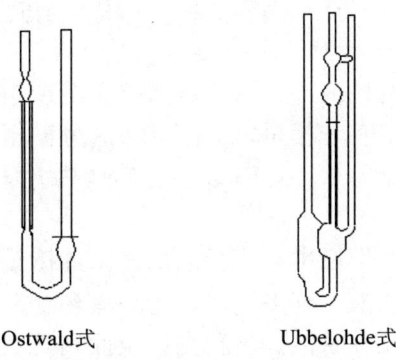

Ostwald式　　Ubbelohde式

图 9-13　两种毛细管黏度计

应用毛细管黏度计测定液体黏度的理论依据是 Poiseuille 公式:

$$\eta = \frac{\pi p R^4 t}{8LV} \tag{9-51}$$

式中 p——毛细管两端压力差;
　　　R——毛细管半径;
　　　L——毛细管长度;
　　　V——t 时间内流过毛细管的液体体积。

第十章 乳状液、泡沫与凝胶

第一节 乳 状 液

乳状液是在一定条件下两种或几种互不混溶（不溶或溶解度很小）的液体形成的液—液分散体系。在该分散体系中有一相是以小液珠形式分散于另一连续相介质中。大多数乳状液为粗分散体系，液珠直径为 $0.1 \sim 10 \mu m$。它们是热力学不稳定的多相分散体系，有一定的动力稳定性。

乳状液在工业生产和日常生活中有广泛的用途。油田钻井用的油基钻井液是一种用有机黏土、水和原油构成的乳状液。许多农药，为节省药量、提高药效，常将其制成浓乳状液或乳油，使用时掺水稀释成乳状液。雪花膏以及面霜等也是浓乳状液。油脂在人体内的输送和消化也与形成乳状液有关。

凡由水和"油"（广义的油）混合生成乳状液的过程，称为乳化（emulsification）。但有时也需要破乳（deemulsion），即将乳状液破坏，使油—水分离。如牛奶脱脂制牛油、原油输送和加工前除去原油中乳化的水、在某些药物的提取过程中要设法防止因乳化所造成的分离效率降低等均需破乳。

当液体分散成许多小液滴后，体系内两液相间的界面积增大，界面自由能增高，体系成为热力学不稳定的，有自发地趋于自由能降低的倾向，即小液滴互碰后聚结成大液滴，直至变为两层液体。为得到稳定的乳状液，必须设法降低分散体系的界面自由能，不让液滴互碰后聚结。为此，主要的是要加入一些表面活性剂，通常也称为乳化剂。

一、乳状液的分类

在乳状液中，一切不溶于水的有机液体（如苯、四氯化碳、原油等）统称为"油"。乳状液可分为两大类：

(1) 油/水型（O/W），即水包油型。分散相也叫内相（inner phase）为油；分散介质也叫外相（outer phase）为水。

(2) 水/油型（W/O），即油包水型。内相为水，外相为油。

其他的还有多重乳状液，如 W/O/W 或 O/W/O 等。

二、影响乳状液类型的理论

决定和影响乳状液的因素很多，其中主要有油和水相的性质，油相、水相体积比，乳化剂和添加剂的性质、温度等。不管形成何种类型的乳状液，具有一定稳定性的乳状液都要有乳化剂的存在。乳化剂在油水界面形成某种定向排列吸附层既可降低界面张力，又可有一定的力学强度。关于影响乳状液类型的理论大多是定性的或半定量的看法，主要有以下几种。

1. 界面能量因素说

如果把乳化剂在油水界面的定向吸附层看做是形成疏水基与油相和亲水基与水的两个界面，界面张力大的一侧较易收缩成乳状液液滴内相，另一侧则成为连续的外相。因此，若乳化剂的疏水基与油相间的界面张力大于乳化剂的亲水基与水相间的界面张力，则将易于形成 O/W 型乳状液；反之则易得到 W/O 型乳状液。

2. 几何因素说——"定向楔"理论

当乳化剂浓度足够大时，它们在油水界面上成紧密排列。乳化剂的亲水基和疏水基截面积大小相差大时，大的一端亲和的液相将构成乳状液的外相，另一液相构成内相。图 10-1 是一价金属脂肪酸盐和两价金属脂肪酸盐形成 O/W 型和 W/O 型乳状液的示意图。

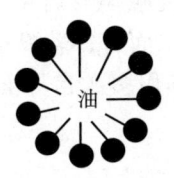
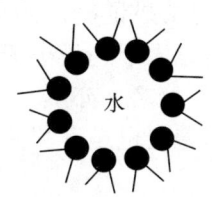

(a) 一元皂形成 O/W 型乳状液　　(b) 二元皂形成 W/O 型乳状液

图 10-1　乳化剂几何因素对乳状液类型影响示意图

3. 液滴聚结动力学因素

对乳化剂、油、水共存的体系进行搅拌，乳化剂将吸附于油水界面，形成的油滴、水滴都有自发聚结以减少表面能的趋势。在乳化剂的界面吸附层中，其亲水基有抑制油滴聚结的作用，其亲油基则倾向于阻碍水滴聚结。因而，与乳化剂的亲水、亲油性占优势一侧的基团亲和能力强的液相将构成乳状液的连续相。如亲水性占优势的界面吸附层易形成 O/W 型乳状液。

4. 相体积说

用立体几何知识可知，对于一定的体系，相体积分数为 0.74～0.26，W/O 型和 O/W 型乳状液均可形成，在 0.74 以上和 0.26 以下则只能得一种类型的乳状液。

5. 物理因素说

这主要涉及温度、搅拌速度、器壁性质等的影响。就器壁性质而言，通常易使器壁润湿的液体，易在器壁附着，乳化时不易分散，则易成为连续相。如塑料器皿为低能表面，易被"油"润湿，故常可得 W/O 型乳状液。

三、乳状液的稳定性

乳状液是多相粗分散体系，具有热力学不稳定性，分散相液滴有自动聚结的趋势。为使有实际应用价值的乳状液稳定，必须加入第三种物质。这些物质包括表面活性剂、聚合物、固体纷末、无极离子等。这些物质或者可在油水界面形成有一定结构或强度的界面层（膜），或者使分散相液体带有某种电荷。

1. 乳状液稳定性的理论

有关乳状液稳定性的理论主要涉及油水界面膜的物理性质，液滴间的电性排斥作用，聚合物吸附膜的空间阻碍作用，相体积比和液滴的大小与分布、温度等。

1）界面膜的性质

乳状液破坏的先决条件是乳状液液滴在相互碰撞中发生聚结形成大液滴，连续不断地碰撞和聚结，液滴长大，直至破乳。因此，乳状液液滴表面形成牢固的、有弹性的和可及时修复的界面膜对保持乳状液的稳定性至关重要。有稳定作用的乳化剂界面膜应为凝聚膜，即分子排列紧密，分子间倾向作用强烈。为此，常应用两种性质有别的乳化剂（如一种是离子型表面活性剂，另一种是长链脂肪醇；一种是油溶性的，另一种是水溶性的等）。界面膜还应具有一定的界面黏度和厚度。

2）固体粉末乳化剂的性质

黏土、碳酸钙、二氧化硅、硫酸钡等多种固体粉末可稳定一定类型的乳状液。一般来说用粉末制备乳状液所形成乳状液的类型与固体表面亲水亲油性质有关：固体不能太亲水，也不能太亲油。一些实验结果证明，固体在界面上接触角 θ 若接近 $90°$，乳状液最稳定，至于成何类型就要看此角是大于还是小于 $90°$ 了。对水而言，若 $\theta < 90°$，固体大部分在水中，易成 O/W 型乳状液；反之，亦然。粉体的稳定作用多源自界面膜的坚固；有时也可能产生高的电动电势，这对稳定也是有利的。

3）电性作用

乳状液液滴可因电离、吸附和摩擦而带有某种电荷。以离子型表面活性剂为乳化剂时液滴因乳化剂在界面上水溶性基团电离而带电是不言而喻的，即使以非离子型表面活性剂为乳化剂时，液滴自液相中吸附某些小离子而带电也是可能的。至于摩擦带电，仍可沿用经验规则，即两物体接触，介电常数较高者带正电荷。水的介电常数高要远高于"油"的，故在不考虑其他因素时，W/O 型乳状液水滴带正电荷，而 O/W 型的油滴带负电荷。根据胶体稳定性理论，若带电液滴靠近，表面双电层重叠引起的静电排斥作用大于液滴间的范德华力的吸引作用，则液滴难以聚结，乳状液稳定。

4）乳状液的黏度

增加乳状液的外相黏度，可减少液滴的扩散系数，并导致碰撞频率与聚结速率降低，有利于乳状液稳定。另外，当分散相的粒子数增加时，外相黏度亦增加，因而浓乳状液较稀乳状液稳定。

工业上，为提高乳状液的黏度，常加入某些特殊组分，如天然或合成的增稠剂。乳白鱼肝油（O/W 型乳状液）中用的阿拉伯胶和黄胶既是乳化剂，也是良好的增稠剂。

5）液滴大小及其分布

乳状液液滴大小及其分布对乳状液的稳定性有很大影响，液滴尺寸范围越窄越稳定。当平均粒子直径相同时，单分散的乳状液比多分散的稳定。

6）聚合物的空间稳定作用

聚合物作为乳化剂应用，因其相对分子质量大，其在液滴表面的吸附层具有界面黏度高，黏弹性好、界面层厚等特点，是阻碍液滴碰撞聚结的空间障碍。

2. 乳状液的不稳定性。

乳状液是热力学不稳定体系，即使非常优良的乳化剂存在也只能使乳状液有相对稳定性。乳状液的不稳定性表现在乳状液的分层与沉降、絮凝（聚集）、聚结、变型和破乳。

四、乳化剂的选择

乳化剂主要有合成表面活性剂、合成高分子表面活性剂、天然产物和固体粉末。其中以前两类（实际也可视为一类）最为重要。

1. 乳化剂选择的一般标准

（1）选择表面活性好、降低表面张力能力强的乳化剂，以在油水界面能形成紧密排列的凝聚态膜。

（2）根据乳化的油相和水相的性质、欲制备的乳状液类型选择。油溶性乳化剂易得W/O型乳状液，水溶性乳化剂易得O/W型乳状液。

（3）选择能适当增大连续相黏度的乳化剂，以减少液滴的碰撞和聚结速度。

（4）根据乳状液的用途选择乳化剂。食品、化妆品和药物乳状液宜选用天然产物类乳化剂，以免毒性带来的不良后果。

2. 选择乳化剂的方法

最常用的选择乳化剂的方法是HLB法和PIT法。

1) HLB法

决定乳状波类型的最主要因素是乳化剂的亲水亲油性质。在大量实验的基础上，Griffin提出了亲水亲油平衡（hydrophile-lipophile balance，HLB）这一概念，作为一种经验的指标来衡量表面活性剂的亲水亲油性质，称之为HLB值，并设计了一套测定HLB值的实验方法。HLB值比较低，表示某表面活性剂亲油性较强；若HLB值较高，则表示其亲水性较强。由经验得知，通常HLB值为3～6的乳化剂可得到W/O型乳状液，HLB值为8～18的乳化剂可得到O/W型乳状液。HLB值的实际应用与水分散液的外观效果见表10-1。

表10-1 HLB值的实际应用与水分散液的外观效果

HLB值	水溶液外观	HLB值	水溶液外观
1～4	不分散	3～6	W/O型乳状液
3～6	不良分散	7～9	润湿
6～8	搅拌后乳状分散	8～18	O/W型乳状液
8～10	稳定乳状分散	13～15	洗涤
10～13	半透明至透明	15～18	增溶
13～20	透明溶液		

确定表面活性剂的HLB值除用直接的实验方法（这种方法烦琐、耗时）外，现时应用最多的是根据表面活性剂的结构特点进行计算。

对于多元醇乙氧基型非离子表面活性剂，其计算方法为

$$HLB = (E+P)/5 \tag{10-1}$$

式中　E——乙氧基（C_2H_4O）的质量分数；
　　　P——多元醇的质量分数。

对于只含乙氧基为亲水基的表面活性剂，其计算方法为

$$HLB = E/5 \tag{10-2}$$

更为复杂些的离子及非离子型表面活性剂的 HLB 值可用基团 HLB 值加和法求得：

$$HLB=7+\Sigma \text{亲水基团的 HLB 值}-\Sigma \text{亲油基团的 HLB 值} \quad (10-3)$$

各基团的 HLB 值是由多种已知 HLB 值的表面活性剂的结果求出的。表 10-2 中列出各基团的 HLB 值。

表 10-2　各种基团的 HLB 值

亲水性基团	HLB 值	亲油性基团	HLB 值
—SO_4Na	38.7	—CH—	−0.475
—COOK	21.1	—CH_2—	−0.475
—COONa	19.1	—CH_3	−0.475
—N（叔胺）	9.4	=CH—	−0.475
酯（失水山梨醇环）	6.8	—（C_3H_8O）—	−0.15
酯（自由）	2.4	—CF_2—	−0.87
—COOH	2.1	—CF_3	−0.87
—OH（自由）	1.9		
—OH（失水山梨醇环）	1.3		
—O—	0.5		
—C_2H_4O—	0.33		

除可根据欲制备乳状液的类型依表 10-1 选择大致适合的乳化剂外，所用油相的性质差异对乳化剂的 HLB 值也有不同的要求。乳化剂的 HLB 值应与被乳化油相的要求一致。不同油相所需 HLB 值列于表 10-3 中。

表 10-3　几种被乳化油所需 HLB 值

油相	W/O 型	O/W 型	油相	W/O 型	O/W 型
月桂酸	—	16	芳烃矿物油	4	12
亚油酸	—	16	烷烃矿物油	4	10
油酸	—	17	松油	—	16
硬脂酸	—	17	蜂蜡	5	9
C_{10}～C_{13} 醇	—	14	微晶蜡	—	10
鲸蜡醇	—	15	石蜡	4	10
四氯化碳	—	16	石油	4	7–8
蓖麻油	—	14	棉籽油	—	5–6
煤油	—	14	凡士林	4	10.5
羊毛脂（无水）	8	12	硅油	—	10.5

因为 HLB 反映表面活性剂分子的亲水性，因此由它在水中的溶解情况可以估计该表面活性剂分子的 HLB 值范围。表 10-4 列出 HLB 值的大致范围。

表 10-4　HLB 值的估计范围

表面活性剂在水中的性状	HLB 值	表面活性剂在水中的性状	HLB 值范围
不分散	1～4	稳定的乳状分散体	8～10
分散不好	3～6	半透明至透明分散体	10～13
强烈搅拌后可得乳状分散体	6～8	透明溶液（完全溶解）	13 以上

2）PIT 法

Shinoda 在研究非离子型表面活性剂做乳化剂所形成乳状液的类型时发现：对给定的油—水体系，有确定 HLB 值的同一乳化剂在不同温度下分别可得到两种不同类型的乳状液。这是由于非离子表面活性剂有一特点，即它的亲水亲油性质随温度变化十分明显。其亲水基的水化度随温度升高而降低，在低温下，它能形成 O/W 型乳状液；而在高温下则形成 W/O 型乳状液。对于给定的体系，每一非离子表面活性剂存在一相转变温度 PIT（phase inversion temperature）。在此温度下该表面活性剂的亲水亲油性质刚好平衡，低于此温度体系形成 O/W 型乳状液，高于此温度体系形成 W/O 型乳状液。

五、乳状液的制备

要制备某一类型的乳状液，除了选好乳化剂外，还要注意乳状液的制备方式，就是采取什么途径把一个液体分散在另一液体中。通常用的有以下几种方法：

1. 转相乳化法

将乳化剂先溶于油中，在剧烈搅拌下慢慢加水，加入的水开始以细小的液滴分散在油中，是 W/O 型乳状液，再继续加水，随着水量增多，乳状液变稠，最后转相变成 O/W 型乳状液。也可将乳化剂直接溶于水中，在剧烈搅拌下将油加入，可得 O/W 型乳状液。如欲制取 W/O 型乳状液，则可继续加油，直至发生变型。用这种方法制得的乳状液液滴大小不匀，且偏大，但方法简单。若用胶体磨或均化器处理一次，可得均匀而又较稳定的乳状液。

2. 瞬间成皂法

将脂肪酸加入油相，碱加入水相，两相混合，在界面上即可瞬间生成作为乳化剂的脂肪酸盐。用这种方法只需稍微搅拌（甚至不搅拌）即可制得液滴小而稳定的乳状液。但此法只限于用皂作乳化剂的体系。

3. 自然乳化法

将乳化剂加入油中，制成"乳油"。使用时，把乳油直接倒入水中，就自发或稍加搅拌形成 O/W 型乳状液。一些易水解的农药都用此法制得 O/W 型乳状液而用于大田喷洒。

4. 界面复合物生成法

在油相中加入一种乳化剂，在水相中加入另一种乳化剂。当将这两种水和油相混并剧烈搅拌时，两种乳化剂在界面上形成稳定的复合物，此法所得乳状液虽然十分稳定但使用上有一定局限性。

5. 轮流加液法

将水和油轮流加入乳化剂中，每次少量加入，形成 O/W 型或 W/O 型乳状液。这是食品工业中常用的方法。

六、破乳剂的选择

能使相对稳定的乳状液聚集、聚结、分层和破坏的外加试剂称为破乳剂。破乳剂也多是有特殊结构的表面活性剂和聚合物。

选择破乳剂的基本原则：

(1) 有良好的表面活性，能使乳化剂从界面上顶替下来；
(2) 在油—水界面上形成的破乳剂吸附膜不牢固，易破裂，使液滴易聚结；
(3) 有利于使液滴表面电荷中和，减小液滴间静电斥力；
(4) 相对分子质量大的非离子型表面活性剂和聚合物破乳剂可因其桥连作用使液滴聚集，进而聚结和破乳；
(5) 对固体粉末稳定的乳状液，可用能使粉末润湿的润湿剂为破乳剂。有时乳化剂和破乳剂没有明显界限。有的表面活性剂只适于做某一乳状液的破乳剂，对其他体系既不能做乳化剂也不能做破乳剂。

第二节 泡 沫

气体分散于液体介质中形成的粗分散体系称为泡沫；分散介质为固体时称为固体泡沫。下面介绍气/液泡沫。

一、泡沫的形成与结构

气泡通常用气体通过毛细管在液体中鼓气而形成。当气泡在半径为 r 的毛细管口形成并脱离管口上浮时受到两个作用力：液体表面张力拉着气泡，气泡的浮力使其上升。刚能脱离管口时，此二力相等。

浮力
$$f_1 = \frac{4}{3}\pi R^3 \Delta\rho g \tag{10-4}$$

表面张力作用
$$f_2 = 2\pi r \gamma \tag{10-5}$$

当 $f_1 = f_2$ 时，得
$$R^3 = 3r\gamma/(2\Delta\rho g) \tag{10-6}$$

式中 R——气泡临界半径；
  $\Delta\rho$——气体和液体密度差；
  γ——液体表面张力；
  r——毛细管口半径；
  g——重力加速度。

多个气泡聚集而形成泡沫。要得到相对稳定的泡沫必须有表面活性剂（起泡剂）加入。

二、泡沫的稳定性

起泡能力与泡沫的稳定性是两个不同的概念。前者表示形成泡沫的能力,后者表示形成的泡沫能稳定存在的时间长短。低的表面张力是起泡的必要条件。但使泡沫稳定、降低液体表面张力不是决定因素。影响泡沫稳定性的因素主要有以下几个:

(1) 表面黏度。

表面黏度直接影响液膜的强度和弹性。表面黏度大,液膜排液速度和气体透过液膜的扩散速度都减小,从而提高泡沫的稳定性。蛋白质、皂素等物质水溶液的表面黏度都较高。在表面活性剂作为起泡剂时有时加入少量极性有机物(稳泡剂)形成表面黏度大的混合膜,有利于提高泡沫的稳定性。表 10–5 列出几种表面活性剂溶液表面黏度与泡沫寿命的关系。由表中数据可知,表面黏度大的体系,泡沫寿命也长。

表 10–5 几种表面活性剂溶液的表面黏度、表面张力和泡沫寿命

表面活性剂	表面张力 / (mN/m)	表面黏度 / (Pa·s)	泡沫寿命 /min
烷基苯磺酸钠	32.5	3×10^{-4}	440
月桂酸钾	35.0	3.9×10^{-3}	2200
十二烷基硫酸钠	23.5	2×10^{-4}	69
十二烷基硫酸钠(加 0.001% 十二醇)		2×10^{-3}	825

注:表中表面活性剂溶液的含量为 0.1%。

(2) 表面修复作用。

在表面活性剂存在下泡沫液膜局部受损变薄时有自动修复的能力。这种修复作用的直观表现是液膜有一定弹性。修复作用要求表面黏度要适当,黏度太大不仅使液膜刚性强、易破裂,而且不利于表面活性剂分子的移动。

(3) 表面电荷的影响。

若泡沫液膜两个表面带有同号电荷(如用离子型表面活性剂作起泡剂),电性斥力将阻止液膜排液变薄。反之,若加入相反的电荷,则体系变的不稳定而消泡。

(4) 表面活性剂分子结构的影响。

一般来说,直链同系列表面活性剂随其碳链增长泡沫稳定性增加。但碳链太长,界面膜失去弹性,稳定性反而降低。带支链的表面活性剂起泡能力较好,但泡沫稳定性差。表 10–6 中列出一些典型的表面活性剂在蒸馏水中的起泡性质。

表 10–6 典型的阴离子型和非离子型表面活性剂在蒸馏水中形成的泡沫性质

表面活性剂	浓度 /%	泡沫高度 /mm	
		初始	终止时间 /min
$C_{12}H_{25}SO_4Na$	0.25	220	175
$t-C_9H_{19}C_6H_4O(C_2H_4O)_8H$	0.10	55	45

续表

表面活性剂	浓度/%	泡沫高度/mm	
		初始	终止时间/min
t–$C_9H_{19}C_6H_4O(C_2H_4O)_{10}H$	0.10	110	80
t–$C_9H_{19}C_6H_4O(C_2H_4O)_{20}H$	0.10	120	110

注：蒸馏水温度为60℃。

第三节 凝 胶

凝胶是胶体的一种特殊存在形式。在适当的条件下，溶胶或高分子溶液中的分散颗粒相互联结成为网络结构，分散介质充满网络之中，体系成为失去流动性的半固体状态的胶冻，处于这种状态的物质称为凝胶。凝胶制品普遍存在，如果冻、豆腐、明胶、橡胶和硅胶等。凝胶是介于固体和液体之间的一种特殊状态，它的许多性质介于固体和液体之间。

一、凝胶的分类

根据分散质点的性质（柔性或刚性）以及形成凝胶结构时质点间联结的特点（主要指结构强度）。

凝胶可以分为弹性凝胶和非弹性凝胶两类。

1. 弹性凝胶

由柔性的线型大分子物质，如明胶（是一种蛋白质）、洋菜（主要成分是多糖类）等形成的凝胶属于弹性凝胶。这类凝胶的干胶在水中加热溶解后，在冷却过程中便胶凝成凝胶。此凝胶经脱水干燥又成干胶；如再加水，又可变回凝胶。说明这一过程是可逆的，故又称为可逆凝胶（reversible gel）。

2. 非弹性凝胶

由刚性质点（如 SiO_2、TiO_2、V_2O_5、Fe_2O_3 等）溶胶所形成的凝胶属于非弹性凝胶（non-elastic gel），亦称刚性凝胶（rigid gel）。这类凝胶脱水干燥后再置水中加热，一般不形成原来的凝胶，更不能形成产生此凝胶的溶胶。因此这类凝胶称为可逆凝胶（irreversible gel）。

二、凝胶或冻胶的形成

1. 形成的条件

从固体（干胶）或溶液出发都可能制得凝胶。前者比较简单，干胶吸收亲和性液体后体积膨胀而形成凝胶，许多大分子物质都具有这个特点，例如明胶在水中，硫化橡胶在苯中，都可形成凝胶。用溶液制备凝胶时不受此条件限制，无论大分子还是小分子的溶液或溶胶，只要条件合适都能形成凝胶，但应满足两个基本条件：(1) 降低溶度，使被分散的物质从溶液中以"胶体分散状态"析出；(2) 析出的质点既不沉降，也不能自由行动，而是构成骨架，通过整个溶液形成连续的网状结构。后一点很重要，否则即使溶度降低而产生过饱和，如果条件控制不当，还有可能产生沉淀。

一般大分子物质由于分子链长而柔顺，易于搭成网架，故比通常的溶胶更易于形成凝胶。用溶液形成凝胶，与溶液的浓度、温度及电解质等因素有关。

2. 形成的方法

1）改变温度

许多物质（如洋菜、明胶、肥皂）在热水中能溶解，冷却时溶解度降低，质点因碰撞相互联结而形成凝胶。例如，0.5%洋菜水溶液冷至35℃即成凝胶。也有因升温而转变成凝胶的，例如2%的甲基纤维水溶液，加热至50～60℃亦成凝胶。

2）加入非水溶剂

在果胶（是植物体中的多糖类物质）水溶液中加入沉淀剂酒精，就形成凝胶；在醋酸钙的饱和水溶液中加入酒精，亦能制成凝胶。在这些实验中，应注意沉淀剂（酒精）的用量要合适，并注意快速混合，使体系均匀。固体酒精即为使用该方法制得的。

3）加入盐类

在亲水性较大和粒子形状不对称的溶胶中，加入适量的电解质可形成凝胶，例如在V_2O_5（棒状质点）溶胶中，加入适量的$BaCl_2$溶液即得V_2O_5凝胶。电解质引起溶胶胶凝的过程，可以看做是溶胶整个聚沉过程中的一个特殊阶段。

4）化学反应

利用化学反应生成不溶物时，如果条件合适也可以形成凝胶。不溶物形成凝胶的条件：在产生不溶物时同时生成大量小晶粒；晶粒的形状以不对称的为好，这样才有利于搭成骨架。以$Ba(SCN)_2$与$MnSO_4$作用为例：当二者浓度很稀时，相混可得粒径小至几十纳米的$BaSO_4$溶胶；在中等浓度时，二者相混有沉淀析出；若二者为饱和溶液，混合后便可得到$BaSO_4$凝胶，但此法制得的凝胶不太稳定。

在煮沸的$FeCl_3$浓溶液中加入NH_4OH溶液，亦可制得$Fe(OH)_3$凝胶。另外还有硅酸凝胶、硅—铝凝胶等都是借化学反应生成凝胶的。一些高分子溶液（主要是蛋白质等）也可以在反应过程中形成凝胶。例如在加热时，鸡蛋清蛋白质分子发生变性，从球形分子变成纤维状分子，这当然有利于形成凝胶，这就是鸡蛋白加热凝固的原因。血液凝结则是血纤维蛋白质在酶作用下发生的胶凝过程。

三、凝胶的结构

凝胶具有三度空间的网状结构，根据质点形状和性质不同，凝胶所形成的网状结构有如图10-2所示的4种类型。

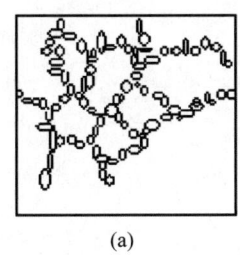 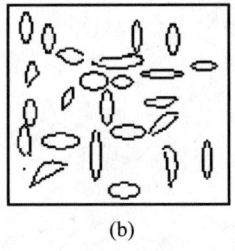 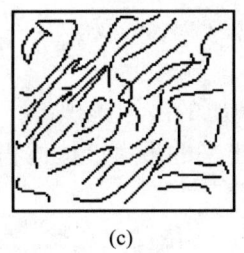 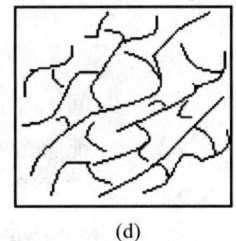

(a)　　　　　　　(b)　　　　　　　(c)　　　　　　　(d)

图10-2　胶凝结构的四种类型示意图

图10-2中，(a)球形质点相互联结，由质点联成的链排成三度空间的网架，如SiO_2、TiO_2等凝胶；(b)棒状或片状质点搭成网架，如V_2O_5凝胶、白土凝胶等；(c)线性大分子构成的凝胶，在骨架中一部分分子链有序排列，构成微晶区，如明胶凝胶、棉花纤维等；(d)线型大分子因化学交联而形成凝胶，如硫化橡胶以及含有微量二乙烯苯的聚苯乙烯都

属于此种情形。

四、凝胶的性质

1. 凝胶的膨胀作用

凝胶的膨胀作用,是指凝胶在液体或蒸气中吸收这些液体或蒸气时,使自身质量、体积增加的作用,该作用是弹性凝胶所特有的性质。凝胶的膨胀分为"无限膨胀"和"有限膨胀"两种类型。当质点间作用力弱时,凝胶吸收液体介质后体积增大,可溶解成溶液,则为无限膨胀;若质点间作用力强膨胀是有限的,则为有限膨胀。但是,这两种情况也不是绝对的,条件不同时,这两类膨胀的性质也可发生变化。

影响凝胶吸液膨胀的因素主要有以下几项。

(1) 温度。一般升高温度有利于膨胀,甚至可使某有限膨胀变为无限膨胀。

(2) 介质 pH 的影响。对结构单元为带电的大分子形成的凝胶(如蛋白质、纤维等),在大分子等电点附近膨胀最小,在 pH 酸性区和碱性区膨胀程度有最大值。利用这一特性可半定量地测定形成凝胶骨架物质的等电点。

(3) 盐的影响。主要是对阴离子的影响。

2. 离浆作用

高分子溶液或溶胶胶凝后,凝胶的性质并没有全部被稳定下来。随着时间的延续,凝胶的性质仍在继续变化的现象通常称为老化(aging)。凝胶老化的表现形式之一是离浆,也叫脱水收缩(syneresis)。离浆就是水凝胶在基本上不改变外形的情况下,分离出其中所包含的一部分液体,此液体是大分子稀溶液或稀的溶胶。

水凝胶的离浆作用是自发的过程,其离浆速度与粒子间距离成函数关系,因此也是浓度的函数。随浓度增高,粒子间距离缩短,离浆速度增大。从原则上说,离浆速度可表示为

$$\mu_{离聚} = \frac{dl}{dt} \tag{10-7}$$

式中 l——粒子间的距离;
t——时间。

$$U_{离浆} = \frac{dV}{dt} = K(V_{max} - V) \tag{10-8}$$

式中 V——时间 t 内分离出的液体体积;
V_{max}——能够分离出来的最大液体体积;
K——离浆常数。

显然,差值 $(V_{max}-V)$ 与浓度成正比。

3. 凝胶中的扩散作用

小分子在低浓度凝胶中的扩散速度与在纯介质液体中的基本相同;凝胶中分散相浓度增大,小分子的扩散也减小。大分子在凝胶中的扩散速度明显减小。

4. 凝胶中的化学反应

在凝胶中进行化学反应时,由于凝胶内部的液体不能自由流动,因而没有对流,所以

生成的不溶物呈现出一种特殊的现象。例如在 3.3% 的热明胶溶液内,加入少量 $K_2Cr_2O_7$ (含量为 0.1%),倒入试管中冷却。胶凝后,在凝胶上面倒入 $AgNO_3$ 溶液,几天后在试管中可见到褐色的 $Ag_2Cr_2O_7$ 沉淀,从上而下一层层地分布下来,而层与层之间是没有沉淀的空白区(图 10-3),这种现象最初是 Liesegang 发现的,称为 Liesegang 环。

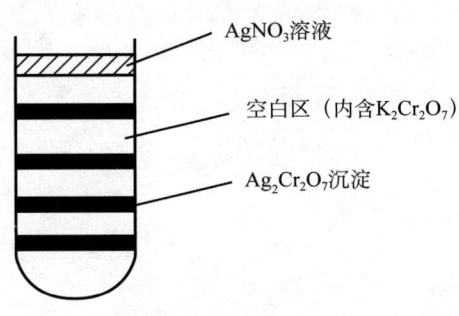

图 10-3　Liesegang 环

第二部分 胶体与界面化学在石油工业中的应用

第十一章　胶体与界面化学在油田钻井中的应用

胶体与界面化学和油气田开发有密切的关系,钻井时使用的钻井液是黏土颗粒在水中的分散体系,它是一个典型的胶体体系。钻井液必须具有一定的稳定性、滤失性、流变性、润滑性等,这些正是胶体与界面化学研究的内容。充分利用胶体与界面化学理论,对加快钻井速度,防止油层损害,提高油井产量有十分重要的作用。

第一节　液体钻井液的特点、应用及其添加剂

钻井液是钻井时用来清洗井底并把岩屑携带到地面、维持钻井操作正常进行的流体。

钻井液在钻井中至关重要,有钻井血液之称。目前使用的钻井液为分散体系,根据分散介质的不同可分为水基钻井液和油基钻井液。随着钻井技术的发展,钻井液的种类越来越多,但钻井液一般由下列组分组成:

(1) 液相:液相是钻井液的连续相,可以是水或油。
(2) 活性固相:包括膨润土、地层中存在的造浆黏土和有机膨润土。
(3) 惰性固相:惰性固相是钻屑和加重材料。
(4) 各种钻井液添加剂:根据使用要求,可以利用不同类型的添加剂配制性能各异的钻井液,并可对钻井液性能进行调整。添加剂实际上是用于调节活性固相在钻井液中的分散状态,从而达到调整钻井液性能的目的。

一、水基钻井液

水基钻井液被定义为以水为连续相的钻井液。

水基钻井液可进一步分为非抑制性钻井液和抑制性钻井液。

1. 非抑制性钻井液

非抑制性钻井液是以降黏剂为主要处理剂配成的水基钻井液。由于降黏剂通过拆散黏土粒子间结构起降低黏度和切力作用;这种钻井液具有密度高、滤饼致密而坚韧、滤失量低、耐高温的特点。

非抑制性钻井液要求钻井液中膨润土含量控制在10%以内,并随密度增加和稳定性升高而相应减少;还要求钻井液中盐的含量小于1%;pH值必须超过10,使降黏剂发挥作用。

虽然非抑制性钻井液密度高、滤饼致密而且坚韧、滤失量低、耐高温,但其性能不稳定,抑制性差,钻井速度慢时,地层容易坍塌,不能保护地层。非抑制性钻井液适用在一般地层打深井和高温井,但不适用于打开油层、岩盐层、石膏层和页岩层。

2. 抑制性钻井液

抑制性钻井液是以页岩抑制剂为主要处理剂配成的水基钻井液,由于页岩抑制剂可使黏土粒子保持在较粗的状态,因此这种钻井液又称为粗分散钻井液。

抑制性钻井液是为了克服非抑制性钻井液的缺点而发展起来的。这种钻井液可以按页

岩抑制剂的不同再进行分类，如钙处理钻井液、钾盐钻井液、盐水钻井液、聚合物钻井液、正电胶钻井液。

这里主要介绍聚合物钻井液和正电胶钻井液，它们与胶体界面化学的关系更为密切。

1）聚合物钻井液

聚合物钻井液是以聚合物为主要处理剂配制的水基钻井液。由于聚合物起到桥接作用，使钻井液中的黏土颗粒保持在较粗的状态，同时由于聚合物的吸附作用，使钻屑的表面受到吸附层的保护而不分散成更细的颗粒，因此用聚合物钻井液，可以有更高的钻井速度。

聚合物钻井液又称为不分散钻井液。根据使用的聚合物，又可以分为四类。

(1) 阴离子型聚合物钻井液。

阴离子型聚合物钻井液是以阴离子型聚合物为主要处理剂配成的水基钻井液。这种钻井液具有携岩能力强、黏土亚微米粒子少、钻头水眼处的黏度低、对井壁有稳定作用和对油气层有保护作用等特点。

这种钻井液适用于井深小于3500m、井温低于150℃地层的钻井。

(2) 阳离子型聚合物钻井液。

阳离子型聚合物钻井液是以阳离子型聚合物为主要处理剂配成的水基钻井液。由于阳离子型聚合物有桥接作用和中和页岩表面负电性作用，所以它有很强的稳定页岩的能力。此外，还可以加入阳离子型表面活性剂，它可以扩散至阳离子型聚合物不能扩散到的黏土晶层间起稳定页岩的作用。

这种钻井液适用于页岩层的钻井。

(3) 两性离子聚合物钻井液。

两性离子聚合物钻井液是以两性离子聚合物为主要处理剂配成的水基钻井液。由于两性离子聚合物中的阳离子基团起阳离子聚合物稳定页岩的作用，而阴离子基团则可以通过它的水化作用提高钻井液的稳定性，两性离子聚合物和其他处理剂的配伍性好。

这种体系的钻井液对于钻遇复杂地层时使用比较安全。

(4) 非离子型钻井液。

非离子型钻井液是一种以醚型聚合物为主要处理剂的水基钻井液，这种钻井液无毒，无污染，润滑性能好，防止钻头泥包和卡钻的能力强，对钻井液有稳定作用，对油气层有保护作用。

这种钻井液特别适合用于海上钻井和页岩层钻井。

2）制备

(1) 阳离子聚合物海水钻井液。

阳离子聚合物海水钻井液由预水化膨润土、烧碱、石灰、PAC-HV、PF-FLO、PF-CPS等组成。pH值为9～10。配制新浆时，先加其他处理剂对细分散的膨润土护胶，最后加阳离子聚合物；由于钻屑的吸附消耗，应经常向钻井液中补充阳离子聚合物，保持足够的浓度以维持体系的强抑制性。

这种钻井液用于中下部井眼段、地层水敏性强的井作业。

(2) 小阳离子聚合物海水钻井液。

小阳离子聚合物海水钻井液基本配方由预水化膨润土、烧碱、PAC-HV、PF-FLO、PF-JFC、PF-TEX。pH值为9～10。用于控制滤失量和泥饼质量的预水化膨润土，加入前用稀释剂如 PF-THIN 等进行处理护胶；配制新浆时，先加其他处理剂对细分散的膨润土护胶，最后加小阳离子。本体系的小阳离子聚合物对砂岩储层中的黏土矿物颗粒具有一定的抑制防膨作用。

这种钻井液一般作为特殊钻井液用于水敏性砂岩储层井段钻进。

(3) PF-PLUS 聚合物海水钻井液。

PF-PLUS 聚合物海水钻井液基本配方由预水化膨润土、烧碱、PAC-HV、PF-FLO、XC 等组成。pH 值为 8～9。烧碱和纯碱用于控制体系的 pH 和 Ca^{2+}、Mg^{2+} 浓度，体系 pH 值不宜过高，以防止 PF-PLUS 进一步水解失效；预水化膨润土用于控制滤失量和提高泥饼质量，可在配制新浆时加入，也可直接向井浆补充；生物聚合物黄胞胶（XC）用来提高钻井液的屈服值和切力。

这种钻井液用于中下部井眼段、地层水敏性强，井下复杂井作业。

(4) 聚合物海水钻井液。

聚合物海水钻井液由预水化膨润土、烧碱、PAC-HV 等组成。pH 值要求 9～10。加入烧碱和纯碱可降低钙、镁离子含量。调节预水化膨润土含量；加水稀释或用木质素磺酸盐、褐煤、PF-THIN 等处理可控制钻井液的黏切；增大 PAC-HV 量可提高钻井液的黏度；也可使用 SMP、SPNH 来控制滤失量。

这种钻井液一般用于上部大井眼段钻进，也可用于地层水敏性较弱的浅井作业。

3) 正电胶钻井液。

正电胶（MMH）钻井液以正电胶为主要处理剂。

正电胶钻井液由 MMH、钠土和水组成的结构体具有高切力、高动塑比的独特流变特性，使其悬浮和携带岩屑的能力明显优于其他水基钻井液，再配合使用碳酸钙粉进行加重并作暂堵剂，可有效地保护油气层。

正电胶是一种混合金属氢氧化物的晶体胶粒。其单元晶层由一层或数层为阴离子基团所围绕的混合金属相间重叠而成。在其层状结构中没有足够的空间容纳等电量的阳离子基团，因此正电胶晶体整体呈正电性。

目前，研究和应用的 MMH 主要是由二价金属离子和三价金属离子组成的具有类水滑石层状结构的氢氧化物，化学组成通式为

$$\left[M^{2+}_{1-X}M^{3+}_{X}(OH)_2\right]^{X+} A^{n-}_{X/n} \cdot mH_2O$$

式中，M^{2+} 是指二价金属阳离子，如 Mg^{2+}、Mn^{2+}、Fe^{2+}、Co^{2+}、Ni^{2+}、Cu^{2+}、Zn^{2+}、Ca^{2+} 等；M^{3+} 是指三价金属阳离子，如 Al^{3+}、Cr^{3+}、Mn^{3+}、Fe^{3+}、Co^{3+}、Ni^{3+}、La^{3+} 等；A 是指价数为 n 的阴离子，如 Cl^-、OH^-、NO_3^-、$COCl_3^{2-}$、SO_4^{2-} 以及有机阴离子，如 $RCOO^-$ 等，有时 A 也可以由几种阴离子组成；X 是 M^{3+} 的数目；m 是水合数。这类化合物也叫层状二元氢氧化物。我国油田现场大量应用的 MMH 正电胶产品主要是铝镁氢氧化物正电胶（Al-Mg MMH），也可称为氢氧化铝正电胶，主要成分是 Mg^{2+}、Al^{3+}、OH^- 和 Cl^-。

MMH 钻井液由于 MMH 胶粒具有很高的表面电荷密度，对水的极化能力很强，因而在黏土粒子之间的水被极化形成极化水链，形成空间网状结构，使整体保持良好的稳定性。

二、油基钻井液

油基钻井液被定义为以油为连续相的钻井液。

油基钻井液中还包含有水,并可按水的含量将油基钻井液分为两类:纯油相钻井液、油包水型钻井液。

1. 纯油基钻井液

油基钻井液中水含量小于10%的油基钻井液称为纯油相钻井液。配制纯油相钻井液的有机土是用季铵盐型表面活性剂处理膨润土制的。

固体表面吸附某些活性剂,可以使其表面由亲水(油)变成亲油(水),这种现象称为润湿反转。膨润土本身是亲水的,季铵盐型表面活性剂在膨润土颗粒上吸附,铵的非极性基的朝外,黏土由亲水变为亲油,这就是有机土。

制备有机土用到的表面活性剂:

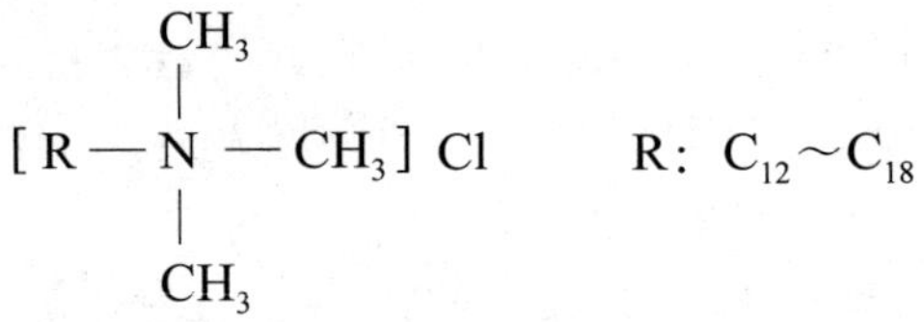

$$[R-N(CH_3)_3]Cl \qquad R: C_{12} \sim C_{18}$$

(烷基三甲基氯化铵)

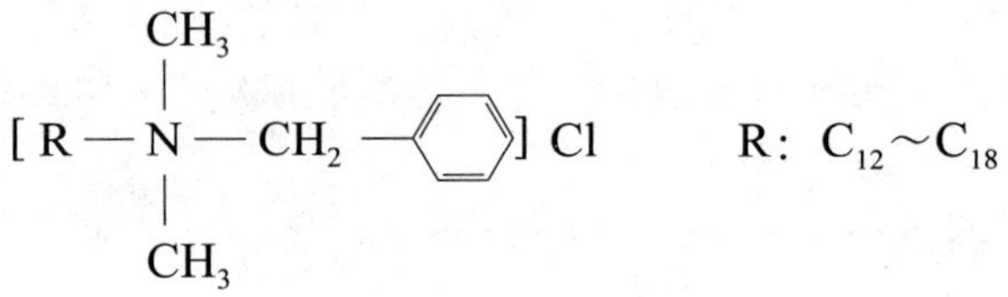

$$[R-N(CH_3)_2-CH_2-C_6H_5]Cl \qquad R: C_{12} \sim C_{18}$$

(烷基苄基二甲基氯化铵)

配制纯油相钻井液主要使用的处理剂为降滤失剂和乳化剂。纯油相钻井液有耐高温、防塌、防卡、防腐蚀、润滑性能好和保护油气层等特点,但缺点是成本高污染环境和不安全。纯油相钻井液适用于页岩层、岩盐层和石膏层的钻井。

特别适用高温地层钻井和打开油气层。

2. 油包水型钻井液

若在油基钻井液中加入水(含量大于10%)和油包水型乳化剂,就可以配成油包水型钻井液。

配制油包水型钻井液起乳化作用的表面活性剂:

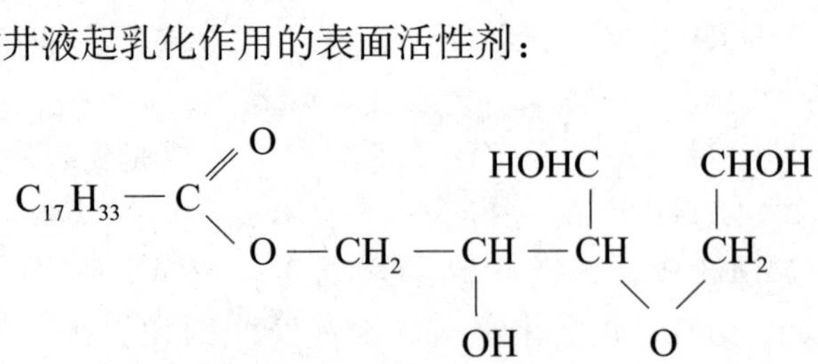

$$C_{17}H_{33}-C(=O)-O-CH_2-CH(OH)-CH(-O-)-CH(OH)-CH(OH)-CH_2$$

(山梨糖醇酐单油酸酯,Span 80)

$$C_{17}H_{33}-\underset{O}{\underset{\|}{C}}-O-[OH_2CH_2C]_m-OHC-CHO-\underset{\|}{\underset{O}{C}}-C_{17}H_{33}$$

$$\underset{O}{\underset{\|}{C}}-CH_2-CH-CH-CH_2$$

$$\underset{O}{\underset{\|}{C}}-C_{17}H_{33}$$

(山梨糖醇酐单油酸酯聚乙烯醚，Span 85)

$$\begin{matrix} R-\bigcirc-SO_3 \\ \diagdown \\ Ca \\ \diagup \\ R-\bigcirc-SO_3 \end{matrix}$$

(烷基苯磺酸钙)

配制油包水型钻井液的乳化剂在前面已有介绍。油包水型钻井液有纯油钻井液的特点，但它的成本低于纯油钻井液。

下面介绍了几种油基钻井液。

(1) VG-69 体系。

VG-69 是用一般的膨润土与阳离子表面活性剂进行交换后的产物——有机膨润土，交换的结果是使膨润土由亲水性变成了亲油性。它在宽失水型体系是主乳化剂和增胶剂，在传统型体系是辅助增黏剂。VG-69 溶在基础油中会产生黏度，并形成胶凝结构。

应用 VG-69 可用于油基钻井液，其特点是不伤害地层，特别适用于易膨胀的黏土层。

(2) VERSAHRP。

VERSA-HRP 是一种特别设计的聚酰胺类物质，可以增加屈服值和切力，但对塑性黏度影响不大，对任何体系都能提供剪切稀释作用，也可用于配备高黏度的携带液和隔离液，它本身不具有提黏作用，必须通过活性固相（如膨润土或岩屑）来达到提黏目的。VERSACLEAN 体系初配时一般都使用一些 VERSAHRP。

VERSA-HRP 作为一种油溶性表面活性剂，在钻井过程中，添加这种活性剂，不伤害油层，特别是在高钻速和高压条件下对钻井泥浆的流变性改变不大。

(3) VERSAMUL 体系。

VERSAMUL 体系是经过挑选出的乳化剂、润湿剂、增胶剂和稳定剂的混合物，这是传统型体系的基本添加剂，加入 VERSAMUL 的同时要加入等量的石灰来形成钙皂。另外必须保证有 3ug/kg 过量的石灰来使钙皂溶解。VERSAMUL 能形成极稳定的乳状液，并有很强的高温稳定性。

VERSAMUL 作为一种表面活性剂和各种聚合物以及黏土稳定剂的混合物，在钻高深井时使用，不仅能耐高温，而且能适应各种高盐条件下的地层条件。

三、钻井液的流变性

钻井液的流变性是重要的研究内容之一，它与优质、快速、安全钻井密切相关。现场使用的绝大多数钻井液是塑性流体。描述其流变特性的流变方程很多，常用的有下列三种：

$$宾汉方程：\tau = \tau_0 + \eta_p D \tag{11-1}$$

$$幂律方程：\tau = KD^n \tag{11-2}$$

$$卡森方程：\tau^{1/2} = \tau_c^{1/2} + \eta_\infty^{1/2} D^{1/2} \tag{11-3}$$

式中　τ——剪切应力；

D——剪切速率；

τ_0——宾汉屈服值或动切力（反映钻井液层流流动时，粒子间的相互作用力）；

η_p——塑性黏度（反映层流流动时，当钻井液中网架结构的破坏与恢复处于动态平衡时，悬浮粒子之间、悬浮粒子与分散介质之间以及分散介质间的内摩擦）；

K——稠度系数；

n——流型指数；

τ_c——卡森动切力；

η_∞——卡森黏度。

研究表明，η_∞ 与钻井效率有关，η_∞ 低有利于提高钻井效率，但有人把 η_∞ 看作钻头水眼处的黏度，这是不妥当的。因为 η_∞ 是由层流状态下测定的结果外推得到的，它不能代表钻头水眼处紊流状态时的黏度。

表观黏度（η_a）是描述钻井液流变性的一个重要参数，它是剪切应力与剪切速率的比值，其大小与剪切速率有关。为了统一标准，现场规定均在 D 为 $1022s^{-1}$ 下测定。表观黏度是由内摩擦引起的塑性黏度和内部结构对黏度的贡献（可称为结构黏度）两部分组成，其中塑性黏度不随剪切速率变化。

钻井液的 η_a 随 D 的增大而降低，这种现象称为剪切降黏作用，这是因为 D 增大时部分结构被破坏。钻井液应有良好的剪切降黏作用，在钻头水眼处，很大（$10000 \sim 100000s^{-1}$），所以 η_a 很低，可充分发挥钻井液对地层的冲击力；而在环形空间，D 较小（$10 \sim 500s^{-1}$），因而 η_a 高，有利于携带岩屑。静止时能迅速形成结构具有一定的切力，即触变性要好，以便有效地悬浮住岩屑。试验证明，MMH 钻井液具有极强的剪切降黏作用，静止时呈半固体状，有弹性，稍一扰动就变成流体可以流动，常称之为固/液双效性。τ_0 高而 η_p 和 η_∞ 很低，因而悬浮携带岩屑的能力很强，钻速很高，特别适合于钻定向井和水平井。

MMH 钻井液有携岩能力强、稳定井壁性能好、对油气层有保护作用的特点，故适用于易膨胀的黏土地层。

四、钻井液添加剂简介

钻井液处理剂分子一般都含有强的吸附基团，其通过吸附在黏土颗粒表面上而起作用的，它直接关系到钻井液胶体的稳定性、降虑失性、流变性、絮凝性等。

1. 钻井液降滤失剂

钻井液的滤失性对油气保护，井壁稳定和高渗层渗滤面上厚滤饼的形成有重要影响，可用降滤失剂来控制钻井液的滤失量。

常用的钻井液滤失剂：磺甲基褐煤（SMC）、羧甲基纤维素（CMC）、羧甲基淀粉（CMS）、预胶化淀粉、磺甲基酚醛树脂（SMP）、磺化褐煤树脂、水解聚丙烯腈的钠盐（或铵盐、钙盐）、丙烯酸、丙烯酰胺、丙烯酸钠和丙烯酸钙的多元共聚物（PAC）/超细碳酸钙等。

降滤失剂的作用机理有以下几点：

（1）吸附机理。降滤失剂可以通过氢键吸附在黏土颗粒表面，使黏土颗粒表面的负电性增加、水化层加厚，提高了黏土颗粒的聚结稳定性，使黏土颗粒保持较小的粒径并有合理的粒径大小分布，产生薄而韧、结构致密的滤饼，降低滤饼的渗透性。

（2）增黏机理。一般钻井液降滤失剂都是水溶性高分子，它们溶在钻井液中可以提高钻井液黏度，降低钻井液的滤失量。

（3）捕集机理。高分子的无规线团通过架桥而滞留在孔隙中，降低了滤饼的渗透率，减小钻井液的滤失量。

2. 钻井液流变性调整剂

钻井液在钻井中的一个重要功能是携带岩屑。为了减轻钻井液对岩壁的冲刷，一般控制钻井液在环空中上返速度为 0.5～0.6m/s，这时钻井液为层流。

钻井液流变性的调整主要调整钻井液的黏度和切力。钻井液黏度和切力过大使钻井液流动阻力过大、能耗过高，影响钻速等。钻井液黏度和切力过小，则会影响钻井液携带岩屑和井壁稳定。

可用调整钻井液中固体相含量的方法调整钻井液的黏度和切力，但它的使用有一定的限度，因为固体含量的变化会影响钻井液其他性能，因此可以用流变性调整剂调整钻井液的黏度和切力。

流变性调整剂有两类。

1）降黏剂。

目前常用的降黏剂有磺甲基化丹宁（SMT）、铁铬木质素磺酸盐（FCLS）、磺甲基化褐煤（SMC）、磺甲基化栲胶（SMK）、磺化苯乙烯－顺丁烯二酸酐共聚物（SSMA）、乙酸乙烯酯－顺丁烯二酸酐共聚物（VAMA）、聚丙烯腈胺盐（NH$_4$PAN）等。

降黏剂的主要作用机理：

（1）降黏剂可以吸附在黏土的带正电的边缘上使其反转成带负电荷，同时形成厚的水化层，从而拆散粒子间的边—面、边—边结构，放出包着的自由水。同时降黏剂的吸附还可以提高粒子的ζ电势，使粒子间相互排斥作用增强，从而削弱相互作用。

（2）低相对分子质量聚合物稀释剂与钻井液的主体聚合物形成氢键络合物时，因与黏土争夺吸附基团，可有效的拆散黏土与聚合物间的结构，同时能使聚合物形态收缩，减弱聚合物分子间的相互作用，降黏效果显著。

在钻井液中加入适量的电解质，如氯化钠、氯化钙后，其黏度和剪切力也会下降，这是由于很小的黏土颗粒聚结变大，颗粒数量减少的结果。这种使用试剂使胶体颗粒聚结变大，以致沉淀的过程叫聚沉。聚沉是胶体不稳定的主要表现。胶体粒子因吸附离子带电而稳定，若加入电解质过多，反而会使粒子聚结而析出。

2）增黏剂

目前主要使用的增黏剂有钠羧甲基纤维素、羟乙基纤维素、正电胶、黄胞胶、丙烯酸盐共聚物、聚丙烯酰胺、部分水解聚丙烯酰胺等。

增黏剂提高黏度和切力的机理：

（1）稠化。通过分子中极性基团的水化合分子间的相互缠绕，对钻井液中的水起稠化作用。

（2）吸附。通过黏土颗粒表面吸附，增加黏土颗粒体积，提高其流动时所产生的阻力。

（3）桥接。通过桥接，在黏土颗粒间形成结构，产生结构黏度。

3. 钻井液絮凝剂

钻井液的固相含量对钻井的速度影响很大，固相含量增加，钻井速度会显著降低。固相颗粒的大小对钻速也有影响，细颗粒越多，钻速下降越大。目前，现场多采用低固相不分散钻井液。

现场降低固相含量的方法有两种：一是机械法，二是加絮凝剂。絮凝剂可分为两类：

（1）全絮凝剂：同时絮凝钻屑、劣质土和蒙皂石。

（2）选择性絮凝剂：只絮凝钻屑和劣质土。

钻井液中常用的高分子絮凝剂（选择性絮凝）：非离子型，如聚丙烯酰胺、淀粉、糊精、聚氧乙烯；阴离子型，如部分水解聚丙烯酰胺、聚丙烯酸钠等；阳离子型，如聚氨烷基丙烯酸甲酯、聚乙烯烷基吡啶、聚乙烯胺、聚乙烯吡咯等；两性离子型，如动物胶、蛋白等。

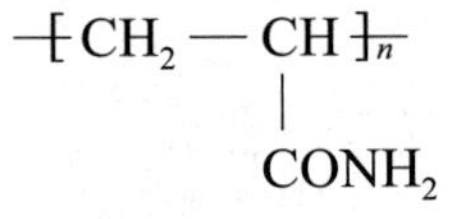

$$\mathrm{-\!\!+\!CH_2-CH\!\!+\!\!\!-}_n$$
$$|$$
$$\mathrm{CONH_2}$$

（聚丙烯酰胺，PAM）

$$\mathrm{-\!\!+\!CH_2-CH\!\!+\!\!\!-}_m \mathrm{-\!\!+\!CH_2-CH\!\!+\!\!\!-}_n$$
$$|\qquad\qquad\qquad |$$
$$\mathrm{CONH_2}\qquad\mathrm{COONa}$$

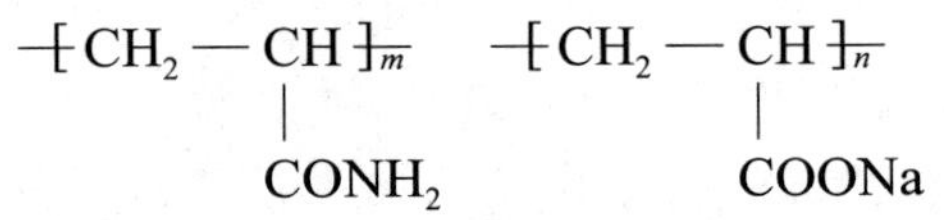

（部分水解聚丙烯酰胺，HPAM）

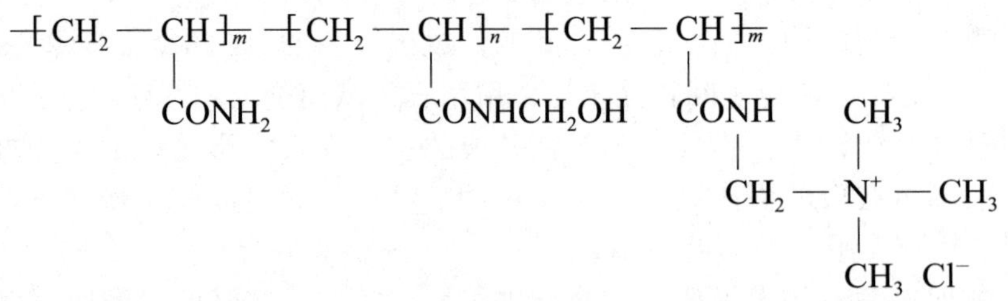

$$\mathrm{-\!\!+\!CH_2-CH\!\!+\!\!\!-}_m\mathrm{-\!\!+\!CH_2-CH\!\!+\!\!\!-}_n\mathrm{-\!\!+\!CH_2-CH\!\!+\!\!\!-}_m$$

CONH₂   CONHCH₂OH   CONH   CH₃
                              | |
                              CH₂—N⁺—CH₃
                                     |
                                     CH₃ Cl⁻

（丙烯酰胺、羟甲基丙烯酰胺与丙烯酰胺基亚甲基三甲基氯化铵共聚物、CPAM）

产生选择性絮凝的机理：钻屑和劣质土粒子的 ζ 电势低，而蒙皂石的 ζ 电势高。絮凝剂带负电，易在 ζ 电势低的钻屑和劣质土上吸附，通过桥联结构把粒子联在一起并聚集成团而下沉，絮凝剂在蒙脱土粒子上的吸附量较少，同时由于粒子间的静电排斥作用太大而不能聚集成团块；相反，由于桥联作用形成的空间网状结构，还能提高蒙脱土的稳定性。

4. 乳化剂

若在油基钻井液中加入水和油包水型乳化剂，就可以配成油包水型钻井液。

乳化剂是乳状液能否稳定的决定因素，配制油包水型钻井液的乳化剂主要是油溶性表面活性剂，如烷基苯磺酸钙、Span 80、Span 85、OP-4、OP-10、ABS、TW-20、TW-80、油酸钠等，部分结构式如下：

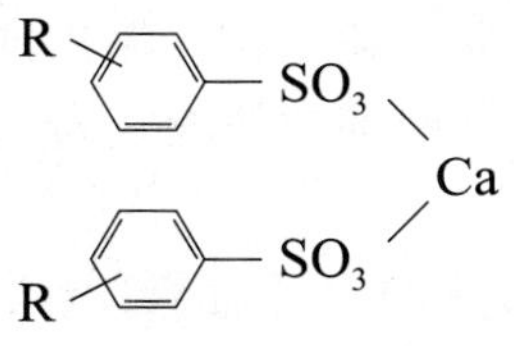

（烷基苯磺酸钙）

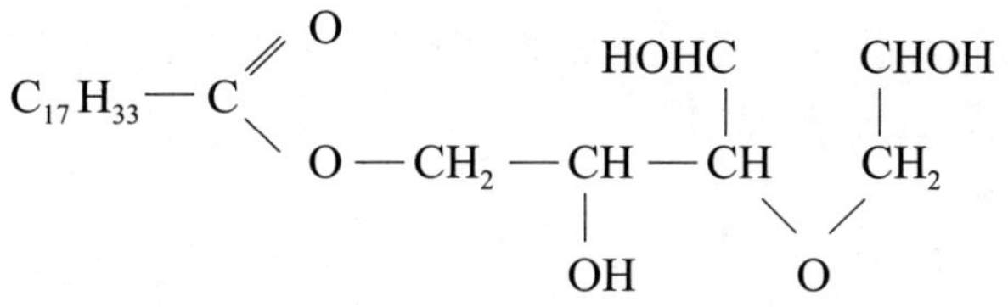

Span 80

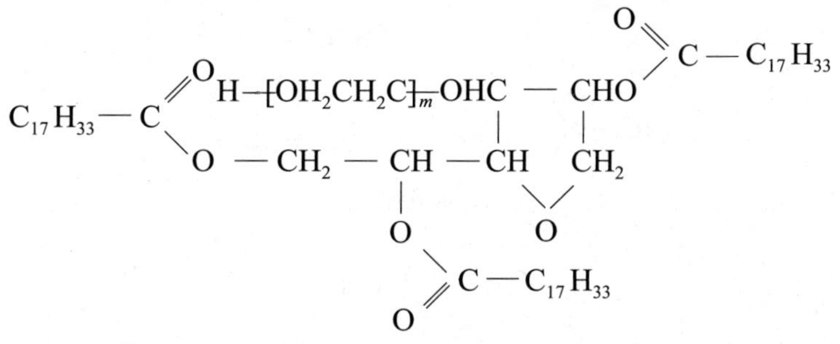

(Span 85)

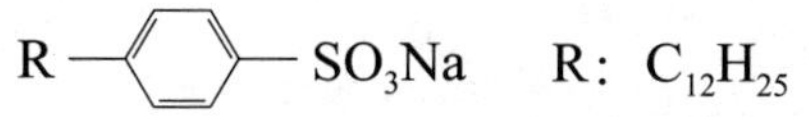

$R\text{—}\text{—}SO_3Na \quad R: C_{12}H_{25}$

(ABS)

$R\text{—}\text{—}O(C_2H_4O)_{10}H \quad R: C_8H_{17}$

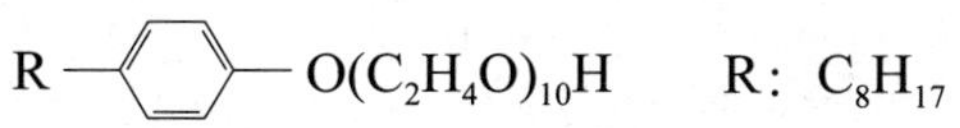

(OP-10)

乳化剂在乳状液中的主要作用：

(1) 乳化剂在油—水界面形成一种坚固的膜，液滴相碰时，不易合并变大，使乳状液稳定。

(2) 降低油水界面张力，使乳化剂富集，有利于形成较稳定的乳化剂层。

(3) 增加外相 (油相) 黏度, 以增加粒子碰撞的阻力, 从而提高乳状液的稳定性。

5. 页岩抑制剂

能抑制页岩膨胀和 (或) 分散 (包括剥落) 的化学剂称为页岩抑制剂。主要用于井壁稳定性的控制。

页岩抑制剂主要有以下几种。

1) 盐

这里的盐主要是无机盐, 如氯化钠、氯化铵、氯化钾、氯化钙等。当超过一定浓度时, 任何水溶性盐都有稳定页岩的作用。盐是通过压缩页岩表面扩散双电层的厚度, 减小 ζ 电势起稳定页岩的作用的。

在水溶性盐中, 稳定页岩效果最好的是钾盐和铵盐, 这是因为它们的阳离子粒径与黏土硅氧四面体底面由氧形成的六角氧环直径相近。当这些阳离子进入黏土层后, 可将被它中和了负电的黏土片紧紧的联在一起, 对页岩膨胀起抑制作用。

2) 阳离子型表面活性剂

能起到稳定页岩作用的阳离子型表面活性剂有烷基三甲基氯化铵、烷基氯化吡啶、环氧丙基三甲基氯化铵、苄基三甲基氯化铵。

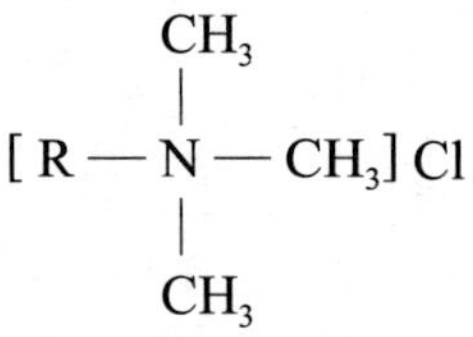

$$[R-\overset{\overset{CH_3}{|}}{\underset{\underset{CH_3}{|}}{N}}-CH_3]Cl \qquad R: C_{12}\sim C_{18}$$

(烷基三甲基氯化铵)

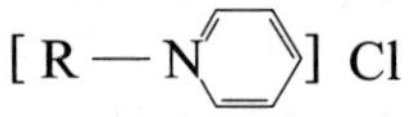

$$[R-N\bigcirc]Cl \qquad R: C_{12}\sim C_{18}$$

(烷基氯化吡啶)

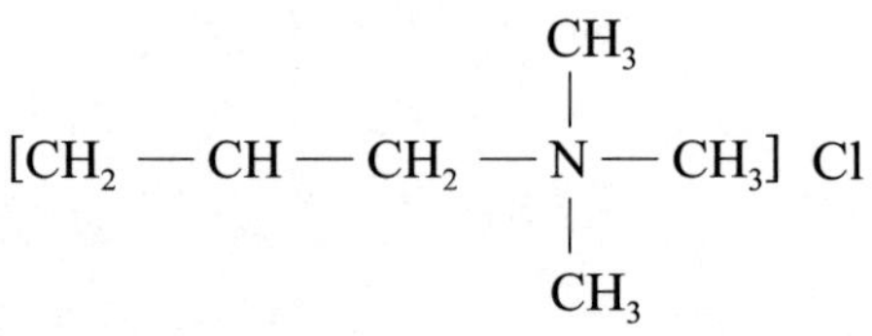

$$[CH_2-CH-CH_2-\overset{\overset{CH_3}{|}}{\underset{\underset{CH_3}{|}}{N}}-CH_3]Cl$$

(环氧丙基三甲基氯化铵)

$$[\bigcirc-CH_2-\overset{\overset{CH_3}{|}}{\underset{\underset{CH_3}{|}}{N}}-CH_3]Cl$$

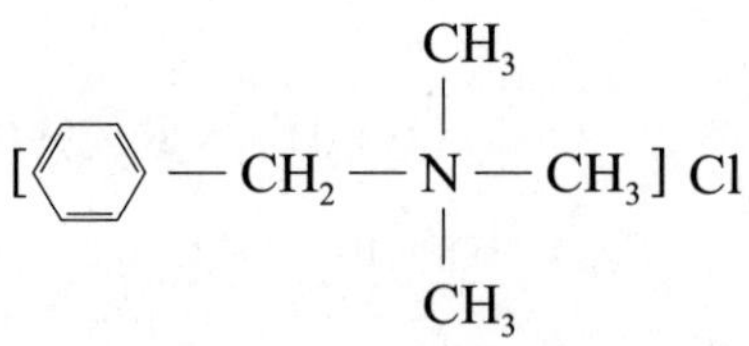

(苄基三甲基氯化铵)

阳离子型表面活性剂主要通过起活性部分的阳离子在页岩表面吸附, 中和了页岩表面的负电性, 并使页岩表面反转为亲油表面而起到稳定页岩的作用。固体表面吸附某些活性剂，可以使其表面由亲水（油）变成亲油（水），这种现象就是胶体界面化学中润湿反转。

3）阳离子型聚合物

具有页岩稳定作用的阳离子型聚合物有聚1，2-亚甲基氯化铵、聚2-羟基-1，3-亚丙基二甲基氯化铵、聚1，3-亚丙基氯化吡啶、聚二烯丙基二甲基氯化铵、聚对苄乙烯基三甲基氯化铵等。

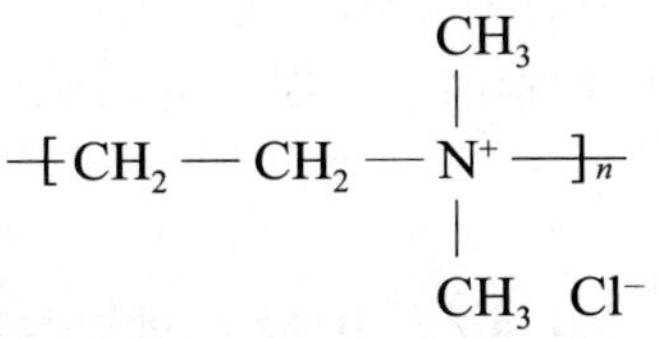

$$-[CH_2-CH_2-\overset{CH_3}{\underset{CH_3\ Cl^-}{N^+}}-]_n$$

（聚1，2-亚甲基氯化铵）

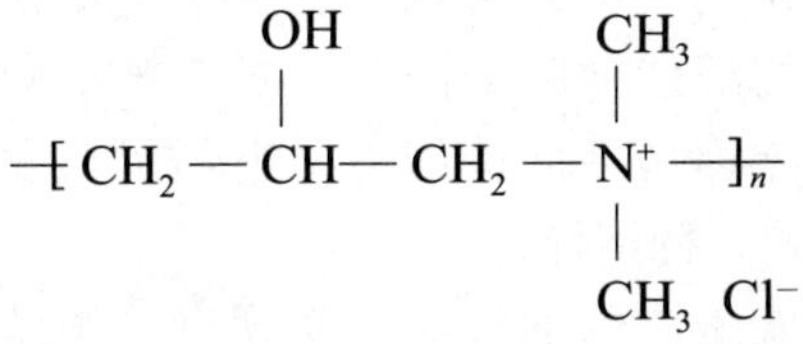

$$-[CH_2-\overset{OH}{\underset{}{CH}}-CH_2-\overset{CH_3}{\underset{CH_3\ Cl^-}{N^+}}-]_n$$

（聚2-羟基-1，3-亚丙基二甲基氯化铵）

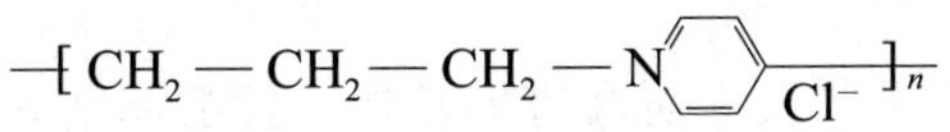

$$-[CH_2-CH_2-CH_2-N\bigcirc Cl\ ]_n$$

（聚1，3-亚丙基氯化吡啶）

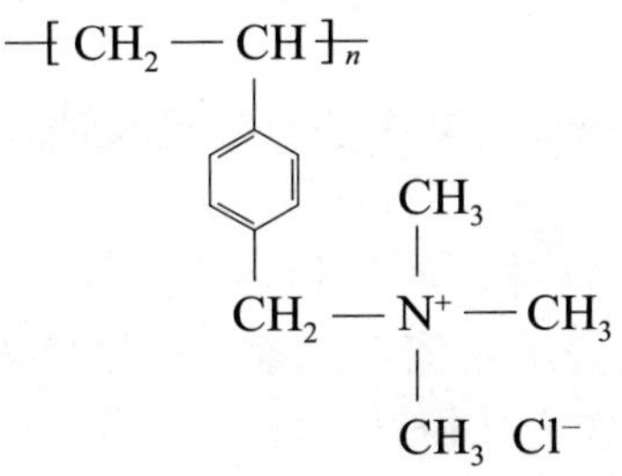

$$-[CH_2-CH]_n$$
$$\text{(聚对苄乙烯基三甲基氯化铵)}$$

（聚对苄乙烯基三甲基氯化铵）

阳离子型聚合物主要通过中和页岩表面的负电荷和黏土间通过桥接吸附起稳定页岩的作用。

4）非离子型聚合物

在非离子聚合物中，主要用醚型聚合物，如聚氧乙烯聚氧丙烯丙二醇醚。

一定浓度的醚型聚合物，在地面温度下是水溶的，但当温度升高到一定数值时，由于氢键的削弱而使醚型聚合物饱和析出，析出的醚型聚合物可以黏附在页岩表面，封堵页岩的孔隙，减小页岩与水的接触而起到稳定页岩的作用。

$$CH_3-CH-O-[C_3H_6O]_m-[C_2H_4O]_n-H$$
$$|$$
$$CH_2-O-[C_3H_6O]_m-[C_2H_4O]_n-H$$

(聚氧乙烯聚氧丙烯丙二醇醚)

5) 改性沥青

有两种重要的沥青改性产物：一种是氧化沥青，另一种是磺化沥青。

改性沥青也是通过它黏附在页岩表面，封堵页岩的孔隙，形成憎水油膜，减小页岩与水的接触而起到稳定页岩的作用。

第二节 泡沫钻井液的特点和使用

泡沫是气体分散在液相中的一种分散体系。当气泡被较厚的液膜隔开且为球状时，这种泡沫称为球体泡沫，就像内相是气体的乳状液。但在通常情况下，作为分散相的气体的体积分数非常高，气体被网状的液体薄膜分隔开，各个被液膜包围的气泡为保持压力的平衡而变形成为多面体，这种泡沫称为多面体泡沫。它们可自发地由球体泡沫经充分排液后形成。通常所讨论的泡沫是指后一种泡沫。

泡沫钻井液是为勘探开发低压渗透油气藏、实现近平衡钻井或负压钻井而开发起来的一项技术。由于泡沫钻井液具有密度低、黏度大、携砂能力强，能有效地解决低压、低渗、低漏地层的钻井难题，减少钻井液对地层的伤害，提高油气井的采收率，因此具有良好的应用前景。

近几年，我国泡沫钻井工艺技术研究进展较快，使泡沫钻井液欠平衡钻井的适应范围日趋扩大。新疆吐哈油田使用泡沫钻井液成功地完成了牛102水平井。2001年初，大港油田在定向井官新10-16井使用泡沫钻井液钻探砂岩油气层也取得成功。

一、泡沫流体简介

泡沫流体主要由气相和液相组成。其中还包括起泡剂、稳泡剂、增稠剂等添加剂。

1. 气相

用于钻探（井）工业的泡沫流体，其气相多为空气、天然气、氮气以及二氧化碳气。由于空气和天然气存在易燃、易爆等不安全因素，应尽量避免用于油、气井生产作业。此时，一般多采用氮气或二氧化碳作为气相。

2. 液相

在泡沫流体钻井中液相基本上可分位水基、醇基、烃基和酸基等四类。

1) 水基类

淡水、地层水或盐水均可用来配制泡沫。国外一些学者用地层水来配制泡沫，其发泡体积或能力低于淡水配制的泡沫，地层水或盐水配制的泡沫有助于防止地层黏土膨胀。因此，水基泡沫液相中常加入氯化钾或有机抑制剂、氢基铝或阳离子黏土稳定剂。为了降低滤失量增加泡沫稳定性，钻井液中常加入各种增黏剂。

水基泡沫配制方便，价格便宜，并且与线性或交联凝胶剂配合易形成稳定的泡沫，除了水敏性特强的地层外，一般均可广泛应用。

2）醇基类

由于醇基表面张力低，易于挥发等特点，使醇基泡沫适用于极易水锁及强水敏性地层，有利于保护油气层。但此类泡沫基液易燃，成本很高，施工不安全不方便，携岩能力差，且不适应在含沥青、石蜡的油气井中应用，因为在这些井中易形成固体沉淀，堵塞油层。

3）烃基类

用于烃荃的泡沫基液可以是原油或经加工后的柴油、煤油或凝析油。原油价格低廉，但含有石蜡、沥青，且不易形成稳定泡沫。炼制油与氨气容易棍合形成稳定的泡沫，但成本高，易着火，不安全，施工条件比较苛刻。烃基泡沫一般不易宜用于天然气井，因为可能改变润湿性和相对渗透率。

4）酸基类

一般有机酸、无机酸以及它们的混合物均可形成泡沫酸。一般常用盐酸、氢氟酸、甲酸、醋酸以及它们的混合酸作为基液。对基液可加增黏剂有助于泡沫的稳定。泡沫酸可用于含钙质砂岩或灰岩。目前国内研制的泡沫基本上是水基泡沫，也曾经在四川油气田采用过酸基泡沫。

3．起泡剂

在泡沫中虽然作为连续相的液体占的体积分数很小，但能否形成泡沫或决定泡沫稳定性的主要因素皆与液相的物理化学性质有关，仅靠一种纯液体要形成稳定的泡沫是很困难的，通常需加入第三种物质，一般是表面活性物质，才能形成泡沫，这种具有较好起泡性能的物质称为起泡剂。

起泡剂也称发泡剂，是常用的一种表面活性剂，它的分子结构由非极性的亲油（疏水）基团和极性的亲水（疏油）基团所构成，从而使其成为既有亲水性又有亲油型的双亲结构分子。亲油基可以是脂肪族烃基、脂环族烃基、芳香族烃基或带氧、氮等原子的脂肪族烃基和芳香族烃基；而亲水基一般为羧酸基、烃基、磺酸基、硫酸基、膦酸基、氨基、腈基、硫醇基、卤基、醚基等。

1）对起泡剂的要求

(1) 起泡性能好，泡沫基液与气体接触后可产生大量泡沫，即要求泡沫体积膨胀倍数高。

(2) 泡沫稳定性强，在较长时间的泵送剪切条件下，仍能保持泡沫的稳定性。

(3) 抗污染能力强，与储层岩石，液体及修井压井液配伍性好。遇到原油、盐水、碳酸盐及各种化学剂，也能保持其稳定性，在井下不发生各种化学沉淀等损害油气层的情况。

(4) 凝固点低，具有生物降解能力，毒性小。

(5) 能耐高温，在深井或地热井条件下仍能保持稳定性。

(6) 配制泡沫基液用量少，成本低。

(7) 起泡剂 HLB 在 9～15 范围内较好。

(8) 起泡剂制造原料充分，供应货源广泛。

2）起泡剂的类型

起泡剂的类型很多，根据来源分为两大类：一种是天然起泡剂，它们多数都是低分子极性有机化合物，在很早以前人们就发现它们有优良的起泡性能，但目前很少使用这种泡沫剂；另一种是人工合成起泡剂，根据其表面张力大小，分为两类：一类是表面活性能力较小的泡沫剂，多数都应用在冶金行业中的矿石浮选方面；另一类是表面活性能力较大的泡沫剂，也是泡沫钻进中使用得最多的一类起泡剂。

泡沫钻井液使用的起泡剂多以阴离子型、非离子型、复合型及高聚物型起泡剂，而两性型及阳离子型起泡剂则很少在泡沫钻井中使用。

(1) 阴离子型起泡剂。

阴离子型起泡剂类型很多，目前使用在泡沫钻井液中的起泡剂多数都是属于此类，常见的有羧酸盐、硫酸盐、磺酸盐几种。

①羧酸盐这种类型的泡沫剂使用最早，如日常使用的肥皂就属于此类。其特点是起泡能力较低，抗钙镁离子的能力较差，且受pH值的影响较大，在高钙镁离子及低pH之环境下生成不溶物，但其价格较便宜。

②硫酸盐这种类型的泡沫剂广泛使用在日用化工行业，其代表性的是十二烷基硫酸钠（SDS）。这种类型的泡沫剂起泡能力和泡沫量较高，但是其溶解性较差，不易制成高浓度的水溶液，且在富含钙、镁的环境下，发泡能力下降，稳定性较差，其原因是其碱土金属盐不溶于水。

③磺酸盐这种类型的泡沫剂是洗衣粉中的主要成分，其代表性化合物是十二烷基苯磺酸钠（ABS）。这种类型的泡沫剂发泡能力和泡沫量都很高，溶解性好，耐酸碱，其碱金属及碱土金属盐均溶于水，故抗钙镁能力很强。直链的烷基苯磺酸盐生物降解性达94%～97%，是目前泡沫钻井液中经常使用的代用品。

(2) 非离子型起泡剂。

非离子型泡沫剂非离子型起泡剂由于在水中不电离，所以这种泡沫剂的最大优点是有很高的抗盐抗钙能力，不受水质及pH值的影响，应用范围比较广泛。很多性能超过离子型泡沫及泡沫钻进技术的理论与实践起泡剂，其最大的缺点是溶解速度慢，需要加入大量的助溶剂。

在泡沫钻进中常用的是脂肪醇聚氧乙烯醚、烷基酚聚氧乙烯醚、聚氧乙烯烷基酰醇胺和氧化叔胺类。泡沫钻进常用脂肪醇聚氧乙烯醚和烷基酚聚氧乙烯醚两种。

(3) 复合型起泡剂。

复合型起泡剂是最近几年才发展起来的一种新型起泡剂，由于其性能优越，所以其应用范围日益扩大。复合型起泡剂是在阴离子型起泡剂的亲水基和亲油基之间插入具有一定极性的亲水基团。常加入的是聚氧乙烯醚。由于这种基团的加入，无论在溶解性、分散性、耐低温性、起泡能力，还是在抗硬水性上都是优良的，且其生物降解能力较好，可以在两三天内完全降解而不污染环境。

(4) 高聚物型起泡剂。

高聚物型泡沫剂这种泡沫剂在泡沫钻进中应用还不大广泛，只在国外有报道。这种泡沫剂的相对分子质量约3000～5000，其特点是在一个长链上有多个亲水基团和极性基团，其起泡能力很强。由于相对其分子质量很大，稳泡时间较长，不受钙镁的侵蚀、排水效果很高，缺点是合成工艺复杂，成本较高。这种类型的泡沫剂有$N-(4,4')-$二甲基$-2-$丁酮基丙烯酰胺、丙烯酰胺和丙烯酸钠共聚物等。

泡沫钻井液常用的起泡剂：

$$R-\!\!\left\langle\bigcirc\right\rangle\!\!-O(C_2H_4O)_{10}H \qquad R: C_8H_{17}$$

（辛基酚聚氧乙烯醚，OP-10）

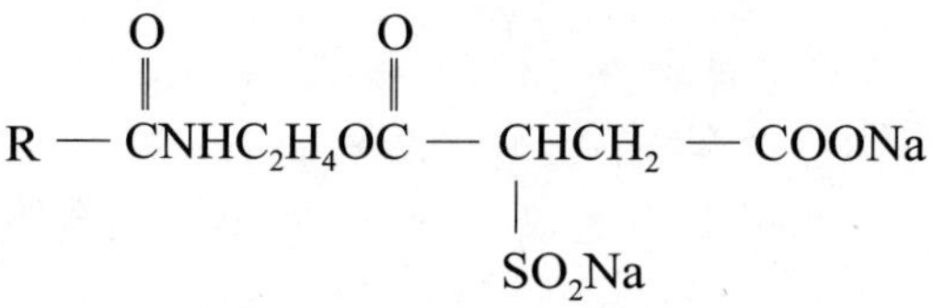

$$\text{R—CNHC}_2\text{H}_4\text{OC—CHCH}_2\text{—COONa}$$
$$\underset{\text{SO}_2\text{Na}}{|}$$

(椰子油基单乙醇酰胺磺化琥珀酸酯二钠盐，F842)

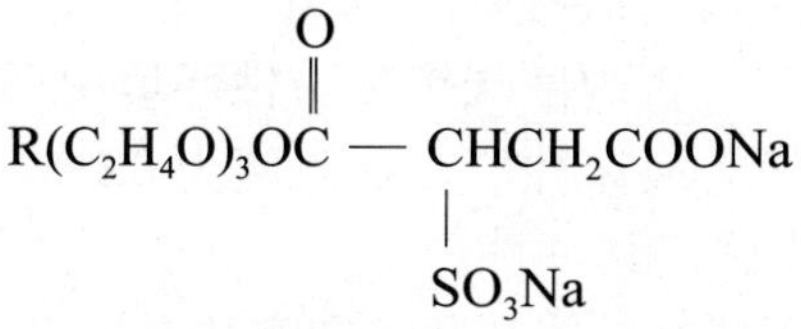

$$\text{R(C}_2\text{H}_4\text{O)}_3\text{OC—CHCH}_2\text{COONa}$$
$$\underset{\text{SO}_3\text{Na}}{|}$$

(F842 和脂肪醇醚磺化琥珀酸二钠盐混合物，F843)

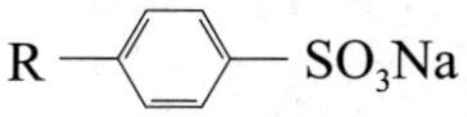

R—⟨C₆H₄⟩—SO$_3$Na   R：$C_{12}H_{35}$

(烷基苯磺酸钠，ABS)

ROSO$_3$Na   R：C_{12}、C_{14}

(十二醇硫酸钠或烷基硫酸钠 K12)

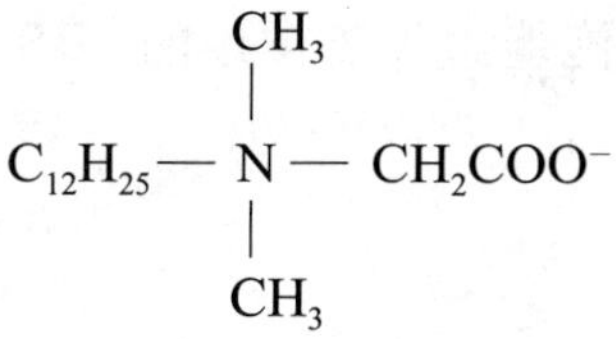

$$C_{12}H_{25}\text{—}\underset{\underset{CH_3}{|}}{\overset{\overset{CH_3}{|}}{N}}\text{—CH}_2\text{COO}^-$$

(十二烷基二甲基甜菜碱，BS-12)

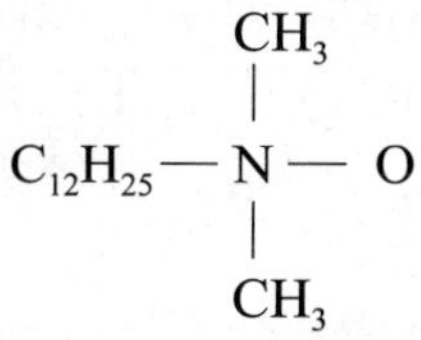

$$C_{12}H_{25}\text{—}\underset{\underset{CH_3}{|}}{\overset{\overset{CH_3}{|}}{N}}\text{—O}$$

(十二烷基二甲基氧化胺，OB-2)

R—（C_2H_4O）OSO$_3$Na

(脂肪醇醚硫酸钠，ES)

RO（C_2H_4O）$_3$H·N（C_2H_4OH）$_3$

(脂肪醚三乙醇胺盐，TA-40)

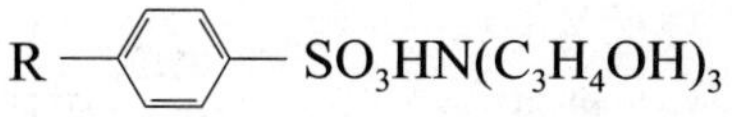

R—⟨C₆H₄⟩—SO$_3$HN(C$_3$H$_4$OH)$_3$

(三乙烷基苯磺酸盐三乙醇胺盐，ABS)

$$\text{R}-\overset{\overset{\displaystyle O}{\|}}{\text{C}}-\underset{\underset{\displaystyle CH_3}{|}}{\text{N}}-\text{CH}_2-\text{CH}_2-\overset{\overset{\displaystyle O}{\|}}{\underset{\underset{\displaystyle O}{\|}}{\text{S}}}-\text{OM} \qquad \begin{array}{l} \text{R}: C_9 \\ \text{M}: 碱金属或铵的阳离子 \end{array}$$

(N-酰基-甲基牛磺酸盐，lgepoh TN-74)

中国石油大学（华东）的王彦玲教授等人利用 N-[3-（二甲基氨基）-丙基]全氟辛基磺酰胺（NFA）与2-羟基-3-氯丙磺酸钠在碱性环境中反应，得到了磺基甜菜碱氟碳表面活性剂（FS）。FS具有良好的泡沫性能，在浓度为0.1%下即可产生较大的泡沫高度，而且其耐盐性较好，同时具有很强的耐油性。

中国石油大学（华东）的王成文等人采用环氧氯丙烷在TTA路易斯酸催化作用下分别与正辛醇、正癸醇和正十二醇发生开环反应，再与亚硫酸氢钠在高温条件下发生磺化反应，合成出一系列烷基甘油基醚磺酸钠（AGS）表面活性剂 AGS-12、AGS-10 和 AGS-8。AGS表面活性剂可耐250℃高温，无论是在5%NaCl或5g/L Ca^{2+} 的盐水溶液中，还是在15%柴油或原油的高含油溶液中都具有良好的起泡性能。

西安石油大学的余海棠等人从几种常见的聚氧乙烯醚系列中选择脂肪醇聚氧乙烯醚作为原料，采用合适的磺化剂并在催化剂的作用下进行磺化反应制得起泡剂主剂（AEO），此主剂为一种高抗油起泡剂，而且AEO成本低廉，具有广泛的应用前景。

西南石油大学的杨燕等人以环己烷为溶剂，以月桂醇和邻苯二甲酸酐为原料，得到了一种新型起泡剂PAS。PAS的起泡能力优于常用的SDS和ABS起泡剂，70℃时PAS的临界胶束浓度0.2%时，起泡高度可达180mm以上，PAS被认为是一种性能优良的高效起泡剂。

4．稳泡剂

为了形成稳定的泡沫，通常还需加入一些助表面活性剂，使已形成的泡沫更加稳定，该类物质称为稳泡剂。

稳泡剂不但能够提高泡沫的寿命周期，还能使泡沫在钻井液体系中稳泡存在。而泡沫的稳泡性，有表面张力的作用、内外压力差的作用，此外，还有气泡膜的弹性与韧性的作用。从分子构成的角度来说，高相对分子质量、高密集度的分子结构、复合网络状的泡沫稳定性比较好。

常用的泡沫稳泡剂主要有脂肪酸乙醇酰胺、N-烷基亚氨二醋酸钠盐、烷基甜菜碱磺酸盐、聚丙烯酸及其衍生物、月核酸二乙醇胺等。

与形成稳定乳状液的条件有许多相似之处，要得到稳定的泡沫关键是要形成有一定机械强度的气—液界面膜。因此一些蛋白质，天然大分子不单是很好的乳化剂，也是很好的泡沫稳定剂。泡沫虽是不稳定体系，但有合适的稳定剂，并在不受外界干扰的情况下，有的泡沫寿命可达数天，甚至数月。

5．增稠剂

增稠剂是一种广泛使用的添加剂，主要能够改善和增加流动状态、胶状物质等的黏稠度，同时具有稳定流体结构或使液体中的同态颗粒呈悬浮状态的作用，有其特定的的流变学性质，能够提高泡沫液体相的阻滞性能，更能有效地起到阻塞、防漏失的作用。

二、泡沫钻井液的特点

作为一种低密度钻井流体,泡沫钻井液具有以下优点:

(1) 有利于提高钻井速度。

由于液柱压力的降低使井底被钻头破碎的岩石压持效应减小,从而有利于提高钻速。另外,由于采用泡沫流体钻进能在井底岩缝中形成一个振动的液层,类似于沸腾层。这个振动液层的脉冲波动能量,使岩石沿缝崩裂,形成的岩屑脱离井底并处于振动状态。这种作用称为穴蚀。穴蚀作用是泡沫钻井液提高钻速的一个重要原因。

(2) 携带能力强。

泡沫流体因黏度高而具有较强的固体携带能力,往往是单一液相的几倍甚至十倍以上,可大大避免岩石的重复破碎,改善井眼净化条件。除了携岩能力外,泡沫可以驱替出井下大量的侵入流体。在侵入水为 75bbl/min 时,仍可有效地进行泡沫钻井作业。而且,携岩能力提高使得需要的钻压小,允许钻速较大,单只钻头进尺较深。

(3) 有利于防止井漏。

由于液柱压力低,加上泡沫体系密度和压力可调,有可能使钻进中的泡沫流体密度低于地层压力系数,或使循环当量密度低于易漏薄弱地层的破裂压力,从而减小井漏的概率和程度。

(4) 有利于减少产层污染、提高油气产量。

由于泡沫柱压力很低,钻井液渗入地层的深度和污染程度都大为减小,不易堵塞产油气层,对于保护低压油气储层非常有利。

(5) 泡沫钻井控制灵活。

泡沫是最有效的低密度钻井液,在地面就能容易地控制液体和气体的体积分数,以控制井底压力,实现有效地钻井。

钻井用泡沫剂的使用条件比其他领域泡沫的应用更加复杂。为了把岩屑连续不断、有效地从孔内携带到地表、冷却钻头和润滑钻具,泡沫由地表产生到输送到孔底,到返排到地面的过程中,不仅压力变化,温度也变化,而且始终处于流动状态,还不断遭受着剪切和扰动。因此不仅研究方法应具有针对性,选择的钻探用泡沫剂也必须具备一些特殊性质,以满足钻井的需要。对泡沫剂的筛选、工艺的完善,必须建立在对泡沫钻井过程的有针对性的研究基础上。

三、泡沫钻井液的关键技术

泡沫钻井液与起泡剂和稳定剂的结构有关,而起泡体系的耐油性与各种物质在泡沫界面的吸附状态有关。其关键技术是:耐温耐盐耐油的泡沫才能用在泡沫钻井上。

选用具有枝型结构的发泡剂和具有耐盐、耐温结构的起泡剂和稳定剂制备微泡体系,可使其具有好的耐盐、耐高温老化的性质。选择适当的无机有机物质进行复配,可在泡沫界面形成亲油但是不溶油的弱极性界面吸附层,使体系有很好的耐油性。辛寅昌、王晓东研究的耐温耐盐耐油微泡钻井液体系的实质性影响,对泡沫钻井液应用提供了理论依据和应用方法:研究并测试了不同起泡剂、稳定剂及黏土对耐盐耐温耐油微泡钻井液的影响。实验发现,由 DM5512、甜菜碱、烷基糖苷、1631 混合制备成了离子型复合起泡剂 QR-1,由 HPMC、SMP-Ⅱ和 SP-8 混合制备成了稳定剂 WD-1。实验评价了由 QR-1、WD-1

和黏土在矿化度为 10×10^4mg/L 的基液中配制的微泡钻井液的耐盐、耐高温老化和耐油性能，证实了以上结论并探讨了其机理。

第三节　钻井液制备举例

油田钻井液在各种地层条件下具有稳定的性质是钻井成功的关键，因此选择合适的钻井添加剂和钻井液配方是至关重要的。

一、利用低相对分子质量两性离子聚合物配制钻井液体系

我们已知，高相对分子质量和低相对分子质量两性离子聚合物的区别是：高相对分子质量两性离子聚合物对黏土颗粒具有较强的桥联絮凝作用，能形成大的不均匀的絮凝团状物沉淀，而低相对分子质量两性离子聚合物由于分子小，对黏土颗粒絮凝的能力弱，有较好的吸附能力，所以絮凝物会是小而均匀的稳定的悬浮颗粒。可以把这种性质应用到钻井液体系中，使钻井液中的分散颗粒保持一定的粒度，不仅能提高钻井液的稳定性，而且还可以控制钻井液的滤失量，具有好的降失水性能。

众所周知，阴离子活性物可以稳定带负电性的黏土分散体系，但是会造成地层中的黏土运移；而阳离子虽然可以稳定地层，但是会破坏黏土分散体系的稳定性。所以阴离子和阳离子活性物在泥浆中的使用始终是矛盾的，分散与抑制也总是相互矛盾的，二者同时存在并且相互作用。因此研究一种可以协调阴、阳离子的两性基团，能够解决同时稳定钻井液与地层之间的矛盾，是保证钻井液体系具有良好性能的关键技术。

引入阳离子单体的两性离子聚合物，在保证降滤失性能的前提下，能增强泥浆体系对地层的抑制性。因其独特的分子结构和良好的应用性能，越来越多的在钻井工业中得到应用。前人对低相对分子质量两性离子聚合物钻井液的研究比较注重于合成过程，探索合成了多种二元、三元和四元两性离子聚合物。相对分子质量大的多元聚合物的合成相对比较容易，原因是链反应一旦引发后便难以控制在低相对分子质量状态，所以相对分子质量较低的多元共聚两性离子聚合物的合成反应难度相对较大。

目前文献报道合成两性离子聚合物大多选用丙烯酰胺(AM)做共聚的主体，阴离子单体大多选用 2-丙烯酰胺基-2-甲基丙磺酸(AMPS)或 2-丙烯酰氧基-2-甲基丙磺酸(MAOPS)等，可选择的阳离子单体比较多，常用的阳离子单体有甲基丙烯基酰氧乙基三甲基氯化铵(DMC)、二甲基二烯丙基氯化铵(DMDAAC)和 N-乙烯基-2-吡咯烷酮(NVP)等，对合成出的产物也进行了多方面的表征和评价，但是对于低相对分子质量两性离子聚合物在钻井液体系中起到的协调作用和其稳定钻井液体系的机理研究较少。我们在前人大量合成工作的基础上合成出了具有一定低相对分子质量的三元共聚物，结合低相对分子质量两性离子聚合物同时带有的正、负电基团的特殊结构，探讨了其如何在钻井液体系中起到协调稳定作用。

1. 合成实验
1) 低相对分子质量两性离子聚合物主要原料和结构

聚丙烯酰胺，丙烯酰胺（AM），阴离子单体如 2-丙烯酰胺基-2-甲基丙磺酸（AMPS），阳离子单体如甲基丙烯基酰氧乙基三甲基氯化铵（DMC）。

$$CH_2=CH-\overset{O}{\underset{\|}{C}}-NH-\overset{CH_3}{\underset{CH_3}{C}}-CH_2SO_3H$$

阴离子单体 AMPS 结构

$$H_2C=\overset{CH_3}{\underset{\|}{C}}-\overset{O}{\underset{\|}{C}}-O-CH_2-CH_2-\overset{CH_3}{\underset{CH_3}{N^+}}Cl^-$$

阳离子单体 DMC 结构

2) 低相对分子质量两性离子聚合物的合成方法

称取适量 AMPS 配成 50% 的水溶液，待 AMPS 完全溶解后，按投料比加入 AM，待 AM 完全溶解后再加入适量阳离子单体，用 20% NaOH 溶液调节体系 pH 至中性，控制温度在 25℃，分别加入一定量的引发剂过硫酸钾和亚硫酸氢钠，逐步升温至 35℃，同时通入氮气 5～15 min，将体系密闭，反应一段时间后得黏稠状产物。产物经剪切造粒，在 90℃ 下烘干粉碎，即得粉末状低相对分子质量两性离子聚合物 (LADA)。

3) 钻井液用盐水泥浆的配制

根据钻井液用合成聚合物通用技术条件规定配制盐水基础泥浆：量取 350 mL 水于高搅杯中，加入 16.0gNaCl，2.6g 无水 $CaCl_2$，6.9g$MgCl_2$，待其溶解后加入 52.5g 钙膨润土和 3.15 g 无水 Na_2CO_3，高速搅拌 20 min，其间至少停两次，以刮下黏附在容器壁上的黏土，在 24℃ ±3℃ 条件下密闭养护 24h。测其 API 滤失量为 77mL，符合基浆滤失量控制在 70～80mL 的要求。

2. 实验结果讨论

1) 确定 LADA 相对分子质量

固定单体配比，合成一系列引发剂含量不同的产物。根据水基钻井液现场测试程序及钻井液用合成聚合物通用技术条件规定，用六速旋转黏度计测定质量分数为 1% 的合成产物溶液表观黏度，通过与质量分数 1% 的 PAM（300×10^4 相对分子质量）溶液表观黏度进行比对，计算出 LADA 相对分子质量。两性离子聚合物相对分子质量从几万到上千万，相对分子质量大的产物会导致泥浆大块絮凝，影响体系的稳定性，而相对分子质量太小的产物又起不到有效降滤失和稳定体系的作用。综合考虑，最终选定了相对分子质量为 115×10^4 的 LADA，其单体配比为 $n(AMPS):n(AM):n(DMC)=2:5:1$，单体质量分数为 30%，引发剂含量占单体质量的 0.05%，其中 $n(K_2S_2O_8):n(NaHSO_3)=1:1$。以下评价均用该配比合成的产物进行。

2) 不同温度不同密度条件下对钻井液滤失量的影响

(1) API 滤失量分析。

根据水基钻井液现场测试程序规定，用钻井液失水量测定仪 ZNS–2 型在室温、690kPa 条件下测定含有已筛选出的 LADA 并经过高温老化后的无配重钻井液的 API 滤失量（表 11–1）。

表 11–1 API 滤失量

编号	SMP/g	FCLS/g	PAC–LV/g	LADA/g	室温中压滤失量 /mL
0	2.4	0.1	1.0	0	69.6
1	2.0	0.2	1.0	0.3	48.2
2	2.1	0.1	1.0	0.3	34.6

续表

编号	SMP/g	FCLS/g	PAC–LV/g	LADA/g	室温中压滤失量 /mL
3	2.1	0.1	1.0	0.6	20.0
4	2.1	0.1	1.0	0.9	16.6
5	2.1	0.1	1.0	1.2	14.0

注：磺甲基酚醛树脂（SMP），自制。铁铬木质素磺酸盐（FCLS），濮阳中原三力实业有限公司生产。PAC–LV，山东一腾化工有限公司生产。

由表 11–1 可以看出，在其他处理剂含量基本不变的情况下，是否添加 LADA 和加量的多少对泥浆的 API 滤失量影响显著，而且随着加量的增多，配制的钻井液经高温老化后的 API 滤失量明显降低，但是 4 号与 5 号配方相比 API 滤失量变化已经不大。

图 11–1　热滚后 0 号配方的微观状态

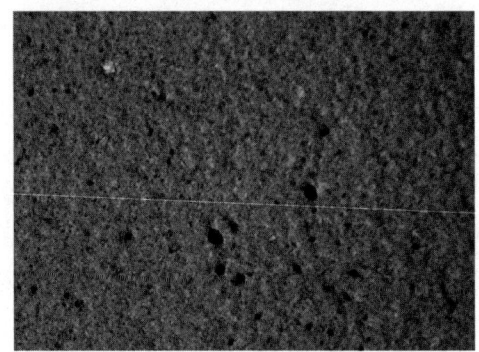

图 11–2　热滚后 5 号配方的微观状态

对比图 11–1 与图 11–2 可以清楚地发现，配制的含有 LADA 的钻井液体系经高温老化后明显比未添加 LADA 的钻井液体系更加均匀，从而保证钻井液体系更加稳定。综合对比表 11–1 及图 11–1、图 11–2 发现，LADA 确实对降低钻井液体系的 API 滤失量以及提高钻井液体系的稳定性起到了重要作用。

（2）高温下不同密度钻井液配方及流变性分析。

不同密度钻井液配方如表 11–2 所示。

表 11–2　不同密度钻井液配方

处理剂名称	6 号	7 号	8 号	9 号
已维护膨润土 /%	27.627	27.627	27.627	27.627
复合降滤失剂 /%	12.492	12.492	12.492	12.492
抑制剂（有机盐，钾盐）/%	17.2	17.2	17.2	17.2
降黏分散剂 /%	1.92	1.92	1.92	1.92
LADA/ %	1.15	1.15	1.15	1.15
润滑剂（沥青粉）/%	4.60	4.60	4.60	4.60
活性褐煤树脂 /%	6.52	6.52	6.52	6.52

续表

处理剂名称	6号	7号	8号	9号
水/%	28.5	28.5	28.5	28.5
重晶石加重密度/（g/cm³）	1.65	1.83	2.20	2.51

注：6号密度为1.65g/cm³时的配方加重剂和其他处理剂总量的质量比例是1.7:1；

7号密度为1.83g/cm³时的配方加重剂和其他处理剂总量的质量比例是2.5:1；

8号密度为2.20g/cm³时的配方加重剂和其他处理剂总量的质量比例是3.5:1；

9号密度为2.51g/cm³时的配方加重剂和其他处理剂总量的质量比例是5.5:1。

由表11-3可以清楚地发现，配制的含有LADA的钻井液体系经高温老化后的流变性和高温高压滤失量稳定。这说明添加LADA改善了处理剂间的相容性，不仅提高了高温下钻井液体系的稳定性，而且对降低高温下不同密度的钻井液滤失量有显著效果（图11-3、图11-4），能够满足深井钻井要求。

表 11-3 流变性能

编号	处理阶段	ρ/(g/cm³)	AV/(mPa·s)	PV/(mPa·s)	YP/(Pa)	G/(10s/10min)	动塑比	FL_{HTHP}/mL (3.5MPa)
6号	热滚前	1.65	41	37	4	0.5/1.75	0.108	0.2
	180℃热滚16h后	1.65	27	25	2	0.5/4	0.08	5
7号	热滚前	1.83	55	50	5	0.75/11	0.1	
	180℃热滚16h后	1.83	40	36	2	1/3.5	0.056	0.5
8号	热滚前	2.20	88	70	9	10.75/30	0.257	0.5
	180℃热滚16h后	2.20	28.5	71	11.5	4/9.5	0.162	7
9号	热滚前	2.51	108	92	16	3.5/15.5	0.174	—
	180℃热滚16h后	2.51	70	66	4	1/3.5	0.061	3.5

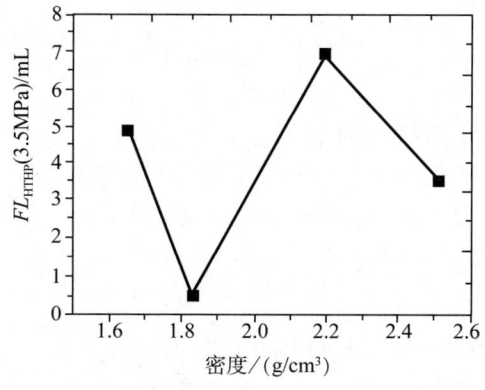

图 11-3 含有两性离子协调剂的 FL_{HTHP}

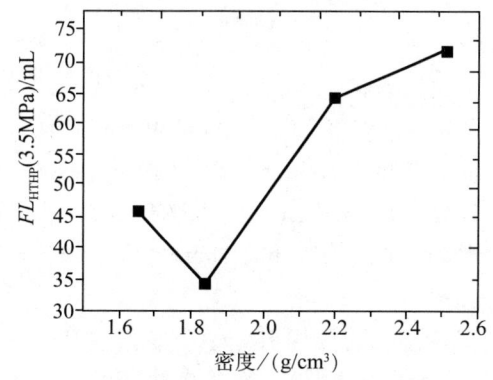

图 11-4 不含两性离子协调剂的 FL_{HTHP}

分析认为，由于合成 LADA 的 AMPS 分子结构中具有不饱和双键，并具有强阴离子性和亲水性官能团磺酸基，使其具有良好的水溶性；另外—SO_3H 电荷密度大，水化性强，并且在—SO_3^- 中 2 个 π 键和 3 个强电负性氧原子共享一个负电荷，使—SO_3^- 稳定，对外界阳离子的进攻不敏感，羰基氧的高电荷使 AMPS 具有良好的吸附性和络合性能，可以改善共聚物的抗盐性能。由于黏土颗粒分散在水中都带负电荷，电荷密度越高，ζ 电势越大，颗粒间排斥作用越强，体系越稳定，所以加入负电荷能将黏土颗粒有效分散在水中，因此在钻井液中添加的泥浆分散剂和泥浆稳定剂都带有负电基团。

另外 DMC 的分子链上含有耐盐耐温性能好且不易受溶液 pH 值影响的季铵盐型阳离子基团，改善以往的处理剂与黏土颗粒间的多点吸附或氢键键合作用，两性离子聚合物带有的正负电荷与黏土颗粒间静电作用大大加强。引入有机阳离子基团一方面中和部分黏土表面负电荷，另一方面增强聚合物分子在黏土表面的吸附能力，并通过聚合物分子间缔合对黏土颗粒进行包被。由于黏土颗粒带负电性，两性离子聚合物的阳离子基团朝内吸附在黏土颗粒表面，电荷密度大并且水化性强的阴离子集团朝外，泥浆颗粒被两性聚合物包裹，也有利于黏土颗粒的分散和泥浆体系的稳定。

3）LADA 红外光谱分析

用德国 BRUKER 公司红外光谱仪（KBr 压片）测定了 LADA 的红外光谱图，如图 11-5 所示。

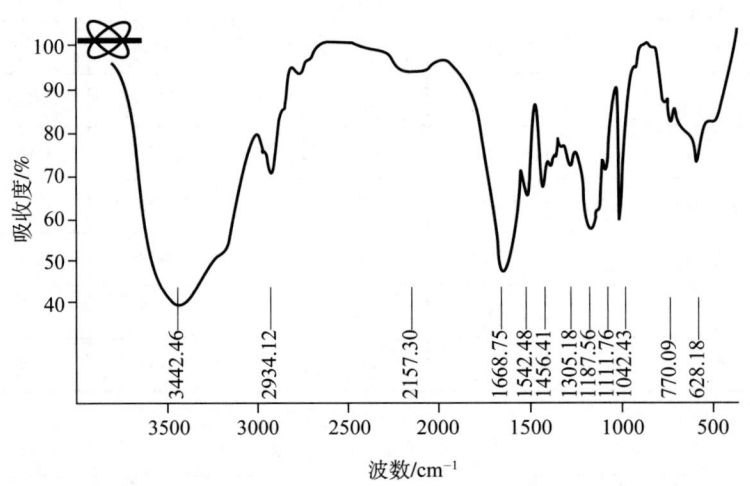

图 11-5　LADA 的红外光谱图

图 11-5 表征如下：3442.46cm^{-1} 为非缔合 –NH 的特征吸收峰，2934.12cm^{-1} 为—CH 的特征吸收峰，1668.75cm^{-1} 为酰胺基—C=O 的特征吸收峰，1456.41cm^{-1} 为—CH_2—的特征吸收峰，1305.18cm^{-1} 为季铵盐的 C—N 键特征吸收峰，1187.56cm^{-1} 和 1042.43cm^{-1} 为—SO_3^- 的特征吸收峰，628.18cm^{-1} 为—CH=CH—顺式取代的特征吸收峰。

3. 结论

实验合成的低相对分子质量两性离子聚合物 LADA 分子上同时带有的正负电基团，可以有效协调黏土颗粒表面的电荷密度，改善处理剂间的相容性，抑制黏土颗粒的水化趋势，使钻井液体系的分散程度和黏度达到一个相对合适的程度。LADA 对降低泥浆体系的降滤失性能具有良好的协调能力，同时还能显著提高钻井液在不同温度、不同密度下的稳定性等。

二、高性能水基微泡钻井液的制备

微泡体系在石油钻探和开采过程中有着十分重要的作用,微泡体系中的微泡直径一般为 30~100μm,体系较均匀。由于微泡的可注入性、良好的流变性能及微泡自身所特有的性质,使其具有携屑能力强、防漏、堵漏、保护油气层等优点。应用于钻井液的微泡体系性能的好坏关键在于其稳定性,而高矿化度、高温、原油是影响微泡体系稳定的最重要的因素。所以一种好的微泡钻井液应该在钻遇各种盐地层和油气层时,钻井液的各种性能不变,在钻遇高温地层时钻井液体系也能稳定。耐高矿化度、耐高温老化、耐油的微泡钻井液已被研究,但往往起泡体积小或者稳定性差,例如在高矿化度条件下起泡体积小于 600mL 或者出液半衰期小于 100min,抗温能力也仅达到 120℃。所以开展了耐盐耐温耐油的高稳定微泡体系的研究工作。

1. 实验部分

1)主要实验药品

耐盐表面活性剂(DM5512),十六烷基三甲基氯化铵(1631),烷基糖苷(APG),辛基酚聚氧乙烯醚(OP-10),甜菜碱,羟丙基甲基纤维素(HPMC),高分子聚合物(SP-8)。

2)制备方法

起泡剂 QR-1 的合成:将 DM5512、甜菜碱、烷基糖苷、1631 按质量比 2∶1∶0.5∶0.05 混合制备成离子型复合起泡剂 QR-1。

稳定剂 WD-1 的合成:将 HPMC、SMP-II、SP-8 按质量比 3∶1∶1 混合制备成稳定剂 WD-1。

微泡钻井基液的合成:在 100mL 清水中加入质量分数 3% 起泡剂 QR-1、0.7% 稳定剂 WD-1、2% 黏土,混合均匀制备成微泡钻井液。

3)泡沫稳定性测试方法

将 100mL 一定浓度的微泡基液倒入高搅杯中,以 2000r/min 的转速高速搅拌一定时间后,以起泡体积表示微泡基液的起泡能力,以微泡体系析出 50mL 液体的时间表示微泡体系的稳定性即半衰期。记录起泡体积和半衰期。

2. 实验结果与讨论

1)QR-1 的起泡性能

在矿化度为 10×10^4 mg/L(9×10^4 mg/L NaCl+1×10^4 mg/L $CaCl_2$,以下矿化度为 10×10^4 mg/L 的水均为此组成)的水中,起泡剂 QR-1 与其他常用起泡剂的起泡性能比较结果如表 11-4 所示。由表 11-4 可知,起泡性能最好的是 QR-1,这是因为 QR-1 中的 DM5512 有着很好的耐盐结构,有聚氧乙烯基团和磺酸基这 2 种极性基团,既克服了非离子表面活性剂的浊点,又提高了表面活性剂的耐盐性;QR-1 在高矿化度下有很好的吸附性,在二价盐存在时还能保持很好的起泡性。所以选用 QR-1 作为耐温耐盐耐油微泡体系的起泡剂。

表 11-4 起泡剂试验数据

起泡剂	质量分数 /%	起泡体积 /mL	半衰期 /min
烷基糖苷	1	260	2
OP-10	1	130	3

续表

起泡剂	质量分数 /%	起泡体积 /mL	半衰期 /min
甜菜碱	1	760	6
DM5512	1	790	6
QR-1	1	810	7

2）稳定剂的优选

高分子聚合物能很好地增加水相黏度且能耐一定的矿化度。它与表面活性剂在气液界面上形成的液膜有很好的刚性，能大大提高微泡沫的稳定性。在此理论的基础上合成并优选了稳定剂。在矿化度为 1×10^4 mg/L 的水中，以 QR-1 为起泡剂，将选用的稳定剂 WD-1 与其他常用稳定剂性能进行比较，实验结果如表 11-5 所示。从表 11-5 可以看出，高分子聚合物的加入使微泡的稳定性大大提高，其中 HPMC、PAC、WD-1 都能使半衰期的时间达到 30 min 以上，PAM 略差。这是因为 HPMC、PAC、WD-1 能增加界面及液相黏度，减缓排液速度，有着很好的耐一价盐、二价盐的特性，并且具有耐高温的性质，而 PAM 的耐盐性比起前 3 者略差且不耐高温。高分子聚合物的加入使得起泡体积减小，而稳定剂 WD-1 与起泡剂的协同作用较好，起泡体积能达到 670 mL。从评价试验结果来看，稳定剂 WD-1 是可以达到耐温耐盐耐油微泡体系稳定剂要求的。

表 11-5 稳定剂试验数据

稳定剂	质量分数 /%	起泡体积 /mL	半衰期 /min
HPMC	0.3	620	42
PAC	0.3	510	32
PAM	0.3	400	16
WD-1	0.3	670	50

3）黏土对微泡稳定的影响

选用 QR-1 为起泡剂，WD-1 为稳定剂配制成基液，加入不同量的黏土，考察黏土对微泡体系的影响情况。试验结果如表 11-6 所示。

表 11-6 黏土对微泡影响的试验数据

黏土质量 /g	起泡体积 /mL	半衰期 /min
0.0	900	100
0.6	890	129
0.9	860	160
1.2	850	229

从表 11-6 中可以看出随着钠膨润土的加入，微泡体系的半衰期不断变长，整个体系的稳定性增强。这是因为一方面吸附于界面膜上的钠膨润土颗粒之间同时存在着吸引作用

和静电排斥作用（DLVO 理论），在适当的条件下，颗粒接近时，排斥能大于吸引能，形成势垒，足够大的势垒可阻止泡沫的消泡，使得微泡体系稳定。另一方面微泡表面的无机物颗粒能吸附高分子聚合物起稳定作用。这是由于吸附于颗粒表面的聚合物（或非离子表面活性剂）分子的部分链节留在液膜中形成的空间位垒有利于微泡体系的稳定。正是因为无机物颗粒具有这两个特别的性质，在界面膜上既能通过自身的静电作用使得界面膜更加稳定，又能改善由高分子聚合物引起的界面膜不均匀性，增强了微泡体系的稳定性。

随着钠膨润土的增加起泡体积减小。这是因为钠膨润土不但提高液相黏稠度而且其高吸附能力损耗了一定量的起泡剂，从而导致起泡困难，起泡体积减小。

4）微泡的外观形态

图 11-6 为 4 种不同微泡基液（起泡剂 OP-10，起泡剂 QR-1+ 稳定剂 WD-1，起泡剂 QR-1+ 稳定剂 WD-1+ 黏土）在矿化度为 10×10^4 mg/L 条件下发起的微泡的外观形态。由图 11-6 可以看出，起泡剂 QR-1 发起的微泡要比起泡剂 OP-10 发起的微泡均匀，起泡性能好；随着稳定剂、黏土的加入，其微泡大小的均匀度不断变好，微泡的形态也越来越规则。图 11-6（d）看上去比较暗，这说明微泡液膜表面吸附着一定量的黏土颗粒，导致微泡透光率减弱。液膜对黏土的吸附有利于液膜强度的增加，微泡的稳定性增强。

(a) 微泡（OP-10）外观形态

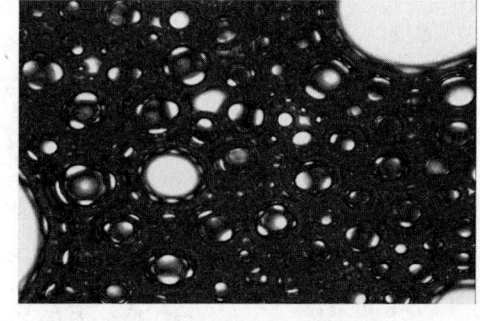

(b) 微泡（QR-1）外观形态

(c) 微泡（QR-1+WD-1）外观形态

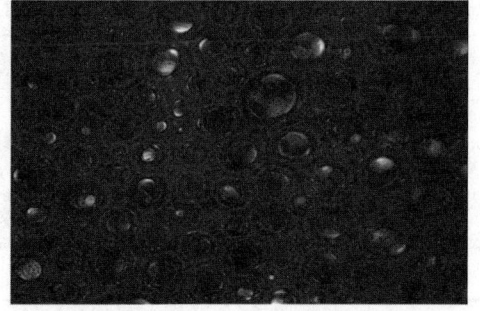

(d) 微泡（QR-1+WD-1+黏土）外观形态

图 11-6　不同微泡基液的外观形态

5）微泡钻井液耐盐、耐高温老化、耐油实验

通过室内实验优选出了微泡钻井液体系配方（3.0%QR-1+0.7%WD-1+2.0% 黏土），以

下对该配方进行了评价,并探讨了其稳定性机理。

(1) 耐二价盐 Ca^{2+}。

半衰期和起泡体积随 $CaCl_2$ 量的变化如图 11-7 所示。从图 11-7 可以看出,随着 $CaCl_2$ 加量的增加,微泡沫体系的稳定性增强。这是因为配方中使用的起泡剂具有很好的耐钙性,QR-1 中的 DM5512 分子结构中存在不饱和双键和磺酸基,由于不饱和双键和磺酸基的电荷密度高,对外界阳离子的进攻不敏感,并对高价离子有很好的吸附络合作用,表现出很好的耐钙性;还有 QR-1 中的两性离子表面活性剂甜菜碱,具有化学稳定性好、耐硬水、耐一般浓度的电解质的特点,对酸碱适应性较广。当少量 $CaCl_2$ 存在时能促进起泡剂在界面膜上的吸附,使液膜强度增加,微泡沫体系的稳定性增强。当 $CaCl_2$ 加量大于 0.5 g 时,高浓度的钙离子不但损耗一定量的起泡剂生成钙皂,还影响着钠膨润土颗粒及高分子聚合物表面电荷的变化,最终导致整个微泡沫体系稳定性减弱。从图 11-7 还可以看出,微泡沫体积随着氯化钙量的增加变化幅度不大(810～760mL)。说明此配方下的微泡沫钻井液具有很好的耐钙性。

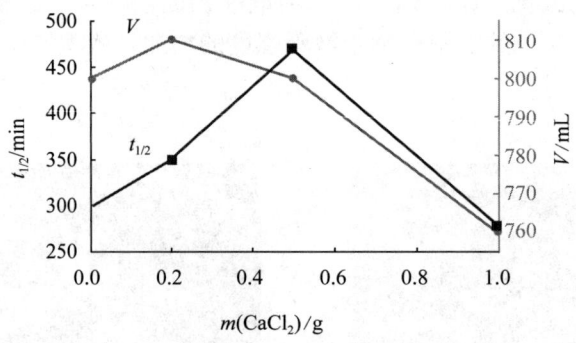

图 11-7 半衰期和起泡体积随 $CaCl_2$ 量的变化

(2) 耐高温老化实验。

将 4 份相同微泡基液放入热滚炉中,在不同温度下热滚 1h 后,冷却至室温进行起泡。起泡和半衰期情况如表 11-7 所示。

表 11-7 耐高温老化实验数据

老化温度	微泡体积 /mL	半衰期 /min
室温 (25℃)	800	300
110℃	760	290
120℃	750	229
130℃	710	219

从表 11-7 中可以看出,随着老化温度的升高,其半衰期变短,说明微泡沫体系随着老化温度的升高,其老化程度加剧,最终导致微泡沫体系的稳定性减弱;但从半衰期减小幅度看,变化并不大,说明此配方下的微泡沫体系具有很好的耐高温老化能力。这是因为复合起泡剂 QR-1 中的 DM5512 具有烷氧基硅结构,具有较高的热稳定性,并且烷基糖苷的加入可以改善高分子聚合物的抗高温老化的能力。稳定剂 WD-1 中的磺化酚醛树脂(SMP-2)

含大量的负电荷并能形成较强的水化膜,其吸附在钠蒙脱土颗粒表面,增加了高温下钠蒙脱土粒子的聚结稳定性,减缓了高温的聚结作用,起到了一个热稳定剂的作用。表4的实验数据表明,半衰期和起泡体积都变化不大,说明此配方下的微泡体系具有很好的抗高温老化能力。

(3) 耐油性实验。

半衰期和起泡体积随煤油量的变化情况如图11-8所示。

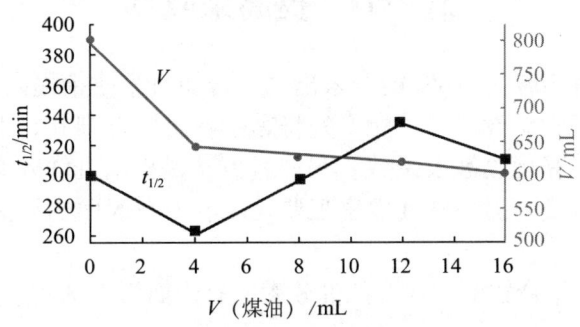

图11-8 半衰期和起泡体积随煤油量的变化情况

如图11-8所示,当微泡钻井液中加入煤油后,其起泡体积和稳定性都有所变差,这是因为水相中发起的泡沫不耐油。煤油接触微泡后乳化成小油珠,在外力和界面张力的驱动下进入微泡结构内,以不同形式在不同程度上影响和破坏着复合界面膜的完整性。当再增加煤油的量,使之大于4 mL时,起泡体积继续减少,但是微泡钻井液的稳定性增加,这是因为大量煤油被起泡剂乳化成小油珠进入液相,导致微泡体系液相的黏稠度增加,排液速度减缓,微泡沫体系稳定性增强。当再增加煤油的量,使之大于12mL时,导致起泡剂的大量消耗,起泡体积继续变小,同时进一步影响和破坏复合界面膜的完整性,稳定性减弱。实验数据表明,在一定量油的存在下,微泡沫钻井液仍能保持良好的稳定性和一定的起泡体积,此配方下的微泡钻井液具有较好的耐油性。

加油后的微泡钻井液的微泡外观形态如图11-9所示。从图11-9可以看出,界面膜吸附着一定量的油珠,说明微泡钻井液中的各种物质在液膜界面相互协调,能形成亲油但不溶油的弱极性吸附层,增强了微泡钻井液的耐油性。

3. 结论

(1) 实验中使用的起泡剂QR-1和稳定剂WD-1都具有很好的耐盐性,在矿化度为10×10^4 mg/L的基液中还能保持很好的性能。选择合适的无机有机物质进行复配形成亲油但不溶油的吸附层,能使微泡体系具有较好的耐油性。

(2) 稳定的微泡钻井液是各种成分协调作用的结果,良好的协调作用使得微泡钻井液具有很好的耐盐、耐高温老化、耐油等性质。

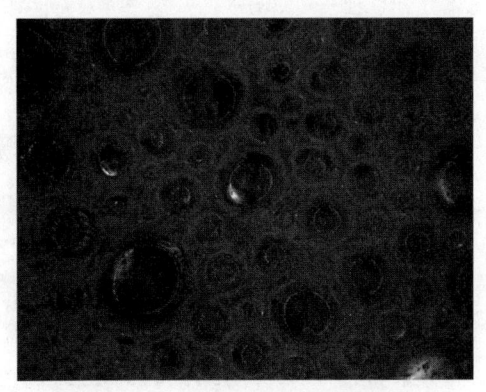

图11-9 加油后的微泡外观形态

第十二章　胶体与界面化学在油田采油中的应用

第一节　提高采收率

目前地下石油只有 30%～40% 能开采出来，若能将采收率提高 1%，则经济效益相当可观。提高原油采收率就是设法尽可能多的将黏附在岩层毛细孔壁上的原油驱赶出来。驱油一般有两种方法：一是提高波及系数；另一种方法是提高洗油效率。提高波及系数主要是改变驱油剂和油的流度，提高洗油效率主要是改变岩石表面的润湿性和减小毛细管阻力效应的不利影响。

提高波及系数的有聚合物驱，提高洗油效率的有表面活性剂驱、碱驱和混相驱等。

一、聚合物驱

聚合物驱是以聚合物溶液作为驱油剂的驱油法。

聚合物可以通过对水的稠化，增加水的黏度和通过在空隙介质中的滞留，减小孔隙介质对水的渗透率，达到减小水油流度比，增加波及系数从而提高原油采收率。图 12-1 为水驱与聚合物驱波及系数的对比图。

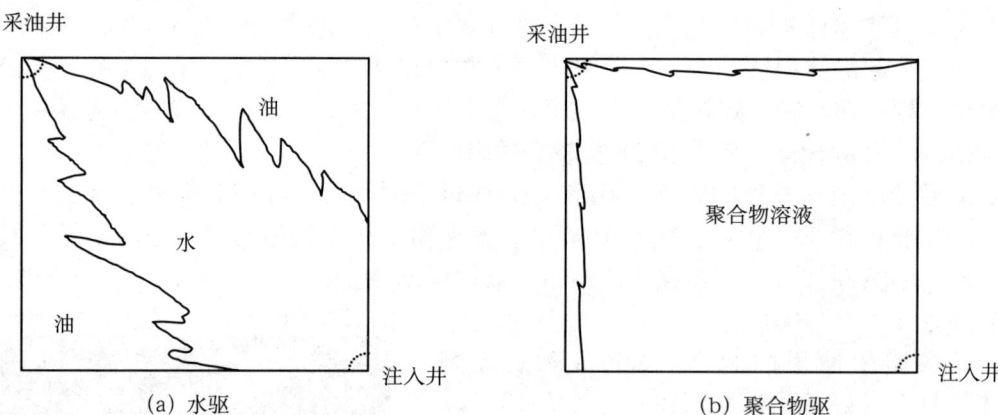

图 12-1　水驱与聚合物驱的波及系数

聚合物对水具有稠化能力是因为聚合物达到一定浓度后，分子相互缠绕，产生结构黏度，同时聚合物中的亲水基团在水中溶剂化，对水有一定的稠化能力。对水具有稠化能力的另一个原因是若聚合物为离子型聚合物，则可在水中解离，形成扩散双电层，产生许多带电符号相同的链段，使聚合物分子在水中形成分散的无规线团，因而有好的增黏能力。

聚合物驱主要用到两种聚合物，一类是部分水解聚丙烯酰胺（HPAM）。另一类是生物聚合物黄胞胶（XC）。

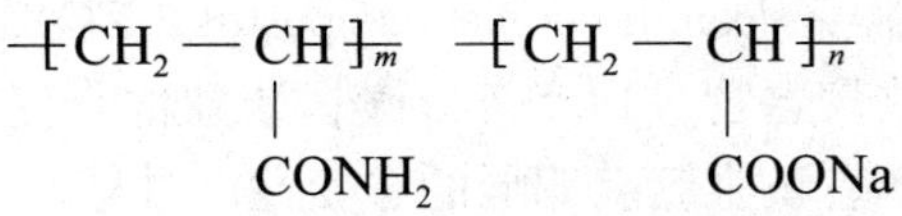

$$-[CH_2-CH]_m-[CH_2-CH]_n-$$
$$\quad\quad\ |\quad\quad\quad\quad\ |$$
$$\quad\quad CONH_2\quad\quad COONa$$

（部分水解聚丙烯酰胺，HPAM）

（黄胞胶，XC）

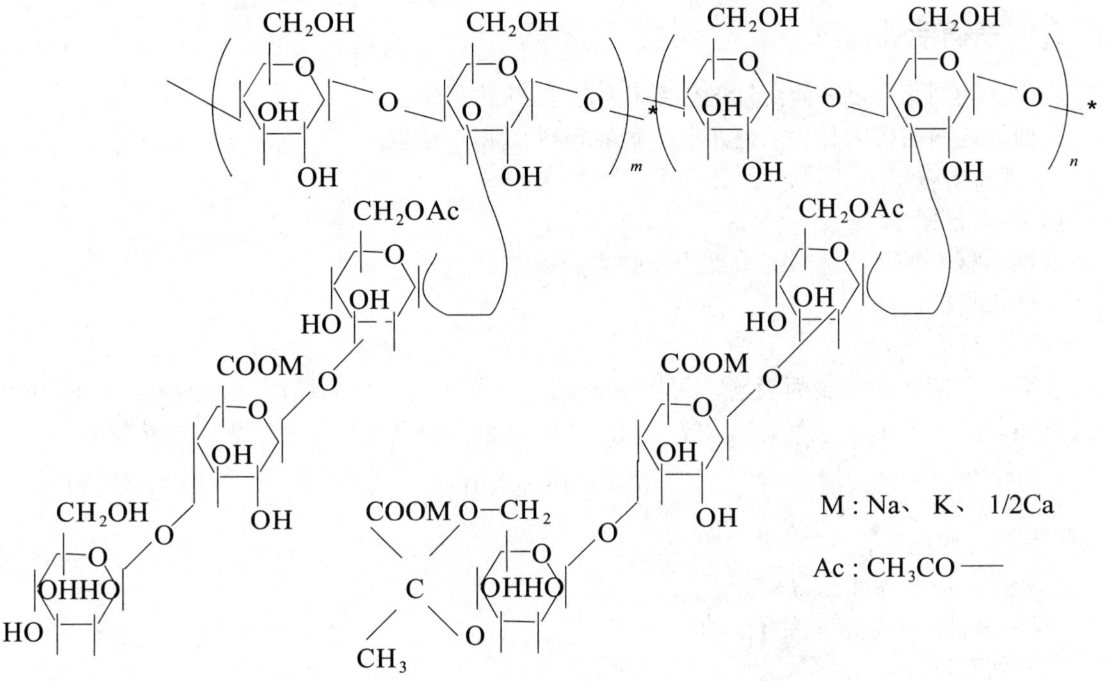

M：Na、K、1/2Ca

Ac：CH_3CO-

1893年，Moureu首次由丙烯酰胺单体聚合，到了聚丙烯酰胺（PAM），其反应如下：

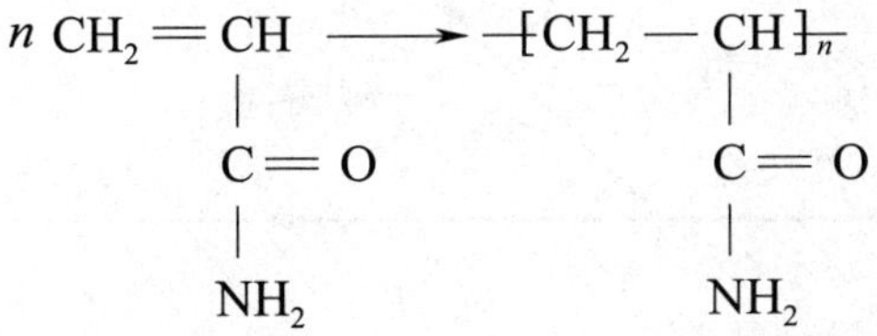

$$n\ CH_2=CH \longrightarrow -[CH_2-CH]_n-$$
$$\quad\quad\ |\quad\quad\quad\quad\quad\quad\ |$$
$$\quad\ C=O\quad\quad\quad\quad C=O$$
$$\quad\quad\ |\quad\quad\quad\quad\quad\quad\ |$$
$$\quad\ NH_2\quad\quad\quad\quad\ NH_2$$

其中，n 为聚合度。聚丙烯酰胺的相对分子质量一般为 $1\times10^6 \sim 1\times10^7$。

PAM分子链上侧链上的酰氨基能够进行水解，得到部分水解聚丙烯酰胺（HPAM），其反应如下：

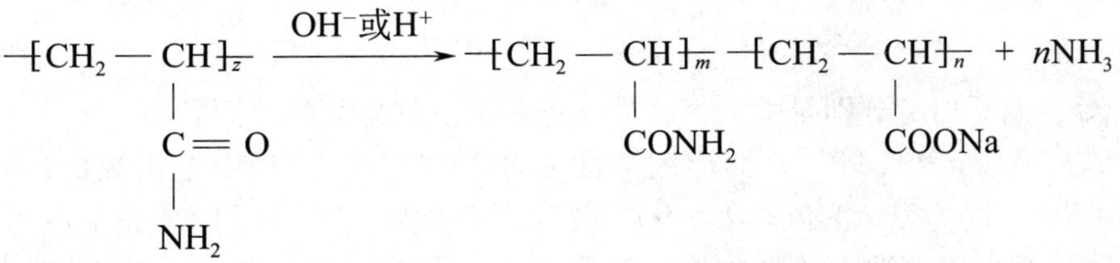

$$-[CH_2-CH]_z-\xrightarrow{OH^-\text{或}H^+} -[CH_2-CH]_m-[CH_2-CH]_n- + nNH_3$$
$$\quad\ |\quad\quad\quad\quad\quad\quad\quad\quad\quad\ |\quad\quad\quad\quad\ |$$
$$\ C=O\quad\quad\quad\quad\quad\quad\quad CONH_2\quad\ COONa$$
$$\quad\ |$$
$$\ NH_2$$

通常得到水解度（n/z）为30%的产品，其中 $z=m+n$。

黄胞胶是由野油菜黄单胞菌（xanthomonas campestris，XC），在粮食中发酵产生的一种单胞水溶性多糖，是一种生物聚合物。1955年，美国农业部研究院开发了黄胞胶。1964年，Mevck公司实现了工业化生产。黄胞胶有明显的触变性，对悬浮、分散、乳化等体系起到稳定作用。它的增黏效果明显，其0.5%浓度的溶液黏度已达300mPa·s，其2%溶液已不能流动。其稳定性在pH为1.0～13.0时不受影响，温度在-18～80℃范围内黏度变化不大。

二、表面活性剂驱

表面活性剂驱是以表面活性剂体系作为驱油剂的驱油法。

表面活性剂驱可以分为活性水驱、胶束溶液驱和微乳驱。

1. 表面活性剂驱

1）活性水驱

活性水驱中表面活性剂的浓度小于临界胶束浓度。

活性水驱的机理：

（1）低界面张力。

表面活性剂在油水表面吸附，可以降低油水界面张力，从而提高洗油能力。由黏附功公式可知，油水界面张力降低，意味着黏附功的减小，油更容易从底层表面被洗掉。

$$W = \sigma(1+\cos\theta) \tag{12-1}$$

式中　W——黏附功；

　　　σ——油水界面张力；

　　　θ——油对地层表面的润湿角。

（2）润湿反转。

将液体滴在固体表面上，有时会完全铺展开来，有时会形成一液珠，有时液滴与表面成一角度，如图12-2。

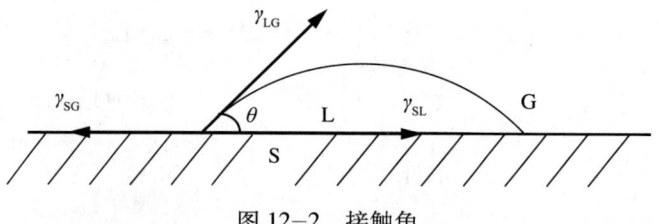

图12-2　接触角

通常我们用接触角来描述这种润湿程度。所谓接触角，是指在气—固—液三相交点处作气—液界面的切线，从切线经过液相到固—液界面的夹角，用θ表示。接触角的大小由液体和固体的亲和性或三个界面张力决定。Young提出，接触角与各界面张力的关系为

$$\gamma_{SG} = \gamma_{SL} + \gamma_{LG}\cos\theta \tag{12-2}$$

式中γ_{SG}、γ_{SL}和γ_{LG}分别是固—气、固—液和液—气界面的界面张力。

当固体亲液时，$\theta < 90°$，而当固体憎液时，$\theta > 90°$。所以通常规定，$\theta < 90°$时称为润湿，$\theta = 0°$时为完全润湿，$\theta > 90°$时称为不润湿，$\theta = 180°$时为完全不润湿。

表面活性剂可以改变液体对固体的润湿性，如图12-3所示。当固体是憎水时，加入表面活性剂，亲油基和亲油性的表面结合，在表面上形成一层吸附层。活性剂的亲水基朝

向液体，这样表面就被变为亲液的了。反之，若固体是亲水的，活性剂的亲水基和亲水性表面结合，而亲油基朝外，这样表面变成了亲油性。能使固体表面产生润湿性转化的活性剂，称为润湿剂。

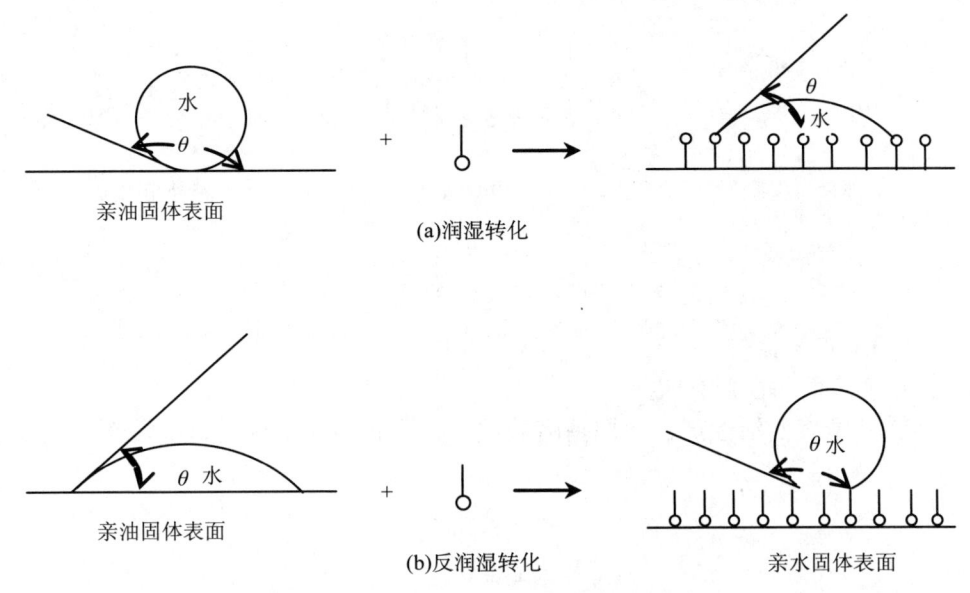

图 12-3　润湿转换作用

驱油使用的表面活性剂的亲油性大于亲水性，能够吸附在地层表面，使亲油地层表面反转成为亲水表面，油对地层表面润湿角增加（图12-3），减小黏附功，也提高了洗油效率。

(3) 乳化。

驱油用的表面活性剂的 HLB 值一般在 7～8 范围，其在油水界面吸附，能形成稳定的油包水乳状液，在活性水驱中表面活性剂可以稳定水包油乳状液。乳化的油在向前移动中不易重新黏附回地层表面，提高了洗油效率。同时乳化的油在高渗透层叠加产生贾敏效应，可使水均匀的在底层中推进，提高了波及系数。

(4) 提高表面电荷密度。

当表面活性剂为阴离子型时，它们在油珠和岩石表面吸附，可以提高表面的电荷密度，增加油珠与岩石表面之间的静电力，使油珠易被驱动介质带走，提高了洗油效率。

2) 胶束溶液驱

胶束溶液驱中表面活性剂的浓度超过临界胶束浓度，溶液中有胶束存在。胶束驱有活性水驱的全部机理。不同的是，胶束可以增溶油，提高了胶束溶液的洗油效率。此外，醇、盐等助剂的加入调整了油相和水相的极性，使表面活性剂的亲油性和亲水性得到平衡，从而最大限度地吸附在油水界面上，产生超低（低于 10^{-2} mN/m）界面张力，增强了洗油能力。

3) 微乳驱

对于微乳驱，油和水是增溶在表面活性剂胶束中的，因此是稳定的分散体系。微乳驱的机理是复杂的，这是由于水和油进入微乳中，使相态发生变化。当微乳为水外相微乳时，微乳与水和油没有界面，界面张力为0，毛细管阻力不存在，因此波及系数较大；另外，微乳与油完全混溶,增大了洗油效率。当微乳进入油层并在微乳胶束中增溶达到饱和时,原来的胶束转化成油珠,水外相微乳转化成水包油乳状液。微乳的类型见图12-4。

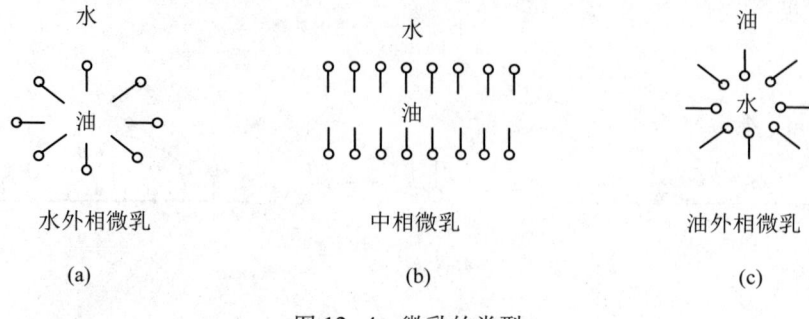

图 12-4 微乳的类型

2. 驱油用表面活性剂

驱油常用的表面活性剂有四类

(1) 磺酸盐型表面活性剂,如烷基磺酸盐、石油磺酸盐、烷基苯磺酸盐、烷基甲苯磺酸盐等。

$$R-SO_3M$$
(烷基磺酸盐)

$$RAr-SO_3M$$
(石油磺酸盐)

(烷基苯磺酸盐)

(烷基甲苯磺酸盐)

(2) 羧酸盐型表面活性剂,如脂肪酸盐、石油羧酸盐等。

$$R-COOM$$
(脂肪酸盐)

$$RAr-COOM$$
(石油羧酸盐)

(3) 聚醚型表面活性剂,如平平加型表面活性剂、OP型表面活性剂、Tween(吐温)型表面活性剂等。

$$R-O\!\!\!-\!\!\![CH_2CH_2O]_m\!\!\!-\!\!H$$
(平平加型表面活性剂)

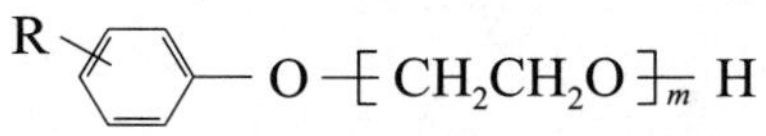

$$R-\!\!\left\langle\!\!\bigcirc\!\!\right\rangle\!\!-O+CH_2CH_2O\!\!\xrightarrow{}_m H$$

(OP 型表面活性剂)

(4) 非离子—阴离子型两性表面活性剂，如聚氧乙烯聚氧丙烯烷基醇醚磺酸盐、聚氧乙烯聚氧丙烯烷基醇醚羧酸盐、聚氧乙烯聚氧丙烯烷基醇醚硫酸酯盐、聚氧乙烯聚氧丙烯烷基醇醚磷酸酯盐。

$$R-[CH_2-\underset{\underset{CH_3}{|}}{CH}]_m-O+CH_2CH_2O\xrightarrow{}_n R'SO_3M$$

(聚氧乙烯聚氧丙烯烷基醇醚磺酸盐)

$$R-[CH_2-\underset{\underset{CH_3}{|}}{CH}]_m-O+CH_2CH_2O\xrightarrow{}_n R'COOM$$

(聚氧乙烯聚氧丙烯烷基醇醚羧酸盐)

$$R-[CH_2-\underset{\underset{CH_3}{|}}{CH}]_m-O+CH_2CH_2O\xrightarrow{}_n SO_3M$$

(聚氧乙烯聚氧丙烯烷基醇醚硫酸酯盐)

三、碱驱

碱驱是指以碱溶液作为驱油剂的驱油法。

在低的碱浓度和最佳的盐浓度下，碱与原油中酸性成分反应生成的活性物质，可使油水界面张力降至低（甚至超低）的数值使碱驱产生与活性剂驱同样的效果。由碱与原油中的酸性成分反应生成了活性物质，可使油乳化成小油珠，被碱水携带着通过地层。由于低界面张力，使油乳化在碱水中，但油珠半径较大，因此当它们被驱动向前并遇到适当的喉孔时，就被捕集，增加了水的流动阻力，即降低了水的流度，改善了流度比，增加了波及系数，提高了采收率。

在高的碱浓度和低的盐浓度下，碱可通过改变吸附在岩石表面的油溶性活性物质在水中的溶解度而解吸，恢复岩石表面原来的亲水性，使岩石表面由油湿反转为水湿，提高了洗油效率，也即提高了采收率。由于在高碱、高盐浓度下碱与原油中的酸性成分反应生成的活性物质是亲油的，所以该机理认为，碱驱时产生的活性物质主要分配到油中并吸附到岩石表面，使岩石表面由水湿反转为油湿。由于岩石表面油湿，所以油可在其上形成一连续的油相。与此同时，由于碱驱生成的活性物质的亲油性和它产生的低界面张力，导致油包水型乳状液的形成。乳状液中的水珠，堵塞流通孔道，使注入压力提高。高的注入压力迫使油从乳化水珠与岩石表面之间的连续油相这条通道排泄出去，留下高水含量的乳状液，达到提高采收率的目的。

驱油用的碱，除 NaOH、KOH、NH₄OH 外，还有一些潜在碱，如 Na_2CO_3、Na_2SiO_3、Na_2SiO_4、Na_2PO_4。

四、混相驱

混相驱是指以混相注入剂作为驱油剂的驱油法。

混相即不存在界面，因此界面张力为 0，混相驱具有很高的洗油效率。气体黏度很低，与油混合后可以使油降黏，提高油的流度，改善驱油介质与油的流度比，有利于提高波及系数。

混相注入剂是指在一定条件下注入底层、能与地层原油混相的物质。烃类注入剂按其中 $C_2 \sim C_6$ 的含量分为液化石油气（LPG，$C_2 \sim C_6$ 的含量大于 50%）、富气（$C_2 \sim C_6$ 的含量 30%～50% 的范围）和贫气（$C_2 \sim C_6$ 的含量小于 30%）。非烃类混相注入剂有 CO_2、N_2、烟道气等。

对于 CO_2 驱，是先注入一部分 CO_2，然后交替注入 CO_2 和水，再用水驱，如图 12-5 所示。

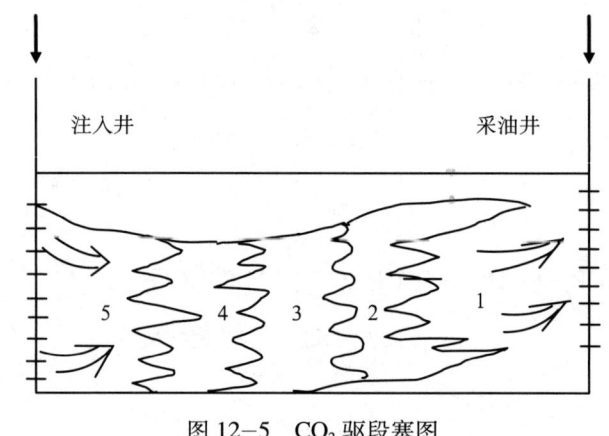

图 12-5 CO_2 驱段塞图

1—剩余油；2—油带；3—CO_2；4—CO_2 与水交替注入带；5—水

第二节 稠油降黏

我国稠油资源分布很广，地质储量达到 1640Mt 以上，其中陆地稠油约占石油总资源的 20% 以上。随着油田的开发，越来越多的油区所产的原油属于稠油范畴，稠油开采越来越受到重视。但稠油开采的成本相对较高，经济有效地提高原油采收率，是目前稠油开采的当务之急。开采稠油最常用的方法是乳化降黏，而乳状液是一类分散体系，是胶体化学中应用较为广泛的体系之一。

一、稠油乳状液

1. 稠油乳状液的概念

地下稠油都是以乳状液的形式存在，是由水和油以及盐和砂这些相混溶的物质形成的非均相体系，其中分散在乳状液中液珠的直径通常大于 0.1μm 或更小。

如果水作为液珠的形式存在，水称为内相（分散相），油就是外相（分散介质或连续相）。我们把这种乳状液原油称为油包水（W/O），这种原油比不含水的原油黏度高。如果原油作为液珠的形式存在，原油称为内相（分散相），水就是外相（分散介质或连续相）。我们把这种乳状液原油称为水包油（O/W），这种原油比不含水的原油黏度低。实际上，原油乳状液的存在相态很复杂，它常常是以多重乳状液的形式存在。水包油包水型（W/O/W）是油分散在水相中，而油滴中又有小水珠。油包水包油型（O/W/O）水分散在油相中，而水滴中又含有小油珠。

稠油开采要把原油变成稳定的 O/W 乳状液。而开采出来后要让这种稳定的 O/W 乳状液变的不稳定，才能把原油中的水和盐分离出来。

稠油乳状液黏度的决定因素有外相黏度、内相黏度、内相的体积分数、液珠的大小以及乳化剂的性质等。

Sibee 研究了一系列石油在水中的乳状液后，得出下列关系式能较好的反应乳状液黏度与内相浓度的关系：

$$\eta = \frac{\eta_\circ}{1-(h\phi)^{1/3}} \tag{12-3}$$

式中　η——乳状液的黏度；

$\eta_\circ$——外相黏度；

ϕ——内相的体积分数；

h——常数，体积因子，大约在 1.3，随内相含量的增加而降低。

一般认为，内相黏度对体系的影响是液珠内的液体产生环流所致，内相黏度体系的黏度也增高。当内相黏度很大时，可以把液珠看做固体质点，这样在数学处理时就比较方便。事实上，液膜性质对体系黏度的影响远比内相性质显著，这与乳化剂的性质有关。乳化剂对乳状液黏度的影响大体上有以下三种可能性：

（1）部分乳化剂进入油相，与之生成凝胶。

（2）在界面上的乳化剂可以改变一种液体在另一种液体的分散程度，从而改变体积分数。

（3）水溶液中乳化剂形成的胶束，对油相有加溶作用，因而影响黏度。

Sherman 指出乳化剂与乳状液黏度的关系符合以下经验公式：

$$\ln(\eta/\eta_\circ) = ac\phi + b \tag{12-4}$$

式中　c——乳化剂浓度；

a，b——常数；

η——乳状液的黏度；

$\eta_\circ$——外相黏度；

ϕ——内相的体积分数。

2. 稠油乳状液的稳定性

研究稠油的稳定性对于原油开采和原油脱水是必要的。因为稠油乳状液是多相分散体系，液珠与介质之间存在着很大的相界面，体系的界面能很大，故为热力学不稳定体系。小液珠合并成大液块是一种自发趋势，这样可降低体系的能量，使其更稳定。即使乳状液依靠上述乳化剂使其稳定，也只是暂时的，相对的。但乳化剂选择得合适，往往也能得到相当稳定的乳状液，放置数年而不破坏。

乳状液的不稳定形式有以下过程，即分层（creaming）、聚集（agregation）或絮凝（flocculation）、聚结（coalescence），然后破乳。图 12-6 表明了乳状液的不稳定形式。

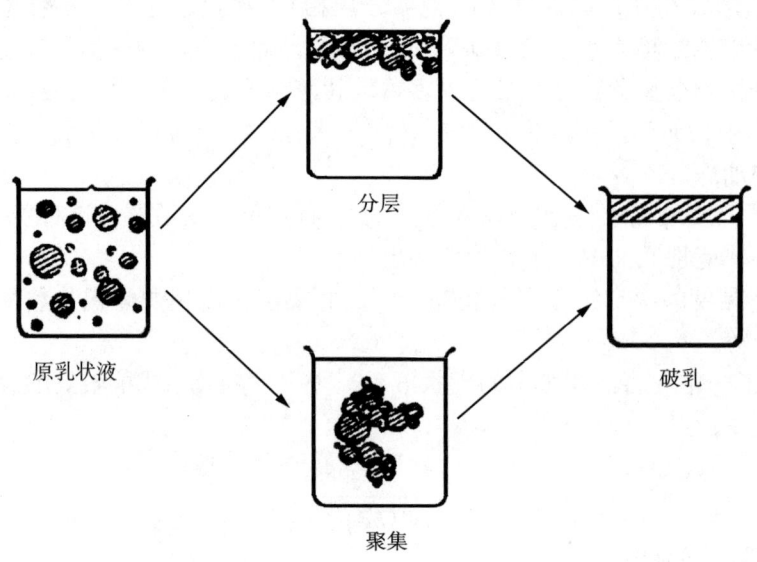

图 12-6 乳状液的不稳定形式

分层是因为分散的液珠与介质密度不同，乳状液放置后产生液珠上浮或下沉的现象，它使乳状液的浓度上下变得不均匀。对于 O/W 型乳状液，因油珠上浮，使上层的油珠浓度比下层大得多。对于 W/O 型的原油乳状液，则水珠下沉，下部浓度大于上部。

聚集是分散相的液珠絮凝成团，但在团中各液珠皆仍然存在，这些团是可逆的，经搅动后可以重新分散。乳状液中液珠的聚集是由于它们之间的范德华力在较大的距离起作用的结果，液珠的双电层重叠时的电排斥作用将对聚集起阻碍作用。从分层的角度考虑，聚集作用形成的团类似于一个大液滴，它能加速分层作用。

聚结又称凝并，是在聚集之后发生的过程，这时聚集所形成的团中的小液珠互相合并，并不断长大，使之成为一个大液滴，这是不可逆过程。它使得乳状液中的颗粒数目逐渐减少，液滴不断增大，最后导致乳状液完全破坏。

(1) 界面张力的影响。

乳状液存在很大的相界面，体系的总表面能较高，这是乳状液成为热力学不稳定体系的原因，也是液珠发生凝并的推动力。若降低其界面张力，有利于增加其稳定性。降低界面张力对乳状液的稳定是一个有利的因素，但不是决定的因素。

(2) 界面膜的性质。

乳状液稳定性的决定因素是界面膜的强度与紧密程度。若界面膜中吸附分子排列紧密不易脱附，膜具有一定的强度与黏弹性，则能形成稳定的乳状液。

通常制备乳状液时，必须加入一定量的乳化剂，方能形成稳定的乳状液，这是因为需要有足够量的乳化剂分子吸附在油—水界面上。若乳化剂浓度较低，在界面上吸附的分子少，膜中分子排列松散，乳状液则是不稳定的。当乳化剂浓度增加到能在界面上形成紧密排列的界面膜时，它将具有一定的强度，足以阻碍液珠的凝并，乳状液的稳定性将大大提高。

(3) 电力的作用。

乳状液的破坏，经常是先发生絮凝，然后聚结，逐步被破坏，因而絮凝是液珠合并的前奏，与液珠相互作用的长程力有关。胶体颗粒稳定的 DLVO 理论基本亦适于乳状液，即范德华力使得液体颗粒相互吸引。当液滴接近到表面上的双电层发生相互重叠时，电的排斥作用的结果使液滴分开。如果这种排斥作用大于颗粒的吸引作用，则液珠不易接触，因而不发生聚结，有利于乳状液的稳定。

3. 乳状液与泡沫的区别

乳状液与泡沫皆是由两种不相混溶的物质组成的分散体系，乳状液属于液—液分散体系，泡沫属于气体分散在液体中的分散体系，它们都涉及一相在另一相中的分散作用。

在乳状液中，分散相的体积分数可以在很宽的范围内变化；但在泡沫中分散相的体积分数一般极高，可以看做是被液膜隔开的气泡聚集体。分散相的流动性使得液滴或气泡很容易变形，它们的界面也是可以流动的，两体系的界面化学有相似之处。乳状液与泡沫皆是不稳定的，都需加入稳定剂，它们的稳定性与界面膜的性质和界面上的电荷有关。

二、稠油

稠油，也称为重质原油，简称重油。世界各国和各组织对重质原油和沥青砂油所下的定义差别很大，联合国于1981年组织专家对稠油进行了统一定义（表12-1）。

表12-1 由联合国推荐的重质原油及沥青标准

分类	第一指标	第二指标	
	黏度[①]/(mPa·s)	密度(60°F)/(kg/m³)	°API[②](60°F)
重质原油	100~10000	934~1000	20~10
沥青	>10000	>1000	<10

① 指在油藏温度下脱气油黏度。
② °API 是美国石油学会规定的重度。

一般而言，稠油主要是由四种馏分组成，即饱和烃、芳香烃、胶质、沥青质。与常规轻质原油相比，稠油中轻质组分含量低，而胶质、沥青质含量高，黏度高，密度大，凝点低且流动性差。表12-2是我国对稠油的分类标准。

表12-2 我国稠油分类标准

分类	黏度(50℃)/mPa·s	密度(20℃)/(g/cm³)
稠油	100~10000	0.92
特稠油	10000~50000	0.95
超稠油	>50000	>0.98

稠油的黏度由两方面决定：一方面是原油中含有不溶于正构烷烃而溶于强极性芳烃的沥青质和胶质，这类物质的相对分子质量约1000，彼此之间的杂稠环平面相互重叠堆砌在一起，再聚集为更大的聚集体；另一方面是由于原油中含有HLB值较低的石油酸类活性有机化合物，当原油中含有较多的沥青质、胶质、非烃类化合物及微蜡晶物质时，通常易于形成W/O型乳状液，所以原油的黏度实际上是W/O型乳状液的表观黏度。

三、稠油乳化降黏开采

稠油乳化降黏开采是将表面活性剂水溶液注到井下，使高黏度的稠油变为低黏度的水包油乳状液采出。

1. 乳化剂

油和水混合不易得到稳定的乳状液，即使形成了乳状液，不久又会分散成油和水两相。例如，把油和水放在一容器内激烈地摇动，可得到乳状液。但是这种乳状液极不稳定，悬浮的液珠很快地合并，在几秒钟内，体系即分为两层液体。但是如果加入一些表面活性剂就可以得到比较稳定的凡是能提高乳状液稳定性的物质都称为乳化剂。

作为稠油乳化降黏剂用的表面活性剂主要有非离子型表面活性剂、阴离子型表面活性剂及非离子—阴离子两性表面活性剂等，其中具有较高耐温能力的是阴离子表面活性剂和非离—阴离子两性表面活性剂。因阳离子型活性剂易被地层吸附或产生沉淀，所以很少用作驱油剂或乳化降黏剂，驱油和乳化降黏用剂主要有以下类型。

1）阴离子表面活性剂

由于地层黏土通常带有负电荷，所以降黏剂一般首选阴离子表面活性剂，其中以磺酸盐类阴离子表面活性剂在稠油乳化降黏中应用的最多。石油磺酸盐利用其亲油基来源于稠油，与稠油结构相似，更易形成 O/W 型乳状液，从而达到乳化降黏的机理。阴离子表面活性剂的亲水基团发生电离后形成带电阴离子，根据亲水官能团可以分磺酸盐型、羧酸盐型和硫酸盐型。

羧酸盐是除磺酸盐外在稠油乳化降黏中应用较多的一种阴离子表面活性剂。虽然上述这些稠油乳化降黏用阴离子表面活性剂都具有原料来源广，价格低廉，产物活性高、耐高温等优点，但同时也存在一个致命缺点：抗矿盐性差，特别是石油磺酸盐极易与高价阳离子形成沉淀物，而且临界胶束浓度高，易被黏土表面吸附等，在一定程度上限制了其广泛应用。

常见的磺酸盐型有烷基苯磺酸钠（多为 $C_8 \sim C_{16}$ 的直链烷基，相对分子质量为 $350 \sim 470$）、α-烯烃磺酸盐、石油磺酸盐、木质素磺酸盐、脂肪醇硫酸盐型（AS）如十二烷基硫酸钠、羧酸盐等。

阴离子表面活性剂常用短链醇（$C_1 \sim C_4$）作为助剂，可以增强乳化效果。可以与 OP 类表面活性剂构成复配驱油剂配方。这类表面活性剂如烷基苯磺酸盐、木质素磺酸盐等的缺点是耐硬水、耐盐性差。

2）非离子表面活性剂

非离子表面活性剂指分子中含有在水溶液中不解离的醚基为主要亲水基的一类表面活性剂。最典型的是烷基苯酚聚氧乙烯醚、环氧乙烷环氧丙烷嵌段共聚物以及脂肪醇醚聚氧乙烯醚（AEO）等。

非离子表面活性剂不同于离子型表面活性剂，是一种在水中不电离的两亲结构化合物，不易受电解质无机盐存在的影响，也不易受 pH 值的影响，与其他类型的表面活性剂相容性较好。

前苏联油田矿场多使用非离子表面活性剂作稠油乳化降黏剂，主要是烷基酚聚氧乙烯醚。通过与不同相对分子质量的聚乙二醇酯化，或通过与环氧乙烷加成，制备了对高稠油具有良好乳化降黏作用的松香聚氧乙烯非离子表面活性剂。烷基酚聚氧乙烯-聚氧丙烯嵌段聚醚对稠油乳化降黏的效果,尤其对高矿化度稠油油藏,发现R碳数为9,HLB值大于13时,乳化降黏效果最优。

非离子表面活性剂虽具有高抗盐性,尤其是抗多价阳离子的优点,但其不耐高温,稳定性差等缺点严重限制了在采油中的单独使用,而更多则以配方的形式存在。

3)非离子—阴离子两性表面活性剂

随着油田的开发,高温高矿化度油藏的开采问题越来越突出。阴离子和非离子复配的稠油乳化降黏剂虽然能够兼顾耐高温和高抗盐性,但在地层运移过程中无可避免地将发生色谱分离。为此,将非离子亲水基团和阴离子亲水基团设计到一个分子中的新型两性表面活性剂非离子—阴离子两性表面活性剂应运而生。

国外,Bayram Kalpakei等报道了用聚氧乙烯二十醇醚磺酸盐、烷基酚聚氧乙烯聚氧丙烯磷酸酯、聚氧乙烯聚氧丙烯醚磺酸盐、烷基酚聚氧乙烯醚羧酸盐、壬基酚聚氧乙烯醚羧甲基钠及烷基酚聚氧乙烯硫酸盐等非离子—阴离子两性表面活性剂作稠油降黏剂。

非离子—阴离子两性表面活性剂具有优异的降黏效果,且耐高温高矿化度。从分子结构看,尤以非离子—磺酸盐两性表面活性剂的性能最佳,比羧酸盐类、硫酸酯盐类及磷酸酯盐类两性表面活性剂对pH的适应性更好,但这种表面活性剂的合成工艺复杂,成本较高,目前尚无工业化生产的报道。

这类活性剂既含有非离子亲水基团又含有阴离子亲水基团的表面活性剂,代表性的品种有烷基酚聚氧乙烯醚磺酸盐、脂肪醇聚氧乙烯醚硫酸酯钠盐(AES)、还有含有双阴离子,甚至多阴离子的表面活性剂,如烷基酚聚氧乙烯醚二磺酸盐等。这种表面活性剂同时含有阴离子表面活性剂和非离子表面活性剂的优点,用它们无需助表面活性剂即可形成稳定的微乳液,对地层盐度为4%～30%的油层均适用。

4)其他类型表面活性剂

(1)高分子类表面活性剂。

高分子表面活性剂通常指相对分子质量大于1000,具有表面活性的物质。由于高分子表面活性剂具有较小的降低表面张力和界面张力的能力、乳化性能好、分散力和凝聚力优良等表面活性,因而已广泛应用于稠油降黏中。

对羟基苯甲酸钠为阴离子单体,壬基酚聚氧乙烯醚为非离子单体通过共缩聚得到二元共缩聚物,以对羟基苯磺酸、对羟基苯甲酸和壬基酚聚氧乙烯醚三种单体通过共缩聚反应得到三元共缩聚物,与低分子降黏剂对比发现,共缩聚后抗矿盐能力能进一步改善,所形成的乳状液的稳定性也得到提高。

(2)氟类表面活性剂。

氟类表面活性剂因具有高耐热性、高化学惰性和高表面活性的特点,非常适合特殊油藏稠油热采技术的要求,但价格昂贵。若将碳氟表面活性剂与碳氢表面活性剂复配使用,不仅可获得表面活性高的表面活性剂,还可降低氟表面活性剂的消耗和生产成本,有利于应用。

针对大多稠油乳化降黏剂不耐高温,表面活性低,使用剂量大的问题,以全氟聚醚羧酸为原料,合成了全氟聚醚酰胺磺酸钠稠油降黏剂。其与十二烷基二甲基苄基溴化铵、十八烷基磺酸钠和辛基酚聚氧乙烯醚等复配体系对稠油的降黏性能,降黏率达到了93%～99%,且具有耐高温性能。

(3) Gemini 型表面活性剂。

Gemini 型表面活性剂是近年来国际上研究较多的一种表面活性剂,具有两个疏水链、两个亲水基团和一个桥联基团,其中桥联基团的长度、结构及柔性决定了 Gemini 表面活性剂的表面活性。与传统表面活性剂相比,Gemini 型表面活性剂不仅具有较高的表面活性,而且其水溶液具有特殊的相行为和流变性。

(4) 生物表面活性剂。

生物表面活性剂是一类由细菌、酵母和真菌等多种微生物产生的具有表面活性剂特征的化合物,具有选择性好、用量少和无毒,能够被生物完全降解,对环境无污染等特点,主要有糖脂系、酰基缩氨酸系、磷脂系、脂肪酸系和蛋白质系等。

5) 复配

为了提高性能,乳化降黏剂和驱油剂一般多以几种表面活性剂组合复配使用。适当复配使用不但提高性能也可以降低成本。除了活性剂,配方中还经常添加碱(NaOH、Na_2CO_3、三乙醇胺等,添加量为 0.01% ~ 2%)、短链醇(C_1 ~ C_4)、聚合物等。加碱的目的是使其与原油中的酸性物质(如环烷酸)反应,以降低外加表面活性剂的用量。加碱以后较容易得到超低界面张力,岩心驱替效率可达到 62% ~ 74%。

乳化剂复配与否对乳状液稳定性的效果见图 12—7。

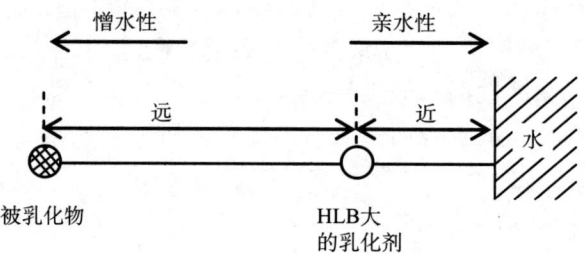

(a)乳化剂不能形成稳定的乳状液

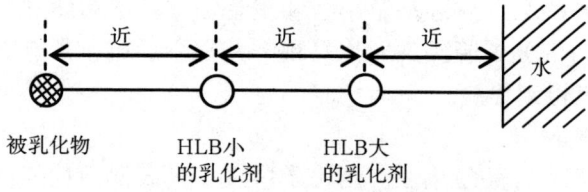

(b)乳化剂复配使用,形成稳定的乳状液

图 12—7 乳化剂复配

稠油乳化降黏常用的表面活性剂有

$$R\text{——}SO_3Na \qquad R:C_{12} \sim C_{18}$$

(烷基磺酸钠)

$$R\!-\!\!\!\bigcirc\!\!\!-SO_3Na \qquad R: C_8 \sim C_{14}$$
（烷基苯磺酸钠）

$$R-O\!-\!\!\!\left[CH_2CH_2O\right]_n\!\!-\!H \qquad R: C_{12} \sim C_8 \quad n: 5 \sim 30$$
（聚氧乙烯烷基醇醚）

$$R\!-\!\!\!\bigcirc\!\!\!-O\!-\!\!\!\left[CH_2CH_2O\right]_n\!\!-\!H \qquad R: C_{12} \sim C_{18} \quad n: 5 \sim 30$$
（聚氧乙烯烷基苯酚醚）

$$CH_3-CH-O\!-\!\!\!\left[C_3H_6O\right]_m\!\!-\!\!\!\left[C_2H_4O\right]_n\!\!-\!H \qquad m: 17$$
$$CH_2-O\!-\!\!\!\left[C_3H_4O\right]_m\!\!-\!\!\!\left[C_2H_4O\right]_n\!\!-\!H \qquad n: 15 \sim 53$$
（聚氧乙烯聚氧丙烯丙二醇醚）

$$R-O\!-\!\!\!\left[CH_2CH_2O\right]_n\!\!-\!SO_3Na \qquad R: C_{12} \sim C_{18} \quad n: 1 \sim 10$$
（聚氧乙烯烷基醇醚硫酸酯钠盐）

$$R\!-\!\!\!\bigcirc\!\!\!-O\!-\!\!\!\left[CH_2CH_2O\right]_n\!\!-\!SO_3Na \qquad R: C_8 \sim C_{14} \quad n: 1 \sim 10$$
（聚氧乙烯烷基苯酚醚硫酸酯钠盐）

$$R-O\!-\!\!\!\left[CH_2CH_2O\right]_n\!\!-\!R'COONa \quad R: C_{12} \sim C_{18} \quad R': C_1 \sim C \quad n: 1 \sim 10$$
（聚氧乙烯烷基醇醚羧酸钠盐）

$$R\!-\!\!\!\bigcirc\!\!\!-O\!-\!\!\!\left[CH_2CH_2O\right]_n\!\!-\!R'COONa \quad R: C_8 \sim C_{14} \quad R': C_1 \sim C_3 \quad n: 1 \sim 10$$
（聚氧乙烯烷基苯酚醚羧酸钠盐）

山东师范大学的辛寅昌教授等人以不饱和醇作引发剂利用双金属氰化物（DMC）催化加成共聚环氧丙烷、环氧乙烷，然后磺化中和合成了一种耐盐活性剂 α-烯基聚醚磺酸盐。把该活性剂应用在某高矿化度（150000mg/L）稠油降黏实验中，发现能使含水稠油黏度从85000 mPa·s（30℃）降到 14mPa·s（30℃），并且还能使脱水后的原油本体黏度降低一半以上。因此耐盐活性剂 α-烯基聚醚磺酸盐为高矿化度稠油开采提供了一种新方法。

秦冰等合成了一种磺酸、羧酸和聚醚共缩聚型乳化降黏剂。这是将阴离子和非离子型官能团缩聚在同一分子中的新型化合物，在钙镁离子浓度高矿化度（2000mg/L）中，其降黏率可达 90% 以上，并且有较好的耐温性（350℃高温处理前后，其降黏效果无明显变化），优于磺酸盐或磷酸盐型乳化降黏剂。

唐清针对塔河油田稠油高温、高黏和伴生高矿化度水（220000～240000mg/L）的特点，研制开发了 ZDT 稠油降黏剂（在高分子碳链线性共聚物的基础上加入失水山梨醇、聚氧乙烯烷基苯酚醚型非离子表面活性剂及渗透剂等阴离子、非离子表面活性剂和助剂组成的复合体系），室内试验及现场试验表明：该降黏剂具有配伍性好、降黏效果好的优点，加量为 0.4% 时降黏率达到 96.0% 以上，静止沉降脱水率大于 90.0%。

陈玉祥等针对河南油田井楼区块稠油，自制稠油环保型纳米乳化降黏剂 TR-01。实验结果表明：TR-01 乳化降黏剂对井楼区块油井的普适性较强，具有较好的乳化降黏作用（降黏率达到 99% 以上），地层水对其降黏效果影响不大。其中的纳米成分能增加对污水中悬浮物的吸附能力和絮凝能力，对油田污水处理起到积极作用。

吴本芳等采用自制耐高温降黏剂 SP 对河南特稠油进行乳化降黏，当 SP 加量为 0.05%，25℃时使河南特稠油降黏率达 99% 以上，且经高温（260～300℃）处理前后，SP 对河南特稠油的降黏率都达到 99% 以上。

2. 乳化剂的 HLB 值

乳化剂是表面活性剂，它们都是两亲分子，含有亲水基团和亲油基团，不同乳化剂分子中的亲水与亲油基团的大小和强度均不同。1949 年，Griffin 在大量的实验基础上提出，各种表面活性剂的亲水和亲油性质都可用 HLB 值表示，HLB 作为一种经验的指标来衡量表面活性剂的亲水亲油性质。若 HLB 值较低，表示某表面活性剂亲油性较强；若 HLB 值较高，则表示其亲水性较强。由经验得知，通常 HLB 值在 0～20 的范围内变动，HLB 值为 3～6 的乳化剂可得到 W/O 型乳状液，HLB 值为 8～18 的乳化剂可得到 O/W 型乳状液，具体见表 12-3。

表 12-3　HLB 值范围及应用

HLB 值	用途
3～6	用于 W/O 乳化剂
7～9	用于润湿剂
8～18	用于 O/W 乳化剂
13～15	用于洗涤剂
15～18	用于加溶剂

对于指定的油—水体系，存在一个最佳的 HLB 值，乳化剂的 HLB 值在此时效果最好。测定此最佳值的方法是取两个已知 HBL 值的乳化剂（一个亲水，一个亲油），将两者按不同比例混合，用混合乳化剂制备一系列乳状液，找出乳化效果最好的混合乳化剂，其中 HLB 值便是该油—水体系的最佳 HLB 值。虽然此值由两个乳化剂得出但仍然有缺陷，其问题是，仅仅用 HLB 值来表示乳化剂的亲水亲油性质而没有考虑其他因素的影响。

我们已知用作乳化剂或稳定剂的非离子表面活性剂聚氧乙烯醚（PEO）。它是通过氢键结合而溶于水。而氢键对温度变化很敏感，随温度上升而下降。因此，大多数非离子表面活性剂常表现出一种温度—溶解度的倒转关系，随温度升高出现浊点。由于非离子表面活性剂的浊点是与结构有关的一种现象，它不仅与 HLB 有关还与临界胶束浓度（CMC）等其他参数有关,很显然,温度对其性能变化有重要的影响。特别是,它们形成并稳定 O/W 和 W/O 型乳液的能力可能在一个非常窄的温度区间发生很大的变化。实际上,一种乳液可能由于温度的改变而发生"相反转",由于温度的变化可能从 O/W 变成 W/O,此时的温度称为这个给定体系的相反转温度(PIT)。

PIT 作为评价乳液体系中表面活性剂性质的又一个重要指标。制备水包油乳液的程序是,在油中加入大约 0.5% 的表面活性剂,在不同温度下搅拌而制得。所以,发现这个乳液从 O/W 转变到 W/O(或相反)时的温度就被定义为体系的 PIT。

与非离子表面活性剂的溶液性质有关的 CMC、胶束尺寸和浊点在相同环境也会影响用相同物质制备乳液的 PIT。例如典型的非离子表面活性剂 PEO,对于给定的油/水相组成,增长 PEO 链的长度会导致较高的 PIT,PEO 链长分布变宽也有相同的效果。因此,应用 PIT 是对乳液稳定性的相对评价的一个非常有用的工具。尽管评估表面活性的 PIT 方法比 HLB 值更有实际应用价值,但在 PIT、表面活性剂的结构和乳液稳定性之间的各种影响的实验表明,在一组条件下表面活性剂的 HLB 值和 PIT 值几乎是一个线性关系。基本上表面活性剂体系的 HLB 值越高,PIT 也将越高。

在理论上,用非离子表面活性剂评价表面活性剂的 PIT 系统有一定的规律性。在指定的油—水体系中应用两种或多种表面活性剂(如一种非离子型表面活性剂和一种离子型表面活性剂)的组合,在表面活性剂含量相同(或更少)的情况下可以改变其相反转温度(PIT)。

但离子型表面活性剂与非离子表面活性剂不同,通常温度越高溶解度也大;在混合表面活性剂中,离子型表面活性剂常不受非离子表面活性剂相反转效应的影响。但是,假如离子/非离子混合表面活性剂应用于相对高的离子强度的水溶液时,会改变相反转效应。

HLB 值在非离子表面活性剂体系中最常使用,虽然 HLB 体系也包括了离子型表面活性剂,但由于离子型物质溶液的性质比较复杂,使得它们不适宜用普通方法对 HLB 分类。在需要电荷起稳定作用的情况下,经常发现水溶性较小的或者其疏水结构和胶束结构有序的表面活性剂应该是最有效的乳化剂。例如三烷基萘磺酸钠和二烷基磺基琥珀酸酯。

3. 影响乳液稳定性的某些其他因素

讨论乳液的稳定性不仅要包括稳定作用的可能性,还要评价需要稳定的时间,因为存在与界面和胶体现象无关的一些内部和外部的因素影响了大多数"稳定"体系。乳液胶体衰变的速度变化非常大,所以不可能定义某个数字作为可接受或不可接受的保存期的一个度量。任何一种乳液中,尤其是非常不稳定的乳液,破乳的过程包括液滴的聚结,这是由布朗运动、对流以及其他随机扰动引起的。其稳定性可以用秒或分的数量级来计量。

乳液中含有以上所提到的比较有效的稳定的添加剂,可能稳定几小时、几天、几个月甚至几年。在这样的体系中,随机或感应的运动以及液滴的碰撞仍然在发生,但连续性的流变学特性将减缓这种过程,或者界面层具有足够的强度和刚性使得聚结发生延长到相当长的时间尺度。

除了考虑机械作用和界面层能量起作用而减小乳液分散度以外,还有其他的原因可以限制乳液的稳定性。一种因素是被称为"Ostwald 熟化"的现象,这是指大液滴在消耗小液滴的同时发生增长。无论是在晶体中还是在乳液中,这种增长都是由于小粒子和大粒子中分子的化学势能不同引起的。这个差别是由于液滴的内压(或化学势能)造成的。

Kelvin 关系式表明,在乳液体系中,分散相的溶解性很差使得从小液滴到大液滴的扩散非常慢。即使在这种情况下,这个过程仍然是要发生的,但由于速度很慢,在某一长时段内不会很明显。但如果表面活性剂过量,胶束增溶作用可能会加重这种状况。这也是表面活性使用量大,反而适得其反的原因。

通过引入乳化剂和稳定剂,阻碍分散相分子向连续相的扩散,从而极大地减小由于Ostwald熟化作用引起的液滴增长速度。这种过程在后边讨论的多重乳液中是很重要的。

影响乳液,特别是水包油型乳液稳定性的其他外部因素有细菌和其他微生物的作用、机械损毁(如剪切力和快速搅动)和冻结。例如在冻结过程中,连续相中冰晶体的形成使得液滴在巨大的压力下结合在一起,通常会使界面膜破裂,液滴产生聚结,很显然这就需要一个相当强的界面膜来起稳定作用。

四、乳化降黏机理

1. 机理

表面活性剂降黏通常归结为三种机理:乳化降黏、破乳降黏以及吸附降黏。这三种降黏机理往往同时存在,但表面活性剂不同和条件不同时,起主导作用的降黏机理可能不同。

1)乳化降黏

稠油乳化降黏是使一定浓度的表面活性剂水溶液,在一定条件下与稠油充分混合,因亲水基表面活性很强,可以替代油水界面上 W/O 型天然乳化剂(如胶质、沥青质)而形成定向吸附层;吸附层将强烈地改变分子间相互作用和表面传递过程,使高黏稠油以油滴形式分散于活性水中,形成低黏度 O/W(图 12-8)型乳状液;使油—油界面变为油—水界面,从而避免了稠油分子直接接触和碰撞,导致乳状液黏度与稠油黏度关系不大,而是与作为连续相的水相相关,所以黏度大大降低。

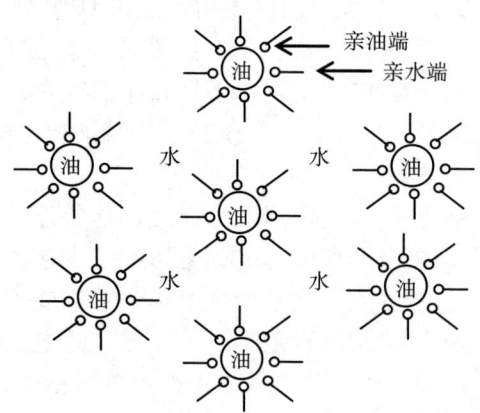

图 12-8 水包油型乳状液中的水包油的分散状态

在稠油乳化降黏中,可使用 HLB 值 7～18 范围的水溶性表面活性剂,如烷基磺酸钠、烷基苯磺酸钠、聚氧乙烯烷基醇醚、聚氧乙烯烷基苯酚醚、聚氧乙烯聚氧丙烯丙二醇醚等表面活性剂作稠油乳化降黏剂。

2)破乳降黏

破乳降黏是通过加入一定量的破乳剂,使 W/O 型乳状液破乳而生成游离水。根据游离水量和流速,形成悬浮油、水浮油而降黏。

3) 吸附降黏

将表面活性剂水溶液注入油井,破坏油管或抽油杆表面的稠油膜,使表面润湿性反转为亲水性,形成连续的水膜,减少抽油过程中的摩擦阻力。

这三种降黏机理往往同时存在,但表面活性剂不同和使用条件不同时,起主导作用的降黏机理也不同。

2. 水包油乳状液的黏度

稠油乳化后形成的原油乳状液的黏度可用 Richardson 公式表示:

$$\eta = \eta_\text{o} e^{k\varphi} \varphi \tag{12-5}$$

式中 η——原油乳状液的黏度;
η_o——原油的黏度;
φ——油在乳状液中的体积分数;
k——常数(乳状液黏度主要取决于 φ 值,当 $\varphi \leqslant 0.74$ 时,k 取 7;当 $\varphi > 0.74$ 时,k 取 8);
e——自然对数的底(为 2.718)。

从式(12-4)中看出,对于原油乳状液,乳状液的黏度与原油本体的黏度成正比,并随含水量的增加呈指数增加,这就是含水原油乳状液的黏度远超过不含水原油的黏度的原因。

第三节 修井作业

修井是一项为恢复油气井正常生产所进行的解除故障、完善井眼条件的工作。它是提高单井产量和采收率、延长生产周期的一项重要措施,也是挖掘老井潜力、发现新层位、扩大勘探成果的重要手段。

修井液是用于井下设备修理维护和重新完井的作业液。

一、修井原因

1. 固相侵入

生产层的污染物主要来源是与钻井和完井液有关的固相。固相随着失水连续不断地进入生产层。由于液体进入地层,固相就能侵入井眼附近的一小段距离,从而把其中的孔隙和流动通道堵塞。这些固相的侵入程度取决于压力差、颗粒大小、孔隙和生产层渗透率。

固相可以分可压缩固相和不可压缩固相两种类型。一般来说,可压缩固相损害更大,因为它们可以变得和孔隙尺寸形状一致,形成完全堵塞与孔隙相连的流动通道的中间桥塞。这种固相侵入的深度和被损害的地层叫做井壁污染效应。

不可压缩固相仅仅嵌入孔隙开口,在孔隙之间留通道。在几乎所有生产层中,要进入地层中,固相必定是胶体尺寸(2μm 或更小些)。因为有种特点,进入地层的固相大多数是黏土。由于大多数黏土如膨润土是可以压缩的,所以这是一种永久性损害。

2. 滤液侵入

生产层自然是很少均质的,因此地层侵入被各方面证实是有害的。最常见的是由清水滤液侵入造成生产层中黏土的变化。滤液侵入可以引起油层中黏土的水解膨胀和黏土悬浮的颗粒堵塞引起地层损害。清水侵入也可通过增加孔隙通道的毛细管力或形成乳化段塞限制通过油层的流体。

3. 黏土的膨胀和分散

蒙皂石是具有膨胀性的黏土矿物，这种黏土矿物可以通过层间吸水膨胀，膨胀达原体积的十倍。膨胀程度取决于层间阳离子或碱交换中包含的阳离子。黏土膨胀和黏土分散是渗透率降低的主要原因。

4. 乳状液的阻塞

滤液侵入地层形成的潜在的损害机理是形成乳状液。乳状液是引起毛细阻塞的高黏混合物。乳状液中的水滴很像黏土的胶体颗粒，可以嵌入流动通道，限制液体流动。这种阻塞通常叫做乳化阻塞，使用水基钻井液和油基钻井液均可能发生。

二、修井液

修井液指的是井下作业起油管时，为了平衡地层压力避免发生井喷而加的压井用液体。作业时使用修井液不当，会对地层造成伤害。所以修井作业的成功与否与修井液有密不可分的关系。

1. 水基修井液

（1）经过改进的钻井液。

（2）盐水。

（3）盐水聚合物体系。

2. 油基修井液

（1）油基修井液。

（2）反相乳化液。

3. 添加剂

1）加重材料

在修井作业中，控制井下压力非常重要，在修井液配方中不能加入重晶石及其他不溶材料，一般使用溶于水或溶于酸的材料，见表12-4。

表12-4　可用于提高密度的材料

材料名称	密度 /(g/cm^3)
$CaCl_2$	2.15
$CaBr_2$	2.29
$ZnBr_2$	4.22
NaCl	2.17
$CaCO_3$	2.71
$FeCO_3$	3.80
$BaCO_3$	4.75

2）架桥材料

流体损耗不仅浪费资源，而且伤害油层，在修井液中加入架桥材料，形成一个低渗透率的桥。目前广泛采用的架桥颗粒为 $CaCO_3$，它可溶于 HCl 中，常和稠化剂联合使用。这种桥堵经酸化处理后，地层渗透率能够得到很好的恢复。另外，还可以采用混合化学试剂及油溶性聚合物。

3）消泡材料

使用盐水及盐水—聚合物体系，常夹杂有空气或其他气体物质，需要加入一定量的消泡剂。目前常用的消泡剂有膦酸三丁酯及辛烷基的醇类化合物。

第四节 调剖堵水

调剖是指从注水井进行的封堵高渗透层的作业，可以调整注水层段的吸水剖面，称为注水井调剖；堵水是指从油井进行的封堵高渗透层的作业，可以减少油井的产水，称为油井堵水。

地层的非均质性使注入水沿高渗透层突入油井；注入水对高渗透层的长期冲刷提高了地层的非均质性，从而使注入水更容易沿高渗透层突入油井。为了提高原油采收率，必须封堵这些高渗透层。当前我国大多数油田已进入开发后期，调剖堵水技术已成为国内高含水油田改善水驱效果的重要技术措施。

一、注水井调剖用调剖剂及其特点

1. 注水凝胶及其性质

注水凝胶是调剖过程中最常用的调剖剂或堵剂之一，其是由胶体颗粒、高分子或表面活性剂分子互相连接形成的空间网状结构，结构空隙中充满了液体，液体被包在其中固定不动，使体系失去流动性，性质介于固体和液体之间。凝胶类堵水剂的分散介质是水，一般用于封堵高渗透层，使注水转向含油饱和层。注水凝胶的基本特征如下。

注水凝胶是胶体的一种特殊存在形式。凝胶是介于固体和液体之间的一种特殊状态，它既显示出某些固体的特征，如无流动性，有一定的几何外形，有弹性、强度和屈服值等。另外，它还保留某些液体的特点，例如离子的扩散速率在以水为介质的凝胶（水凝胶）中与水溶液中相差不多。实际上，凝胶的内部是由固—液（或固—气）两相构成的分散体系，其中分散介质是连续的，分散相也是连续的。

硫化的橡胶、交联的聚酰胺等凝胶都是靠化学键力将线型的高分子联成三维的网络。这种结构非常牢固，在吸收溶剂时只会发生有限膨胀。一般来讲，网络结构不会因为吸收溶剂而被破坏。

2. 凝胶调剖剂

凝胶注入地层后，首先进入大孔隙和裂缝前缘，由于与孔隙表面、注入水界面产生的吸附和混溶作用，造成堵剂黏度降低。在此段塞中靠吸附机理使水膜膨胀加厚占据注入水渗流空间。降低水相渗透率对提高驱油效率有较大的促进作用。而随着堵剂的不断注入，随着注入压力升高促使高黏度堵剂进入大孔隙及微裂缝周围的小孔隙中，使堵剂在这部分小孔隙中形成高黏度的小段塞，这在宏观上进一步起到降低流度比，增加波及面积和提高驱油效率之作用。

凝胶堵剂在储层孔隙中的封堵机理及封堵效果产生过程大致表现：大孔道表面与堵剂产生的吸附水膜机理→交联后凝胶网状絮凝体的动力捕集机理→物理堵塞→黏弹性封堵效应。

1）硅酸凝胶调剖剂

硅酸凝胶指的是将含一定质量分数的水玻璃溶液中加入活化剂后先形成单硅酸，再缩合成多硅酸，再形成空间网状结构呈现凝胶状。

水玻璃又名硅酸钠，活化剂有盐酸、硝酸、氨基磺酸、甲酸、乙酸、甲醛、苯酚等。根据水玻璃和盐酸加入的先后顺序不同又可分为酸性硅酸凝胶和碱性硅酸凝胶，硅酸凝胶结构见图12-9。

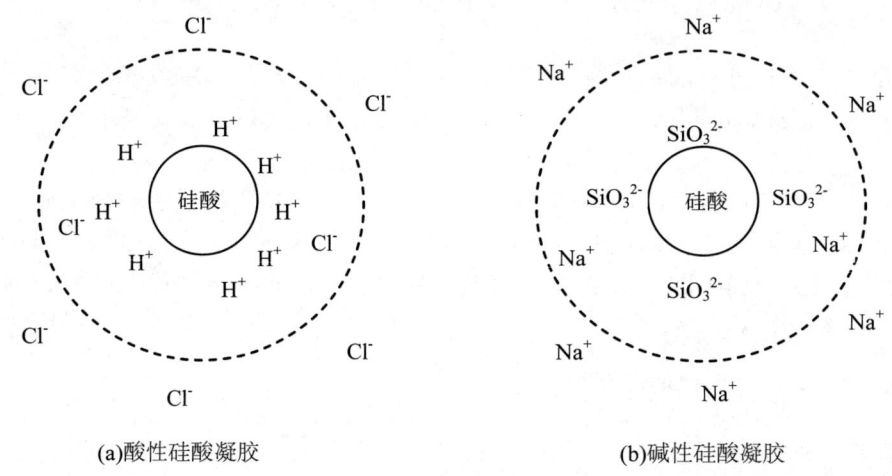

图 12-9　硅酸凝胶

硅酸凝胶的优点在于价廉且能处理井体周围半径 1.5～3.0m 的地层，且能进入地层小空隙，在高温下稳定。硅酸凝胶的主要缺点是胶凝时间短，Na_2SiO_3 完全反应后微溶于流动的水中，强度较低，需要加固体增强或用水泥封口。

2）聚合物凝胶调剖剂

聚合物凝胶体系是高分子聚合物和交联剂的组合，反应产物为相互连接的聚合物分子呈三维状，最终形成产物为刚性凝胶体系。

聚合物凝胶类调剖技术主要包括胶态分散凝胶（CDG）调剖技术以及弱凝胶调剖技术。

胶态分散凝胶的特点：聚合物分子在交联剂存在下不形成三维网络结构而形成分子内交联、有胶体性质的热力学稳定体系，称为胶态分散凝胶体系。该体系的聚合物用量少，适应性广泛，具备凝胶的属性，有很好的耐温性。

弱凝胶是由低浓度的聚合物和低浓度的交联剂（聚合物浓度通常在 800～1500mg/L 之间）形成的、以分子间交联为主及分子内交联为辅的、黏度在 100～10000mPa·s 之间、具有三维网络结构的弱交联体系。从分子间交联特性来看，弱凝胶可被认为是稀（弱）的本体凝胶，不同之处在于弱凝胶有一定的流动性。

部分水解聚丙烯酰胺类凝胶是目前国内外使用最多、应用最广的一类堵水调剖体系，凝胶的性能主要依赖于聚合物本身的性能和凝胶质点间的交联强度。对高温高盐油藏，聚丙烯酰胺存在严重的热降解、盐降解和金属离子降解，使聚合物的稳定性很差，不能形成凝胶。有时为了使堵水调剖达到理想的增油效果，不得不提高交联体系的交联强度来弥补因高温或高矿化度引起的黏度下降；但是由于过度交联常常导致体系在短时间内严重脱水，使凝胶的强度显著下降。因此，高温高盐油藏下应选用性能比较稳定的聚合物。

疏水缔合聚合物具有理想的高效增黏性、耐温抗盐性和抗剪切性，其实质为聚合物水溶液中的疏水基团因为疏水效应而缔合在一起，在分子间形成具有一定强度而又可逆的三维立体网络结构。因此可利用疏水缔合聚合物本身具有的耐温抗盐和高效增黏性能作为堵水调剖主剂。在物理缔合的基础上，采用化学交联技术，使物理缔合和化学交联相结合，产生具有更高强度的三维立体网络结构，从而使缔合聚合物凝胶体系具有更好的增黏、耐温、抗盐、耐剪切等性能，以适应高温高盐油藏堵水调剖的需要。

3）无机凝胶涂层调剖技术

塔里木油田井深大（4500～6000m）、地层温度高（120～140℃）、矿化度高（$15×10^4$～$21×10^4$mg/L），对于类似油藏条件下的调驱作业，交联聚合物类调驱剂由于盐敏、热敏及多价离子的絮凝使其应用范围受到限制。水泥及无机颗粒或沉淀类调驱剂虽然具有较好的耐温耐盐性能，但因其在多孔介质中的进入深度有限而不适宜深部处理。为此，中石油勘探开发研究院采油工程研究所提出了一种无机凝胶涂层调驱剂（WJSTP）。该调驱剂与油藏高矿化度地层水反应形成与地层水密度相当的无机凝胶，通过吸附涂层，在岩石骨架表面逐渐结垢形成无机凝胶涂层，使地层流动通道逐渐变窄形成流动阻力，从而使地层流体转向，扩大波及体积。2006年3月，该技术在塔里木轮南油田LN203井进行的现场试验中获得了成功。处理后注水压力升高，吸水剖面明显改善，初步获得了增油降水效果。

3. 其他调剖技术

1）黏土絮凝体调剖技术

该技术是将钠膨润土配制成悬浮体，利用膨润土水化后颗粒能与聚合物形成絮凝体系，在地层孔喉处产生堵塞，起到调剖的作用。

主要调剖机理：

（1）絮凝堵塞。当钠土颗粒与聚丙烯酰胺溶液相遇时，聚丙烯酰胺的亲水基团即与钠土颗粒表面的羟基通过氢键产生桥接作用，形成体积较大的絮凝体，封堵大孔道。

（2）积累膜机理。当用钠土双液法封堵大孔道时，在砂岩孔道表面上，羟基先与HPAM通过氢键结合，然后由HPAM亲水基团与黏土表面的羟基氢键结合。这样，可在孔道表面重复产生被HPAM桥接起来的黏土黏附层，从而降低大孔道的渗透率。

（3）机械堵塞。黏土颗粒本身对一定大小的孔道也有封堵作用，当黏土颗粒的粒径大于1/3地层孔径时，产生颗粒架桥形成堵塞。

2）泡沫调剖技术

该技术的作用机理是泡沫通过地层孔隙时，泡沫的液珠发生形变，对液体流动产生阻力，即贾敏效应。这种阻力可以叠加，从而使目的层发生堵塞，改变主要水流方向的水线推进速度和吸水量，提高注入水的波及体积。在水井调剖中使用的泡沫主要是二元复合泡沫、三元复合泡沫、蒸汽泡沫、冻胶泡沫。该类调剖剂的优点是选择性强，缺点是有效期短、施工工艺复杂。

3）胶态分散凝胶调剖技术

20世纪90年代初，由美国TIORCO公司提出的胶态分散凝胶（CDG）为聚合物和交联剂形成的非网络结构的分子内交联凝胶体系。交联反应主要发生在分子内的各交联活性点之间，以分子内交联为主，形成分散的冻胶胶束。CDG体系中聚合物质量浓度可低至100mg/L，交联剂一般是多价金属离子，如柠檬酸铝、醋酸铬等。

二、油井堵水用堵水剂及其特点

1. 泡沫类堵水剂

泡沫类堵水中泡沫分为二相泡沫和三相泡沫，二相泡沫包括起泡剂和水溶性添加剂，三相泡沫还含有固相如膨润土、白粉等。三相泡沫比二相泡沫稳定得多，故现场多使用三相泡沫。

三相泡沫的堵水调剖机理是依靠稳定的泡沫流体在注水层中叠加的气液阻效应—贾敏效应，改变吸水层内的渗流方向和吸水剖面，减缓主要水流方向的水线推进速度和吸水量，扩大注入水的扫油面积、波及体积和驱油效率。

三相泡沫堵水剂由水溶液、气体和固体粉末组成。具有密度低、黏度高、起泡速度快、膨胀率大等特点。三相泡沫的半衰期为两相泡沫半衰期的一倍。这主要是由于固体粉末附着在气液界面上，成为气泡相互合并的障碍，增加了液膜中流体流动的阻力，使泡沫的稳定性显著提高。

泡沫水泥浆堵水技术是一种典型的三相泡沫堵水技术，随着泡沫水泥固井技术的发展而发展起来，并且不断更新完善。泡沫水泥浆堵水剂由水泥、氯化钙、起泡剂、空气和水组成。泡沫水泥浆由于混入大量气体，具有较好的黏弹性、膨胀性和充填性。由于泡沫水泥浆在高含水饱和带硬化，能封堵吸水大孔道或在高渗吸水层段被吸附，而在含油饱和带不硬化也不被吸附，因而具有选择性堵水效果。

2. 泡沫凝胶堵水剂

泡沫凝胶堵水技术是近年发展起来的一项新型的堵水技术，它可以提高堵水的有效期。泡沫凝胶由水溶液、气体和凝胶组成，其气含率较小，只有40%～60%。泡沫的液膜由凝胶产物形成，具有泡沫和凝胶双重特性。泡沫凝胶具有良好的稳定性和机械强度，适用于封堵高产液量裂缝性含水层和中/高渗透地层。泡沫堵水方法简单，成本低，对油层伤害小，安全可靠，适合于大规模施工。

该技术的作用机理是泡沫通过地层孔隙时，泡沫的液珠发生形变，对液体流动产生阻力，即贾敏效应。这种阻力可以叠加，从而使目的层发生堵塞，改变主要水流方向的水线可推进速度和吸水量，提高注入水的波及体积。在水井调剖中使用的泡沫主要是二元复合泡沫、三元复合泡沫、蒸汽泡沫、冻胶泡沫。该类堵水剂的优点是选择性强，缺点是有效期短、施工工艺复杂。

3. 冻胶型堵水剂

冻胶型堵水剂是由聚合物溶液和适当的交联剂配制而成的。可用的聚合物有部分水解聚丙烯酰胺、羧甲基纤维素、羟乙基纤维素、羟乙基半乳甘露聚糖、木质素磺酸盐等交联剂可用高价金属离子形成的多核羟桥络离子或低分子醛类化合物等。若封堵近井地带时，可将高分子溶液和交联剂混合后注入水层若封堵远井地带，可将它们分成几个段塞，中间以隔离液隔开，交替地注入水层，让它们进入水层一定距离后才混合交联成冻胶。

冻胶型凝胶，是由高分子溶液在交联剂作用下形成的具有网状结构的物质，因其含液量很高体积分数通常大于高分子溶液，胶凝后类似于冻胶而得名。该类堵水剂很多，如铝冻胶、锆冻胶、钛冻胶、醛冻胶、铬木质素冻胶、硅木冻胶、酚醛树脂冻胶等都属此类。

4. 凝胶型堵水剂

凝胶是固态或半固态的胶体体系，具有由胶体颗粒、高分子或表面活性剂分子互相连接形成的空间网状结构，结构空隙中充满了液体，液体被包在其中固定不动，使体系失去流动性，其性质介于固体和液体之间。油田上常用硅酸凝胶，另外，氰凝堵剂和丙凝堵剂也在研究之中。

硅酸凝胶是常用的凝胶之一。在稀的硅酸溶液中加入电解质或在适当含量的硅酸盐溶液中加入酸，则生成硅酸凝胶。该凝胶透明且有弹性，其强度足以阻止通过地层的水流。堵水机理：溶液遇酸后，先形成单硅胶，而后缩合成多硅胶，有由长链结构形成的一种空间网状结构，网格结构的空隙中充满了液体，故成凝胶状，主要靠这种凝胶物封堵油层出水部位或出水层。

第五节　油田污水处理

油田污水是一个含有固体杂质、液体杂质、溶解气体和溶解盐类等异常复杂的多相体系。随着我国油田开发规模的不断加大，含油污水产出量越来越多，全国油田年污水处理量约为 $9\times10^8 m^3$。油田污水的不合理回注和排放，不仅使地面设备不能正常工作，而且会因地层堵塞而带来危害，同时也会造成环境污染。不但浪费了宝贵的水资源，也影响油田安全生产。因此，油田含油污水的处理对于油田的开发生产具有非常重要的意义。

一、油田污水的来源及特点

油田勘探开发过程的污水主要有油田采出水、钻井污水、洗井污水、井下作业污水和雨水组成。由于这几种污水中的主要污染物是原油，同时又都是在原油生产过程中产生的，故而统称为油田含油污水。

1. 采出水

来源：地层采出液经油水分离后的含油污水。

特点：(1) 矿化度高，会加速腐蚀，并给污水生化处理带来困难。

(2) 含油量高，高含油量的污水，回注容易堵塞地层，外排会造成油污染。

(3) 水中含有 SO_4^{2-}，容易滋生细菌，不仅腐蚀管线，而且还会造成地层严重堵塞。

(4) 含有大量的 HCO_3^-、Ca^{2+}、Mg^{2+} 等成垢离子，容易在管道及容器内结垢。

(5) 悬浮物含量高，颗粒微小，容易造成地层堵塞。

(6) 含高分子聚合物，使污水水质恶化，净化难度加大。

2. 钻井污水

来源：在钻井施工过程中产生的污水。有钻井泵冲洗水、振动筛冲洗水、钻台和钻具机械设备清洗水、废弃钻井池清洗夜、采油机排出的冷却水及井场生活污水组成。

特点：含大量的石油类、岩屑、钻井液添加剂，如黏度控制剂（如黏土）、加重剂、黏土稳定剂、腐蚀剂、防腐剂、杀菌剂、润滑剂、地层亲和剂、消泡剂等，钻井污水中还含有重金属。钻井污水具有较高的黏度，污染性强。

3. 洗井水及其污染物

来源：洗井水主要来自井下作业洗井及注水井的定期洗井。

特点：洗井水主要含有石油类、表面活性剂及酸、碱等污染物。

4. 矿区雨水及其污染物

来源：在油田矿区由于降雨形成地表径流，可将散落在井场及土壤中的部分落地原油带入地表水体。

特点：矿区雨水所含有的污染物主要是石油类和泥沙冲积物。

5. 其他类型的污水

其他类型污水主要包括油污泥堆放场所的渗滤水、洗涤设备的污水、油田地表径流雨水、生活污水以及事故性泄露和排放引起的污染水体等。

由于油田污水种类多，地层差异及钻井工艺不同等原因，各油田污水处理站不仅水质差异大，而且油田污水的水质变化大，这为油田污水的处理带来困难。

油田采出水的处理根据排放或回用不同要求有多种方式。当油田需要注水时，油田采出水经处理后回注地层，此时要对水中的悬浮物、油等多项指标进行严格控制，防止其对地层产生伤害。为了增加经济效益和环保要求，油田采出水通常经过多道处理工序后用于回注。如果处理不达标就回注，将导致管线腐蚀结垢、渗油口堵塞、注水压力升高等一系列问题。某些低渗透和特低透渗油田，对回注水要求其含油量小于 0.005%，悬浮物粒径小于 $1\mu m$，悬浮物浓度小于 0.0001%。回注前对含油污水的处理涉及悬浮杂质、防垢、防蚀、杀菌和隔氧等多个方面。其中，最难处理的是悬浮杂质，包括浮油、分散油、乳化油、悬浮固体、聚合物等。表 12-5 为碎屑岩油藏注水水质指标及分析方法（SY/T 5329—2012）对注水水质的要求。

表 12-5　碎屑岩油藏注水水质指标

	注入层平均空气渗透率 $K/\mu m^2$	≤ 0.01	0.01 < K ≤ 0.05	0.05 < K ≤ 0.5	0.5 < K ≤ 1.5	> 1.5
控制指标	悬浮固体含量 /(mg/L)	≤ 1.0	≤ 2.0	≤ 5.0	≤ 10.0	≤ 30.0
	悬浮物颗粒直径中值 /μm	≤ 1.0	≤ 1.5	≤ 3.0	≤ 4.0	≤ 5.0
	含油量 /(mg/L)	≤ 5.0	≤ 6.0	≤ 15.0	≤ 30.0	≤ 50.0
	平均腐蚀率 /(mm/a)	≤ 0.076				
	SRB/(个 /mL)	≤ 10	≤ 10	≤ 25	≤ 25	≤ 25
	IB/(个 /mL)	$n \times 10^2$	$n \times 10^2$	$n \times 10^3$	$n \times 10^4$	$n \times 10^4$
	TGB/(个 /mL)	$n \times 10^2$	$n \times 10^2$	$n \times 10^3$	$n \times 10^4$	$n \times 10^4$

注：(1) 1 < n < 10；
(2) 清水水质指标中去掉含油量。

如果油田污水经处理后排放，则根据当地环保要求，将采出水处理到排放标准。我国一些干旱地区，水资源严重缺乏，如何将采油过程中产生的污水变废为宝，具有十分重要的现实意义。

二、油田污水处理技术

目前,国内油田采用的污水处理技术一般包括物理法、化学法等。

1. 物理法

物理处理法的重点是去除采出水中的大部分油类和固体悬浮物等。物理法主要包括重力分离、离心分离、粗粒化、过滤分离、膜分离等方法。

1) 重力分离技术

重力分离技术依靠油水密度差进行重力分离是油田废水治理的关键。从油水分离的试验结果看,沉淀时间越长,从水中分离浮油的效果越好。自然沉降除油罐、重力沉降罐、隔油池作为含油废水治理的基本手段,已被各油田广泛使用。

2) 离心分离技术

离心分离是使装有污水的容器或容器内的污水高速旋转,形成离心力场,利用不同液体之间的密度差产生不同的离心力作用。密度大的受到较大离心力作用被甩向外侧,密度小的则停留在内侧,各自通过不同的出口排出,达到分离污染物的目的。含油污水经离心分离后,油集中在中心部位,而水则集中在靠外侧的器壁上。我国引进和自行研制的水力旋流器,在油田污水处理上也取得了良好的效果。

3) 粗粒化技术

粗粒化是指含油污水通过一个装有填充物的装置时油珠粒径由小变大的过程。所用的填充材料称为粗粒化材料。目前常用的粗粒化材料有石英砂、无烟煤、蛇纹石、陶粒、树脂等材料。经粗粒化的污水,其含油量与污油性质并没有发生变化,只是油珠粒径变大,更容易用重力分离法将油去除。

4) 过滤器分离技术

过滤器分离技术是含油污水通过粒状滤料床层时,利用阻力截留、重力沉降、接触絮凝三方面的作用,将悬浮物和油分截留在滤料的表面和内部空隙中。过滤器是常见的过滤设备,有压力式和重力式两种。目前我国油田普遍采用的是压力式,有石英砂过滤器、核桃壳过滤器、双层滤料过滤器、多层滤料过滤器等。近年来,随着纤维材料的发展,以纤维材料为滤料发展起来的深床高精度纤维球过滤器,因其具有纤维细密、过滤时可形成上大下小的理想滤料空隙分布、纳污能力大、反洗滤料不流失等优点,发展迅速。

5) 膜分离技术

膜分离技术被认为是 21 世纪的水处理技术,是一大类技术的总称。主要包括微滤、超滤、纳滤和反渗透等几类。这些膜分离产品均是利用特殊制造的多孔材料的拦截能力,以物理截留的方式去除水中一定颗粒大小的杂质。特别是超滤,已经在除油的相关研究中取得了一定的进展,逐渐从实验室走向实际应用阶段。

2. 化学法

化学法主要用于处理采出水中不能单独用物理法或生物法去除的一部分胶体和溶解性物质,特别是含油污水中的乳化油。化学法包括混凝沉淀、化学转化和中和法。

1) 混凝沉淀法

混凝沉淀法是借助混凝剂对胶体粒子的静电中和、吸附、架桥等作用使胶体粒子脱稳,在絮凝剂的作用下,发生絮凝沉淀以去除污水中的悬浮物和不溶性污染物。目前采用的混凝剂主要有铝盐类、铁盐类、聚丙烯酰胺(PAA)类、接枝淀粉类等。

2）化学氧化法

化学氧化是转化污水中污染物的有效方法，能将污水中呈溶解状态的无机物和有机物转化为微毒、无毒物质或转化成容易与水分离的形态。该法分为化学氧化法、电解氧化法和光化学催化氧化法三类。

化学氧化是指利用强氧化剂（如 O_2、O_3、Cl_2、H_2O_2、$KMnO_4$、K_2FeO_4 等）氧化分解废水中油和 COD 等污染物质以达到净化废水的一种方法。电解氧化法是指在污水中插上电极，通以一定的直流电，废水中的油和 COD 等污染物在阳极发生电氧化作用或与电解产生的氧化性物质（如 Cl_2、ClO^-、Fe^{3+} 等）发生化学氧化还原作用，以达到净化污水的一种方法。

光化学催化氧化法是指以半导体材料（如 TiO_2、Fe_2O_3 等）利用太阳光能或人造光能（如紫外灯、日光灯等）使废水中的油和 COD 等污染物质降解以达到净化废水的一种方法。目前常用的处理含油污水的方法包括超临界水氧化、湿式空气氧化、臭氧氧化、TiO_2、电极氧化、Fenton 试剂氧化等。

3）化学絮凝法

化学絮凝法普遍应用于各油田，一般作为预处理技术与气浮法联合使用。常用的絮凝剂有无机絮凝剂、有机絮凝剂（合成类有机高分子和天然改性类有机高分子絮凝剂）和复合絮凝剂。有机高分子絮凝剂具有用量少、效率高、处理速度快和产生污泥量少等优点，因此近年来研究发展迅速，在油田污水处理中研究及运用较多。

3. 物理化学法

油田污水物化处理法通常包括气浮法和吸附法两种。

1）气浮法

气浮法是将空气以微小气泡形式注入水中，使微小气泡与在水中悬浮的油粒黏附，因其密度小于水而上浮，形成浮渣层从水中分离。常投加浮选剂提高浮选效果。浮选剂一方面具有破乳作用和起泡作用，另一方面还有吸附架桥作用，可以使胶体粒子聚集随气泡一起上浮。

2）吸附法

吸附法主要是利用固体吸附剂去除污水中多种污染物。根据固体表面吸附力的不同，吸附可分为表面吸附、离子交换吸附和专属吸附三种类型。油田采出水处理中的吸附主要是利用亲油材料来吸附水中的油。常用的吸附材料是活性炭，由于其吸附容量有限，且成本高，再生困难，使用受到一定的限制，故一般只用于含油污水的深度处理。因此，近年来开展了寻求新的吸油剂方面的研究，研究主要集中在两点：一是把具有吸油性的无机填充剂与交联聚合物相结合，提高吸附容量；二是提高吸油材料的亲水性，改善其对油的吸附性能。

4. 生物法

生物法是利用微生物的生化作用，将复杂的有机物分解为简单的物质，将有毒的物质转化为无毒物质，从而使污水得以净化。根据氧气的供应与否，将生物法分成好氧生物处理和厌氧生物处理。好氧生物处理是在水中有充分的溶解氧的情况下，利用好氧微生物的活动，将污水中的有机物分解为 CO_2、H_2O、NH_4、NO_2 等；厌氧生物处理是在反应器中稳定的保持足够的厌氧生物，使污水中的有机物降解为 NH_4、CO_2、H_2O 等。

生物法较物理或化学方法成本低，投资少，效率高，无二次污染，广泛为各国所采用。油田污水可生化性较差，且含有难降解的有机物，因此，目前国内外普遍采用厌氧/好氧活性污泥（A/O）法、接触氧化、曝气生物滤池（BAF）、间歇式活性污泥法（SBR）、升流式厌氧污泥床反应器 UASB 等处理油田污水。

油田污水处理方法较多，各自有各自的特点，其适用的范围也有所不同，具体见表12-6。

表 12-6 油田污水主要处理方法比较

方法名称	使用范围	去除粒径/μm	主要优缺点
重力分离	浮油及分散油	>60	效果稳定，运行费用低，处理量大，占地面积大
粗粒化	分散油及乳化油	>10	设备小，操作方便，易堵，有表面活性剂时效果差
过滤法	分散油及乳化油	>10	水质好，设备投资少，无浮渣，虑床要反复冲洗
吸附法	溶解油	<10	水质好，设备占地少，投资高，吸附再生困难
浮选法	分散油及乳化油	>10	效果好，工艺成熟，占地大，药剂用量大，有浮渣
膜分离法	乳化油及溶解油	<60	出水水质好，设备简单，运行成本高
混凝沉淀法	乳化油	>10	效果好，占地大，药剂用量大，污泥难处理
电解法	乳化油	>10	效率高，耗电量大，装置复杂，有氮气产生
超声波法	分散油及乳化油	>10	分离效果好，装置价格高，难于大规模处理
生物法	溶解油	<10	处理效果好，无二次污染，费用低，占地大

三、油田污水处理剂

油田污水的处理目的有六个，即除油、除氧、除固体悬浮物、阻垢、缓蚀、杀菌，因此常用的油田污水处理剂有除油剂、除氧剂、絮凝剂、阻垢剂、缓蚀剂、杀菌剂、除硫剂等。

1. 絮凝剂

絮凝剂是为防止油田污水中的可溶性盐类、重金属、悬浮的乳化油、固体颗粒、硫化氢等天然的杂质和一些化学添加剂的污染，以及注入地层的酸类、除氧剂、润滑剂、杀菌剂、防垢剂等回注地层而造成堵塞、管线腐蚀，外排造成污染而产生的一类油田化学剂。常用的絮凝剂主要有无机絮凝剂、有机絮凝剂和复合絮凝剂三大类。

1）无机絮凝剂

使用较多的无机絮凝剂是聚合氯化铝（PAC）和聚合硫酸铁（PFS）。但 PAC 和 PFS 都有其自身无法克制的缺点，随着化学工业的发展，其铝、铁的改性产品不断涌现，如在聚硫氯化铝（PACS）、聚硫氯化铁（PFCS）、聚磷氯化铝（PPAC）、聚磷硫酸铁（PFPS）中，由于高聚物分子结构代替了部分羟基，聚合度增加，架桥能力增强，从而除油、去除COD、脱色等多种性能都优于原 PAC 和 PFS。

2）有机絮凝剂

有机高分子絮凝剂具有用量少、反应快、效率高、脱色好等优点，它的絮凝物体水量少，机械强度高。近年来，有机絮凝荆发展迅速，新产品不断问世，形成了类型齐全、规格品种系列化的一个新兴的精细化工领域。

(1) 天然高分子絮凝剂。

这类絮凝剂包括淀粉、纤维素、含胶植物、木质素、单宁、多糖类和蛋白质等类别的衍生物，目前产量约占高分子絮凝剂总量的 20%。其中最有发展潜力的是水溶性淀粉衍生物和多聚糖改性絮凝剂。

(2) 合成有机高分子絮凝剂。

目前已广泛运用于油田水处理中的有机絮凝剂主要是聚丙烯酰胺（PAA）、聚二甲基二烯丙基氯化铵（PDMDAAC）/丙烯酰胺共聚物、反应制得的阳离子型聚丙烯酰胺。近几年来研究开发的热点是两性离子型高分子絮凝剂。

如果将天然高分子絮凝剂进行改性，则其产品与合成的有机高分子絮凝剂相比较，具有选择性大、无毒、价廉等显著优点。

3）复合絮凝剂

最初研究开发的复合絮凝剂主要是几种无机絮凝剂或无机与有机絮凝剂的复配体系，如 PAL+CGA、PAL+CG-A+、NaOH、PAL+PAA。近年来，复合絮凝剂已逐步由最初的混凝剂、助凝剂两组分分别包装发展成为单一制的复合絮凝剂，如无机复合絮凝剂 XDY，以铁盐、铝粉、某高分子聚合物及工业醇、碱为原料制成的 LA，以 $Al(OH)_3$ 和 Fe-Mg 为络合剂及 NaOH 为原料研制的多金属核无机高分子聚合物絮凝剂。

4）微生物絮凝剂

微生物絮凝剂是利用生物技术，通过微生物发酵、抽提、精制从微生物或者其分泌物中得到具有生物分解性能和安全性能的廉价、高效、无毒的水处理药剂。能够产生絮凝剂的微生物称为絮凝性微生物。据统计，迄今已发现的絮凝性微生物多达 25 种以上，菌种为细菌、放线菌、霉菌和酵母菌。

2. 阻垢剂

油田污水结垢是油田生产中不可避免的问题，它随着油田产出水量增加而更加突出。污水中除 $CaCO_3$、$CaSO_4$、$SrSO_4$、$BaSO_4$ 垢外，还有 FeS、$MgCO_3$、$MgSO_4$、$Mg(OH)_2$、$Ca_3(PO_4)_2$、SiO_2 等垢。结垢问题严重影响了油井的生产，加强阻垢的研究可以为石油工业避免或减小损失，带来巨大的经济效益。目前，最常用的阻垢方法就是使用化学阻垢剂来抑制垢的生成。随着科学技术的发展，阻垢剂发展由无机到有机至聚合物，从含磷到无磷环境友好型。

1）无机聚磷酸盐

主要有三聚磷酸钠和六偏磷酸钠，目前多为复合磷酸盐，单剂已很少使用。

2）有机磷酸酯盐

有单烷基磷酸酯、双烷基磷酸酯、聚氧乙烯脂肪醚磷酸酯等，此类阻垢剂使用时用量不宜过高，过高反而易生成垢。

3）天然阻垢剂

木质素、丹宁、淀粉和纤维素，来源广泛，但阻垢效果一般，在聚合物阻垢剂发展起来之后就比较使用了。

4）有机膦酸（盐）阻垢剂

常用的此类阻垢剂有羟基亚乙基二膦酸（HEDP）、氨基三亚甲基膦酸（ATMP）、2-膦酸丁烷-1，2，4-三羧酸（PBTCA）、乙二胺四亚甲基膦酸（EDTMP）等，它们具有较高的化学稳定性和热稳定性，在高温、高 pH 值条件下也难水解，无毒或低毒等特点。

5) 聚合物阻垢剂

针对 $CaCO_3$ 的阻垢，有马来酸（MA）-烯丙基磺酸钠（SAS）水溶性聚合物阻垢剂等；针对 $Ca_3(PO_4)_2$ 的阻垢，有 AA-MA-AMPS 共聚物阻垢剂、丙烯酸（AA）-烯丙基磺酸钠（SAS）共聚物阻垢剂等；阻钡锶垢的阻垢剂有 DY-2、复配物 AMHE、硫酸钡锶垢阻垢剂 BR 等。均聚阻垢剂是靠能与水中金属离子形成稳定的水溶性配合物而抑制垢的形成。大多数共聚物因其结构中具有羧基、酯基或磺酸基等官能团，故对碳酸钙、磷酸钙和氧化铁等具有很好的阻垢分散性能。

6) 绿色阻垢剂

目前国内外研究最多的绿色阻垢剂，主要是聚天冬氨酸（PASP）和聚环氧琥珀酸（PESA）。PASP 不仅能使水溶液中的 Ca^{2+}、Ba^{2+}、Mg^{2+} 形成垢的可能性减小，还能和已形成小晶体中的 Ca^{2+} 作用，有效地抑制 $CaCO_3$ 垢层的形成和增长。PESA 在相对分子质量在 400~800 时，效果最佳。

随着原油的重质化、劣质化，渣油性质更差，结垢倾向更大，垢的成分越来越复杂，因此急需研制出具有广谱性的优良阻垢剂。此外，阻垢机理的研究必须加强，这是开发高效阻剂的重要前提；还有，由于结垢是一个多学科交叉渗透的复杂问题，在以阻垢为最终目的的研究探索中，多学科的协同研究是十分必要的；随着人类环保意识的增强。环保法规的进一步严格，绿色阻垢剂将成为田内研究的一个热点。

常用的阻垢剂有

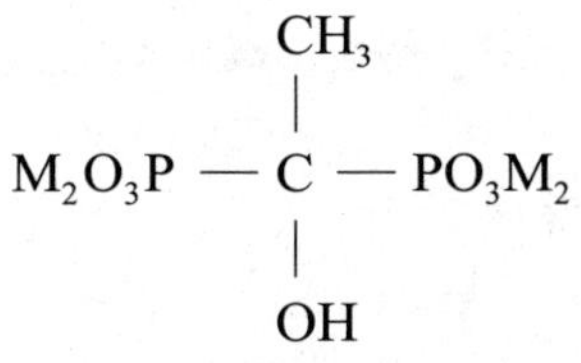

$$M_2O_3P-\underset{\underset{OH}{|}}{\overset{\overset{CH_3}{|}}{C}}-PO_3M_2$$

（次乙基羟基二膦酸盐，HEDP）

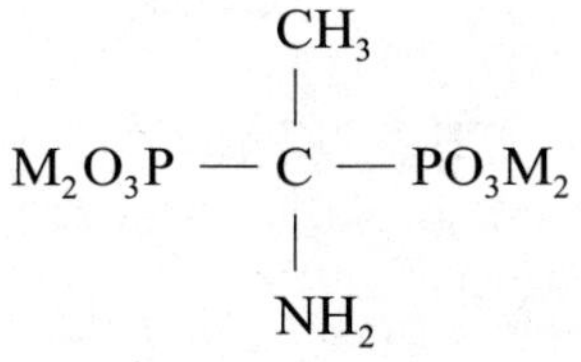

$$M_2O_3P-\underset{\underset{NH_2}{|}}{\overset{\overset{CH_3}{|}}{C}}-PO_3M_2$$

（次乙基氨基二膦酸盐，AEDP）

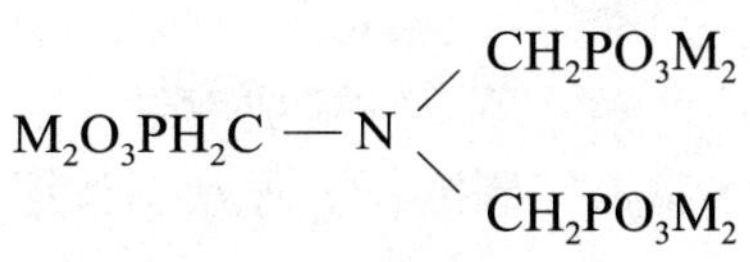

$$M_2O_3PH_2C-N\begin{matrix}CH_2PO_3M_2\\CH_2PO_3M_2\end{matrix}$$

（次氮基三亚甲基膦酸盐，ATMP）

$$\text{M}_2\text{O}_3\text{PH}_2\text{C} \diagdown \text{N} - \text{M}_2\text{O}_3\text{PH}_2\text{C} - \text{N} \diagup \text{CH}_2\text{PO}_3\text{M}_2$$
$$\text{M}_2\text{O}_3\text{PH}_2\text{C} \diagup \qquad \diagdown \text{CH}_2\text{PO}_3\text{M}_2$$

(乙二胺四亚甲基膦酸盐,EDTMP)

$$\text{MOOCH}_2\text{C} - \text{N} \diagup \text{CH}_2\text{COOM}$$
$$\diagdown \text{CH}_2\text{COOM}$$

(次氮基三乙酸盐,NTA)

$$\text{MOOCH}_2\text{C} \diagdown \text{N} - \text{CH}_2\text{CH}_2 - \text{N} \diagup \text{CH}_2\text{COOM}$$
$$\text{MOOCH}_2\text{C} \diagup \qquad \diagdown \text{CH}_2\text{COOM}$$

(乙二胺四乙酸盐,EDTA)

$$R - O - [CH_2CH_2O]_n - SO_3M$$

(聚氧乙烯烷基醚硫酸酯盐)

$$R - C_6H_4 - O - [CH_2CH_2O]_n - SO_3M$$

(聚氧乙烯烷基苯酚醚硫酸酯盐)

$$-[CH_2 - C(COOM)(CH_2COOM)]_n-$$

(聚羧甲基丙烯酸盐,PIA)

3. 缓蚀剂

在油田开发中后期,会产生大量的 H_2S、CO_2、Cl^-、SO_4^{2-} 等腐蚀介质,这些物质溶解在地下采出水中,形成酸性液体,对井下管柱造成腐蚀。实践表明,缓蚀剂保护技术是一种经济、有效而通用性强的金属腐蚀控制方法。通常,按照化学组成可以将其分为无机缓蚀剂和有机缓蚀剂两类。

大量的有机化合物,如醛类、胺类、羧酸、杂环化合物等可以作为有机缓蚀剂,目前有机缓蚀剂至少有150多个基本品种。

1) 咪唑啉类缓蚀剂

它是一种广泛应用于石油、天然气生产中的缓蚀剂,对含有 CO_2 或 H_2S 的体系有明显的缓蚀效果。它对铜、铁等具有较好的缓蚀效果,咪唑啉有着更低的毒性,因而具有广泛的应用前景。

2) 铵盐和季铵盐类缓蚀剂

这类缓蚀剂主要靠氮原子吸附,广泛用于油气井中的吸附成膜,如8601-G(季铵盐复合物)、8401-T及8703-A(季铵盐化合物)、7701(烷基吡啶类季铵盐)、由含氮化合物和聚磷酸盐复配而成的SL-1型胺类缓蚀剂、炔氧甲基季铵盐等都在各大油田推广应用。

3) 多功能型有机缓蚀剂

20世纪60年代初,多功能通用型缓蚀剂初步研制成功,如苯并三氮唑(BTA)及其衍生物、三氮唑系列化合物、邻硝基化合物等缓蚀剂。这些缓蚀剂的支链中都含有2个或2个以上的缓蚀基团。这些基团不仅能对铜及铜合金具有良好的缓蚀性能,而且对铁、锌、银等金属具有良好的缓蚀效果。目前在日、美等国的报道中,约有1/3以上的缓蚀剂为通用型多功能缓蚀剂,有良好的应用前景。

4) 低毒高效型有机缓蚀剂

自20世纪90年代末以来,低毒高效缓蚀剂的研究和应用取得了优异的成果。国外科学工作者将从松香中提取出松香胺衍生物、咪唑及其衍生物用作高稳定性的钢铁用缓蚀剂,替代有剧毒的亚硝酸二环己胺;从奶油中提取出吲哚酪酸,用作对铁等黑色金属的缓蚀,已取得较好效果。国内科学工作者在这方面也作出了大量贡献,如陶映初、许涛等人从花椒、茶叶、芦苇、果皮等天然植物中成功提取了缓蚀剂的有效成分。这类缓蚀剂具有成本低、毒性低等特点。

5) 低聚或缩聚型缓蚀剂

这类低聚物相对分子质量在200以下,分子长度在500nm以下。比如,近年来开发的含水吗啉单元,不但克服了常见缓蚀剂毒性大的缺点,并且缓蚀性能好;再如Mtiller等人用三种不同的丙烯酸酯和二种异丁烯酸酯合成的低聚型聚酯,对锌有良好的缓蚀性。此类缓蚀剂具有毒性低、效率高、多个缓蚀基团(聚合反应引人)并存、多功能(缓蚀基团之间的协同效应)等特点。

6) 杂环型缓蚀剂

杂环型缓蚀剂属混合型缓蚀剂,它能抑制阴极反应,还能抑制阳极反应,具有低毒性、多功能性、通过分子内不同极性基团的协同作用而产生的高效性、适应环境温度和pH值变化性强等优点。比如,杂环型缓蚀剂3-醋酸基-吲哚在10%的HCl溶液中对碳钢的缓蚀率高达98%。

7) 无机缓蚀剂

无机缓蚀剂的种类相对于有机缓蚀剂少,而且要求比较高的浓度才能有效工作。铬酸盐由于对黑色金属突出的缓蚀效果而曾被广泛采用,但是随着对环境保护的要求越来越强对生态环境无污染的品种。铝酸盐、钨酸盐和稀土化合物是近期开发应用的环境友好型无机缓蚀剂。

常用缓蚀剂有

$$[R-\underset{\underset{CH_3}{|}}{\overset{\overset{CH_3}{|}}{N}}-CH_3]Cl \qquad R:C_{12}\sim C_{18}$$

(烷基三甲基氯化铵)

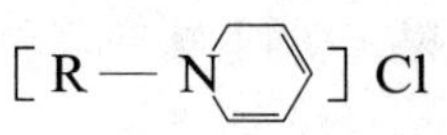

$$[R-N\underset{}{\bigcirc}]Cl \qquad R: C_{12} \sim C_{18}$$

（烷基氯化吡啶）

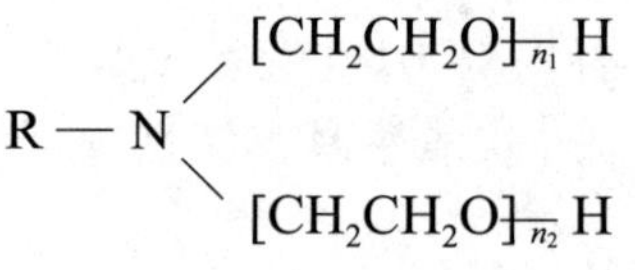

$$R-N\begin{matrix}[CH_2CH_2O]_{\overline{n_1}}H \\ [CH_2CH_2O]_{\overline{n_2}}H\end{matrix} \qquad \begin{matrix}R: C_{12} \sim C_{18} \\ n_1+n_2: 5 \sim 50\end{matrix}$$

（聚氧乙烯烷基胺）

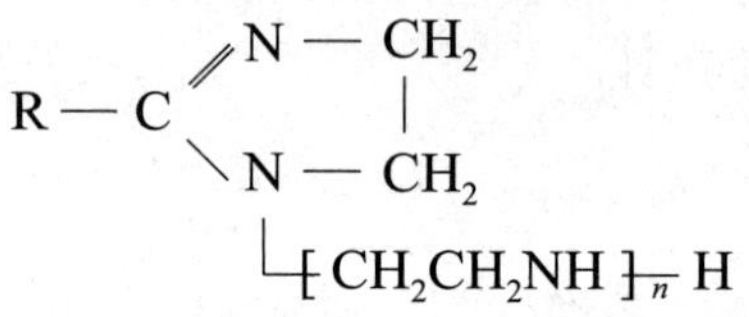

$$R-C\begin{matrix}N-CH_2 \\ \| \\ N-CH_2 \\ | \\ [CH_2CH_2NH]_{\overline{n}}H\end{matrix} \qquad R:C_{11} \sim C_{17}$$

（1-聚氨乙基-2-烷基咪唑啉）

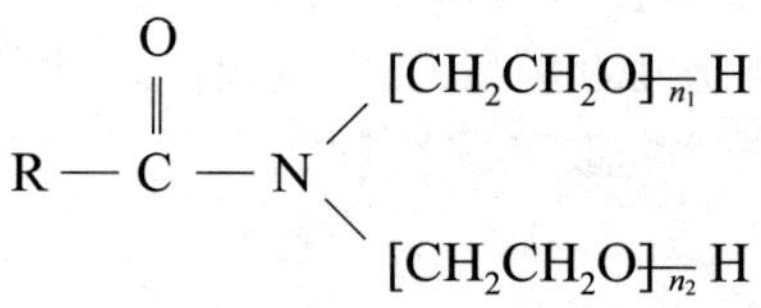

$$R-\underset{\underset{O}{\|}}{C}-N\begin{matrix}[CH_2CH_2O]_{\overline{n_1}}H \\ [CH_2CH_2O]_{\overline{n_2}}H\end{matrix} \qquad \begin{matrix}R: C_{11} \sim C_{17} \\ n_1+n_2: 5 \sim 50\end{matrix}$$

（聚氧乙烯酰胺）

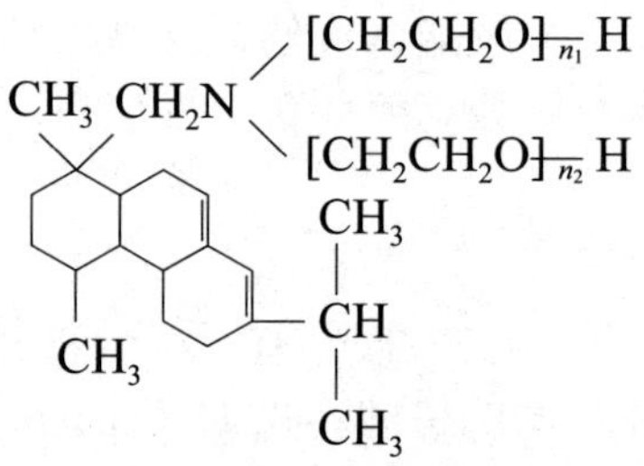

（聚氧乙烯松香胺）

4. 杀菌剂

在油田污水系统中，普遍存在着严重危害原油生产的各种微生物，最常见的细菌有三类：SRB、腐生菌（TGB，又叫黏液形成菌）、铁细菌。防止和控制细菌污染和危害的措施有多种，其中经济、方便、见效快的措施是化学处理方法投加杀菌剂。

杀菌剂一般从使用功能和其组成上分为氧化型和非氧化型两大类。氧化型杀菌剂维持药效时间短，在碱性条件下使用量大，而且容易造成环境污染。鉴于以上诸多缺点，目前该种杀菌剂在油田极少采用，而广泛应用的为非氧化型杀菌剂。根据非氧化型杀菌剂的杀菌作用基团种类及其作用机理，一般分为以下七类。

1）季铵盐类

季铵盐类杀菌剂是一类抗菌性的表面活性剂，在我国各大油田使用最多，应用也最广。

其中阳离子表面活性剂使用最早也最多，具代表性的杀菌效果最好的是脂肪铵的季铵盐。常见的有十二烷基二甲基苄基氯化铵、十二烷基三甲基氯化铵、聚季铵盐、十二烷基二甲基苄基溴化铵、双 C_8 烷基季铵溴盐、氰基季铵盐、双季铵盐等。该类杀菌剂毒性小，杀菌效率高，受 pH 值变化的影响小，使用方便，化学性能稳定，分散作用及缓蚀作用好；但有在使用时容易产生泡沫、杀菌效力在矿化度较高时降低、容易吸附、容易产生抗药性等缺点。

2）季磷类

我国 20 世纪 90 年代初引进使用季磷盐杀菌剂，它是一种新型、广谱、高效的杀菌剂，具有优良的杀菌性能和优良的黏泥剥离作用，但进口产品价格昂贵。目前，国内正在积极研制同类杀菌剂。

3）有机醛类

醛类杀菌剂较常用，杀菌效果较好，其杀菌效果与化合物结构相关，主要有甲醛、异丁醛、肉桂醛、丙烯醛、乙二醛、苯甲醛、戊二醛等。其中戊二醛、甲醛和丙烯醛等较多使用。丙烯醛因有较大的毒性和刺激性，甲醛的使用浓度高，并且刺激性大，现场使用很少。戊二醛虽然价格昂贵，目前也有与其他药剂复配使用。

4）含氰化合物类

含氰类杀菌剂杀菌效率高，价格低廉。最常见最常用的为二硫氰基甲烷，它一般与其他助剂复配使用，如与十二烷基二甲基苄基氯化铵、表面活性剂加溶剂复配而成。S_{16} 是二硫氰基甲烷、表面活性剂加溶剂复配而成，WC-38 是二硫氰基甲烷、双砜加溶剂复配而成的等。该类杀菌剂毒性较大，在碱性条件下容易分解且自身溶解性较差，所以常常添加一些表面活性剂助溶，从而提高杀菌效率。

5）杂环化合物类

杂环类杀菌剂杀菌具有效率高、掺量较低、与其他水处理剂有很好的配伍性能等优点。其主要有咪唑类衍生物（如甲硝唑）、吡啶类衍生物（如十六烷基溴化吡啶）、噻唑、咪唑啉、三嗪的衍生物、异噻唑啉酮、聚季噻嗪、聚吡啶、聚喹啉等类型。但该类杀菌剂存在水溶性较差、易吸附损失、成本较高、部分化合物对好氧菌无杀菌效果等缺点。

6）复合型杀菌剂

复合型杀菌剂提高了杀菌剂的广谱性，也不同程度地提高了杀菌剂的杀菌效率。比如 J_{12} 由十二烷基二甲基苄基氯化铵 1227 与双氧化物加其他助剂复合而成、CT10-3 由有机胍与季铵盐加表面活性剂加溶剂复合而成；WC-85 由季铵盐与戊二醛复合而成、NY-875 由苯酚与有机胺加甲醛复合而成的。这些复合杀菌剂不同程度地解决了现场的一些实际问题，取得了较好的应用效果。

7）多功能型杀菌剂

20 世纪 80 年代中期，华南理工大学首先提出多功能杀菌剂在国内研究。多年来，他们已经先后成功的研制出了多种多功能处理剂，比如絮凝—杀菌剂、絮凝—杀菌—缓蚀剂等类别。

此类杀菌剂有：

$$O_3 \qquad\qquad ClO_2$$
（臭氧）　　　　　　（二氧化氯）

NaClO　　　　　　　Ca(ClO)$_2$
（次氯酸钠）　　　　（次氯酸钙）

K$_2$FeO$_4$　　　　　　KMnO$_4$
（高铁酸钾）　　　　（高锰酸钾）

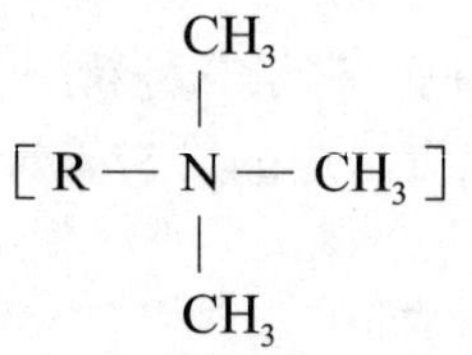

$$[R-\overset{\overset{CH_3}{|}}{\underset{\underset{CH_3}{|}}{N}}-CH_3]Cl \qquad R：C_{12}\sim C_{18}$$

（烷基三甲基氯化铵）

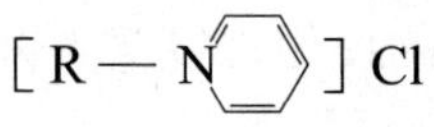

$$[R-N\underset{}{\bigcirc}]Cl \qquad R：C_{12}\sim C_{18}$$

（烷基氯化吡啶）

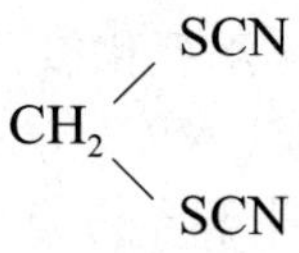

$$CH_2\underset{SCN}{\overset{SCN}{<}}$$

（二硫氰基甲烷）

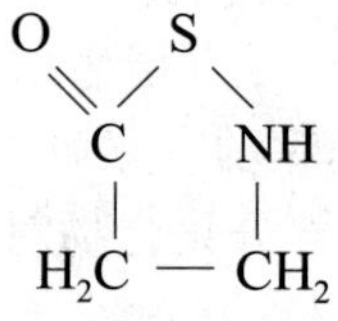

（异噻唑烷酮）

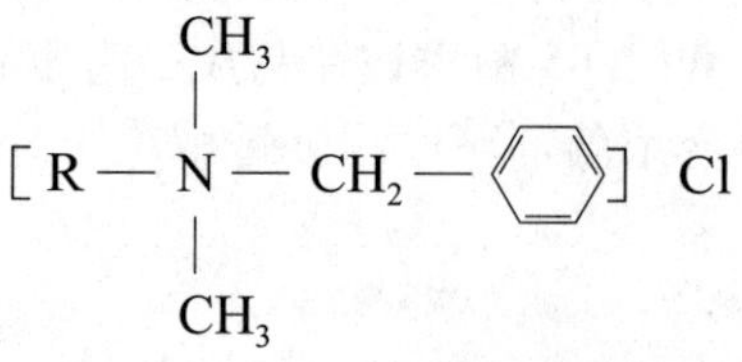

$$[R-\overset{\overset{CH_3}{|}}{\underset{\underset{CH_3}{|}}{N}}-CH_2-\bigcirc]Cl \qquad R：C_{12}\sim C_{18}$$

（烷基苄基二甲基氯化铵）

5. 除硫剂

在油田污水中 S、S^{2-}、SO_4^{2-} 是硫的主要存在方式，S、SO_4^{2-} 都能在硫酸盐还原菌（SRB）的作用下还原成 S^{2-}。水中的 S^{2-} 对钢铁具有极强的腐蚀性，最终使管壁穿孔，干扰正常生产。腐蚀产物为不溶于水的黑色胶状 FeS 悬浮物，故导致悬浮物增加；同时，FeS 又是一种乳化油稳定剂，会增加污水除油难度。目前除硫化物的方法中化学除硫剂使用较多。常用的除硫剂通过氧化作用或沉淀反应作用来达到除硫效果,分为两种类型:氧化剂型和沉淀型。

1) 氧化剂型

此类除硫剂有过氧化氢、二氧化氯溶液和强氧化剂次氯酸盐,是通过将水体中二价硫氧化成单质硫或硫酸根 SO_4^{2-},单质硫再通过絮凝沉降过滤去除,而硫酸根离子则与污水中矿物质形成可溶解硫酸盐。使污水变清,悬浮物含量降低。

2) 沉淀型

此类除硫剂有氯化铁、硫酸铜、氯化铜。其作用原理是通过与污水中的 S 发生化学沉淀反应,形成絮状沉淀,再通过絮凝、过滤的方法除去这部分沉淀,达到除硫化物的目的。除硫剂在除硫的同时也起到了缓蚀和杀菌的作用。从这个意义上说,污水处理用化学剂从应用功能上讲是没法严格定义的。绿色化无疑是 21 世纪水处理剂发展的方向。因此,今后的工作应当围绕节能、环保、经济三大目标,进一步完善现有产品,提高产品质量;在新产品的合成方面,积极利用绿色化学技术,采用清洁工艺,合成无磷、非氮、不含有毒物质、易于生物降解、真正对环境友好的油田化学剂。相信经过广大水处理工作者的不懈努力,不久的将来会出现更多无污染、高效廉价的绿色油田水处理剂。

6. 除氧剂

污水中的氧在一定温度条件下,对金属表面具有强烈的腐蚀作用,特别是在高温条件下,所以,为了避免腐蚀,回注地下的油田污水需要除氧,除氧剂也叫脱氧剂。主要是利用化学反应除去水中含有的氧气,使水中的溶解氧转变成其他不腐蚀的物质,从而将其消除。

1) 亚硝酸钠除氧剂

亚硝酸钠是一种廉价的油田污水除氧剂,反应过程如下:

$$2Na_2SO_3 + O_2 \longrightarrow 2Na_2SO_4$$

通常要求加药量比理论值大。温度越高,反应时间越短,除氧效果越好。当污水 pH=6 时效果最好,若 pH 值增加则除氧效果下降。加入铜、钴、锰等催化剂,可提高除氧效果。

2) 碳酰肼类除氧剂

碳酰肼为白色结晶粉末,极易溶于水,不溶于醇、醚、苯,由于它是肼的衍生物,具有很强的还原性,碳酰肼不仅可用作污水的除氧剂,由于与氮原子相连的氢原子易被其他基团取代,还可用作甲醛的捕捉剂。另外,在含酚杀菌剂的加入适量的碳酰肼可起到防止酸败的作用。本品无毒。可代替水合肼、肟类。用作污水作为除氧剂,是当今世界上污水除氧的最先进材料,毒性小、熔点高、脱氧效率远远大于亚硝酸钠除氧剂是安全环保理想的产品。但是由于价格比较高,使用时与亚硫酸铁或者与亚硝酸钠复配。

碳酰肼类作除氧剂时适用温度范围为 80℃左右。碳酰肼和氧的反应如下:

$$CON_4H_6 + 2O_2 = 2N_2 + 3H_2O + CO_2$$

7. 除油剂

除油剂也叫反相破乳剂。反相破乳剂的种类繁多,按表面活性剂的分类方法可分为:阳离子型、阴离子型、非离子型、两型离子型破乳剂。其中,阴离子型破乳剂有羧酸盐类、磺酸盐类和聚氧乙烯脂肪硫酸酯盐等。

不同污水使用的除油剂不同。比较通用的有:阳离子型破乳剂,比如:季铵盐类,对油田污水有明显效果，但不适合稠油及老化油形成的污水；非离子型主要有以胺类为起始剂的嵌段聚醚，以醇类为起始剂的嵌段聚醚，烷基酚醛树脂嵌段聚醚，酚胺醛树脂嵌段聚醚，含硅反相破乳剂比较适合于稠油及老化油形成的污水，污水中的油是以水包油（O/W）的形式存在。选择除油剂时，首先选择能降低油水界面张力的活性剂，使污水内油滴之间的排斥力及吸引力降低，使 O/W 乳状液的稳定性降低，使油水分离，达到除油的目的，用表面活性剂亲合力差值 SAD(Surfactant affinity-difference) 能定量地表示阴离子破乳剂的反相点：

$$\frac{SAD}{RT}=\ln S-K\cdot EACN-\varphi(A)+\sigma-\alpha_{T}(T-25) \tag{12-6}$$

式中　S——水相的矿化度；

σ——阴离子活性剂的特征参数；

T——绝对温度；

K、$\varphi(A)$、α_T——正的系数；

$EACN$——油的等价碳数；

A——反映醇类影响的参数。

SAD 将所有影响反相破乳剂的诸因素归纳在一起，当 $SAD=0$ 时，乳状液的稳定性最低，最容易反相破乳。

油田要求的反相破乳的指标如表 12-7 所示。

表 12-7　油田要求的反相破乳的指标

项目	指标
破乳时间	≤ 1min
有效成分	≥ 95%
pH	2～4
脱油率	≥ 95%

由于油田污水的类型很多。除油剂一般是与絮凝剂复配使用，对有些污水只用絮凝剂就能达到除油的目的。

第六节　油田采油添加剂的研究机理和制备举例

流动阻力决定了原油采出的速度，降低原油开采阻力，首先要降低原油在地层中的吸附和降低原油的黏度。在此前提下，通过各种手段调整原油和地下水的流动速度的比例，通过调剖堵水，增加水的黏度，使原油和水的流动速度一致。原油才能顺利采出。

在采油过程中，由于地层的堵塞，地层的渗透率降低，为了提高地层渗透率，需要修井作业。修井作业中用酸蚀和压裂的方法，使得地层渗透率提高。

在一系列修井措施之后，原油的采收率提高。原油采出后，要进行油水分离，脱水后的原油送到炼油厂。脱出的水通过加入各种污水处理剂，使污水达到国家标准后，再注入地层。为防止管道腐蚀和避免地层的污染和阻塞,选择合适的缓蚀剂是必要的。

一、影响特稠油流动的因素及改善其流动的方法

高矿化度稠油指的是在原油储层中地层水的矿化度高,原油黏度大的稠油。对低矿化度储层稠油乳化降黏和掺稀原油降黏是容易的。但是对高矿化度储层稠油,由于盐水的表面张力比低矿化度水高得多,而一般活性剂使盐水的表面张力降低形成油/水乳状液比较困难。另外由于各种盐在不同的压力和温度条件下压缩分散相的双电层,对原油乳状液的类型和稳定性影响很大,特别是碱土金属盐的空阻效应使油水体系极易形成水/油乳状液。因此要特别注意不同压力、温度条件下高矿化度原油流变行为的变化。笔者使用了耐盐活性剂并进行了复配,制备了用于高矿化度稠油的乳化降黏剂。

笔者使用黏度高且变化范围大、地层水矿化度高的塔和地区原油,通过实验室研究和现场实验,研究了盐对原油在各种条件下的流动变化,试图阐明国内外一般表面活性剂不耐高矿化度的原因,解决高矿化度稠油乳化降黏和掺稀原油降黏以及掺油溶性降黏剂的方法和注意事项。另外对高矿化度稠油乳化降黏脱水后原油本体黏度降低近一步给予了说明。

1. 实验

1)主要实验药品

耐盐活性剂(DM5522),聚醚磺酸铵,自制甲苯复合物,油溶性降黏剂(SP1510)和耐盐活性高聚物(SP5510)。

溶剂:中国石油吐哈油田稀原油,黏度为 75~85mPa·s(20℃);中国石化西北局油田稀原油,黏度为 75~85mPa·s(20℃);济南炼油厂生产的柴油,黏度为 50 mPa·s(20℃)。

稠油油样:中国石油吐哈油田原始脱气稠油,黏度为 280000mPa·s(20℃),矿化度 150000mg/L(碱土金属为 10000mg/L);中国石化西北局稠油,黏度为 150000mPa·s(20℃),矿化度 200000 mg/L(碱土金属为 20000mg/L)。

2)实验方法

(1)药品的配制。

按质量比例 4:1:10:10 称取 $CaCl_2$、$MgCl_2$、NaCl 和 KCl,用纯净水配制 150000mg/L 和 200000mg/L 矿化度的水,根据需要进行稀释;把耐盐活性剂(DM-5522)和耐盐聚合物(SP5510)按照不同比例混合均匀,制得复合耐盐活性降黏剂,然后用矿化度为 2000mg/L 的水把复合耐盐活性降黏剂配成 2%(质量分数)水溶液;将稠油和不同浓度高矿化度水分别按照 30%(质量分数)、35%(质量分数)、40%(质量分数)和 55%(质量分数)的比例混合,并在原油混调器中混合均匀,形成水/油乳状液。

(2)实验过程

油/水稠油乳状液的稳定性实验:将盛装稠油乳状液的具塞式量筒放入超级恒温水浴中静置,在 70℃下一定时间内记录油/水稠油乳状液的出水时间,并把出水时间作为油/水稠油乳状液的稳定时间。

出油效率实验:根据毛细现象实验方法,将乳化降黏后的油样加入到 U 形毛细管一侧,使油样两端平衡,并用水分测定器测定毛细管另一端油样的含水率,从而确定油/水稠油乳状液的稳定性和出油效率的关系。

2. 高矿化度稠油流动的影响因素

1）压力的影响

高矿化度稠油流动的影响因素不同于普通蜡油和黏油，它与剪切模量、触变性质等压力因素有关。由于高矿化度稠油各种盐的作用，原油中分子之间的作用力变得更加复杂，故可用以下数学模型表示高矿化度稠油的剪切力与原油流动性的关系：

$$x = \frac{\tau_0}{G}\left[1-\exp\left(-t/T\right)\right] \tag{12-7}$$

其中
$$\eta/G = T \tag{12-8}$$

上二式中　x——单位时间流动的距离，m；

　　　　　τ_0——原油的结构力，N；

　　　　　G——剪切模量，N/m；

　　　　　t——时间，s；

　　　　　η——黏度，mPa·s。

因此测定原油的黏度需要在一定时间和一定的剪切力条件才可靠。改变剪切力和剪切速率，黏度值是不一样的，所以本实验的黏度测定都是在同一剪切速率下进行的。

2）温度的影响

（1）原油随温度升高黏度降低，其体系温度的变化符合以下热力学公式：

$$\left(\frac{\partial H}{\partial A}\right)_{T,p} = \gamma - T\left(\frac{\partial \gamma}{\partial T}\right)_{A,p} \tag{12-9}$$

式中　$\left(\dfrac{\partial H}{\partial A}\right)_{T,p}$——等温等压下单位表面积的热量改变；

　　　γ——表面张力，N/m；

　　　T——热力学温度，K；

　　　$\left(\dfrac{\partial \gamma}{\partial T}\right)_{A,p}$——等表面积等压下表面张力随温度的变化。

由以上公式可知，原油表面积增大是吸热过程和稠油被分散稀释过程，也是稠油表面积增大的过程。所以掺入的稀原油和活性水的温度要比地层温度高，才不至于使地层温度下降，这是实验过程中要把耐盐活性水加温到 80±5℃，高于原油温度 70℃ 的原因。

（2）加药温度对原油黏度的影响。

把配好的耐盐活性水加温到 80±5℃，然后以质量比例 3∶7 和 70℃ 的含高矿化度水 30%（质量分数）的稠油混合，并在一定的剪切速率下测定乳化原油从高温加药降到低温和从室温加药后再升温的黏—温变化规律的比较，实验结果如表 12-8 所示。

由表 12-8 可知，市售的耐盐性能较好聚醚磺酸铵在室温条件下加药再升温，原油黏度降低，然而高温度条件下加药却反相，复合耐盐活性降黏剂的加药方式对原油黏度变化没有影响。因此筛选活性剂时要按照现场实际温度变化的情况，从高温到低温加药，否则对于一些耐盐活性剂会造成实验数据和现场数据不一致，甚至现场实验反相的严重后果。

表 12-8 不同温度加药对原油黏度的影响

活性剂	不同温度下的黏度/(mPa·s)							
	低温加药后升温				高温加药后降温			
	20℃	30℃	50℃	70℃	70℃	50℃	30℃	20℃
复合耐盐活性降黏剂	60	47	30	20	20	30	47	60
聚醚磺酸铵	65	50	35	25	25	4313	5890	11000

3) 盐的影响

(1) 盐对形成原油乳状液类型的影响。

地层水矿化度高，特别是 Ca^{2+}、Mg^{2+} 离子含量高，由于 Ca^{2+}、Mg^{2+} 在油水界面上的空阻效应使形成的油/水乳状液极易反相形成水/油乳状液。另外，强电解质是破坏胶体稳定性的主要因素，由于盐的作用压缩分散相的双电层，所以在盐水介质中分散相容易聚并，形成极不稳定的体系。

(2) 盐对水的表面张力的影响。

原油乳化降黏用的表面活性剂的水溶液的表面张力和油水界面张力越低越利于形成油/水乳状液，对于含矿化度水较高的原油体系，随盐含量的增加表面张力增大。笔者进一步对碱金属盐和碱土金属盐进行了实验，发现随盐含量的增加碱土金属盐对表面张力增大的影响更显著（图 12-10）。一般表面活性剂耐盐范围最高为：碱金属盐含量 10000mg/L 左右，碱土金属盐含量 2000mg/L。但是当碱金属盐含量达 100000mg/L 以上、碱土金属盐含量超过 10000mg/L 时，目前市售的一般表面活性剂是不行的。

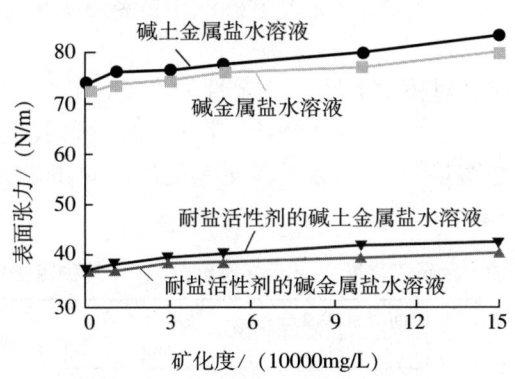

图 12-10 不同盐对表面张力的影响

3. 改善高矿化度稠油流动的方法

1) 用复合耐盐活性降黏剂进行乳化降黏

(1) 加入复合耐盐活性剂乳化脱水前后及原始油黏度随温度变化。

用复合耐盐活性降黏剂对中石油吐哈油田稠油进行乳化降黏，黏—温曲线如图 12-11 所示。实验发现原油在各种温度条件下平均稳定时间 1h；加入复合耐盐活性降黏剂乳化后，原油的黏度在温度高于 30℃ 时都在 50mPa·s 以下；吐哈稠油脱水后原油本体原油黏度约降低 50%，说明复合耐盐活性降黏剂在 150000mg/L 矿化度下能使稠油乳化分散。

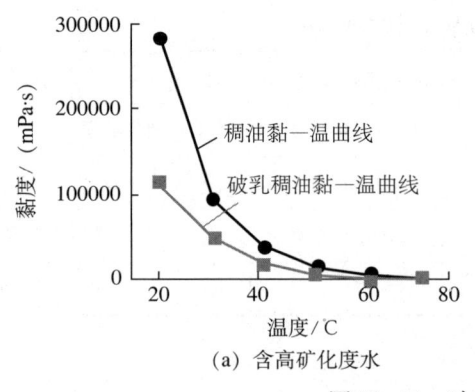
(a) 含高矿化度水

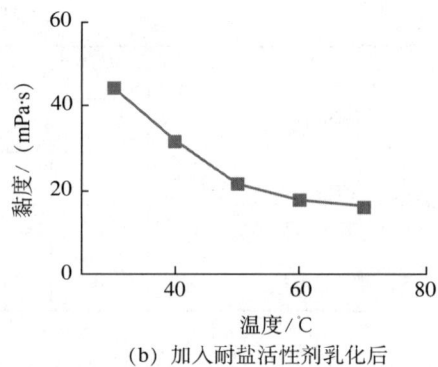
(b) 加入耐盐活性剂乳化后

图 12-11　吐哈油田稠油黏—温曲线

表面活性剂能降低水的表面张力是由于表面活性剂形成胶束基团，与原有水的"水结构"不同，形成低表面张力。一般在高矿化度条件下，表面活性剂通常不能分散在盐中，与盐不能形成胶束，所以，一般的表面活性剂不能降低高矿化度水的张力。笔者所用的耐盐活性剂具有两种极性基团，聚氧乙烯基团和磺酸基，既克服了非离子表面活性剂的浊点又提高了表面活性剂的耐盐性，因而具有优异的耐盐性能。它能与盐亲和形成一个活性体系后，在水中形成胶束基团以及与原有水不同的"水结构"，形成低表面张力。所以图12-10 中耐盐活性剂 DM 5522 水溶液，当矿化度为 150000mg/L 时，其表面张力与低矿化度时几乎一样。

使用复合耐盐活性降黏剂乳化降黏脱水后，高矿化度稠油本体黏度约降低 50%，而通常掺稀油降黏后再蒸出稀油或柴油，其原油黏度又恢复至本来黏度。高矿化度稠油乳化降黏脱水后原油黏度降低，其原因可能是耐盐活性剂溶液具有高表面活性，使得稠油中的盐易溶于其中，在乳化过程中耐盐活性剂洗去了稠油中的盐分，消除了盐的因素对稠油黏度的影响，使原油本体黏度大大降低。

（2）不同耐盐活性剂配方对原油乳状液稳定性的影响。

吐哈稠油 [含高矿化度水 30%（质量分数）] 乳化降黏形成油/水乳状液后黏度降低，而且不反相，稳定性好，少量高聚物的加入，便能使油水同步上升，出油效率实验结果如表 12-9 所示。

表 12-9　吐哈稠油 [含高矿化度水 30%（质量分数）] 的稳定性和出油量的关系

药剂比例 （DM5522 : SP5510）	药剂浓度/ (mg/L)	油水乳状液量/ mL	稳定时间/ min	含水/ [%（质量分数）]	脱水时间/ h
10 : 0	2000	20	15	45	1
9 : 1	2000	20	60	30	1

但是在对含矿化度水更高 [40%（质量分数）] 的中国石化西北局稠油进行乳化降黏实验时发现，乳化降黏所形成的油/水乳状液稳定性不好，原油采出液中水多油少。通过调整 DM 5522 和 SP 5510 的比例，能极大改善稳定性，出油效率实验结果如表 12-10 所示。

由表 12-10 可看出，耐盐活性高聚物 SP5510 所占的比例越大，乳化原油稳定性越好，从而进入毛细管右端原油乳状液含水量越低。为了调整油水稳定性，在不影响原油和水的表面张力形成油/水乳状液的前提下，选择能使盐水适当增黏的耐盐高聚物是必要的。

表 12-10 稠油的稳定性和出油量的关系

药剂比例 (DM5522 : SP5510)	药剂浓度 / (mg/L)	油水乳状液量 / mL	稳定时间 / min	含水 / [%(质量分数)]	脱水时间 / h
9.0 : 1.0	2000	20	3	52.11	0.5
8.5 : 1.5	2000	20	18	46.05	1.2
8.0 : 2.0	2000	20	25	45.16	1.5
8.5 : 2.5	2000	20	29	43.71	2.0

对于含高矿化度水的稠油,加入降黏剂后,水的表面张力降低,稠油分散在水中,形成热力学不稳定的油/水型乳状液。根据毛细管升降公式可知,张力低的盐水在井筒中上升的速率比油快,产液中水的含量高而油量少。因而,适量耐盐高聚物的加入,可以提高水相黏度,降低油水流度比,使稠油和水同步上升。

2)掺稀原油和油溶性降黏剂降黏

以下所用的稠油是中国石油吐哈油田原始脱气稠油,油溶性降黏剂溶在稀原油中使用。

(1)不同掺稀剂对原油降黏的影响。

稠油掺稀油降黏所用的稀原油不同,对原油的流动性的改变影响也十分明显。对中国石油吐哈油田原始脱气稠油掺入不同比例的不同稀原油,实验结果如表 12-11 所示。

表 12-11 掺稀原油和油溶性降黏剂对不含水原油降黏率的影响

稀释剂	不同掺稀比例下黏度 /(mPa·s)			不同掺稀比例下的降黏率		
	9.5 : 0.5	9.0 : 1.0	8.5 : 1.5	9.5 : 0.5	9.0 : 1.0	8.5 : 1.5
稀原油	25211	12200	3388	70.34%	85.64%	96.01%
柴油	17612	3020	2184	79.28%	96.45%	97.43%
芳烃	3388	2858	892.5	96.01%	96.64%	98.95%
稀原油 (含活性剂 500 mg/L)	10200	10000	3775	78.88%	88.24%	95.56%
柴油 (含活性剂 500 mg/L)	10000	5976	1717	88.24%	92.97%	97.98%
芳烃 (含活性剂 500 mg/L)	2000	700	221	97.65%	99.18%	99.74%
稀原油 + 芳烃 (8 : 2)	14892	8638	2524	82.48%	92.19%	97.03%
稀原油 + 芳烃 (8 : 2) (含活性剂 500 mg/L)	5627	5000	2397	86.12%	93.38%	97.18%
柴油 + 芳烃 (8 : 2)	13286	4548	1402	84.37%	94.65%	98.35%
柴油 + 芳烃 (8 : 2) (含活性剂 500 mg/L)	5000	3706	230	94.12%	95.64%	99.73%

由表 12-11 可知,掺稀原油和油溶性降黏剂能有效降低原油的黏度,但不同溶剂对原油掺稀降黏差别很大。少量芳烃的加入,能使稀原油和柴油的用量减少,同时原油的本体黏度大大降低。油溶性降黏剂只有和芳烃共同作用,才能显著降低原油黏度,并且减少芳烃和其他溶剂用量。

芳烃是降低原油黏度最有效的物质，其原因在于稠油富含多环芳香核或环烷芳香核形成的结构复杂的胶质和沥青质，根据相似相溶原理，芳烃化合物是胶质、沥青质的良好溶剂。当稠油中加入芳烃时，芳烃分子对胶质沥青质分子聚集体能起到溶解和剥离作用。所以在溶剂中加入适量的芳烃能使溶剂用量减少而达到相同的降黏效果。而油溶性降黏剂加入后进一步降低了沥青质聚集体的量，稠油体系的胶体稠化特性减弱，所以黏度进一步降低。

(2) 稠油所含高矿化度水量对掺稀原油和油溶性降黏剂降黏的影响。

实验证明掺稀原油和油溶性降黏剂能有效降低原油黏度，但稠油所含高矿化度水量多少影响掺稀油效果。分别对含高矿化度水 35%（质量分数）和 55%（质量分数）的原油进行了实验，结果如表 12-12 和表 12-13 所示。

表 12-12 掺稀原油和油溶性降黏剂对含水 35%（质量分数）原油降黏率的影响

溶剂	含水 35% 原油掺稀原油比例	掺稀后不含水原油黏度 /(mPa·s)	实际原油掺稀油比例	含水 35%（质量分数）原油掺稀后黏度 /(mPa·s)	游离水含量 [/%（质量分数）]（静置 1h, 30℃）
稀原油	9.5 : 0.5	25211	9.3 : 0.7	22000	5
	9.0 : 1.0	12200	8.5 : 1.5	10000	8
	8.5 : 1.5	3388	8.0 : 2.0	3010	7
稀原油 + 芳烃（8 : 2）（含活性剂 500 mg/L）	9.5 : 0.5	5627	9.3 : 0.7	4800	12
	9.0 : 1.0	5000	8.5 : 1.5	3500	20
	8.5 : 1.5	2397	8.0 : 2.0	1900	17

表 12-13 掺稀原油和油溶性降黏剂对含水为 55%（质量分数）原油降黏率的影响

溶剂	含水 55%（质量分数）原油掺稀比例	掺稀后不含水原油黏度 /(mPa·s)	实际原油掺稀油比例	含水 55%（质量分数）原油掺稀后黏度 /(mPa·s)	游离水含量 /[%（质量分数）]（静置 1h, 30℃）
稀原油	9.5 : 0.5	25211	9 : 1	21000	10
	9.0 : 1.0	12200	8 : 2	10000	8
	8.5 : 1.5	3388	7 : 3	2010	20
稀原油 + 芳烃（8 : 2）（含活性剂 500 mg/L）	9.5 : 0.5	5627	9 : 1	6000	17
	9.0 : 1.0	5000	8 : 2	2000	15
	8.5 : 1.5	2397	7 : 3	1400	25

表 12-12 中含 35%（质量分数）高矿化度水原油掺稀比例为 9.0 : 1.0 时，相当于实际掺稀比 8.5 : 1.5，掺稀原油时黏度应为 3388mPa·s，而实际黏度为 10000mPa·s。

表 12-13 中含 55%（质量分数）高矿化度水的原油掺稀比例为 9.5 : 0.5 时，相当于实际掺稀比 9 : 1，掺稀原油时黏度应为 12200mPa·s，而实际黏度为 21000mPa·s。

从以上实验可知，随着含高矿化度水量的增加，掺稀原油后黏度相应增加，这主要是因为水在原油中以油包水颗粒形式存在，盐特别是碱土金属盐极易使原油形成稳定的 W/O 乳状液。随着含高矿化度水量的增高，原油内的相对稳定的油包水颗粒相对增多，而稀油冲稀溶解的仅是 W/O 乳状液，原油内部的内摩擦相对增高，从而在宏观测量上表现出随着含高矿化度水量增高，原油黏度相对增高。因此原油含高矿化度水越高，形成 W/O 乳状液越稳定，掺稀原油降黏的性价比越低。

4. 现场实验结果

2007 年 1 月至今在中石油吐哈油田和中国石化西北局油田共试验 20 井次，试验结果均与以上实验结论相符。以下仅举例在中国石油吐哈油田进行的现场试验。试验中，掺活性水泵压、抽油机载荷变化、抽油机电流等生产参数均与试验前掺稀油开采时相比变化不大；加入复合耐盐活性降黏剂，采油井口处原油黏度从试验前掺稀降黏的 36 mPa·s(30℃) 降到 14 mPa·s(30℃)，原油乳化降黏采出地面后，经过 2h 的静止脱水后，原油黏度从 113100 mPa·s(50℃) 降至 6313 mPa·s(50℃)，原油本体黏度约降低 50%。而仅用掺稀油降黏，其原油蒸出稀油后原油黏度又恢复至 113000 mPa·s(30℃)。试验结果如图 12-12 所示。

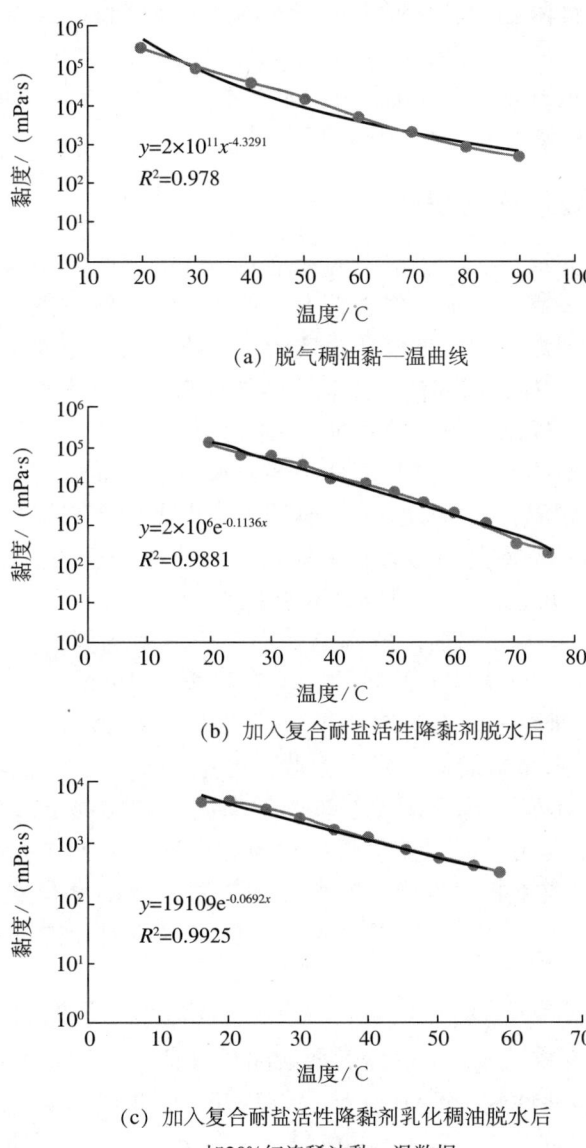

(a) 脱气稠油黏—温曲线

(b) 加入复合耐盐活性降黏剂脱水后

(c) 加入复合耐盐活性降黏剂乳化稠油脱水后
加 20% 红连稀油黏—温数据

图 12-12 稠油黏—温曲线

现场试验表明，该复合耐盐活性降黏剂不仅能有效降低稠油黏度，而且降黏脱水后原油本体黏度约降低 50%；乳化脱水后掺入稀原油黏度进一步降低。

5. 结论

（1）利用双极性基团活性剂与耐盐聚合物复配能有效降低高矿化度稠油黏度，高矿化度稠油降黏剂筛选时应注意温度和压力的影响。特别是筛选活性剂，应严格按照从高温到低温加药，测定黏度时应在相同的剪切速率下进行。

（2）降低高矿化度水的表面张力和消除碱土金属的空阻效应是高矿化度条件下原油形成油/水乳状液的必要条件。

（3）油/水乳状液的稳定性影响原油的采出量，加入耐盐聚合物，能使游离水的黏度增大，形成稳定的油/水乳状液，油水同步，避免由于毛细管作用引起产液量中水多油少。

（4）用复合耐盐活性降黏剂乳化脱水后原油本体黏度降低，其原因是消除了盐对原油黏度的影响。

（5）掺稀降黏应避免形成水/油乳状液。如果原油不含水掺稀是可行的，原油形成水/油乳状液时，所需的掺稀量增大，性价比降低。

二、活性聚合物驱油剂的研究

目前提高采收率的方法由于各国的资源和地质条件的不同而差异很大，普遍采用的方法是热采，但是长期热采后，对地层伤害很大。就我国的条件来说，化学驱中聚合物驱所占比例较高，这是由我国油田地质条件所决定的。一般认为聚合物驱是最廉价的，但是提高采收率一般仅在 10% 左右；表面活性剂驱采油效率高，但成本相对也高。采取表面活性剂－聚合物驱，在进一步提高采收率的同时，保持了较低的成本。

目前在我国普遍使用的聚合物是超高分子部分水解聚丙烯酰胺，已取得成功，但是存在着很多问题：耐盐、耐温、耐剪切性差，驱油过程中出砂严重等。表面活性剂多采用磺酸盐类表面活性剂，但是易滋生硫酸盐还原菌，采用非离子表面活性剂的优点是吸附少，缺点是不耐温，在浊点温度以上，使用效果迅速下降。

研究提高原油采收率的驱油剂，特别是在提高采收率的同时，不伤害地层，做到保护性开采地下资源，这是十分紧迫的问题。国家科委于 1996 年将"新型高效活性聚合物驱油剂的研究开发"列为"九五"攻关子专题（编号 96-A12-05-01），现已顺利通过了原国家石油和化学工业局组织的鉴定和验收。专家一致认为，该项研究从提高原油采收率和保护开采两方面出发，选择耐温、洗油效率高、对稠油分散作用好的表面活性剂 NAP 和既能提高油水流度比、抑制黏土膨胀和地层出砂，又不伤害原油的阳离子聚电解质 PF，设计方案新颖，成本相对低廉，对稳定和提高原油产量有重要意义。该项研究成果填补了国内空白，性能优良，生产工艺先进，总体达到国际先进水平，经济效益、社会效益显著。

1. 活性聚合物的合成

活性聚合物有两种物质组成。一种是表面活性剂 NAP，一种是聚合物 PF。

命名为 NAP 的新型活性剂。NAP 属 $N-$ 烷基 $-\beta-$ 胺基丙酸类两性离子活性剂，NAP 的技术关键：（1）按照 $C_{11} \sim C_{17}$ 之间不同的链长，确定不同的合成用途；（2）本工艺采用脂肪伯胺或仲胺，与丙烯酸或其衍生物合成，反应的转化率高，工艺简单，无三废产生。

命名为 PF 的阳离子聚电解质。PF 属聚 $N-$ 次甲基有机酰胺二乙烯胺基氯化物。合成路线如下：

（1）羟甲基化反应：

$$R-NH_2 \xrightarrow{HCHO} RNHCH_2OH$$

（2）烷基化反应：

$$2R-NHCH_2OH \xrightarrow{\text{二乙烯三胺}} (R-NHCH_2)_2NCH_2CH_2NHCH_2CH_2NH_2$$

（3）阳离子化反应。

（4）纯化。

2. 驱油体系的复配

根据现场情况，配合使用 NAP—PF。

3. 现场试验的结果

根据在胜利油田滨南采油厂进行驱油现场试验的结果表明，驱出原油效率增加 10% 以上，而且长期使用不会破坏地层，耐温性、抗老化性能均优于 PAM 产品，达到了保护性开采的目的，该产品社会效益显著。胜利油田滨南采油厂三矿单 10、单 6、单 2 块属高稠油区块，原油黏度在 20000～90000mPa·s，沥青含量较高，油井均采用蒸汽吞吐，由于开采时间较长，面临含水增加、注汽效果下降、周期采油量下降等问题。在单 10、单 6 块采用采油周期末注驱油剂，在不影响产量甚至提高产量的情况下，延长了注汽周期，减少了注汽次数，从而减少注汽对地层带来的负面影响，降低了开采成本。滨南三矿单 2 块注汽效果不明显，采用注汽前加驱油剂的方法，以提高注汽波及系数，增加注汽波及面积。试验证明，加入驱油剂再注汽，注汽压力有明显降低，见油时间缩短到 48h 以内。

目前国内常用的超高相对分子质量（$M>1000\times10^4$）水解 PAM 驱油剂，在大庆油田形成了 50000t/a 的生产规模，在胜利油田有 20000t/a 的生产规模，目前主要是在大庆油田取得了预期效果，在其他油田取得成功的油藏很少。水解 PAM 存在着由其分子结构所决定的缺点：90℃ 以上即降解，耐温性差；用盐水配制，有黏度损失；由于有羧基，容易引起出砂，地层黏土膨胀，而且羧基易与二价离子反应生成沉淀，伤害地层；提高采收率在 8% 左右。

新型驱油剂 NAP/PF 耐温性好，可耐 300℃ 高温，可配合蒸汽开采；耐盐性剪切性好，现场使用时可用卤水、污水配制，黏度无明显下降；对黏土有防膨作用，溶失率在 5% 以下，不会伤害地层；防砂效果好，在驱出原油的同时不会引起地层出砂；对稠油有降黏分散作用；提高采收率 10%～20%。

三、调剖堵水剂的合成及耐温、耐盐性能评价

油气井出水是油田开发过程中普遍存在的问题，特别是采用注水开发方式，随着水边缘的推进，由于地层非均质性严重，油水流度比的不同及开发方案和措施不当等原因，均能导致油田含水上升速度加快，致使油层被水淹，油田采收率降低。因此改善该类油田高含水期的采收率，利用廉价有效的调剖堵水剂保持油田开发后期稳产高产，是提高采收率的重要措施之一。本实验研制出一种耐温耐盐调剖堵水剂，该配方是以改性聚多糖为主配制的复配多糖成胶剂（简称 CPC）和以 MBA 为主配制的缓释交联剂（简称 NWP）混合而成，可满足高温高盐油田的堵水需要。

1. 实验部分

1) 主要实验药品

改性聚多糖，阴离子纤维素醚，聚丙烯酰胺，N,N-亚甲基双丙烯酰胺。

2) 耐温耐盐成胶剂的制备和性能评价方法

称取聚丙烯酰胺（PAM）2.0份，阴离子纤维素醚（PAC-HV）0.2份，改性聚多糖0.8份，硼砂0.8份混合均匀，作为复配多糖成胶剂（简称CPC）的配方。

为了验证其耐盐性和耐温性，把以上成胶剂加到4%（质量分数）的NaCl盐水溶液中，高速搅拌20min，待样品充分溶解后，用ZNN-D6型六速旋转黏度计测定各自在室温时的表观黏度；然后取两组上述溶液装入老化罐中，分别于90℃、120℃老化16h后，冷却至室温，测定其表观黏度。

3) 缓释交联剂的制备和实验方法

秤取N,N-亚甲基双丙烯酰胺1份，六次甲基四胺2份，苯酚1份混合均匀后加入甲醛1份，继续混合均匀，作为缓释交联剂（简称NWP）的配方。

把CPC配成1.35%（质量分数）的溶液，把NWP配成0.15%（质量分数）的溶液，然后把CPC和NWP按照9:1的比例混合均匀，配成耐温耐盐调剖堵水剂。并对该调剖堵水剂的封堵能力、突破压力、油或水在堵后岩心中的流动情况、耐冲刷性能和热稳定性能进行评价。

2. 实验结果

1) 不同成胶剂的性能比较

众所周知，PAM耐温性能较差，表12-14也证明了这一点，在90℃以上时其表观黏度已经难以测出。改性聚多糖耐温性较好，但其黏度较低，而两者复配后制备的成胶剂CPC表现出较高的黏度和良好的耐温性能（表12-14）。据提供方告知，"改性聚多糖具有高比表面积，裸露出更多的羟基"，因此其容易与其他聚合物产生交联而形成弹性凝胶，并且价格优廉、制备简单，结合PAM和改性聚多糖的优点，按照成胶强度好、材料费用低的原则，选取复配而成的耐温耐盐CPC作为本堵剂的成胶剂。

表12-14 热处理对含量为1%（质量分数）的不同成胶剂在4%（质量分数）的盐水溶液中的黏度影响

项目	PAM			改性聚多糖			CPC		
	AV	PV	YP	AV	PV	YP	AV	PV	YP
50℃	41	23	17.2	14	8.0	4.8	37	25	17.3
70℃	41	23	17.2	14	8.0	4.8	37	25	17.3
90℃				14	8.0	4.8	37	25	17.3
120℃				14	8.0	4.8	35	17	9.2

注：AV：表观黏度（mPa·s）；PV：塑性黏度（mPa·s）；YP：动塑比。

2) CPC中加入不同交联剂后凝胶性能比较

成胶剂选用CPC，用四种交联剂进行平行试验。由表12-15可以看出，在成胶剂含量为1.35%（质量分数），交联剂用量为0.15%时，加入NWP的凝胶强度最高。因该聚多糖具有很高的比表面积，裸露出很多的—OH，极性强，在与其他聚合物的极性键产生物理交联的同时，也会和其他官能团发生化学交联，其弹性、强度和耐热性能都得到增强。经实验可以看出单一交联剂无法满足 CPC 成胶剂的交联，所以选择缓释交联剂 NWP，使聚合物各官能团之间可以更好的接触和交联。

表 12–15 不同交联剂在 70℃下对凝胶强度的影响

交联剂	成胶剂含量 /[%（质量分数）]	温度 /℃	凝胶强度
氧氯化锆	1.5	70	无凝胶形态
乙二醇	1.5	70	3mm 小钢球不沉
MBA	1.5	70	3mm 小钢球不沉
NWP	1.5	70	8mm 小钢球不沉

为了延长交联时间，在交联剂中加入苯酚作为缓聚剂。

选择苯酚作为缓聚剂，缓聚剂是交联反应的抑制剂，它可以起到减弱游离基活性的作用。由表 12–16 可知，在制备凝胶过程中加入少量缓聚剂可以有效地调节交联时间并且不影响凝胶强度。根据不同油田在开采过程中对堵漏剂交联时间的不同需求，对缓聚剂用量进行改变就可以满足其要求。

表 12–16 缓聚剂用量在 70℃下对交联时间的影响

缓聚剂用量 /[%（质量分数）]	温度 /℃	交联时间 /h
0.00	70	0.5
0.01	70	1.2
0.015	70	3
0.02	70	5
0.03	70	7
0.05	70	10

3. 调剖堵水剂的性能评价

1）堵剂对水的封堵能力

用长为 5~7cm，直径为 2.5cm 左右的环氧树脂胶结的人造石英砂岩心装入岩心流动仪中进行模拟实验，岩心用地层水（矿化度为 7000mg/L）饱和，测试温度为 70℃。

由表 12–17 可以看出，堵剂对水的封堵能力很强，而对油的封堵能力较差，可以有效地起到调剖堵水的作用。

表 12–17 调剖堵水剂对岩心的封堵能力

岩心编号	驱替方式	测试温度 /℃	岩心孔隙度 /%	空气渗透率 /mD	堵水 /%	堵油 /%
1	水相驱	70	32.0	900.2	99	

续表

岩心编号	驱替方式	测试温度 /℃	岩心孔隙度 /%	空气渗透率 /mD	堵水 /%	堵油 /%
2	水相驱	70	30.2	100.2	96	
3	油相驱	70	38.0	994.2	96.8	34
4	油相驱	70	34.6	931.2	97.8	32

2）突破压力

突破压力梯度的测定采用岩心流动实验仪，岩心用标准盐水饱和，在挤注堵剂后，放入70℃恒温箱中2h，然后对岩心施压挤驱替液，当出口端出第一滴液体时，进口端所施加的压力即为突破压力。将质量分数不同的堵剂装入饱和水和饱和油的岩心中，分别测定该堵剂的突破压力。

由表12-18可以看出，本堵剂在饱和水和饱和油的岩心中有不同的突破压力，说明其具有选择性封堵能力。

表12-18 堵剂在岩心中的突破压力（70℃）

凝胶编号	饱和水 /kPa	饱和油 /kPa
1	341	42
2	321	58
3	385	59

3）耐冲刷实验

在一定的流速下使水通过岩心，通过测定岩心的进出口压差和流过岩心的液体的流量，结合其他参数，根据达西定律计算岩心液体渗透率。

由表12-19可见经1500PV水冲刷后，其岩心渗透率仍远远未达到堵前岩心的渗透率值，说明该堵剂具有较强的耐冲刷能力。（堵前岩心的渗透率为20.9mD）

表12-19 水的冲刷对堵后油层渗透率的影响（70℃）

冲刷体积 /PV	0	30	600	1000	1500
渗透率 /mD	0.5	0.6	0.8	1.0	1.3

4）热稳定性

将该堵剂封存在不锈钢瓶中，在120℃下恒温三个月，取出后未发现凝胶颜色变化，说明此堵剂具有很好的热稳定性。

4. 结论

（1）该堵剂在高渗透率油层中对水的封堵能力强，在油水中有不同的突破压力，选择性封堵能力强，耐地层水冲刷，能起到调剖堵水的作用，并可根据油田要求调制成胶时间。

（2）该堵剂耐温耐盐性能优良，能满足高温高盐油田堵水的需要。并且制备简单、价格优廉，使用改性后的天然多糖作为原料，符合绿色化学的原则，有良好的应用前景。

第十三章 胶体与界面化学在原油后处理中的应用

第一节 原 油 脱 水

采用注水方式开发的油田,一个显著的特点是原油中含水大幅度上升,采出的乳状液量急剧增加。这些乳状液的含水量范围为 1% ~ 90%,而进炼厂原油的含水量应低于 0.5%,所以采出的原油必须进行破乳脱水处理。否则,原油中含水过多会增加能量消耗,提高运输成本。此外,会造成蒸馏塔操作不稳定,严重时会造成冲塔事故。

一、原油中的水

原油中所含的水分主要有三种存在形式:

(1) 游离水:常温下用简单的沉降法短时间内就能从油中分离出来,这类水称为游离水;

(2) 乳化水:很难用沉降法从油中分离出来,这类水称为乳化水,它与原油的混合物称为油水乳状液,或原油乳状液。乳状液的类型有油包水型乳状液(W/O)和水包油型乳状液(O/W)。通常遇到的油水乳状液绝大多数属于油包水型乳状液。

从热力学观点看,乳状液是一种不稳定体系,分散相液滴必然会自发地聚并。然而原油中所含的胶质、沥青质、环烷酸、皂类等天然乳化剂,以及晶态石蜡、细砂、黏土等微细固体颗粒乳化剂和采油过程中注入的大量表面活性剂对乳状液起到稳定作用。

(3) 溶解水:水以分子状态存在于烃类化合物分子之间,成均相状态。

二、破乳

原油脱水的关键是破乳。破乳过程的关键步骤是液滴间液膜的消失。从两个液珠的相互作用来观察破乳的机理,实验表明两个液珠合并时,可分为两步:(1) 夹在两液珠间的液体介质排液,使液珠之间的液膜变薄;(2) 薄液膜破裂。

当两个小液珠相互接近时,表面被压向液珠,但仍保持着凸形,两个液珠最接近之处是在它们的中心线上,此处液膜最薄。

只要夹在两个液珠之间的液体一排出,液珠即在该处发生破裂。自纯液体的液滴寿命的测量发现,液珠的合并受微量的杂质和偶然振动等许多不确定的外界因素所影响。当加入表面活性剂后,两个小液珠相互接近时,在液珠之间形成平的液膜薄层,如同泡沫中两个相邻气泡之间的液膜,此时气—液—气薄膜与液 1- 液 2- 液 1 薄膜的性质及其稳定性有许多共同之处。

当液膜变薄的力与对抗液膜变薄的力相等时,液膜厚度不再变化,成为具有一定厚度的亚稳态膜。从热力学考虑,因为小液珠有很大的相界面性,相对于大块相来说仍是不稳定的。一些因素，如热涨落、机械振动等会使膜失去这种亚稳态的平衡，而导致膜的破裂。

Scheludko 的实验发现，统计的结果表明，平液膜要达到一临界厚度时才发生破裂。他认为这种破裂是由于热运动引起膜的两个表面产生正弦波动。这种波动被范德华引力加强，使得两个表面变得有规则地起伏不平膜的厚度很不均匀。两波峰之间的液膜厚度较大，两波谷之间的液膜较薄，通常破裂是发生在膜的最薄处。

若综合考虑所有在膜上起作用的力，可以得出膜的总势能随液膜厚度变化的关系，如图 13-1 所示。图中总势能 V_T 用黑线表示，V_E 代表膜的两个表面双电层间的排斥能，V_V 为范德华吸引能，V_S 是空间阻碍产生的势能，V_H 是与静压有关的势能。

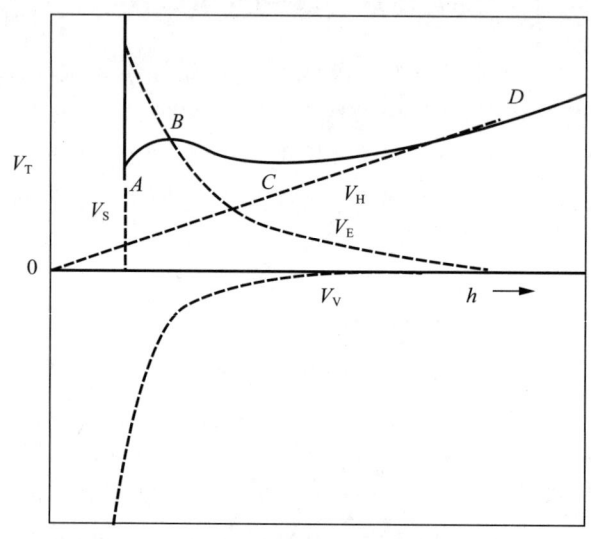

图 13-1　膜总势能与液膜厚度的关系

V_T 为 V_E、V_V、V_S、V_H 之和。D 处为排液膜区，最高点 B 为势垒。曲线有两个极小值，C 点为次极小，相应的膜厚度为 $10^2 \sim 10^3$Å，称为第一黑膜或普通黑膜，它的出现与膜的电性质有关。A 点为极小，相应的膜厚度更小，约为双分子吸附层及其溶剂化层的厚度，即数十埃，称为第二黑膜或 Newton 黑膜，它的存在是与吸附膜中分子间空间阻碍所产生的排斥作用有关。

若膜的厚度再减小，膜的势能将迅速提高，因而第二黑膜是比较稳定的。上述两种平衡黑膜的寿命长短，在很大程度上取决于吸附分子层的性质，通常溶液中没有足够浓度的表面活性剂以形成饱和的吸附膜，液膜将不能稳定，因而欲得到稳定的液膜，表面活性剂在溶液中的浓度至少应与临界胶束浓度（CMC）相当。

破乳的原则是将乳状液稳定的因素除去，下面略述通常采用的一些方法。

(1) 加表面活性剂破乳。

这是近年来大量采用的破乳方法。作为破乳剂用的表面活性剂应具有两个特点：一是具有较高的表面活性，能将原乳状液中的乳化剂从界面上顶替下来或部分顶替下来；二是它不能在界面上形成牢固的膜。目前在含水原油破乳时，较多地采用聚氧乙烯与聚氧丙烯的嵌段共聚物或无现共聚物，其相对分子质量可由数千至百万。

国内常用的破乳剂皆属于此类化合物，它们具有较高的表面活性，一般使用 50～100mg/L 的浓度，可使原油的界面张力由 20～30mN/m 降至 2～4mN/m。这表明，它们具有强烈的吸附性能，在很低的浓度下也能将原油中油—水界面上的成膜物质置换出来；但由于它们形成的界面膜强度一般很差，因而导致原油乳状液很快地破坏。这类破乳剂的另一优点是不仅在高温，而且在低温皆有很好的破乳作用。

其中特别是相对分子质量由几十万至上百万的聚氧乙烯与聚氧丙烯无规共聚物，它除了在芳烃中有一定的溶解度，即不溶于油，也不溶于水；但它具有很高的表面活性，很易吸附在界面上形成不溶物的单分子层，几乎整个分子都以伸展的方式平卧在油—水界面上。因疏水基的相互作用力很弱，膜的强度很差，故不论对于 W/O 型还是 O/W 型乳状液，它皆表现出很好的破乳作用。特别在与醇（尤其是碳链长度适中的丁醇或戊醇）复配的情况下，还可大大提高破乳的效率。

加入的表面活性剂有时会与原乳化剂形成复合物，改变了界面膜的性质，从而使乳状液破坏，例如表面活性剂与蛋白质类乳化剂常可能有这种作用，在以牛血清蛋白肮稳定的乳状液中加入正离子表面活性剂，β-酪素乳化剂遇到某些非离子表面活性剂，皆使界面膜的黏弹性降低，从而导致破乳。

(2) 破坏乳化剂。

这是一类使稳定乳状液的乳化剂遭到破坏的方法。最常采用的是化学反应法，例如以脂肪酸皂作为稳定剂的乳状液，可加入酸，使乳化剂转化为表面活性很小的脂肪酸，从而使乳状液破坏。此外，对于一些天然产物及大分子物质作稳定剂的乳状液，可采用一种新方法，即微生物破乳法。其原理是，某些微生物通过消耗表面活性剂得以生长，并对乳化剂起生物变构作用致使乳状液破坏。

(3) 加电解质。

对于主要靠扩散双电层的排斥作用而稳定的稀乳状液，加入电解质后，可以压缩其双电层，有利于聚结作用的发生。一般带有与外相表面电荷符号相反的高价反离子有较好的破乳效果，破乳时使用的电解质浓度都较大。

(4) 外加电场。

乳状液液珠一般都带有一定的电荷，通过电场的作用，可诱导聚结过程发生。

对于 O/W 型乳状液，在每米几百伏电压的场强下，液珠的迁移速度约为 $100\mu m/s$，在液珠迁移的通路上插入一半透性栅栏，液珠经过时在上面浓集，相互之间立即发生聚结或铺展在栅栏表面上。对于 W/O 型乳状液，因油介质的导电性很差，要求高电场强度。不同大小与不同荷电量的水珠在电极间运动的速度不同，它们会相互碰撞，从而导致聚结。此外，水珠在运动时会发生形变，使界面上吸附物的分布变得不均匀，这也有助于发生聚结。当场强高于某一临界值时，水珠像一串珠子似的排列成行。此时聚结非常迅速地发生，而且一步完成。这可能是由于场强很高时水珠可越过油膜放电的结果。临界电压的数值与乳化剂的浓度有关，通常为每厘米几千伏。

(5) 其他方法。

凡是促进液珠之间发生聚结的各种因素在一定程度上皆能导致乳状液破坏，常用的一些物理方法有以下几种。

一是加热可导致乳状液液珠的平均动能增加，使界面膜的黏度下降。界面膜中分子排列松散，这些皆能促使乳状液聚结。因此，加温有时可以作为破坏乳状液的一种手段。特别是对于以非离子表面活性剂稳定的 O/W 型乳状液，升温时乳化剂的亲水性降低；温度升至相转变温度时，乳状液很快破坏。

反之对于非离子表面活性剂所稳定的 W/O 型乳状液，降温至相转变温度，乳状液也能很快破坏。

二是过滤是另一类重要的破乳方法。例如，有时可将乳状液通过多孔性固体物质，由于固体表面对乳化剂有很强的吸附作用，使乳化剂由油—水界面转移到固—液界面，从而导致乳状液的破坏。又如有时可利用油水两相对过滤物质的不同润湿性，如果固体过滤物质能被分散相所润湿，这种固体就可以作为液珠聚结的场所，利用它可将已聚结的液体分离出。

三、原油脱水的方法

随着外围油田的开发、三次采油技术的应用及稠油油藏的开采，乳状液性质更为复杂，稳定性增强，原油脱水的难度也不断加大。为了提高原油的脱水效率，经过几十年的研究探索，开发了一系列行之有效的方法。原油脱水工艺从最初简单的热沉降脱水，到应用广泛、技术成熟的化学破乳，再到现在逐渐兴起并表现活跃的超声波、磁处理、微波辐射等新兴破乳方法已经有了长足的发展。

1. 沉降脱水

自然沉降是将原油放入罐中静置，根据油水密度的差异将油水进行分离的一种物理方法，多用于油田现场对于开采出原油中悬浮水的脱除，或作为高含水原油脱水前的预处理。这种方法设备简单、操作容易、绿色环保，可以有效脱除原油中大部分的悬浮水。但耗时长、效率低下，往往需要静置数十小时甚至几天，且需要多个原油储罐，不能满足连续工作的需要。此外，自然沉降法无法满足黏度大、油水密度差小、含水率低原油的脱水。

人们对自然沉降法加以改进，通过对原油乳状液加热的方法提高脱水效率。原油乳状液温度升高，一方面可以降低油水界面张力，促进破乳；另一方面可以有效降低原油黏度，增加分子热运动，有利于液珠的聚结，进而提高脱水效率。原油热沉降法脱水广泛采用原油加热沉降器，多用于大型油田的油气集输站。原油加热沉降器是由加热器和沉降器组成的一体化设备，采用了国际上非常先进的原油加热—沉降分离技术，自动化程度高。其原理是用柴油或原油作燃料对加热器的火焰炉管进行加热，炉管将热量传递给原油，使原油温度升高；在化学辅助药剂的作用下，使水和气从原油中分离。通过对流量和加热温度的改变，可以得到不同的分离效果。

2. 化学破乳

化学破乳是向原油乳状液中添加化学破乳剂。破乳剂经搅拌会在油水界面溶解，由于破乳剂的界面活性高于原油中成膜物质的界面活性，能在油水界面上吸附或部分置换界面上吸附的天然乳化剂，并且与原油中的成膜物质形成具有比原来界面膜强度更低的混合膜，导致界面膜破坏，将膜内包裹的水释放出来。释放出的小水滴相互聚结形成大水滴，依靠自身重力作用沉降到底部，从而油水两相发生分离，达到破乳目的。用化学破乳剂进行原油乳化液的破乳脱水是近代普遍采用的一种方法。该方法可单独使用，也可与其他方法联合使用。当联合使用时会得到更好的破乳脱水效果和更广泛的适用场合。

化学破乳法是国内油田普遍采用的一种脱水方法。该方法向原油乳状液中添加化学助剂，破坏其乳化状态，使油水分层。所用的化学助剂则称作破乳剂，破乳剂一般是表面活性剂，或是含有两亲结构的超高分子表面活性剂。

乳状液在热力学上是不稳定体系，最终的平衡应是两相分离，最后破乳。原油乳状液的破坏一般经历分油、絮凝、膜排水、聚结、相分离等过程，其中有些过程是可逆的（如絮凝），有些过程是不可逆的（如聚结），乳状液的液滴破坏是界面膜破裂（膜排水）的结果。

化学破乳的实质是破乳剂分子渗入并黏附在乳化液滴的界面上取代天然乳化剂，同时破坏油水界面膜，将膜内包覆的乳化水释放出来。这些水滴再互相聚结形成大水滴并沉降到底部，从而使油水分离。破乳剂的破乳效果与原油的性质密切相关，对某一种原油有效的破乳剂，对另一种原油就不见得有效，因此如何根据原油的性质去选择适合的破乳剂是一个极具关键性的问题。

目前，国内外的原油破乳剂品种繁多，常用破乳剂有阴离子型表面活性剂，如脂肪酸钠、烷基磺酸钠和烷基苯磺酸钠、烷基萘磺酸钠等。这类乳化剂使用最早，品种很多，但加量大，易受电解质影响，所以逐渐被淘汰；还有非离子型表面活性剂，如聚氧乙烯基醇醚（平平加、JFC 等）、聚氧乙烯基苯酚醚（OP 型）、聚氧丙烯聚氧乙烯聚氧丙烯十八醇醚（SP169）等，破乳效果明显优于离子型破乳剂，是目前国内外大量使用的一类乳化剂；还有阳离子型表面活性剂，如十二烷基二甲基苄基氯化铵等，是 O/W 型原油乳状液的有效破乳剂，同时还具有很强的杀菌作用，兼有杀菌破乳双重效果。通常，多种破乳剂配合使用，可发挥协同效应，提高破乳效果。

国内油田当前常用的非离子型破乳剂主要有以下几种：

(1) AR 系列破乳剂。

该系列破乳剂是由烷基酚醛树脂与聚氧乙烯、聚氧丙烯等聚合成的油溶性、非离子乳剂，其 HLB 值为 4～8，破乳温度可降低到 35℃左右。烷基酚醛树脂在合成破乳剂的过程中，既起引发剂的作用，又可进入破乳剂的分子中成为亲油基。该系列破乳剂的特点是，分子体积不大，在原油凝固点高于 5℃的情况下有较好的溶解、扩散及渗透效应，可促使乳化水滴絮凝、聚结、沉降。

(2) AP 系列破乳剂。

AP 系列破乳剂是以多乙烯多胺为引发剂的聚氧乙烯聚氧丙烯聚醚，是一种多枝型的非离子类表面活性剂。该系列破乳剂更适合于原油含水率高于 20% 的原油破乳，并能在较低温度条件下达到快速破乳的效果。其原因是引发剂多乙烯多胺分子链长且支链多，故亲水能力高于分子结构相对单一的 SP 系列破乳剂。在破乳过程中，该系列破乳剂的分子能迅速地渗透到油水界面膜上，将比 SP 系列破乳剂分子的直立式单分子膜排列占有更多的表面积，因而用量少，破乳效果明显。一直以来，该类破乳剂基本是大庆油田水驱阶段普遍使用比较理想的非离子型破乳剂。

(3) AE 系列破乳剂。

AE 系列破乳剂是以多乙烯多胺为引发剂的聚氧乙烯聚氧丙烯聚醚，是一种多枝型、非离子类破乳剂。与 AP 系列破乳剂相比，不同之处在于 AE 系列破乳剂是一种二段式的聚合物，分子小，支链短。同时，由于其分子的多支结构，极易形成微小的网络体，可使原油中形成的石蜡单晶汇入这些网络，阻碍石蜡单晶体发生自由运动，不能相互连接而形成石蜡的网状结构，所以可降低原油的黏度、凝固点，防止蜡晶的聚结，最终起防蜡、降黏的双重作用。

(4) SP 系列破乳剂。

SP 系列破乳剂的主要组分为聚氧乙烯聚氧丙烯十八醇醚，外观呈淡黄色膏状物质，HLB 值为 10～12，易溶于水。该系列破乳剂对石蜡基原油具有较好的破乳效果，其憎水

部分由 $C_{12} \sim C_{18}$ 烃链组成，亲水基则是通过分子中的羟基（—OH）、醚基（—O—）与水作用形成氧键而达到亲水的目的。它适应于石蜡基原油的另一个原因是石蜡基原油不含或极少含胶质和沥青质，亲油性表面活性物质较少，相对密度较低。然而，该系列破乳剂由于分子结构单一，无支链和芳香结构，所以破乳能力往往较弱。

破乳效果的好坏还与破乳剂的浓度、使用的温度和 pH 值有关。破乳剂的浓度并非越大越好：有一个最佳浓度范围，一般不超过其临界胶束浓度。否则，因发生增溶作用会使工艺效果恶化。乳化剂的稀释温度不能过低，否则稀释困难，也不能过高，如非离子乳化剂超过其浊点会降低脱水效果，这一点往往被人们忽视。破乳时温度一般越高越好。pH 值对破乳效果的影响很大。因 W/O 型原油乳状液的天然乳化剂与酸性水接触时形成的界面膜十分坚固，而与碱性水接触时坚固程度大大降低，所以一般在高 pH 值下破乳效果较好。实际生产时，选择多大的 pH 值还应考虑设备因素，如有些脱水器在 pH 值太高时会受到腐蚀等。应考虑各种因素，以找出最佳生产条件。

常用的破乳剂有

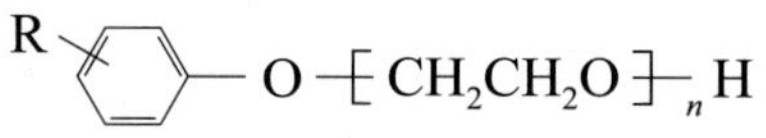

$$R \!-\!\!\left\langle\bigcirc\right\rangle\!\!-\!O\!-\!\!\left[CH_2CH_2O\right]_n\!H$$

（OP 型）

$$R - O - [CH_2CH_2O]_n - H$$

（Peregal 型）

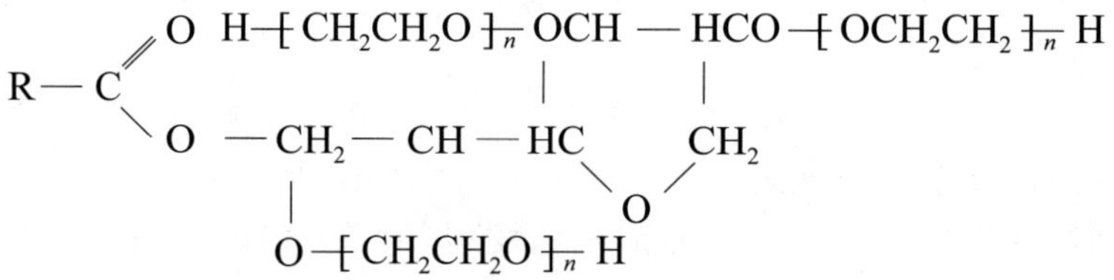

（Tween 型）

$$R - O - [C_3H_6O]_m - [C_2H_4O]_n - H$$

（聚氧乙烯聚氧丙烯烷基醇醚）

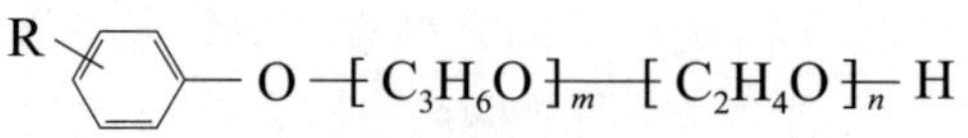

$$R \!-\!\!\left\langle\bigcirc\right\rangle\!\!-\!O\!-\![C_3H_6O]_m\!-\![C_2H_4O]_n\!H$$

（聚氧乙烯聚氧丙烯烷基苯酚醚）

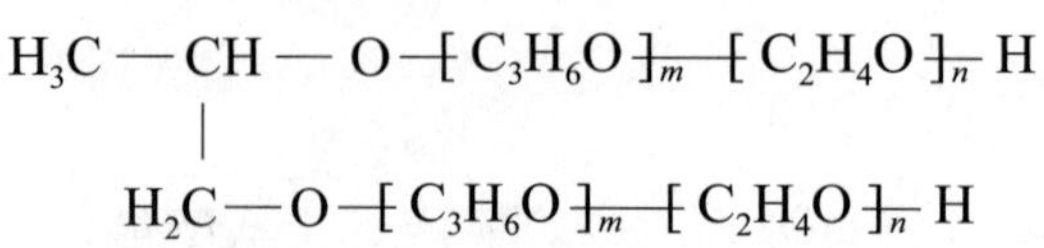

$$H_3C - CH - O - [C_3H_6O]_m - [C_2H_4O]_n - H$$
$$H_2C - O - [C_3H_6O]_m - [C_2H_4O]_n - H$$

（聚氧乙烯聚氧丙烯丙二醇醚）

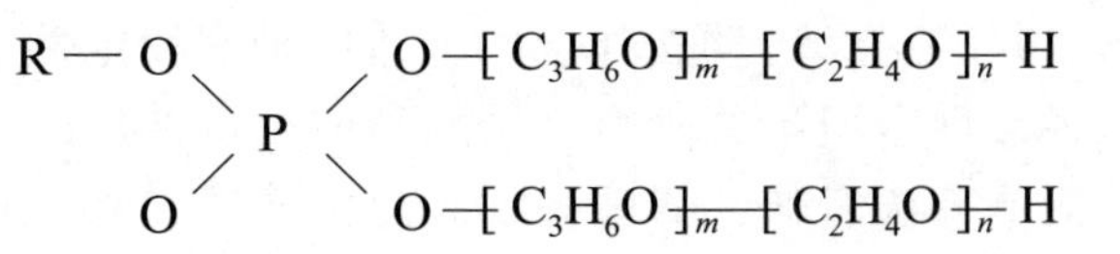

$$\text{R—O—P(=O)(O—[C}_3\text{H}_6\text{O}]_m\text{—[C}_2\text{H}_4\text{O}]_n\text{H})_2$$

（聚氧乙烯聚氧丙烷基磷酸酯）

$$\text{HO—[(C}_3\text{H}_6\text{O})_m\text{—B(—O—[C}_3\text{H}_6\text{O}]_m\text{H)—O—]}_n\text{H}$$

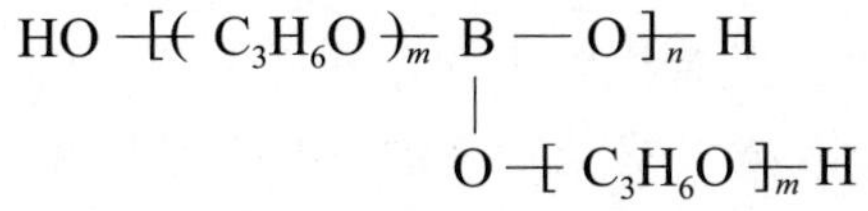

（聚氧丙烯硼酸）

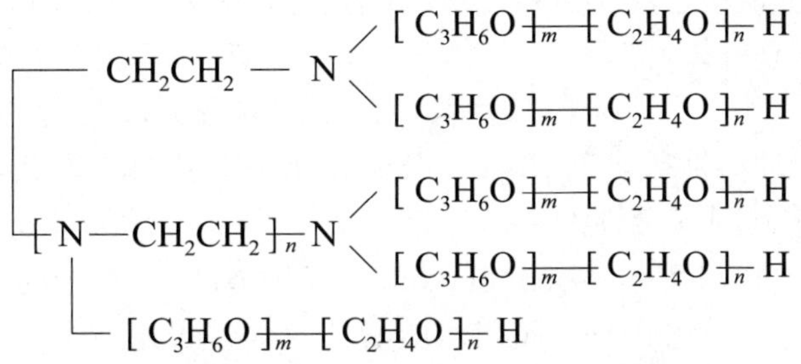

（聚氧乙烯聚氧丙烯五亚乙基六胺，AE 型）

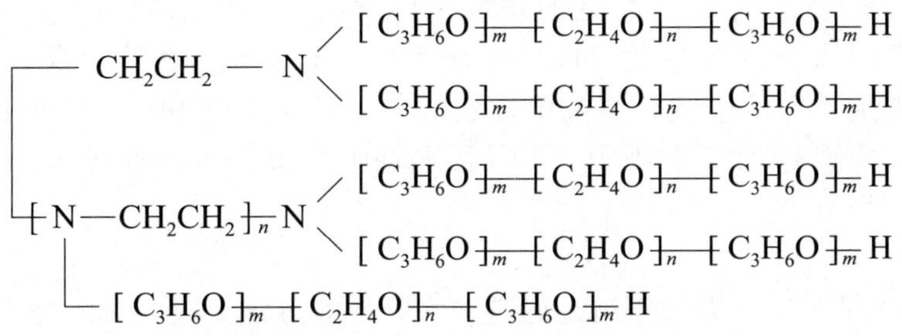

（聚氧丙烯聚氧乙烯聚氧丙烯五亚乙基六胺，AP 型）

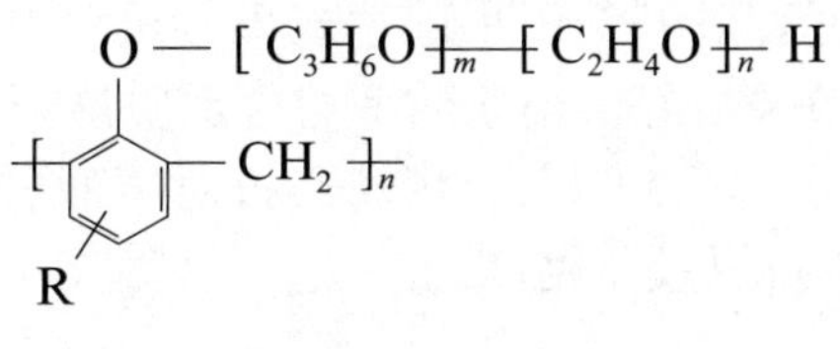

（聚氧乙烯聚氧丙烷基苯酚甲醛树脂，AR 型）

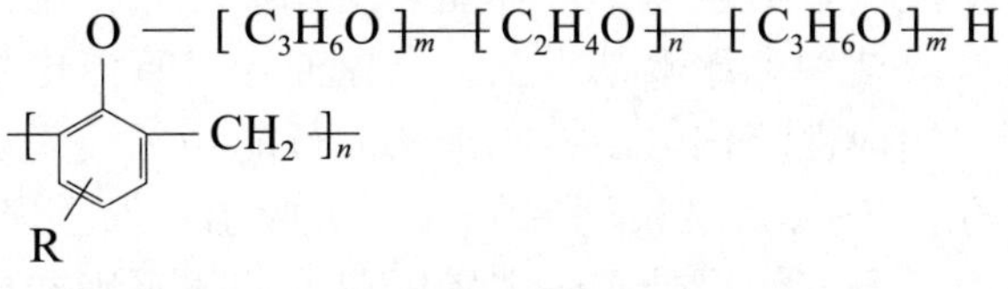

（聚氧丙烯聚氧乙烯聚氧丙烷基苯酚甲醛树脂，AF 型）

中国石油大学（华东）的王彦玲教授等合成了适用于高稳定性原油的有机胺酯破乳剂及适用于高黏油的苯乙烯改性有机酯共聚物。经胜利油田炼油厂、辽河油田特油公司现场试验证明，该系列破乳剂具有破乳快、界面齐、脱出水清等特点。在结构上，该类破乳剂不含氯离子及磺酸根离子，因此在电脱水后该化合物分解时，不会对电器造成不良影响。目前该产品已在山东瑞星生物化工股份有限公司建成 100L/a 的生产装置，产品售价 10300 元/t。

延安大学的张谋真教授等人以有机胺为起始剂、氢氧化钾为催化剂、环氧乙烷和环氧丙烷为单体，合成了 AE 系列嵌段聚醚型破乳剂，并将其应用于陕北油田碾庄和长庆油田子长原油的脱水实验。结果表明，破乳剂 AE1616 对碾庄原油脱水温度为 55℃、破乳剂加量为 100mg/L 时，脱水率高达 97.1%，脱水速度快，脱出的水清，油水界面整齐；破乳剂 AE162 对长庆油田原油脱水温度为 65℃、破乳剂加量为 200mg/L 时，脱水率高达 93.2%，脱出的水清，油水界面整齐。

韩岩君等人以由甲醛、壬基酚在二甲苯中合成的酚醛树脂为起始剂，制备嵌段聚醚，以重芳烃作溶剂，得到油溶性破乳剂 BSA-108。经测定破乳剂的闪点＞50℃，能够满足海洋油田及国外油田对破乳剂安全性的要求。该样品在 55℃、100mg/L 时，对孤东二号联含水 39% 的聚合物驱原油脱水率达 94%；在 73℃、15mg/L 时，对中海油湛江公司涠洲油田含水 21% 的井排原油脱水率达 91%，脱出水质清，油水界面齐。

戴明等人利用高分子酚醛树脂、异氰酸酯、胺醇、氢氧化钾合成了破乳剂 U-40。U-40 破乳剂的加药浓度小，脱水速度快，30min 和 90min 的脱水率分别为 51.7% 和 75.9%。在红浅 1-1 区、红浅 1-4 区的现场应用表明，加药浓度减少，脱水温度降低，两区块每日外排污水含油分别为 24472mg/L、16646mg/L，油线含水分别为 15.7%、10.7%。U-40 破乳剂与反相破乳剂配伍性较好，加药浓度为 90～120mg/L、脱水温度 75℃时，10 个月的净化油含水小于 0.49%，平均值为 0.28%，外排污水含油平均值为 200mg/L。

3. 机械分离

机械分离是依靠机械外力的作用，促进油水分离的方法。离心沉降是机械分离的一种方法，在实际应用中收到了良好效果。蓬莱 19-3 油田 II 期采用了离心机对原油进行脱水的方案，实验发现离心机脱水效果非常理想。即使含水体积分数小于 1% 的原油，离心机也可将所有的油样处理至达标。胜利油田用碟片式离心机对高含水原油进行脱水实验，结果表明：高含水原油的脱水效果很好，当原油平均含水质量分数为 94% 左右时，处理后平均含水质量分数为 0.4%，脱水率为 99.6%。用离心机对原油进行脱水是行之有效的，但离心机存在着结构复杂、密封困难以及价格高的缺点。

4. 电破乳

根据电场性质不同可分为直流电场和交流电场、脉冲供电、高频供电等。一般认为，乳状液中的液滴无论在交流或直流电场中，都能发生偶极聚结、电泳聚结和振荡聚结。其中，在直流电场中以偶极聚结和电泳聚结为主。当原油经过直流电场时，原油中的含盐液滴在电场力的作用下产生偶极性，按电场方向排列成行的相邻液滴之间，由于相邻端的电荷相反而存在相互吸引的静电引力，相邻水滴由于相互吸引，发生聚结。

原油在输送过程中由于摩擦作用带有一定量正负电荷的水滴在电场力作用下发生电泳现象，致使水滴间相互碰撞聚结。另外，电泳作用还使更小的水滴在一定情况下抵达极板，获得电荷后迅速弹回,并反向移动,增加了水滴间的聚结机会。水滴聚结到一定程度,依靠重力沉降到下层,实现油水分离,达到破乳的目的。在交流电场中以偶极聚结和振荡聚结为主。当原油通过交流电场时,其中溶解有盐类的微小水滴在电场的作用下产生偶极性,水滴两端感应产生相反的电荷,在电场引力作用下水滴变长。由于是交变电场,水滴随之振荡,乳化膜强度减弱,相邻水滴相反极性端因互相吸引、碰撞使水滴破裂而合并增大。随着水滴的增大,水滴的沉降速度急剧上升,从而使油水分离。

电破乳技术常与化学破乳技术联用,形成了电化学脱盐、脱水技术。我国电脱盐技术已有 20 年的发展历史,技术已达到国际先进水平。电脱盐是当今炼油厂脱水的主流技术,技术虽然相对成熟;但还是有它固有的缺陷,如电压高、能耗大、操作复杂、不适用于稠油、高稠油脱水等。

5. 过滤法

过滤法首先要选择一种良好的固体吸附剂作为过滤材料,并制成破乳过滤柱。其破乳原理是,当 W/O 型乳化原油进入过滤柱,加压使乳状液通过滤料层,由于固体吸附剂对乳化原油中油和水的吸附具有选择性,W/O 型乳状液中的水、盐类被吸附,乳状液油水界面的保护膜被破坏,吸附在过滤材料上的水滴主要受两个力的作用:一是吸附过滤材料的亲水吸附力;二是水滴本身受到的重力和液流的曳力。当水滴大到一定程度后,后者将大于前者,此时水滴即脱离过滤材料向下运动,落到下层过滤材料上,再次经历被吸附、过滤和聚结等过程。当水滴离开过滤柱时,原来呈乳化粒子状分散在油中的水绝大部分已聚结成相当大的水珠,从而使油水分离。

过滤法工艺操作简便,反冲洗再生工艺简单,实用过滤法工艺具有明显的节电、节水、节省破乳剂的效果。该项技术的缺点是处理量小、反冲洗过程容易污染环境。

6. 超声波法

超声波是一种在媒质中传播的弹性机械波,具有机械振动、空化及热作用。机械振动不仅可以促使水粒子凝聚,而且可使原油中的石蜡、胶质、沥青等天然乳化剂分散均匀,增加其溶解度,降低油水界面膜的机械强度;热作用可以降低原油黏度和油—水界面膜强度。两者共同作用促进原油乳状液的破乳。

Singh B P 对 W/O 型乳状液破乳进行研究。在室温下超声波作用 80min,最大脱水率可达 75.3%;而用热沉降的方法分别在 40℃、70℃和 80℃下恒温 2h,脱水率分别为 12.5%、38.8% 和 47.2%,说明超声波法原油破乳效率明显优于其他破乳方式。

Roatz Sinone 等分别用超声波和超滤膜处理稳定的 W/O 型乳状液,研究发现:超滤膜处理油水分离不完全,而超声波可以使油水完全分离。同时,作者指出加入破乳剂、提高温度或降低 pH 值都可以显著加快油水分离过程,提高破乳效率。

王鸿膺等将超声波法与化学破乳法联用,取得更佳的破乳效果,解决了高密度、高黏度原油破乳的难题。在对胜利油田采油厂采出的高密度、高黏度稠油进行超声波处理实验中,脱水率可以达到 94%,脱水效果明显。

7. 微波辐射法

微波辐射机理可归之为微波辐射热效应和非热效应共同作用的结果。在微波辐射下,极性的水分子和带电液珠将随电场的变化迅速转动或产生电荷位移,扰乱了液—液界面间电荷的有序排列,从而导致双电层结构被破坏,Zeta 电位急剧减小。极性分子的偶极弛豫会产生类似内摩擦的作用,使体系内部瞬间被加热,温度迅速升高,从而促进液珠的凝聚,实现油水的迅速分层。

8. 生物法

生物法原油脱盐脱水是利用微生物对原油乳状液进行破乳，进而达到脱盐脱水目的的一种方法。其原理是，某些微生物通过消耗表面活性剂得以生长，并对乳化剂起生物变构作用致使乳状液破坏；另外，有些微生物在代谢过程中分泌出一些具有表面活性的代谢产物。这类天然的表面活性剂，对原油乳状液是良好的破乳剂。国外有几家研究机构正致力于研究生物法原油脱盐脱水。此外，美国能量生物系统公司（ERC）已找到可将卟啉环分离得到碳，并释放出金属离子的细菌。该公司已拥有细菌酶，并可制取生物催化剂。该催化剂在原油被加工之前就使诸如 Ni、V、Ca 和 Zn 等金属分离出来。

国内将生物破乳剂和普通破乳剂进行复配组合成复合破乳剂进行原油破乳。将生物制剂 BA 与天然大分子改性剂 GD 和助剂 ZY 组成原油生物复合破乳剂，在胜采坨一联合站进行原油脱水实验。采用原油生物复合破乳剂进行破乳脱水处理具有优良的效果。与现场在用的破乳剂相比，生物复合剂相对脱水率达到脱水率达到 100%，效果明显，并且能有效降低脱出水的浊度、油含量和 COD。

9. 磁处理法

关于磁处理原油脱水原理的学术观点很多，尚无成熟理论。主流观点认为：磁处理可以改变水、原油、原油乳状液和破乳剂的一些性质，如原油黏度降低、相对密度和凝点下降、表面张力减弱、破乳剂活性提高等，从而改善了原油及其乳状液的流变性和脱水性能。因此，有利于原油脱水。有学者分别对轻质原油和稠油进行的磁处理原油脱水室内试验结果是，磁处理对不同性质、不同含水率的原油均有一定的脱水效果；在实验条件范围内，原油乳状液含水率对磁处理脱水效果影响不大，解决了低含水原油难以脱水的困难。通过磁处理原油脱水应用原理的研究表明，磁处理有利于原油脱水和油水分离。选择最佳磁处理器，原油脱水率可提高到 40%～80%。现场实验结果表明，磁处理原油脱水可以节约破乳剂 30% 以上，降低脱水温度 3～8℃，同时提高脱后污水的质量。

第二节 原油脱盐

原油中除了含有工业生产所需要的烃类组分外，还含多种盐类。原油中的盐类会水解生成强腐蚀性的物质 HCl，还会引起原油加工过程中的催化剂中毒，以及在管壁上沉淀形成盐垢而降低传热效率，增大流动阻力，甚至会堵塞管路，造成停工事故，因此原油在加工前必须先进行脱盐处理。原油进行脱盐处理后，要求盐的含量小于 5mg/L；对于有渣油加氢或重油催化裂化的炼油厂，要求原油中盐的含量小于 3mg/L。

一、原油中的盐

原油中的盐成分主要是 Na^+、K^+、Ca^{2+}、Mg^{2+} 和 Cl^-、SO_4^{2-}、CO_3^{2-} 等，其中含量最高的是钠盐，其次是钙盐，镁盐和钾盐很少。其存在形式主要是氯化物，还有硫酸盐、碳酸盐和油溶性有机酸盐。一般认为，原油中的氯盐 NaCl 约占 75%，$MgCl_2$ 约占 15%，$CaCl_2$ 约占 10%。但不同产地的原油，其钙、镁、钠盐的含量是有差异的。表 13-1 是我国几种主要原油进炼油厂时的含盐含水量。

表 13–1　我国几种主要原油进炼油厂时的含盐含水量

原油种类	含盐量 / (mg/L)	含水量 /[%（质量分数）]
大庆原油	3 ~ 13	0.15 ~ 1.0
胜利原油	33 ~ 45	0.1 ~ 0.8
中原原油	约 200	约 1.0
华北原油	3 ~ 18	0.8 ~ 0.2
辽宁原油	6 ~ 26	0.3 ~ 1.0
鲁宁管输原油	16 ~ 60	0.1 ~ 0.5
新疆原油（外输）	33 ~ 49	0.3 ~ 1.8

原油中的盐大多数以无机盐的形式富集在原油所含的乳化水中，也有一小部分以被油包裹的结晶状微粒悬浮在油中或是以较大颗粒的无机矿物杂质存在于油中。另外，原油中还存在部分非水溶性的盐类，主要是一些有机酸与金属离子形成的盐，绝大部分分布在苯溶解物中。其中 NaCl 在电脱盐脱水过程中的脱除率比较高，$CaCl_2$、$MgCl_2$ 等往往因以晶体颗粒状存在而难以脱除。

二、原油脱盐的目的

1. 减轻炼油加工过程的设备腐蚀

原油中的无机盐在一定温度下水解生成 HCl：

$$MgCl_2 + 2H_2O \xrightarrow{120°C} Mg(OH)_2 + 2HCl\uparrow$$

$$CaCl_2 + 2H_2O \xrightarrow{175°C} Ca(OH)_2 + 2HCl\uparrow$$

研究表明，温度升高到 300℃ 以后，有硫酸盐存在时 NaCl 也将发生水解反应：

$$NaCl + H_2O \xrightarrow{300°C} NaOH + HCl\uparrow$$

盐类水解产生的氯化氢随挥发油气进入分馏塔顶及冷凝冷却系统，遇到冷凝水便溶于水中形成盐酸，这是造成常减压装置初馏塔、常压塔和减压塔顶部系统腐蚀的重要原因。因此，提高脱盐效果能减轻炼油厂设备的腐蚀。

2. 满足产品质量和原油后加工的要求

原油中所含的盐类经蒸馏后主要进入渣油中，因此原油电脱盐对由渣油得到的产品质量和渣油的后加工过程会产生影响，如可提高石油焦、燃料油等石油产品的质量，减少对催化裂化、加氢裂化催化剂的污染等。

3. 稳定操作和降低能耗

原油在油田经过脱盐脱水处理后，还会含有一定量的水分，在输送到炼油厂的过程中，还会因为使用蒸汽或压仓海水而混入水分,造成原油含水量及含盐量波动很大。如果不把这部分水和盐脱除,就会造成常减压装置的波动。

原油中所含水分的蒸发要消耗能量,以 250×10^4 t/a 的常减压蒸馏装置为例,含水 1% 蒸发至初馏塔顶部所消耗的能量约为 2.326×10^6 W。因此搞好炼油厂电脱盐是稳定操作降低能耗的措施之一。

4. 除去盐垢和可滤性固体物质

在管式加热炉或换热器等设备中,水分随着温度升高蒸发,水中的盐类会沉积在管壁上造成盐垢,同时引起垢下腐蚀,给传热造成困难。良好的电脱盐操作有利于减轻或消除盐垢的形成。实践表明,在炼油厂电脱盐操作中,会同时将相当数量的可滤性固体物质脱除出来,这也有利减少装置冷换设备和加热炉管的污垢,延长开工周期,提高传热效率。

三、原油脱盐的方法

原油脱盐一般采用沉降法、电化学法、过滤法、声化学法、磁处理法、微波辐射法、生物法等,所有这些方法通常可除去 80% 以上的无机盐类。

1. 沉降法

沉降法原油脱盐是根据油水密度的差异将油水进行分离的一种方法。此法多用于原油罐区,是将采出的高含水原油放入罐中静置,原油乳状液中的水依靠重力沉降下来,达到油水分离。沉降法脱盐一般分为两步:一次脱水和二次脱水。一次脱水即大罐脱水。原油储罐满罐后,静置一段时间,原油中所含水分逐渐沉降到油罐底部后,打开脱水阀,将罐底明水排入含油污水回收系统。二次脱水是使一次脱水后的含油污水进入一个低位的油水分离器,进行再次沉降分离,必要时还可在油水进入分离器以前加入破乳剂以促进油水分离。

2. 电化学法脱盐

电化学法原油脱盐是当今炼油厂普遍采用的脱盐方法。电化学法脱盐是通过在原油中注水,使原油中的盐分溶于水中;再通过注破乳剂,破坏油水界面和油中固体盐颗粒表面的吸附膜;利用高压电场,使分散在原油中的小水滴产生极化、振荡、电泳等作用,聚结成较大的水滴;借助油水比重差使大水滴沉降、油水分层,油中的盐随水一起脱去。

根据原油性质及加工后原油含盐量的要求,有一级、二级、三级电脱盐装置。电脱盐装置中又有直流、交流、交直流三种类型。交直流电场对原油进行脱盐脱水具有脱盐效率高、耗能低、适应性强、操作简便等特点。一般认为,直流电场比交流电场具有更高的脱盐率,而交直流电场兼二者之长而有之,所以交直流电场具有更好的脱盐脱水效果。国内电脱盐装置的脱盐温度一般在 100~130℃。国外推荐的重质原油脱盐温度为 126~149℃,不超过 163℃。

水滴在原油中的沉降速度符合刚性球粒子在流体介质中沉降的 Stokes 定律。

$$V=\frac{\Delta\rho\cdot d^2\cdot g}{18\eta} \tag{13-1}$$

式中 V——水滴沉降速度,m/s;
$\Delta\rho$——油水密度差,kg/m³;
d——水滴直径,m;
g——重力加速度,m/s²;

η——油相黏度，Pa·s。

油水密度差增大和原油黏度降低都有利于提高水滴沉降速度，加速油水分离。由于沉降速度与水滴直径的平方成正比，所以增大水滴直径可以大大加快沉降速度。对于原油电脱水脱盐，主要是利用电场作用使小水滴聚结，加速沉降分离。

原油脱盐剂有破乳剂、脱钙剂、脱金属杂质剂等。

(1) 原油脱盐破乳剂。

在盐水中耐盐的破乳剂，该种破乳剂在盐水条件下也能够改变水的表面张力。破乳剂在脱盐过程中起到至关重要作用，它的作用是破坏水滴表面的乳化膜，不同的原油需要使用不同的破乳剂。破乳剂的规格需要根据原油性质通过实验确定。实验证明，破乳剂的注入量一般为 5 ~ 50mg/L，破乳剂的注入位置一般在混合装置前或输油泵之前。

原油破乳剂多为表面活性物质，它的活性决定于它的化学结构。表面活性物质分子一部分亲油（憎水），而另一部分亲水。在油水界面上，表面活性物质分子的极性部分（具有亲水性）浸入水中，非极性的憎水部分浸入油中。破乳剂的表面活性物质的性质随这些部分的数值和分配而变化。

从结构上讲，破乳剂同时具有亲水、亲油两种基团，比乳化剂具有小的表面张力、更高的表面活性。HLB 值反映破乳剂分子中亲油亲水基团在数量中的比例关系，范围为 0 ~ 20。原油破乳剂的 HLB 值可以用测定破乳剂的水数来表征。

$$HLB 值 =[亲水基团量 / (亲水基团量 + 亲油基团量)] \times 20$$

通过改变破乳剂 HLB 值，可改变其亲水和亲油性质，以适合不同类型原油乳化液的破乳。

目前原油破乳剂的研究包括四个方面：超高相对分子质量破乳剂、生物破乳剂、非聚醚型破乳剂（聚合物型）和嵌段聚醚改性处理。

常用的破乳剂有丙烯酸丁酯、甲基丙烯酸甲酯与聚氧丙烯聚氧乙烯酸酯的共物、高极性有机氨衍生物、BPE-2070（聚氧乙烯聚氧丙烯丙二醇醚）、聚氨酯、聚磷酸酯和超高相对分子质量的原油破乳剂 POI-2006、POI-2040，超高相对分子质量的聚醚原油破乳剂等。

破乳剂的作用是降低油和盐水之间的界面张力，使界面膜变得不稳定，导致界面膜的破裂，水滴聚结，油水两相分离。破乳剂的用量有一个临界聚集浓度 CAC（critical agglomeration concentration）。在达到 CAC 之前，破乳脱水脱盐效果随破乳剂用量的增加而提高。超过 CAC 浓度后，破乳效果会下降或几乎不发生变化。原因是在 CAC 浓度以下，破乳剂分子以单体形式分配于油水两相中并吸附在油水界面。在达到 CAC 浓度时，破乳剂在油水界面的吸附量达到最大。超过 CAC 浓度后，破乳剂开始在油相、水相或第三相聚集。破乳剂聚集体在低盐度时以 O/W 型微乳液形式存在于水相中，使 O/W 型乳状液（含油污水）稳定，但对 W/O 型乳状液有破乳作用；在盐度 0.2 ~ 04mol/L 时形成富集破乳剂的第三相，其含水率大于 90%，密度大于水，故沉积于底部；盐度大于 0.4mol/L 时第三相消失，破乳剂集体转入油相，结果使 W/O 型乳状液稳定，破乳速率下降。

进入炼油厂的原油脱水脱盐过程是在原油中注入一定量含氯低的新鲜水（注入量一般为 5%），经充分混合，溶解残留在原油中的盐类同时稀释原有盐水形成新的乳状液，然后在破乳剂和高压电场的作用下使微小水滴逐步聚结成较大水滴，借重力从油中沉降分离，达到脱水脱盐的目的。

(2) 脱钙剂。

所谓脱钙剂，是指脱除原油中的以钙为主的有机金属化合物的一种助剂，常和脱除无机金属盐的破乳剂一起加入到电脱盐装置中，将大部分金属脱除在进常压蒸馏装置之前。

将待处理的原油与一定量的水经充分混合，水在原油中分散成小粒径的水滴与原油充分接触。原油中可溶于水的物质，如 NaCl 和少量 $CaCl_2$、$MgCl_2$ 等溶于水中，在一定温度、电场强度和合适破乳剂存在的条件下，原油中的小水滴迅速聚结，由于油—水之间存在密度差，含有盐分的水相便从原油中分离出来，从而把原油中的盐中盐分脱除。

近年来国内脱钙剂的研究开发比较活跃，所研制的脱钙剂多是复合剂，主要有洛阳石化工程公司设备研究所研制的脱钙剂，齐鲁石化公司胜利炼油厂研制的脱钙剂 D、E1291。

脱金属盐剂的使用，可减轻对二次加工装置的影响，但目前国内脱盐剂品种较少，对原油有较大局限，且注入成本较高。

3. 过滤法脱盐

过滤法脱盐首先要选择一种良好的固体吸附剂作为过滤材料，并制成破乳过滤柱。其工艺流程是，将进厂原油加入适量的水和破乳剂后混匀，然后使 W/O 型的乳化原油进入过滤柱，加压使乳化液通过滤料层，在过滤材料吸附力的作用下，乳化原油经碰撞、润湿、过滤等物理过程。由于固体吸附剂对乳化原油中油和水的吸附具有选择性，W/O 型乳化液中的水、盐类被吸附，乳化液油水界面的保护膜被破坏。吸附在过滤材料上的水滴，主要受两个力的作用，一是吸附过滤材料的亲水吸附力，二是水滴本身受到的重力和液流的曳力。当水滴大到一定程度后，后者将大于前者，此时水滴即脱离过滤材料向下运动，落到下层过滤材料上，再次经历被吸附、过滤、聚结等过程。当水滴离开过滤柱时，原来呈乳化粒子状分散在油中的水绝大部分已聚结成相当大的水珠。随后经沉降，油水分离。

过滤法原油脱盐脱水于 1993 年 9 月工业化。1994 年 4 月 12 日，中国石油化工总公司发展部组织专家技术标定小组对其进行了技术标定。标定结果为，过滤脱盐后，原油中盐的平均质量含量为 2.15mg/L，平均水含量小于 0.10%（质量分数），已经超过二级电脱盐水平。

4. 声化学法脱盐

原油脱盐的声化学法是将声波能量辐射到加入了少量破乳剂的原油乳状液中，使之产生一系列超声效应，如搅拌、聚结、空化、温热、负压等，从而达到破坏油水（油包水或水包油）相界面膜，起到破乳脱盐的作用。由于超声波在油和水中均具有较好的传导性，故这种方法使用于各种类型的乳状液。对于三次采油采出的水包油型乳化原油、污水回收油、老化油等，由于其化学成分及乳状结构的复杂性，难以用常规方法破乳脱盐。声化学法可用于此类油的脱盐脱水，且具有较好的结果。声化学法可以提高原油破乳脱水率。超声与破乳剂具有良好的协同作用，可降低破乳剂用量 35% 以上；声化学法可以在室温条件下破乳脱水，具有显著的降黏作用，且长时间放置后黏度不恢复。

5. 磁处理原油脱盐

此法是对原油乳状液和破乳剂进行磁处理，然后再进行脱盐。磁处理原油脱盐脱水的原理还未见报道。根据试验，原油乳状液、破乳剂等经磁处理后其性质都会发生不同程度的变化，主要表现为原油油层水的表面张力减小，原油及其乳状液的黏度下降，破乳剂部分分子团被拆散，提高了其破乳功效。

6. 微波辐射原油脱盐

微波辐射法原油脱盐脱水是利用微波辐射来破乳的一种技术。微波破乳时，形成高频变化的电磁场，使极性分子高速旋转，破坏油水界面膜的Zeta电位。当水（油）分子失去Zeta电位的作用后，自由上下运动，碰撞聚结，使得油水分离。同时，由于水分子吸收微波的能力比界面膜的油分子吸收能力强，则内相水滴吸收更多的能量而膨胀，使界面膜受内压变薄。

另外，界面膜中的油由于受热而溶解度增高，使得界面膜的力学强度变低而更容易破裂。除此之外，微波形成的磁场还使非极性的油分子磁化，形成与油分子轴线成一定角度的涡旋电场。该电场能减弱分子间的引力，降低油的黏度，从而增大油水的密度差。这些作用都使得油水分子能有效地碰撞聚结，从而达到破乳脱盐脱水的目的。

7. 生物法脱盐

生物法原油脱盐脱水是利用微生物对原油乳状液进行破乳，进而达到脱盐脱水目的的一种方法。其原理是，某些微生物通过消耗表面活性剂得以生长，并对乳化剂起生物变构作用致使乳状液破坏；另外，有些微生物在代谢过程中分泌出一些具有表面活性的代谢产物，这类天然的表面活性剂，对原油乳状液是良好的破乳剂。

国外有几家研究机构正致力于研究生物法原油脱盐脱水。此外，美国能量生物系统公司（ERC）已找到可将卟啉环离解得到碳，并释放出金属离子的细菌。该公司已拥有细菌酶，并可制取生物催化剂，该催化剂在原油被加工之前就使金属分离出来，诸如Ni、V、Ca、Zn和Co等。

第三节　原油脱水和脱盐添加剂的制备举例

原油采出后，经过脱水脱盐才能炼制。不同的原油成分不同，脱水脱盐的方法也不同。高黏度的稠油和含高矿化度的原油脱水脱盐难度大是由于高黏度的稠油和水的密度相近，高矿化度的原油界面张力高。选择一种能将原油中的水、油、砂迅速分离的破乳化剂是原油分离后处理的唯一方法。

一、PAMAMPS对高矿化度原油O/W乳状液稳定性的作用

通过加入表面活性剂，降低油水界面张力，使原油形成O/W乳状液，是油田常用的降低原油黏度的方法。

原油开采中为了避免开采时出水快、出油慢的现象，要求形成的原油O/W乳状液在一定时间内稳定性好，并且采出后利于原油脱水。矿化度不高的原油乳化降黏是容易的，加入一般表面活性剂可以形成O/W乳状液，但是对于含有高矿化度水的高盐原油乳化降黏十分困难，盐压缩了原油液滴的双电层，极易引起液珠聚并，钙、镁等碱土金属离子的空阻效应，极易使乳状液反相，使油水体系稳定性更差。由于盐与水的缔合作用，盐水的表面张力很高。一般表面活性很难降低高矿化度水的表面张力，所以选择能降低表面张力并能形成O/W乳状液的耐高矿化度的耐盐活性剂是十分重要的。据报道，DM-5522耐盐活性剂（以下简称DM-5522）耐受碱金属盐为150000mg/L，碱土金属为20000mg/L左右，并能形成原油O/W乳状液，且不易反相易脱水。但是O/W状液的稳定性时间短，在使用过程中会出现出水快、出油慢的现象。

曾经有报道用碱作为原油降黏和稳定的物质，但是碱在高矿化度条件下极易形成沉淀，另外碱的加入易形成多重乳状液，并使原油后脱水变得十分困难。有人用 $300×10^4$ 相对分子质量聚烯酰胺（PAM）或相对分子质量的改性聚丙烯酰胺（MAMPAM）作为 O/W 乳状液的稳定剂，而更高相对分子质量分子量的以上聚合物会引起油水体系絮凝。由于聚丙烯酰胺及其改性聚丙烯酰胺在高矿化度条件下（碱金属为 100000mg/L，碱土金属盐为 10000mg/L 以上）黏度降低，特别是在高矿化度条件下极易降解和失去作用。因此，研究选择能用于高矿化度原油降黏开采的活性剂和选择对原油 O/W 乳状液的稳定的活性聚合物同样重要。由于单体的选择决定聚合物相对分子质量和聚合物的耐盐程度，所以在聚合物合成中引入阴离子化基团 2-丙烯酰胺基-2-甲基丙磺酸（AMPS）和能使相对分子质量增大的丙烯酰胺（AM），并发现该种聚合物相对分子质量与原油 O/W 乳状液稳定性有关。本实验选出耐受碱金属为 180000mg/L、碱土金属盐为 10000mg/L、合适相对分子质量的 PAMAMPS 作为原油 O/W 乳状液的稳定剂。我们曾对原油 O/W 乳状液的稳定时间、脱水时间进行了初步研究，但对其脱水程度未作讨论。本书将 DM-5522 和 PAMAMPS 按合适比例复配后，利用聚合物黏度和在界面上的吸附作用，发现可增加界面膜的机械强度和液珠间的排斥作用，能使原油 O/W 乳状液在一定时间内稳定，并对 O/W 乳状液的稳定时间、脱水时间和水率作了进一步讨论。此外还讨论了 PAMAMPS 的耐 Fe^{2+}、耐温性。

1. 实验部分

1) 主要药品

聚丙烯酰胺（PAM，相对分子质量 $300×10^4$），N-（二甲氨基甲基）甲叉聚丙烯酰胺（MAMPAM，相对分子质量 $250×10^4$），耐盐活性剂 DM-5522，AM/AMPS 聚合物（自制，相对分子质量 $300×10^4$、$700×10^4$），2-丙烯酰胺基-2-甲基丙磺酸（AMPS），丙烯酰胺（AM）。

稠油样品：中国石油吐哈油田脱气含水稠油，黏度 12000mPa/s（50℃），地层水矿化度 $16000mg/L^{-1}$（碱土金属 10000mg/L）；中国石油塔里木脱气含水稠油，黏度 500000mPa/s（50℃），地层水矿化度 240000mg/L（碱土金属 10000mg/L）；中国石化西北局脱气含水稠油，黏度 270000mPa/s（50℃），地层水矿化度 240000mg/L（碱土金属 20000mg/L）；胜利油田鲁胜脱气含水稠油，黏度 5200mPa·s（50℃），地层水矿化度 2000mg/L（碱土金属 1000mg/L）。

2) 实验过程

(1) AM/AMPS 聚合物的合成。

准确称量一定量的 AMPS、AM，用少量去离子水将其充分溶解后，装入反应瓶中 40～50℃ 恒温水浴 10min。通 $30minN_2$ 后，定量加入氧化还原型引发剂，再通 $30minN_2$ 后封口。在 40～50℃ 恒温放置一段时间后便得到一种黏稠的水溶性聚合物，本书称作 AM/AMPS 聚合物。

(2) AM/AMPS 聚合物的分子量的测定。

依据国家标准 GB 12005.1—1989 规定的方法，在测定温度（30±0.1℃）下，用乌氏黏度计测出 AM/AMPS 聚合物的特性黏度 $[\eta_r]$。再按下式计算 AM/AMPS 聚合物的黏均相对分子质量 $\overline{M}$：

$$\overline{M}=802[\eta_r]^{1.25} \tag{13-2}$$

式中 $[\eta_r]$——特性黏度，mL/g。

(3) 各种聚合物耐盐性能比较。

①高矿化度水的配制。

根据海水配制规定，按质量比 4 : 1 : 10 : 10 称取 $CaCl_2$、$MgCl_2$、NaCl 和 KCl 加离子水至 1L，搅拌至完全溶解。即得矿化度为 180000mg/L 矿化度的水，其中 Ca^{2+}、Mg^{2+} 浓度为 $10000mg/L^{-1}$。其他矿化度的水依次稀释或参照配制。

②各种聚合物 1%（质量分数）溶液的耐盐性实验。

配制矿化度 180000mg/L 条件下的 AM/AMPS 聚合物（相对分子质量为 300×10^4、700×10^4）、PAM（相对分子质量为 300×10^4）和 MAMPAM（相对分子质量为 250×10^4）1%（质量分数）水溶液，在 30℃ 恒温后测定特性黏度变化。

(4) Fe^{2+} 浓度对各种聚合物剪切黏度的影响实验。

配制 PAMAMPS、MAMPAM 和 PAM 的 1% 溶液，其中 $C_{Fe^{2+}}$ 分别为 500mg/L、300mg/L、100mg/L、50mg/L、5mg/L、1mg/L、0.5mg/L 溶液，除氧后在 30℃ 恒温，剪切速率均为 3r/min 的条件下，分别将不含 $FeCl_2$ 的聚合物和含 $FeCl_2$ 的聚合物各 6.0g 转移到 Brookfield Ⅲ 型流变仪中。读取加入 $FeCl_2$ 前后的剪切黏度值。

(5) 各种聚合物耐温试验。

配置 PAMAMPS、MAMPAM、PAM 的 1% 水溶液置于容器内，对溶液进行除氧、充氮气后封口，放入热稳定性实验装置中。在剪切速率均为 3r/min 的条件下，同样按照"(4)"中测定剪切黏度的方法，测定其在不同温度下的黏度。

(6) 原油 O/W 乳状液制备。

将 PAMAMPS 和 DM-5522 按不同比例配成复合物（以下简称 PAMAMPS-DM)，然后再用矿化度为 150000mg/L 的盐水将 PAMAMPS-DM 配制成 1%（质量分数）水溶液。70℃ 下将不同稠油和 PAMAMPS-DM 水溶液分别按照油水质量比 7 : 3 混合，在油水体系中 PAMAMPS-DM 含量为 2000mg/L，并在原油混调器中混合均匀，形成 O/W 原油乳状液（以下简称 O/W 乳状液）。

(7) 加入 PAMAMPS 对 O/W 乳状液液珠微观状态的影响。

40℃ 下分别用吸液管取等量"(6)"中的 O/W 乳状液滴于各自载玻片上压上盖玻片。

(8) PAMAMPS 对不同 O/W 乳状液稳定性影响。

将盛有不同原油 O/W 乳状液的具塞式量筒，放入超级恒温水浴中静置，50℃ 下在一定时间内记录 O/W 乳状液的出水时间，并把出水时间作为 O/W 原油乳状液的稳定时间。

2. 结果与讨论

1) 不同矿化度对各种聚合物特性黏度的影响

图 13-2 为在碱金属为 180000mg/L、碱土金属盐为 10000mg/L 的高矿化度条件下，不同聚合物的特性黏度。由图 13-4 可知，在高矿化度盐水中 700×10^4 相对分子质量的 AM/AMPS 聚合物黏度降低最小。由于 AM/AMPS 聚合物具有支链结构，空间作用使分子链不易蜷曲，黏度降低不明显。另外—CH_2SO_3Na 亲水化基团对盐不敏感，使 AM/AMPS 聚合物保持较好的耐盐性，MAMPAM 和 PAM 聚合物分子链上离子基团上的电荷容易被屏蔽，离子之间的静电排斥作用减弱，聚合物长链容易卷曲，所以用 AM/AMPS 聚合物中的—CH_2SO_3Na 取代羧酸盐可以改善聚合物的耐盐性。

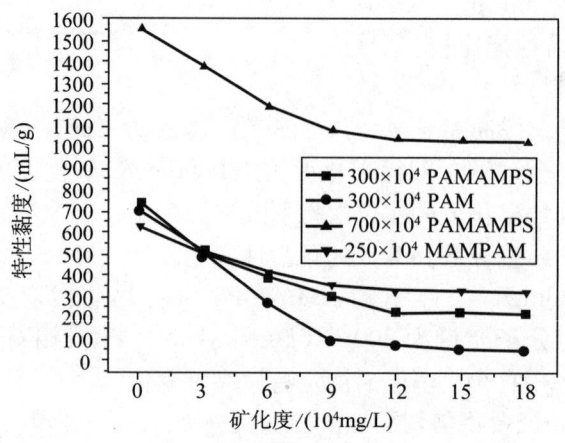

图 13-2 矿化度对各种聚合物特性黏度的影响

2）$FeCl_2$ 浓度对各种聚合物剪切黏度的影响

利用 PAMAMPS 与 MAMPAM、PAM 配制成相同浓度的 1%（质量分数）溶液，评价 PAMAMPS 与其他聚合物的耐 Fe^{2+} 性的差别。

聚合物在运输和储存中与钢管、钢制储罐接触，由于钢材受溶解氧腐蚀而产生 Fe^{2+}，所在油田使用的聚合物应该耐 Fe^{2+}，这样才有利于聚合物储存和往地下通过管线注入时保持良好性能，从而避免由于黏度变化造成的储存和生产事故。

试验温度为 30℃、剪切速率均为 3r/min 条件下，由图 13-3 可知，随着 Fe^{2+} 浓度的增加，PAMAMPS 黏度降低值小于 MAMPAM、PAM。且根据相关研究，聚合物溶液不耐 Fe^{2+} 的原因主要是 Fe^{2+} 被氧化成 Fe^{3+} 时，导致聚合物链断裂，从而降低了聚合物的黏度。PAMAMPS 具有枝型结构，此结构对于 Fe^{2+} 不敏感。

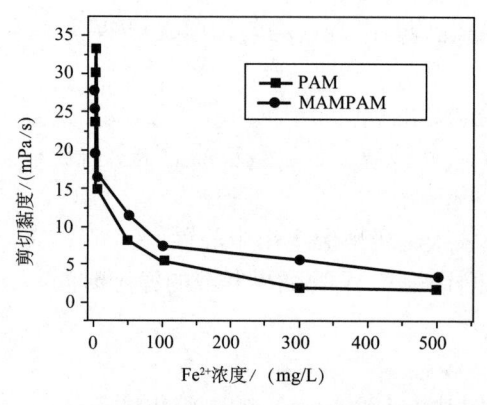

(a)MAMPAM、PAM剪切黏度随Fe^{2+}浓度的变化　　(b)PAMAMPS剪切黏度随Fe^{2+}浓度的变化

图 13-3 各种聚合物剪切黏度随 Fe^{2+} 浓度的变化

3）各种聚合物耐温性实验

由图 13-4 可知，在剪切速率均为 3r/min 条件下，30～100℃范围内，PAMAMPS1%（质量分数）溶液的黏度变化最小。以上实验说明，PAMAMPS 的耐温性优于 MAMPAM 和 PAM。

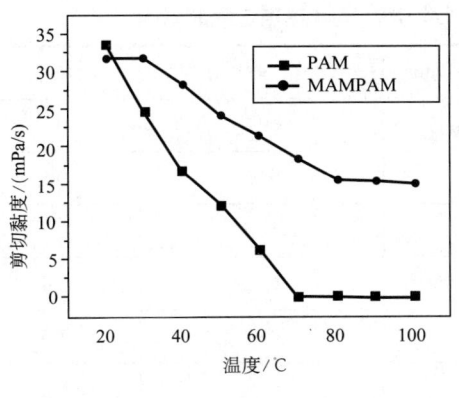
(a)MAMPAM、PAM剪切黏度随温度变化

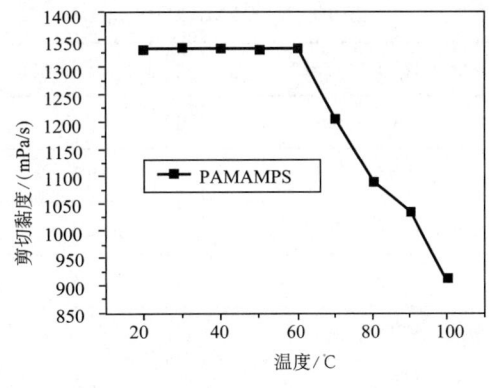
(b)PAMAMPS剪切黏度随温度的变化

图13-4 各种聚合物剪切黏度随温度的变化

4) PAMAMPS 与 DM-5522 对 O/W 乳状液稳定性的协同作用

对于油水分散的任何过程，可遵循恒温稳定体系热力学假设的热力学公式：

$$\Delta G = \Delta H - T \Delta S \tag{13-3}$$

当乳状液平衡稳定时，分散相为油相，分散相温度为 T_0，$\Delta G = \Delta H - T_0 \Delta S = 0$

$$\Delta H = T_0 \Delta S \tag{13-4}$$

式中 ΔS——分散熵；

ΔH——分散潜热。

当非平衡状态分散时，由式（13-3）、式（13-4）可得

$$\Delta G = \Delta H (T_0 - T)/T \tag{13-5}$$

分散介质温度为 T（$T \neq T_0$）。油水体系发生聚并，ΔH 为负值，在原油开采过程，如果油水体系升温 $T_0 > T$，由式（13-5）可得 $\Delta G < 0$。由（13-3）可知，对于非平衡分散状态，$\Delta S > 0$。加入表面活性剂使分散体系中油水界面张力也随之下降，实际上是油水体系降低了自由能，加入 PAMAMPS 后，增强了分散熵，从而使油更容易稳在水相中，两者协同效应更加促使油水体系自发分散成 O/W 的稳定状态。

(1) PAMAMPS 与 DM-5522 不同比例对 O/W 乳状液稳定性的影响。

对高矿化度西北局稠油油样进行乳化降黏实验时发现，通过调整 PAMAMPS 与 DM-5522 的加入比例，将 PAMAMPS-DM 复合体系（以下简称 PAMAMPS-DM）作为复合降黏剂，形成 O/W 乳状液后，乳状液稳定时间、脱水时间结果如表 13-2 所示。PAMAMPS 与 DM-5522 配比为 2.0∶8.0，复配后作为降黏剂，原油稳定时间最长（$t=27\text{min}$），脱水时间最长（$t=1.6\text{h}$）。PAMAMPS 所占比例过小或过大，复配降黏剂不能稳定 O/W 乳状液。将 O/W 乳状液连续搅拌 1h，静止后再搅拌，反复多次仍不反相，保持 O/W 乳状液的稳定状态。说明了 PAMAMPS 与 DM-5522 具有很好的配伍性。

表 13-2 PAMAMPS 与 DM-5522 不同比例对 O/W 乳状液稳定性的影响

PAMAMPS：DM-5522（质量比）	油水乳状液状态	稳定时间 /min	含水 /[%（质量分数）]	脱水时间 /h
0：10.0	O/W	3	69.0	0.3
0.5：9.5	O/W	6	67.2	0.5
1.0：9.0	O/W	9	52.4	0.8
1.5：8.5	O/W	24	40.8	1.4
2.0：8.0	O/W	27	42.7	1.6
3.0：7.0	O/W	6	66.5	0.6

（2）O/W 乳状液微观状态比较及机理探讨。用 GE-5 激光散射仪观察系列 O/W 原油乳状液 40℃时的微观结构（图 13-5 至图 13-8），图中的油水比至少为 7:3，这是形成 O/W 乳状液体系的先决条件。由图 13-5 可知，不加 PAMAMPS 液油珠颗粒呈不规则形状，油珠间容易发生聚并。图 13-6 中加入 PAMAMPS 与 DM 比例 1:9 时，乳状液油珠呈圆球状，颗粒均匀，但油珠中有少许气泡，体系比较稳定。由图 13-7 可知，PAMAMPS：DM 为 2:8 时，O/W 乳状液油珠呈纯粹圆球状，颗粒均匀，没有聚并现象。由图 13-8 可知，PAMAMPS 与 DM 比例 4:6 时，油珠颗粒呈不规则形状，油珠内部存有水相和气泡，形成多重乳状液，O/W 原油乳状液稳定性太好，不容易脱水。从图 13-7 至图 13-10 可知，油相颗粒呈球形，符合分散体系分散相颗粒稳定的热力学假设，所以可以用以下热力学公式解释

$$\Delta G_0 = -\Delta G_V + \Delta G_S = \Delta R^3 \Delta g / \Omega + 4\Pi R^2 \sigma \tag{13-6}$$

式中 ΔG_0——分散颗粒引起的 O/W 体系的自由能变化；

ΔG_V——分散相颗粒引起的单位体系自由能变化；

ΔG_S——由于新分散性颗粒的出现形成的界面造成的附加表面自由能；

Δg——单个分散颗粒自由能变化；

Ω——质量体；

σ——单个分散颗粒的界面张力。

当满足 $\partial \Delta G_0 / \partial R = 0$ 时，ΔG_0 达到最大值，此时油珠径 R 满足临界半径

$$R_0 = \frac{2\delta\Omega}{\Delta g} = \frac{2\delta\Omega}{KT\ln\alpha} \tag{13-7}$$

式中 K——热力学常数；

T——温度；

α——溶液中表面活性剂的活度。

由式（13-6）和式（13-7）可得

$$\Delta G_0 = \frac{16\pi\delta^3\Omega}{3(\Delta g)^2} = \frac{4}{3}\pi\delta R_0^2 \tag{13-8}$$

式中 ΔG_0——体系中形成临界分散相所需要越过的势垒高度；
   δ——分散相颗粒半径。

由（13-8）式可知，随着 PAMAMPS-DM 复合体系中 PAMAMPS 比例增大，液珠 R_0 变小，ΔG_0 降低，表明油珠分散所需要的势垒高度降低，因此更加容易得到分散稳定的 O/W 乳状液体系。热力学理论及微观照片均证明了 O/W 乳状液稳定性。

图 13-5　PAMAMPS:DM=0：10 的
O/W 乳状液液珠微观状态

图 13-6　PAMAMPS:DM=1：9 的
O/W 乳状液液珠微观状态

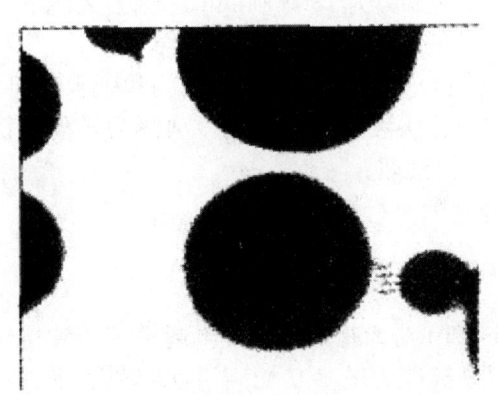

图 13-7　PAMAMPS:DM=2：8 的
O/W 乳状液液珠微观状态

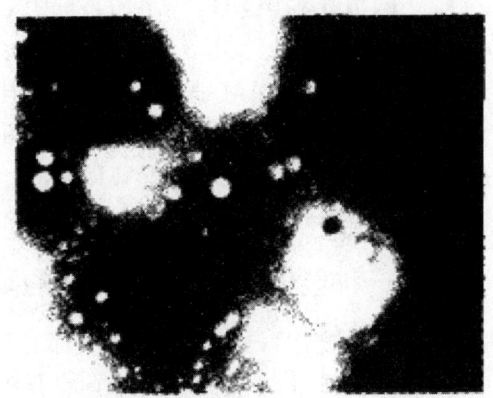

图 13-8　PAMAMPS:DM=4：6 的
W/O 乳状液液珠微观状态

（3）PAMAMPS 对不同原油 O/W 乳状液稳定性影响。

由表 13-3 可见，加入 PAMAMPS 的 4 种原油 O/W 乳状液脱水时间均大于 50min，经过 150min 后，所有原油乳状液体系均达到 99% 以上的脱水率。表明 PAMAMPS 可以在一定时间内稳定 O/W 乳状液，但又不影响乳状液油水分离。由于在高盐条件下，电解质压缩油的分散颗粒的双电层，导致油珠间的静电斥力及水化层对油珠的保护作用减弱，颗粒聚并的可能性增大，造成乳状液不稳定。PAMAMPS 使乳状液稳定的原因是根据 DLVO 理论，由公式 $VT=VR+VA$（其中 VT：颗粒间相互作用的总势能；VR：颗粒间静电斥力势能；VA：范德华引力势能）可知，PAMAMPS 的黏度增加界膜的强度，在一定程度上降低了由于双电层被电解质压缩造成的颗粒聚并的可能。颗粒带电形成的扩散双电层交联时产生的静电排斥作用增强，界面黏度增大也使颗粒间距离增大。PAMAMPS 吸附层具有较高的界面黏弹性，降低了颗粒聚速度。因此加入 PAMAMPS 的乳状液具有很高的稳定性，但并未改变颗粒聚并的可能，这并不影响原油体系脱水。

表 13-3　PAMAMPS 对 4 种原油 O/W 乳状液稳定性的影响

油样	脱气后原油黏度（50℃）/(mPa·s)	乳化后原油黏度（50℃）/(mPa·s)	矿化度/(mg/L)	乳化降脱水后黏度（30℃）/(mPa·s)	加 PAMAMPS 前脱水时间/min	稳定性加 PAMAMPS 后脱水时间/min	150min 脱水率/%
中国石油塔里木	500000	28	220000	230000	20	76	98.6
中国石油吐哈	12000	32	16000	6000	11	59	99.4
中国石化西北局	270000	22	240000	180000	13	60	99.0
胜利石油鲁胜	5200	35	2000	3000	9	51	99.7

3. 结论

（1）利用 AMPS 和 AM，合成了 700×10^4 相对分子质量的 PAMAMPS，用作高矿化度下 O/W 乳状液的稳定剂。

（2）该 700×10^4 相对分子质量的 PAMAMPS 在碱金属为 180000mg/L，碱土金属盐为 10000mg/L 的高矿化度环境下，能稳定 O/W 乳状液，并具有耐 Fe^{2+}、耐温的特性。

（3）通过调整 PAMAMPS 与 DM 的比例，可控制 O/W 乳状液的稳定时间和脱水时间。

（4）对不同比例的 PAMAMPS 所加的 O/W 原油乳状液的微观结构，从热力学角度探讨了 O/W 乳状液分散机理及 PAMAMPS 与 DM 的协同机理。

（5）用不同原油进一步核实了其 O/W 乳状液稳定的可行性。

二、一种能使油/水/固分离的阳离子聚合物（PF）

聚多二甲胺基 N-乙基丙烯酰胺阳离子聚合物(PF)与烯基双环咪唑啉封端聚醚和抗盐表面活性剂 TM-1 复配而成的、具有强油/水/固分离能力的多功能高活性阳离子聚合物复配体系 PF-C。该体系可降低原油在砂土表面的黏附功，使原油在砂土表面不黏附，快速分离油水砂；使黏土在水中不膨胀，保护地层；使原油在水中不分散、乳化，避免产生大量含油污水。

1. 实验部分

1) 主要实验药品

聚丙烯酰胺干粉，乙醛、多乙烯多胺、甲苯二异氰酸酯，抗盐表面活性剂 TM-1、烯基胺基双环咪唑啉，聚氧乙烯聚氧丙烯二醇醚，破乳剂 M-501，石油磺酸钠（工业级）。

实验用油样主要性质如表 13-4 所示。

表 13-4　稠油性质

稠油来源	黏度/(mPa·s)	密度/(g/cm³)	胶质沥青质含量/[%（质量分数）]	酸值/(mgKOH/g)	含水/[%（质量分数）]
苏丹六区 FULA-2B	7262（30℃）	0.855	5.18	10.92	6.00

续表

稠油来源	黏度 / (mPa·s)	密度 / (g/cm³)	胶质沥青质含量 / [%（质量分数）]	酸值 / (mgKOH/g)	含水 / [%（质量分数）]
委内瑞拉 Orinoco	33550（50℃）	0.969	41.80	0.79	12.62
胜利单家寺	75000（50℃）	0.925	32.00	0.87	7.50
吐哈吐玉克	85000（30℃）	0.932	20.61	0.96	2.50

人造岩心，直径 25mm，长度 58～60mm，由不同目数石英砂及黏土（蒙脱土）按一定比例胶结填充而成。

2）合成与配方。

(1) 聚多二甲胺基 N- 乙基丙烯酰胺（PF）的合成。

70～80℃将一定相对分子质量的聚丙烯酰胺干粉溶于水中，加入 20%（质量分数）氢氧化钾水溶液水解（水解度 10%），滴加乙醛，在 40～50℃反应 1.5h，再滴加多乙烯多胺，升温至 70℃后反应 0.5 h，降温至 40℃，加盐酸调 pH 至 7.2 ± 0.2，得到部分聚多二甲胺基 N- 乙基丙烯酰胺（PF）。

(2) 烯基双环咪唑啉封端聚醚的合成。

用甲苯二异氰酸酯交联聚氧乙烯聚氧丙烯丙二醇醚，扩链生成线型聚氨基甲酯，然后用烯基胺基双环咪唑啉封端，得到烯基双环咪唑啉封端聚醚。

(3) 聚合物复配体 PF。

将 PF5.6%（质量分数）、烯基双环咪唑啉封端聚醚 2.0%（质量分数）、抗盐表面活性剂 TM-1 3.0%（质量分数）及水 89.4%（质量分数）复配，得到聚合物复配体系 PF-C。

3）油土砂的制备及分离实验评价方法

(1) 油土砂的制备。

将 5 份 25 目石英砂，0.5 份蒙脱土，0.5 份高岭土，6 份原油混合均匀 [原油分别为苏丹六区 FULA-2B 原油、委内瑞拉 Orinoco（奥里瑞克）原油、胜利油田单家寺原油、吐哈吐玉克原油]，老化 3h，制得油土砂。

(2) 油土砂分离实验。

将 10.0g 吐哈吐玉克油土砂分别与 4.0mL 的 20%（质量分数）PF-C 水溶液、1%（质量分数）石油磺酸钠水溶液、90 号汽油和 0.1%（质量分数）破乳剂 M-501 水溶液在量筒中均匀混合，调节水浴温度，在不同温度下放置 2h。

(3) 黏土吸水量测定。

测定装置如图 13-9 所示。在 U 型玻璃管 D 的一端连接具有玻璃过滤器 G 的装置，而另一端连接带有刻度的细管 C，使其与玻璃过滤器在同一平面上，细管的中心线与玻璃过滤器的表面在同一平面上。通过入口 I 分别注入水、石油磺酸钠 [1%（质量分数）] 和 PF-C[20%（质量分数）] 的水溶液，润湿整个玻璃过滤器并装满 D，转换三通活塞 T，导入细管内，读取细管中液柱的右端读数。再把称量过的黏土（蒙脱土）放在玻璃过滤器上面，观察细管中液柱右端读数，确定黏土的吸水量。

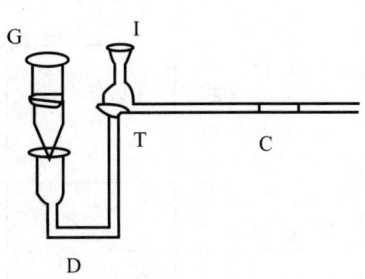

图 13-9 黏土的吸水量测定装置

(4)岩心防膨胀处理。

取直径25mm,长度为58~60mm的3种已用水膨胀的人造岩心为试样,用PF-C浸润试样,用机械加以混合后装入活塞载荷试验器中,未胶结的砂颗粒在缸内两侧以相同压力驱动活塞进行挤压,并用自来水通过岩心,测定岩心渗透率。

2. 结果与讨论

1) 加入PF-C前后原油在砂土表面黏附功

分别将4种原油的油土砂与水[或20%(质量分数)PF-C水溶液]以10:4的质量比混合均匀,室温下放置20min。用JY-82型接触角测定仪测定加剂前后油水混合体系在石英砂表面的接触角θ,用JZHY-180界面张力仪测定加剂前后油水混合体系的表面张力γ。原油在砂土表面黏附功W由公式$W=\gamma(1+\cos\theta)$计算得到。表13-5是加剂前后原油在砂土表面黏附功的数值以及加剂后的洗油率。加入PF-C后,油水混合体系的表面张力有所降低,在砂土表面的接触角明显增大,原油在砂土表面的黏附功明显降低,因而原油易于从砂土表面脱附。

表13-5 加剂前后原油在砂土表面黏附功和加剂后的洗油率数据

油土砂	加剂前			加剂后			洗油率/%
	表面张力 γ/(mN/m)	接触角 θ/°	黏附功 W/(mJ/m)	表面张力 γ/(mN/m)	接触角 θ/°	黏附功 W/(mJ/m)	
FULA-2B油土砂	58.7	51.8	95.0	52.4	113.5	31.5	98.0
Orinoco油土砂	52.3	6501	73.5	46.8	119.8	23.5	95.0
单家寺油土砂	54.8	52.4	87.5	47.6	119.0	24.5	100.0
吐玉克油土砂	64.7	43.0	112.5	62.7	70.6	83.5	99.0

2) 油土砂分离

分别用4mL的20%(质量分数)PF-C水溶液、1%(质量分数)石油磺酸钠水溶液、90号汽油和0.1%(质量分数)破乳剂M-501水溶液处理10.0g吐哈吐玉克油土砂,不同温度下静置2h后的分离情况如表13-6所示。由表13-6可以看出,汽油和20%(质量分数)PF-C水溶液对油土砂的分离效果最佳,20%(质量分数)PF-C水溶液将砂土表面洗涤干净,油、水、砂土分离后界面清晰,油中不含水,水中不含油,砂土表面不沾油。

表13-6 不同温度下不同试剂油砂分离效果

处理试剂	20℃	30℃	50℃	70℃	90℃
20%(质量分数)PF-C水溶液	不分离	不分离	油、砂、水分离,界面清	油、砂、水分离,界面清	油、砂、水分离,界面清
1%(质量分数)石油磺酸钠水溶液	不分离	不分离	不分离	油、砂部分分离,水黑色	油、砂部分分离,水黑色加重
0.1%(质量分数)M-501水溶液	不分离	不分离	不分离	油、砂部分分离,油水界面不清	油、砂部分分离,油水界面不请
汽油	油、砂分离,汽油黑色	油、砂分离,汽油黑色	油、砂分离,汽油黑色	油、砂分离,汽油黑色	油、砂分离,汽油黑色加重

3）黏土吸水量

黏土从 1%（质量分数）石油磺酸钠水溶液、水、20%（质量分数）PF-C 水溶液中的吸水量测定结果如表 13-7 所示。由表 13-7 可以看出，黏土对石油磺酸钠水溶液的相对吸水量最大，纯水次之，而对 20%（质量分数）PF-C 水溶液的相对吸水量最小。

表 13-7 黏土对不同试剂相对吸水量的测量结果

时间 /h	水柱移动长度（相对吸水量）/cm		
	20%（质量分数）PF-C 水溶液	水	1%（质量分数）石油磺酸钠水溶液
0.5	0.0	1.0	1.6
1.0	0.0	3.2	4.8
1.5	0.0	7.2	10.5
2.0	0.0	13.2	19.6

4）PF-C 的防膨效果

3 种已被水膨胀的岩心经 PF-C 处理前后岩心渗透率及处理后岩心渗透率变化值（K_f/K_i）如表 13-8 所示。加入 PF-C 后，岩心渗透率明显增加，水敏已膨胀的岩心基本恢复原状，PF-C 起到了很强的防膨作用。

表 13-8 PF-C 处理前后渗透率变化值

岩心编号	渗透率 /mD		变化值 K_f/K_i
	处理前 K_i①	处理后 K_f②	
1	0.0026	0.0059	2.3
2	0.026	0.030	1.2
3	0.014	0.020	1.4

① 注入 2~4PV 自来水；
② 注入 7~9PV 自来水。

5）现场固砂防砂驱油实验

胜利油田滨南采油厂单 6、单 10 高稠油区块原油黏度约为 25~90Pa·s（30℃），含沥青 15%，含胶质 28%，油层含砂量高，出砂严重。由于蒸汽吞吐开采时间较长，使得注汽效果和周期采油量下降。PF-C 在该区块现场固砂防砂驱油的实验结果如表 13-9 所示。由 13-9 表可以看出，在采油周期末注入一定浓度的 PF-C，可将采油时间平均延长 55d，单井增油平均 334t，在提高产量的情况下，延长注汽周期，减少注汽次数，从而降低因注汽而引起的地层膨胀、出砂。

表 13-9 采油周期末注驱油剂试验

区块	井号	加药总量 /t	加药剂量 /%	出汽量 /m³	延长生产期 /d	累计增油 /t
单 6 块	4-24	1.5	0.5	300	45	265
单 10 块	3-15	1.2	0.5	240	35	310
	4-14	2.0	1.0	200	67	370

续表

区块	井号	加药总量 /t	加药剂量 /%	出汽量 /m³	延长生产期 /d	累计增油 /t
单 10 块	2–19	1.2	0.5	220	62	460
	2–17	1.5	0.5	300	54	325
	4–15	1.4	0.5	280	65	270
平均					55	333

6) PF–C 作用机理探讨

聚多二甲胺基 N– 乙基丙烯酰胺（PF）与黏土表面上的低价阳离子如 Na^+、NH_4^+、K^+、Ca^{2+} 等发生阳离子交换吸附，中和黏土表面的静电荷，减小黏土片层间的排斥力。砂及黏土颗粒借助阳离子聚电解质的大分子缠绕作用而发生聚并，地层呈压缩状；砂土表面电性质的改变使油对砂土颗粒的吸附力减弱，吸附在砂表面的原油很容易解吸，由于油、砂和水的密度差别，油井出油而不出砂。同时 PF–C 中的亲水性基团具有强的憎油性，原油不易黏附到砂土表面；油水界面的张力较高，所以油在水中不分散。

三、油井地层环境对表面活性剂使用的影响以及应对方法

在原油开采中，表面活性剂的使用环境是各种矿物质组成的地层和含盐的地层水，对表面活性剂的表面活性影响很大。由于高矿化度水的张力比纯水要高得多，且大多数表面活性剂不耐盐，所以降低张力的难度随之增大。另外地层的吸附也影响表面活性剂的使用性能，而大多数表面活性剂在地层中的吸附损失量较大，致使驱油效率降低。所以三次采油过程中解决如何降低高矿化度地层水张力同时减少地层吸附损耗问题具有重要意义。

1. 矿化度对表面活性溶液外观和表面张力的影响

1) 矿化度对表面活性剂溶液外观的影响

在高矿化度体系中，很多表面活性剂溶液会发生絮凝、聚沉或出现沉淀，会使表面活性剂丧失活性，甚至无法应用。如 TX–10、平平加 OS、SDBS 等在 5000mg/L 的矿化度水中均出现不同程度的浑浊现象，油田最常用的石油磺酸盐在 10000mg/L 矿化度溶液中即会出现轻微浑浊现象。但是有些耐盐活性剂能在 200000mg/L 的矿化度水中仍然保持澄清透明状态，如 α– 烯基聚醚磺酸盐。

2) 矿化度对表面活性剂溶液表面张力的影响

原油乳化降黏用的表面活性剂的水溶液的表面张力和油水界面张力越低越利于形成 O/W 乳状液，对于含矿化度水较高的原油体系，随体系矿化度的增加表面张力增大。本书进一步对碱金属盐和碱土金属盐进行了实验，发现随盐中碱土金属盐含量的增加对表面张力增大的影响更显著，由于一般表面活性剂耐盐范围最高是：碱金属盐含量 10000mg/L 左右，碱土金属盐含量为 2000mg/L。但是当碱金属盐含量 100000mg/L 以上、碱土金属盐含量为 10000mg/L 以上时，目前市售的一般表面活性剂失去其活性，而某些耐盐活性剂仍然具有较好的表面活性，使矿化度水的表面张力降到很低，如王业飞等合成的一种非离子—阴离子两性表面活性剂 LF 在矿化度大于 100000mg/L、氯化钙大于 5000mg/L 的水中表现出良好的表面活性；辛寅昌等合成的一种 α– 烯基聚醚磺酸盐能耐受 200000mg/L 矿化度，其中 Ca^{2+}、Mg^{2+} 浓度

高达 10000mg/L。

2. 矿化度对表面活性剂性能的影响

1）矿化度对表面活性剂用于稠油乳化降黏的影响

在驱油过程中，一种好的表面活性剂首先应降低油水张力，使水的波及系数增大，降低原油黏度，提高驱油效率，所以原油在水中分散能否形成稳定的 O/W 型乳状液也是衡量一种表面活性剂性能的主要因素。

如果原油能形成 O/W 型乳状液，则能大大降低其黏度，但是有些表面活性剂与高价离子形成的盐具有空阻效应，极易形成 W/O 型乳状液，起不到原油降黏的作用。一般情况下由于空阻效应，能形成钙盐的活性剂均形成 W/O 型乳状液，这也是表面活性剂不耐盐的原因。而有些耐盐活性剂具有两种极性基团，会因为胶束界面吸附作用，形成极性朝外的双层结构。只有具有两种极性基团和合适链长的活性剂才具有这种性质，如支型磺胺化聚氧乙烯醚，在高矿化度条件下，其结构中的活性基团与 Ca^{2+}、Mg^{2+} 因电子效应有弱的络合作用，这样就起到了分散 Ca^{2+}、Mg^{2+} 的作用，即仍然有强的亲水性和表面活性。

2）矿化度对表面活性剂在地层各介质中吸附损失的影响影响

影响表面活性剂驱经济性的主要因素之一就是表面活性剂在地层中的吸附，吸附导致表面活性剂在三次采油中损耗，降低驱油效果，同时对于多种表面活性剂复合驱中，地层会对表面活性剂的各组分选择性吸附，造成表面活性剂的色谱分离，这将会降低活性剂的复配效果，降低原油的采收率。

由于地层中的蒙脱土带负电，在各类表面活性剂中，在地层中吸附损失最大的是阳离子表面活性剂，其次是非离子表面活性剂，阴离子表活性剂吸附损失最少，所以油田常用阴离子表面活性剂石油磺酸盐作为驱油用表面活性剂。

本实验研究了不同矿化度下，两种表面活性剂支型磺胺化聚醚和石油磺酸盐在地层介质中静态吸附情况发现，随着矿化度的增加，地层对支型磺胺化聚醚的吸附量越来越少，而对石油磺酸盐的吸附量增大。

实验得到的结论为，在不同矿化度下，地层对支型磺胺化聚醚的吸附小于对石油磺酸盐的吸附。并且随着矿化度的增加，地层对表面活性剂的吸附损失量减少。

3. 应对方法

驱油用表面活性剂在地层中的吸附损失是降低表面活性剂性能的主要原因，另外地层中的盐对表面活性剂溶液的表面张力也有很大影响，所以选择驱油表面活性剂要抗吸附且耐盐。

原油降黏是因为乳化后形成 O/W 型乳状液引起体系黏度降低，所以表面活性剂首先要在盐水体系里不能絮凝、聚沉或沉淀，才能使原油在水中分散。而以上实验中所用的支型磺胺化聚醚，在实验中发现既能在高矿化度水中保持澄清透明状态，还能很好地降低高矿化度水的表面张力。

为减少三次采油中表面活性剂在地层中的吸附损失，最常用的办法是使用廉价的木质素磺酸盐衍生物作为"牺牲剂"，但是对于含有高矿化度水的地层，由于"牺牲剂"在盐水中容易形成高价离子盐沉淀，不能很好地解决吸附损失问题。

同时地层在注入活性剂的过程中还容易引起地层膨胀坍塌，使驱油效率降低。而 KCl 可以有效抑制地层膨胀，所以可以选用一种能与 KCl 复合使用的活性剂。实验发现石油磺酸盐溶液在加入 KCl 后，均出现不同程度的浑浊，而支型磺胺化聚醚溶液均澄清透明，所以石油磺酸盐不能复合 KCl 使用。然后把含有不同量 KCl 的支型磺胺化聚醚溶液加入到蒙脱土中，静置 5h 后发现，没有加入 KCl 的试管中蒙脱土明显膨胀疏松，随着 KCl 浓度的增加，蒙脱土膨胀程度越来越小。

因此三次采油过程中，如果要综合解决地层高矿化度、吸附和膨胀问题，需要加入一种既抗盐又能和 KCl 复合使用且抗地层吸附的特殊的表面活性剂，实验中所用的支型磺胺化聚醚能很好地解决了上述问题。

4. 结论

（1）在高矿化度水中，有些表面活性剂溶液外观会产生絮凝、聚沉或出现沉淀而不能使用；而有些耐盐活性剂在高矿化度条件下仍能保持澄清透明状态。有些表面活性剂随着矿化度（碱金属或碱土金属）的增加溶液的表面张力迅速增加，起不到降低张力的作用；并且在高矿化度条件下，由于高价金属盐形成的空阻效应，极易使乳状液从 O/W 转化到 W/O。而有些耐盐活性剂在高矿化度条件下仍然能使表面张力达到较低。

（2）由于地层对表面活性剂的吸附损失，使表面活性剂的性能较低，但不同的表面活性剂，在地层中的吸附量也不同。例如在相同条件下，支型磺胺化聚醚在地层中的吸附量要比石油磺酸盐少。

（3）为解决高矿化度地层在三次采油中存在的耐盐、吸附和地层膨胀问题可加入一种耐盐抗地层吸附的表面活性剂，同时能复合 KCl 加入地层，抑制地层膨胀塌陷，进一步减少地层对活性剂的吸附损失。

第十四章 胶体与界面化学在原油集输中的应用

第一节 原油的降凝输送与减阻输送

原油凝点的降低和原油管输阻力的减小是原油集输中两个重要的问题。在长距离输油管道中加入一定比例的降凝剂并处理到相应的温度后，可降低原油的凝固点和黏度，使高凝、高含蜡原油的低温流变性得到改善；加入减阻剂则可以改变管道中油流的流态，减少沿线的摩阻损失，从而达到降低泵压（或增加输量）、节约能源，提高管线运行的安全系数的目的。

一、原油的降凝输送

原油凝点是指规定试验条件下原油失去流动性的最高温度。原油失去流动性有两个原因：一是由于原油的黏度随温度的降低而升高。当黏度升高到一定程度时，原油即失去流动性。二是原油中的蜡引起的。当温度降低至原油的析蜡温度时，蜡晶析出，随着温度进一步降低，蜡晶数量增多、长大、结晶，直到形成遍及整个原油的结构网，原油即失去流动性。

按凝点原油可以分为以下几类，如表14-1所示。

表14-1 原油按凝点的分类

种 类	凝 点	蜡的质量分数/%
低凝原油	< 0℃	< 2
易凝原油	0～30℃	2～20
高凝原油	> 30℃	> 20

原油的降凝输送是指用降凝法处理过的原油在长输管道中的输送。原油的降凝法有物理降凝法、化学降凝法、化学—物理降凝法。

1. 物理降凝法

物理降凝法是一种热处理法，首先将原油加热到最佳的热处理温度，然后以一定的速率降温，达到减低原油凝点的目的。图14-1是一种原油热处理前后的黏温曲线。

热处理对原油各成分的影响：(1) 原油中的蜡晶全部溶解，蜡以分子状态分散在油中；(2) 沥青质堆叠体的分散度由于氢键减弱和热运动加剧的影响而有一定提高，即沥青质堆叠体的尺寸减小，但数量增加；(3) 在沥青质堆叠体表面的胶质吸附量由于热运动的加剧而减少，相应地原油胶质的含量增加。

原油升温后，各成分的存在状况不能因冷却而立即复原。原油降温至析蜡点时，蜡是在比升温前有更多沥青质堆叠体和曲分中有更高的胶质含量的条件下析出。由于沥青质堆叠体可通过充当晶核的机理起作用，胶质则通过与蜡共晶和吸附的机理起作用，因此处理后原油析出的蜡晶将更分散，形成结构的能力减弱，因而热处理后原油的凝点降低。

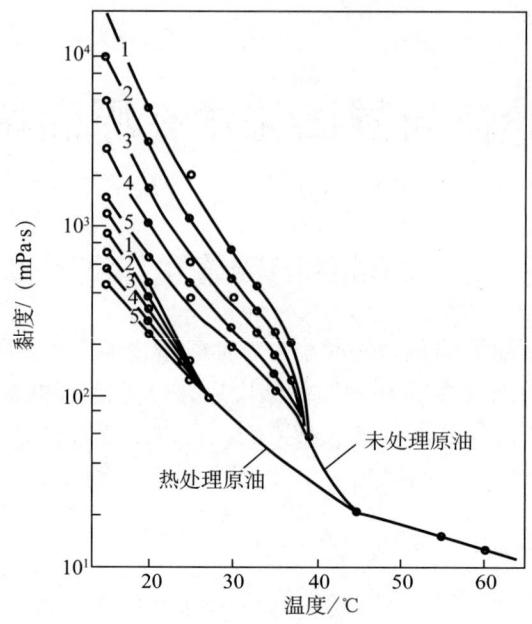

图 14-1　一种原油热处理前后的黏温曲线
剪切速率：1—16.2s^{-1}；2—27.0s^{-1}；3—18.65s^{-1}；4—81.0s^{-1}；5—145.0s^{-1}

2. 化学降凝法

化学降凝法是指在原油中加降凝剂的降凝法。

能降低原油凝点的化学剂叫原油降凝剂，主要有两种类型的降凝剂：一是表面活性剂型原油降凝剂，如石油磺酸盐和聚氧乙烯烷基胺，它们是通过在蜡晶表面吸附的机理，使蜡不易形成遍及整个体系的网状结构而起降凝作用的；另一种是聚合物型原油降凝剂，它们在主链或支链上都有可与蜡分子共同结晶的非极性部分，也有使蜡晶晶型产生扭曲的极性部分。常用的降凝剂有聚丙烯酸酯、烷基苯酚甲醛树脂、聚羧酸乙烯酯、乙烯—羧酸乙烯酯共聚物、乙烯—羧酸丙烯酯共聚物、乙烯—丙烯酸酯共聚物、乙烯—甲基丙烯酸酯共聚物等。

（烷基苯酚甲醛树脂）

（聚丙烯酸酯）

（聚羧酸乙烯酯）

$$\underset{\text{(乙烯—羧酸乙烯酯共聚物)}}{-[\mathrm{CH_2-CH_2}]_m-[\mathrm{CH_2-CH}]_n-}$$
$$\qquad\qquad\qquad\qquad\quad |$$
$$\qquad\qquad\qquad\qquad\quad \mathrm{O}$$
$$\qquad\qquad\qquad\qquad\quad |$$
$$\qquad\qquad\qquad\qquad\mathrm{O=C-R}$$

(乙烯—羧酸乙烯酯共聚物)

$$-[\mathrm{CH_2-CH_2}]_m-[\mathrm{CH_2-\underset{|}{\overset{CH_3}{C}}}]_n-$$
$$\qquad\qquad\qquad\qquad\mathrm{O}$$
$$\qquad\qquad\qquad\qquad|$$
$$\qquad\qquad\qquad\mathrm{O=C-R}$$

(乙烯—羧酸丙烯酯共聚物)

$$-[\mathrm{CH_2-CH_2}]_m-[\underset{\underset{\mathrm{COOR}}{|}}{\mathrm{CH}}-\underset{\underset{\mathrm{COOR}}{|}}{\mathrm{CH}}]_n-$$

(乙烯—顺丁烯二酸酯共聚物)

$$-[\mathrm{CH_2-CH_2}]_m-[\mathrm{CH_2-\underset{\underset{\mathrm{COOR}}{|}}{CH}}]_n-$$

(乙烯—丙烯酸酯共聚物)

$$-[\mathrm{CH_2-CH_2}]_m-[\mathrm{CH_2-\underset{\underset{\mathrm{COOR}}{|}}{\overset{\overset{\mathrm{CH_3}}{|}}{C}}}]_n-$$

(乙烯—甲基丙烯酸酯共聚物)

$$-[\mathrm{CH_2-\underset{\underset{\bigcirc}{|}}{CH}}]_m--[\underset{\underset{\mathrm{COOR}}{|}}{\mathrm{CH}}-\underset{\underset{\mathrm{COOR}}{|}}{\mathrm{CH}}]_n-$$

(苯乙烯—顺丁烯二酸酯共聚物)

降凝机理有以下几种：

(1) 晶核作用。降凝剂在高于油品浊点温度下结晶析出，成为晶核发育的中心，使油品中的小蜡晶增多，细化从而不易产生大的蜡团。

(2) 吸附作用。降凝剂在略低于油品浊点的温度下析出，吸附在已析出的蜡晶核的活性中心上；而降凝剂分子中的极性基团和易被极化的芳环等，因与烷烃的排斥作用而处于晶核表面，它们阻止了晶核与晶核之间的凝结，故而避免形成三维网状结构。

(3) 共晶作用。在油品的浊点温度下，降凝剂与蜡共同析出结晶，对蜡晶形成了定向作用，抑制蜡晶向 X 轴和 Y 轴方向的生长。随着添加剂浓度的增加，晶体逐渐转变为不规则的锥型和柱型，不仅增加了蜡晶的体积对表面积比，而且使网状结构难以形成，故不会出现大块结晶的现象；另外，降凝剂分子留在蜡的表面的极性基团芳环或主链段具有阻止蜡的晶粒间黏结的作用。

(4) 改善蜡的溶解性理论。改善蜡的溶解性理论认为，降凝剂如同表面活性剂，加降凝剂以后，增加了蜡在油品中的溶解度，使析蜡量减少；同时又增加了蜡的分散度，且由于蜡分散后表面电荷的影响，蜡晶之间相互排斥，不容易形成三维网状结构，因此原油的流动性得以改善。降凝剂的降凝作用不只是一种类型的降凝机理，而是几种机理都可能存在，只是在蜡成长的不同阶段有一种起主导的作用。

3. 化学—物理降凝法

化学—物理降凝法是一种综合降凝法，在原油中加入降凝剂并对加剂原油进行热处理。一般综合处理后的原油比热处理后的原油有更好的低温流动性，表现在析蜡点以后的原油黏度更低和原油具有牛顿特点的温度范围更宽。

一种高蜡原油在未经处理、热处理和综合处理后各自降凝的黏温特性见图 14-2。

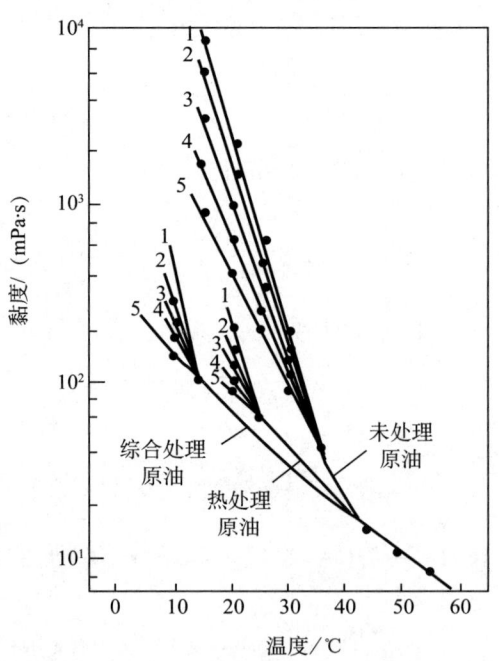

图 14-2　一种高蜡原油在未处理、热处理和综合处理后各自降凝的黏温曲线

剪切速率：1—4.5s^{-1}；2—8.1s^{-1}；3—13.5s^{-1}；4—24.3s^{-1}；5—40.0s^{-1}

二、原油的减阻输送

原油减阻输送是指处在紊流状态的原油在长距离管道中加有减阻剂的输送。

1. 减阻剂

自从 1979 年美国 Conoco 公司生产的减阻剂商品首次应用于横贯阿拉斯加的原油管道,并取得巨大成功以来,减阻剂得到了很大的发展。目前,世界上每年减阻剂的用量大约为 10×10^4 t。

原油减阻剂是指在紊流状态下能降低原油管输阻力的化学品。

减阻剂可分为水溶性减阻剂和油溶性减阻剂。一般可溶解在原油及其产品中的减阻剂为油溶性减阻剂。水溶性减阻剂,如人工合成的 PEO(聚氧化乙烯)、PAM(聚丙烯酰胺)、天然的瓜胶、田青粉槐树豆粉、皂角粉等,已发现有非常好的减阻效果。常用的油溶性减阻剂的品种有聚长链 α- 烯烃、聚异丁烯、聚乙基烷基乙烯、聚异丁烯、聚异戊二烯、聚甲基丙烯酸酯等。

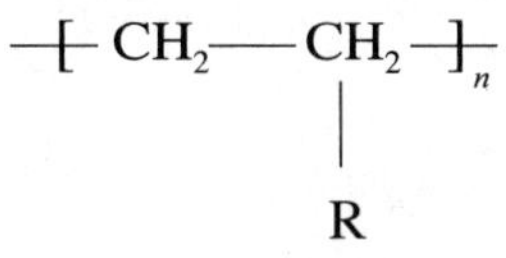

$$\begin{array}{c} +CH_2-CH_2 +_n \\ | \\ R \end{array}$$

(聚 α- 烯烃)

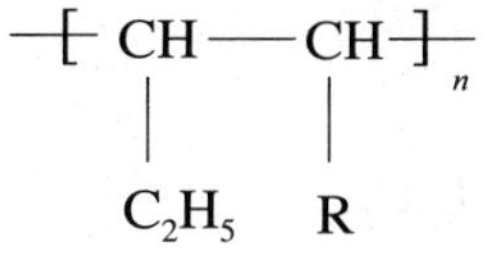

$$\begin{array}{c} +CH-CH+_n \\ | \quad\ \ | \\ C_2H_5 \ \ R \end{array}$$

(聚乙基烷基乙烯)

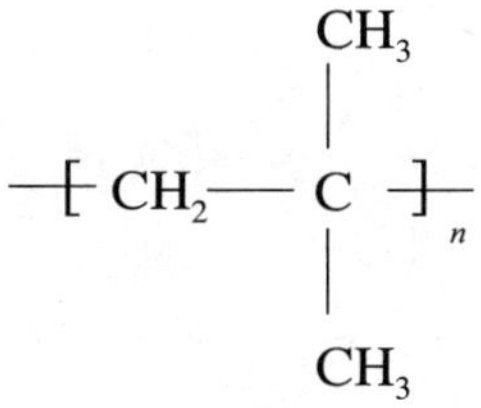

$$\begin{array}{c} CH_3 \\ | \\ +CH_2-C+_n \\ | \\ CH_3 \end{array}$$

(聚异丁烯)

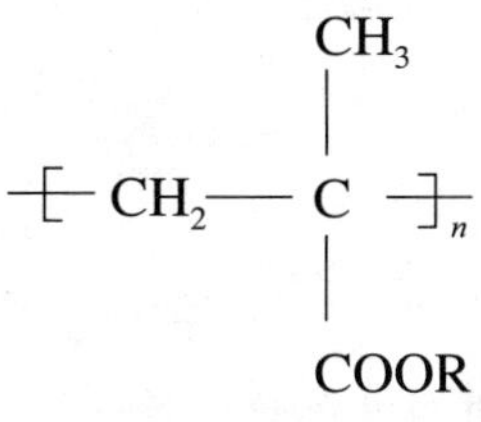

$$\begin{array}{c} CH_3 \\ | \\ +CH_2-C+_n \\ | \\ COOR \end{array}$$

(聚甲基丙烯酸酯)

$$+CH_2-CH=C-CH_2+_n$$
$$\quad\quad\quad\quad\quad |$$
$$\quad\quad\quad\quad\quad CH_3$$

(聚异戊二烯)

$$+CH_2-CH_2-CH-CH_2+_n$$
$$\quad\quad\quad\quad\quad\quad |$$
$$\quad\quad\quad\quad\quad\quad CH_3$$

(氢化聚异戊二烯)

$$+CH_2-CH_2+_m+CH_2-CH+_n$$
$$\quad\quad\quad\quad\quad\quad\quad\quad\quad |$$
$$\quad\quad\quad\quad\quad\quad\quad\quad\quad CH_3$$

(乙烯—丙烯共聚物)

$$+CH_2-CH+_m+CH_2-CH+_n$$
$$\quad\quad\quad\; |\quad\quad\quad\quad\quad\quad |$$
$$\quad\quad\quad C_2H_5\quad\quad\quad\quad\; R$$

(1-乙烯—α-烯烃共聚物)

$$\quad\quad\quad\quad\quad\quad\quad\quad\quad\quad\quad CH_3$$
$$\quad\quad\quad\quad\quad\quad\quad\quad\quad\quad\quad |$$
$$+CH_2-CH+_m+CH_2-C+_n$$
$$\quad\quad\quad |\quad\quad\quad\quad\quad\quad |$$
$$\quad\quad\quad R\quad\quad\quad\quad\quad COOCH_3$$

(α-烯烃—甲基丙烯酸甲酯共聚物)

$$+CH_2-CH_2+_m+CH_2-CH+_n+CH_2-CH+_y$$
$$\quad\quad\quad\quad\quad\quad\quad\quad\quad\; |\quad\quad\quad\quad\quad\quad\; |$$
$$\quad\quad\quad\quad\quad\quad\quad\quad\; CH_3\quad\quad\quad\quad\; R$$

(乙烯、丙烯—α-烯烃共聚物)

  一般在油气集输中使用的减阻剂为油溶性减阻剂。油溶性减阻剂的基本特点是添加量小、减阻效果明显、抗剪切性较好、在管输液体中有良好的溶解性、对下游用户无不良影响、使用时注入方便、不需要特殊的设备、产品本身无毒等。

Conoco公司的减阻剂产品也从第一代CDR101发展到CDR102、CDR103和近两年的CDRLP（liquid power），减阻效率成倍提高，自身物性不断改善，使得减阻剂注入更加方便。

美国的Baker-Hughes公司、芬兰的Neste公司、泰国的Eei公司等都生产出性能较好的减阻剂产品，在世界的减阻剂市场中占有一席之地。美国Baker Hughes公司就有八九种牌号的减阻剂产品，适用于不同的油品。

美国的Conoco公司和Baker Hughes公司，其产品LP、FLO-XI、FLO-XS基本上代表了目前世界上减阻剂的最高水平和发展方向。

2. 减阻机理

减阻剂的减阻机理比较复杂，它涉及流变学、流体动力学、聚合物的物理化学等方面的知识。到目前为止，还没有一个有说服力的理论对减阻现象作出合理的解释，许多学者和研究人员对这一现象的认识也不尽相同。从目前来看，减阻剂的减阻机理主要有湍流抑制说、黏弹说等，至今尚没有完全定论。

1）湍流抑制说

湍流抑制说的基本观点是，减阻剂加到管道以后，减阻剂靠本身的黏弹性和分子长链顺流向自然拉伸，其微元直接影响流体微元的运动。来自流体微元的任何作用力作用在减阻剂微元上，使其发生扭曲，旋转变形。减阻剂分子间引力抵抗上述作用力反作用于流体微元，改变了流体微元的作用力大小和方向，使部分径向作用力转变为顺流向的轴向力，从而减少了无用功的消耗，宏观上起到减少摩阻损失的作用。在层流中，流体受黏滞力作用，没有湍流那种旋涡耗散，因此加入减阻剂没有效果。

2）黏弹说

黏弹说提出高分子聚合物溶液的减阻作用是溶液黏弹性与湍流旋涡发生相互作用的结果。高聚物的黏弹性已为试验所证实，而减阻流动的稀溶液是否具有黏弹性，目前的看法还不一致。为了讨论这一问题，有人将聚合物分子的松弛时间与涡流的持续时间进行了比较，发现聚合物分子的松弛时间大于涡流的持续时间，说明聚合物分子的弹性的确起了作用。因此，湍流旋涡的一部分动能被聚合物分子吸收，以弹性能储存起来，使涡旋动能降少，旋涡消耗的能量也随之降少。减阻剂在管壁和管内流动液体之间起到一种隔离作用，即减少了管壁的摩阻，起到了减阻的作用。

3）速度分布理论

速度分布理论的解释是Viky根据实测的速度分布，提出一个弹性底层的动模式：紧靠管壁是黏性底层，其厚度与速度分布对聚合物溶液来讲仍与溶剂相同。不同的是在黏性底层与湍流核心间有一个弹性底层，弹性底层的速度梯度较大，使得湍流核心部分速度加大，所以相同条件下通过的流量增加，故发生减阻。

4）解偶作用

对解偶作用的解释为，聚合物溶液的减阻只发生在流体呈湍流的状态下，这主要是其使流体流动的雷诺应力减少，因此所需能量减少。因为雷诺应力 $\tau=\rho\mu\gamma$，虽然溶液的 μ（轴向速度）、γ（径向速度）的绝对值与纯溶剂的一样，但由于溶液在湍流状态下流动的 μ、γ相关作用、相互影响，使相关系数 ρ 减少，故 τ 减少。

第二节　油气集输中降摩阻举例

油气集输中使原油凝点降低是解决原油是解决原油低温输送的关键，常用的方法是加入降凝剂，而降低原油的输送阻力才是提高管道输送速度最关键的。

一、双环咪唑啉衍生物封端聚醚降摩阻性能研究

目前，国内外一般采用加入高分子表面活性剂来降低原油在开采和输送过程中的流动阻力，提高输送效率。常用的减阻剂有聚异丁烯、烯烃共聚物、聚长链 $\alpha-$ 烯烃、聚甲基丙烯酸酯及其他烯烃共聚衍生物。这些减阻剂的相对平均分子质量越大，支链越少，可溶性越好，其减阻效率也越好，在用量很小的情况下，可以达到很好的减阻效果。但在高温和高剪切作用下，这些高聚物分子链易断裂，失去减阻效果。

在实验中发现，使用具有氧氮结构的烯基双环咪唑啉为封端剂，合成的双环咪唑啉衍生物封端聚醚对原油具有较好的降摩阻性能。该封端剂在280℃下合成，因此，具有抗高温耐剪切的性能。另外，具有氧氮结构的咪唑啉有一定的抗氧及抗酸腐蚀的能力。根据流体摩擦学原理，在流动过程中由滑动变为滚动的流体，其流动阻力大大降低，而实验证明双环咪唑啉衍生物封端聚醚具有这种性质。

1. 实验部分

1）主要原料

丙二醇、KOH、甲苯二异氰酸酯、油酸、四乙烯五胺、环氧乙烷、环氧丙烷；

油样为苏丹六区高黏原油，酸值 10mgKOH/g，黏度（30℃）12560mPa·s。

2）降摩阻剂的合成

将 7.6g 丙二醇和 0.5gKOH 加入反应釜中，用 N_2 吹扫置换后抽真空，升温到 120 ± 5℃ 时滴加环氧乙烷44g，控制反应釜压力小于 0.4MPa，反应 30min。继续升温到 140 ± 5℃ 时滴加环氧丙烷116g，滴加完毕后反应 30min，得到聚氧乙烯聚氧丙烯嵌段共聚物，再加入30g 甲苯二异氰酸酯聚合生成线型聚氨基甲酸酯。

将油酸112g 和 38g 四乙烯五胺加入反应釜中，以甲苯为除水剂，反应温度为 $250\sim300$℃，反应时间为 $3\sim4$h，合成十七烯基胺基双环咪唑啉。

利用合成的十七烯基胺基双环咪唑啉衍生物封端线型聚氨基甲酸酯，以甲苯二异氰酸酯为调聚剂，得到双环咪唑啉型衍生物原油降摩阻剂。

3）降摩阻性能测试

（1）原油流动阻力的相对下降率。

将降摩阻剂配成质量分数为 50% 的甲苯溶液。根据 m（降摩阻剂）：m（原油）=1：5000，将降摩阻剂加入到原油样品中，充分搅拌后，在 50℃ 水浴中预热 10min。利用 NDJ-4 运动黏度计测试加入降摩阻剂前后原油的流经时间，根据式（14-1）计算原油流动阻力相对下降率（r_1）。

$$r_1 = \frac{t_0 - t}{t_0} \times 100\% \tag{14-1}$$

式中　r_1——原油流动阻力相对下降率；

t_0、t——加降摩阻剂前后原油的流经时间,s。

(2) 原油吸附力的相对下降率。

由界面化学可知,液体与吸附介质的表面吸附力为 $\gamma=\gamma_{G-S}+\gamma_{G-L}-\gamma_{L-S}$,其中,$\gamma_{G-S}$、$\gamma_{G-L}$、$\gamma_{L-S}$ 分别为气—固、气—液、液—固的界面张力。当在空气中液体与吸附介质间存在接触角 θ 时,该式可表示为:$\gamma=\gamma_{G-L}(1+\cos\theta)$。由 JZHY-180 界面张力仪测试出原油与输油管道金属表面的界面张力。由于原油为黑色的液体,不能用通常的方法测接触角,在本实验中,通过将原油液滴影像放大,作切线得到润湿接触角,进而得到黏附力的大小。根据式 (14-2) 计算加入降摩阻剂后原油表面吸附力相对下降率 (r_2)。

$$r_2 = \frac{\gamma_0 - \gamma}{\gamma_0} \times 100\% \tag{14-2}$$

式中 r_2——原油表面吸附力相对下降率;

γ_0、γ——加降摩阻剂前后原油表面吸附力,mN/m。

(3) 原油黏度的相对下降率。

采用 Brook field 黏度仪测试加入降摩阻剂前后原油的黏度值。根据式 (14-3) 计算加入降摩阻剂原油黏度相对下降率 (r_3)。

$$r_3 = \frac{\eta_0 - \eta}{\eta_0} \times 100\% \tag{14-3}$$

式中 r_3——原油黏度相对下降率;

η_0、η——加降摩阻剂前后原油的黏度,mPa·s。

2. 结果与讨论

1) 加入降摩阻剂后原油流动阻力的变化

图 14-3 为加入降摩阻剂后原油流动阻力相对下降率 (r_1) 随原油含水量 (w) 的变化。由图 14-3 可见,加入降摩阻剂后原油流动阻力大大降低,特别是含水量高于 30% 的原油流动阻力下降率达到 50% 以上。随着原油含水量的增加原油流动阻力下降率逐渐升高,随着温度的升高原油流动阻力下降率也逐渐升高。

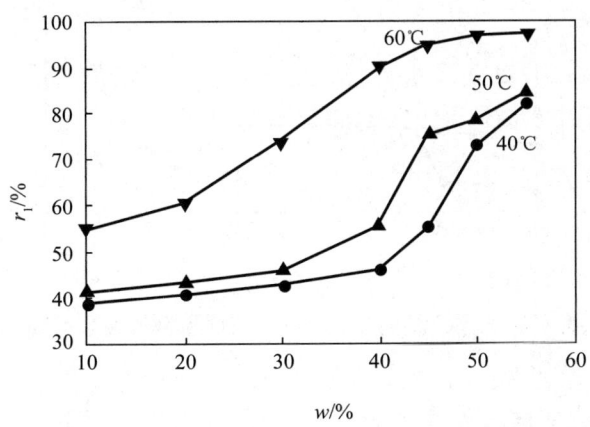

图 14-3 加入将摩阻剂后原油流动阻力相对下降率 (r_1) 随原油含水量 (w) 的变化

2）加入降摩阻剂后原油表面吸附力的变化

图 14-4 为加入降摩阻剂后原油表面吸附力相对下降率 (r_2) 随原油含水量 (w) 的变化。由图 14-4 可见，加入降摩阻剂后原油的表面吸附力相对下降率在 80% 左右。原油表面吸附力相对下降率随着原油含水量的升高，略有增大，但变化不大；随着温度的升高原油的表面吸附力相对下降率略有降低，变化也不大。

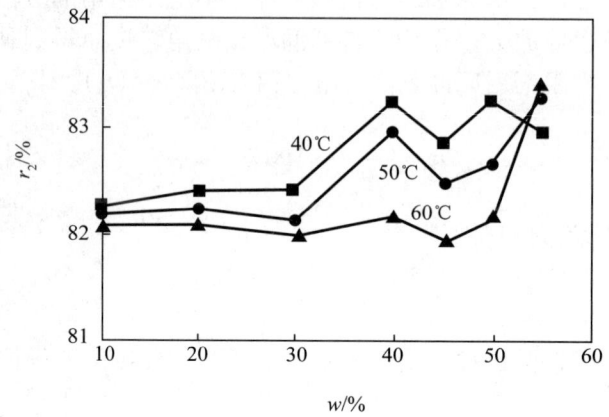

图 14-4　加入将摩阻剂后原油表面吸附力相对下降率 (r_2) 随原油含水量 (w) 的变化

3）加入降摩阻剂后原油黏度的变化

图 14-5 为加入降摩阻剂后原油相对黏度下降率 (r_3) 随原油含水量 (w) 的变化。由图 14-5 可见，加入降摩阻剂后原油黏度相对下降率在 30%～60%。这说明加入降摩阻剂后，原油相对流动阻力大大降低。在 40℃ 和 50℃ 时原油黏度相对下降率随着原油含水量的增加先逐渐增大，当含水量大于 40% 又趋于降低，60℃ 时不同含水量原油黏度相对下降率基本上保持不变；随着温度的升高原油黏度相对下降率减小。

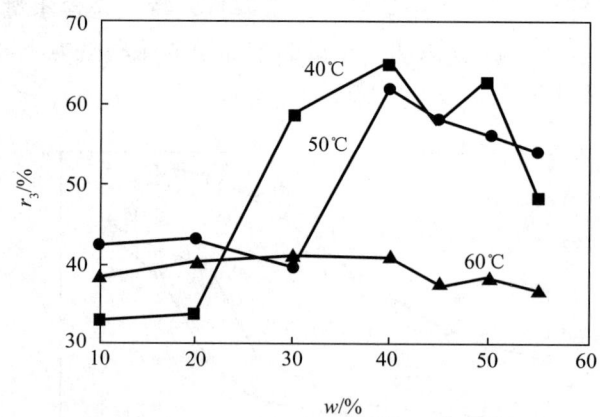

图 14-5　加入将摩阻剂后原油相对黏度下降率（r_3）随原油含水量（w）的变化

4）原油降摩阻剂的降摩阻机理探讨

（1）降摩阻剂的理论依据。

原油对金属和一切负性界面的吸附力是引起原油流动阻力的重要原因。可以通过加入表面活性物质，改变原油在吸附表面上的吸附状态，使原油在金属和一切负性界面吸附力降低，从而降低原油的流动阻力。根据摩擦学原理，这种吸附状态的改变通常认为是流体在流动过程中由平动变为滚动的结果，如图 14-6 所示。

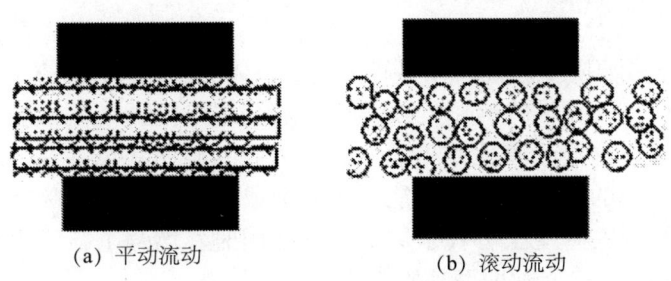

(a) 平动流动　　　　(b) 滚动流动

图 14-6　原油平动流动和滚动流动状态示意图

在原油开采和输送过程中引起原油流动阻力增大的主要原因是原油本身的黏度以及在快速流动过程中引起的剪切增稠和原油在介质表面的吸附力。可以通过降低原油本身的黏度和降低原油在管道和地层的吸附力来提高原油流动速度。

(2) 原油的降黏。

原油黏度的大小是由原油中各种成分之间的相互作用力所决定的。这种作用力包括原油中有机物之间的作用、原油中的盐与有机物的作用、原油中形成的油水乳状液与原油之间的相互作用，这些相互作用力引起了内摩擦力的增大。

有关黏度的理论可以通过 Einstein 黏度公式解释。分散体系的结构和流变性质主要由质点间的作用能和体系中质点的浓度决定，其黏度服从以下 Einstein 黏度公式。

$$\eta_t = \eta_b \left(1 + 2.5\varphi + 14.1\varphi^2 + \cdots\right) \tag{14-4}$$

式中　η_b、η_t——介质本身和体系的黏度，mPa·s；

　　　φ——分散相体系中的体积分数，%。

由于原油中有极性物质和非极性物质，因此原油通常可以作为两相分散体系讨论，极性物质作为亲水相，包括水、盐、可溶性极性有机物，非极性物质，指的是原油中所有的油溶性的有机物，为亲油相。由式 (14-4) 可见，原油的黏度除了与本身固有的黏度 η_b 有关外，还与分散相的体积分数有关。因此，改变原油黏度的唯一途径就是使原油固有的非极性吸附膜变成极性水膜，从根本上改变原油本身固有的吸附状态，从而改变原油的吸附能力，降低流动阻力。

(3) 原油的降摩阻。

原油与吸附介质表面（管道、地层）之间吸附力是造成原油流动阻力的主要原因。在原油实际管道输送中，应用达西—魏思考贝奇阻力公式来研究原油的流动阻力。

$$\Delta p = \lambda \times \frac{L}{d} \times \frac{1}{2}\rho q_v^2 \tag{14-5}$$

式中　L——管道长度，m；

　　　d——管道内径，m；

　　　λ——达西摩擦因子；

ρ——原油密度,kg/m³;

q_V——平均流量,m³/h;

Δp——输油管道两端的压力差,MPa。

由式(14-5)可以看出,当 Δp、L、d 为定值的情况下,达西摩擦因子 λ 是决定原油流动阻力的重要因素,要降低原油流动过程中的摩擦阻力,即要减小影响 λ 的因素。

加入降摩阻剂可以使原油在吸附介质表面形成一层牢固的活性水膜,而引起原油黏度增加的非极性大分子在这层水膜上以不润湿的张力大的蜷曲状态存在,从而减小原油与管道壁的摩擦。由于合成的降摩阻剂具有能与金属形成较强吸附膜的咪唑啉聚基团,使双环咪唑啉衍生物封端聚醚在管壁上替代了原油吸附的同时,增强了与管道负性表面的静电斥力的作用,从而降低了管输原油的摩擦阻力。

另外,合成的降摩阻剂为带有支链的线型高分子化合物,根据流体力学湍流抑制的基本观点,降摩阻剂加入到管道以后,屏蔽了原油中活性分子之间的作用力,同时降摩阻剂分子沿原油流动方向伸展开,极大减少原油的湍流运动,减少了能量的损失,起到降摩阻的效果。

合成的改性聚氨基甲酸酯含有苯环的刚性结构,具有抗剪切性以及抗降解性能。另外,合成的原油降摩阻剂中含有双环咪唑啉基团,对输油管道表面还有一定的缓蚀效果。

3. 结论

用合成的十七烯基胺基双环咪唑啉衍生物封端线型聚氨基甲酸酯可以得到双环咪唑啉型衍生物原油降摩阻剂。通过对原油流动阻力、原油表面吸附力以及原油黏度的评价,发现该降摩阻剂能大大降低原油在开采和输送的摩擦阻力,特别是对高酸性、高活性稠油具有良好的降摩阻性能。

参考文献

[1] 江龙. 胶体化学概论 [M]. 北京：科学出版社，2009.

[2] 陈宗淇. 王光信，徐桂英. 胶体与界面化学 [M]. 北京：高等教育出版社，2001.

[3] 赵国玺，朱步瑶. 表面活性剂作用原理 [M]. 北京：中国轻工业出版社，2003.

[4] 赵振国. 胶体与界面化学概要、演算与习题 [M]. 北京：化学工业出版社，2004.

[5] 德鲁·迈尔斯. 表面、界面和胶体原理及应用（第二版）[M]. 吴大诚，朱谱新，王罗新，等译. 北京：化学工业出版社，2005.

[6] 沈钟，王果庭. 胶体与表面化学. 第二版 [M]. 北京：化学工业出版社，1997.

[7] 郑晓宇，吴肇亮. 油田化学品 [M]. 北京：化学工业出版社，2001.

[8] 王军. 特种表面活性剂 [M]. 北京：中国纺织出版社，2007.

[9] 赵福麟. 油田化学 [M]. 东营：中国石油大学出版社，2010.

[10] 赵福麟. 采油用剂 [M]. 东营：中国石油大学出版社，2001.

[11] 陈宗淇，王光信，徐桂英. 胶体与界面化学 [M]. 北京：高等教育出版社，2001.

[12] 候万国，孙德军，张春光. 应用胶体化学 [M]. 北京：科学出版社，1998.

[13] 肖进新，赵振国. 表面活性剂应用原理 [M]. 北京：化学工业出版社，2003.

[14] 王世荣，李祥高，刘东志. 表面活性剂化学 [M]. 北京：化学工业出版社，2005.

[15] 陈庭根，管志川. 钻井工程理论与技术 [M]. 东营：中国石油大学出版社，2000.

[16] 康万利，董喜贵. 表面活性剂在油田中的应用 [M]. 北京：化学工业出版社，2011.

[17] 徐金凤，刘斌，蓝强，等. MMH 正电胶及其在钻井液中的应用 [J]. 西部探矿工程，2007，11：77-80.

[18] 关富佳，童伏松，姚光庆. 泡沫钻井液研究及其应用 [J]. 钻井液与完井液，2003，20（6）：54-56.

[19] 韩书华，候万国. MMH 的结构与提黏提切机理研究 [J]. 油田化学，1997，14(4)：299-303.

[20] 王付才，何涛，曹国民，卜祥军. 稠油乳化降黏剂的研究 [J]. 石油炼制与化工，2002，33（9）：40-44.

[21] 魏国晟，张宗愚. 原油破乳剂的研究与应用 [J]. 油气田地面工程，1995，14(6)：24-26.

[22] 张雅倩，辛寅昌，谢瑞瑞. PAMAMPS 对高矿化度原油 O/W 乳状液稳定性的作用 [J]. 山东师范大学学报：自然科学版，2010，25（4）：82-86.

[23] 辛寅昌，邱增中，张盛军，等. $\alpha-$烯基聚醚磺酸盐的耐盐性能及应用 [J]. 化工学报，2008，59（11）：2935-2940.

[24] 王彦玲，葛光章，姜庆利，等. 高稳定性原油破乳剂的研究 [J]. 精细与专用化学品，2001，22：16-17.

[25] 王彦玲，郑晶晶，赵修太，等. 磺基甜菜碱氟碳表面活性剂的泡沫性能研究 [J]. 硅酸盐通报，2010，29（2）314-318.

[26] 由庆，于海洋，王业飞，等. 国内油田深部调剖技术的研究进展 [J]. 断块油气田，2009，16（9）：68-71.

[27] 祁强，李萍，张起凯，等. 原油脱水新技术研究进展 [J]. 石化技术与应用，2009，

27（6）：559−565.

[28] 谭丽，沈明欢，王振宇，等．原油脱盐脱水技术综述 [J]．炼油技术与工程，2009，39（5）：1−7.

[29] 陈梅荣，唐晓东．原油脱盐脱水技术研究进展 [J]，精细石油化工进展，2008，9（5）：49−53.

[30] 李静，祁万军，吉庆林，等．油田污水处理研究 [J]．化工装备技术，2010，31（4）：46−49.

[31] 董文霞．油田污水处理现状及发展 [J]．化工安全与环境，2010，32：20−22.

[32] 刘敬敏，刘广丽，卢宇．油田污水处理方法分析 [J]．油气田地面工程，2010，29（8）：63−64.

[33] 李春，伊向艺，卢渊．CO_2泡沫调剖实验研究 [J]．钻采工艺，2008，31（1）：107−108.

[34] 孔柏岭，孔昭柯，王正欣，等．聚合物驱全过程调剖技术的矿场应用 [J]．石油学报，2008，29（2）：262−263.

[35] 辛寅昌，刘吉华，许东彬，等．4种委内瑞拉稠油乳化降黏特性实验研究 [J]．油田化学，2007，03（1）：24−29.

[36] 辛寅昌，葛广章，王彦玲，等．原油分散剂的研制与应用 [J]．化工科技，2002，10（1）：1−3.

[37] 辛寅昌，葛广章，王彦玲，等．ＢＮ—５１原油分散剂的研制与应用 [J]．化工科技，2002.10(1):1−3.

[38] 辛寅昌，周世光，安俊，等．用于燃油节能环保的有机稀土活性复合物的制备及应用 [J]．精细与专用化学品，2006，14（5）:22−29.

[39] 辛寅昌，张军利．表面活性剂和水溶性聚合物耐盐和耐温性对原油降黏和钻井液的影响 [J]．中国石油和化工，2010，11：40−41.

[40] 辛寅昌，徐俊．复合纳米有机硅材料处理花岗岩的性能测定及相互影响 [J]．化工新型材料，2004，32(1):26−28.

[41] 胡洋，辛寅昌，张军利．低分子量两性离子聚合物ＬＡＤＡ的合成及在钻井液体系中的应用 [J]．山东师范大学学报，2011，26（3）:66−70.

[42] 王彦玲，郑晶晶，赵修太，等．低碳醇对氟碳与碳氢表面活性剂复配体系泡性能的影响 [J]．化工学报，2010，61（5）:1202−1207.

[43] 许东彬，辛寅昌．原油污染地表的无伤害清理剂的合成与性能研究 [J]．精细与专用化学品，2006，14(22):11−25.

[44] 王彦玲，王勇进，孙镛，等．多羟基化合物堵水调剖剂的研制 [J]．化工科技，2001，9（2）：1−3.

[45] 宋琳莹，辛寅昌．反应型防水剂的制备及对中密度纤维板防水性能的评价 [J]．化工学报，2007，58（12）:3202−3205.

[46] 辛寅昌，马磊，卞介萍，等．复合α−烯基高分子聚醚羧酸盐的制备在高矿化度水中的应用 [J]．化工学报，2010，61（3）:691−698.

[47] 宋琳莹，辛一诚，李璐，等．复合改性聚醚活性剂的合成及对纸应用性能的评价 [J]．化工学报，2008，23(2):52−55.

[48] 丁月华, 辛寅昌, 张雅倩. 复合枝型聚醚衍生物在原油脱盐、海水洗涤和金属缓蚀中的应用 [J]. 化工学报, 2011, 62(2):407–411.

[49] 辛寅昌, 董晓燕, 卞介萍, 等. 高矿化度稠油流动的影响因素及改善原油流动的方法 [J]. 石油学报, 2010, 31 (3) :480–485.

[50] 王彦玲, 葛广章, 姜庆利, 等. 高稳定性原油破乳剂的研究 [J]. 精细与专用化学品, 2001, 22: 16–17.

[51] 辛寅昌, 周世光, 康 峰, 等. 核磁共振处理稀土活性复合物用于燃油节能环保 [J]. 化工进展, 2007, 26(4):594–598.

[52] 李璐, 辛寅昌, 王 萍, 等. 甲叉聚丙烯酰胺改性衍生物的合成及应用 [J]. 精细化工, 2008, 25(11):1122–1126.

[53] 葛广章, 王勇进, 王彦玲, 等. 聚合物驱及相关化学驱进展 [J]. 油田化学, 2001, 18 (3) : 282–284.

[54] 刘吉华, 许东彬, 辛寅昌. 利用ＣＴ扫描仪分析不同类型$BaSO_4$对X射线的衰减规律 [J]. 山东师范大学学报, 2007, 22 (2) : 66–68.

[55] 辛寅昌, 邱增中, 张盛军. 链烯基聚醚的合成及应用 [J]. 精细与专用化学品.2007, 15 (17) : 17–28.

[56] 郑平, 辛寅昌, 孔会会, 等. 复合芳基双环咪唑啉季铵盐的合成及耐高温缓蚀性能评价 [J]. 应用科技, 2008, 16 (12) : 24–26.

[57] 马晓梅, 辛寅昌, 何涛, 等. 咪唑啉型表面活性剂组成微乳液的热力学性质 [J]. 高等学校化学学报, 1995, 16 (9) : 1453–1456.

[58] 辛寅昌, 许东彬, 康峰. 双环咪唑啉衍生物封端聚醚降摩阻性能研究 [J]. 石油学报, 2007, 23 (4) : 68–71.

[59] 辛寅昌, 张盛军, 邱增中. 醚化封端聚醚的研究进展及应用 [J]. 精细与专用化学品, 2007, 15(14): 20–24.

[60] 辛寅昌, 康峰, 安骏. 磨光花岗岩表面化学改性与摩擦力改变的相依性 [J]. 化工学报 2007, 58(2) : 440–445.

[61] 陈宗淇, 辛寅昌, 李孝增, 等. 钠型蒙脱土悬浮体和水解聚丙烯酰胺体系的负触变现象 [J]. 化学学报, 1989, 17: 152–157.

[62] 孙其刚, 辛寅昌. 耐温耐盐调剖堵水剂的合成及性能评价 [J]. 中国石油和化工, 2011, 10, 41–42.

[63] 孔会会, 辛寅昌, 郑平. 一种具有强油/水/固分离能力的多功能阳离子聚合物复配体系 PF–C[J]. 油田化学, 2008, 25(2):137–140.

[64] 姜庆利, 辛寅昌, 王彦玲. 微乳液驱原油乳状液的相状态和稳定性 [J]. 吉林化工学院学报, 2000, 17(2):32–36.

[65] 王彦玲, 辛寅昌, 张智, 等. 新型高效活性聚合物驱油剂的研究 [J]. 精细与专用化学, 2001, 9:45–46.

[66] 王彦玲, 王进勇, 张智, 等. 一种新型原油破乳剂的研制 [J]. 青岛化工学院学报, 2001, 22(1):55–57.

[67] 辛寅昌, 张积树, 陈宗淇, 等. 以非离子型表面活性剂组成的W/O型微乳液的渗滤现象 [J]. 化学学报, 1996, 54, 132–139.

[68] 谢瑞瑞,辛寅昌.油井地层环境对表面活性剂性影响及应对方法 [J]. 中国石油和化工,2010,11,38-39.

[69] 辛寅昌,张盛军,邱增中,等.原油的微观形态改变与降摩阻剂降摩阻性能的关系 [J]. 石油学报(石油加工),2008,24(5):548-552.

[70] 王萍,李璐,辛寅昌.原油流动的数学模型及改善原油低温流动性的方法 [J]. 山东师范大学学报,2008,23(4):50-53.

[71] 宋琳莹,辛寅昌.反应型防水剂的制备及对中密度纤维板防水性能的评价 [J]. 化工学报,2007,58(12):3202-3205.

[72] 滕弘霓,杨泽福,辛寅昌,等.红外光谱研究以非离子型表面活性剂所组成微乳液的水结构 [J]. 化学学报,1998,56,135-140.

[73] Zhu Y P, A Masuyama, Y Kobata, et al. Double-chain Surfactants with Two Carboxylate Group and Their Relation to Similar Double-chain Compounds[J]. J Colloid Interface Sci,1993,158:40.

[74] 于涛,胡龙江,丁伟.新型表面活性剂—双烷基双磺酸钠基二苯甲烷的合成和性质 [J]. 大庆石油学院学报,2004,28(1):35-38.